普通高等教育"十二五"规划教材

物理化学实验

罗　鸣　石士考　张雪英　主　编
高贵军　王廷河　曾艳丽　副主编

U0292108

化学工业出版社

·北京·

本书在多年实验教学改革与实践基础上编写而成。内容包括绪论、误差与数据处理、基础实验、综合与设计性实验、测量技术与仪器、附录六个部分。全书共分为十四章，编入实验54个，其中基础实验37个、综合性实验9个、设计性实验8个。涉及热力学、动力学、电化学、表面与胶体化学、物质结构等实验内容，每个实验都附有实验讨论与启示、思考题、参考文献，有些实验还编入了拓展性知识和微机处理数据的实例。

　　本书可作为高等院校化学、化工、应用化学、材料科学、环境科学、生命科学等相关专业的物理化学实验教材，也可供高校教师及从事化学研究的技术人员参考。

图书在版编目（CIP）数据

　　物理化学实验/罗鸣，石士考，张雪英主编．—北京：
化学工业出版社，2012.2（2019.8重印）
　　ISBN 978-7-122-13273-4

　　Ⅰ．物…　　Ⅱ．①罗…②石…③张…　　Ⅲ．物理化学-
化学实验　　Ⅳ．O64-33

　　中国版本图书馆 CIP 数据核字（2012）第 006692 号

责任编辑：刘俊之　　　　　　　　　　文字编辑：颜克俭
责任校对：蒋　宇　　　　　　　　　　装帧设计：刘丽华

出版发行：化学工业出版社（北京市东城区青年湖南街 13 号　邮政编码 100011）
印　　装：北京虎彩文化传播有限公司
787mm×1092mm　1/16　印张 20½　字数 545 千字　　2019 年 8 月北京第 1 版第 3 次印刷

购书咨询：010-64518888　　　　　　　　售后服务：010-64518899
网　　址：http://www.cip.com.cn
凡购买本书，如有缺损质量问题，本社销售中心负责调换。

定　　价：49.00 元

前　言

随着实验教学改革的不断深入和物理化学研究方法的迅速发展，物理化学实验无论是内容和形式，还是方法和手段都得到了更新、充实和发展。本书就是在实验教学改革与实践基础上，总结多年积累的实验教学经验，结合当前实验仪器的发展现状编写而成。

在编写中，力求以先进的教学体系、内容和方法为主线，既有传统的经典实验，又有反映现代物理化学发展方向和应用前景的综合性、设计性实验，使之形成分层次、多模块的科学系统的实验教学体系，体现了基础性、综合性、设计性和应用性的编排特点。具体实验内容的编写特点如下。

一、为适应实验教学改革的需要，在内容安排上，绪论、误差与数据处理（第 1～2 章）概述了物理化学实验的目的和特点，详细介绍了数据处理的各种方法；基础实验部分（第 3～7章）选取了物理化学各个分支的具有代表性的典型实验 37 个，通过基础性实验教学，使学生了解和掌握物理化学实验的原理、方法和技术；综合与设计性实验（第 8～9 章）结合物理化学的研究特点，根据教师最新的科研成果，编入了 9 个综合性实验，同时为培养学生的创新精神和实践能力选取了 8 个设计性实验；测量技术与仪器（第 10～14 章）部分，系统地介绍了物理化学实验的测试方法和技术手段，同时编入了先进的仪器设备和现代高新技术；附录中收集了大量的物理化学基本数据，便于查阅。

二、改变了传统的编写方式，在基础实验一篇中，每章都先重点介绍了物理化学基本原理和实验研究方法等内容，然后再安排相应内容的实验，这样使知识更完整、内容更充实，从而使学生对本章内容有一个系统的了解，有助于学生全面掌握实验基本理论和方法。这样编排使教材更具有相对独立性，可适应教学计划的调整与变动，课程设置和教学进度不完全依从于理论课程，便于独立开设。

三、为体现实验仪器设备迅速发展和不断更新的特点，紧密结合物理化学实验仪器设备的使用现状及发展趋势，除介绍常用设备和技术外，增加了先进技术和新仪器等内容。书中将同类新仪器和传统仪器结合起来进行介绍，以适应不同实验、不同方法的需要，更便于学生系统掌握仪器和技术的现状与发展。与此同时，对一些新仪器、新设备的工作原理、操作步骤和注意事项作了详细的说明，不仅展示出了现代仪器设备的新技术、新手段，而且使读者容易掌握、便于使用。

四、编入了用微机处理实验数据的方法，同时选取一些实验的实例进行数据处理和分析，内容包括数据作图、线性和非线性拟合、数字微分等，以此解决数据处理中的难点问题，使学生掌握更加快捷、方便的数据处理方法。此外，在物质结构一章中，编入了计算量子化学实验，拓展了物质结构实验的内容，可使学生了解和掌握量子化学计算方法及研究手段。

五、在基础实验和综合实验中分别列入"实验讨论与启示"和"前景展望"等项内容，加深了学生对实验内容的理解与认识，拓展了相关知识和研究范围，能够了解最新的实验研究动态与进展。再有，设计性实验内容的编入，为学生创造了开放式的实验教学平台，将会对学生综合运用能力的提高和科学创新意识的培养起到促进作用。

本教材是由长期从事物理化学实验教学的一线教师，在总结多年积累的实验教学经验基础上，对已使用多年的物理化学实验讲义进行系统地整理修改后编写而成。教材中深入阐述了实验基础理论和实验设计原理，全面介绍了物理化学实验的技术和方法，具有很强的针对性和实用性。适合综合性大学、高等师范院校及理工科大学化学及相关专业的物理化学实验教学，也可供科研人员参考。

参加本书编写工作的人员有：罗鸣、石士考、张雪英、高贵军、王廷河、曾艳丽、李晓艳、于文肖、丁克强、何志民等。全书由罗鸣、张雪英统稿。罗鸣、石士考、于文肖等对相关基础实验进行了深入的研究，为本书编写提供了可靠的实验数据。

在编写过程中，参考了多种物理化学实验教材与专著，以及相关文献资料，谨向有关作者致谢。本书编写得到了河北师范大学汇华学院、化学与材料科学学院的大力支持和帮助，在此深表感谢。

由于编者的时间及水平所限，书中不妥之处在所难免，恳请读者批评指正。

编　者

2011 年 12 月

目　录

附录　物理化学实验常用数据

第1章 绪 论

1.1 物理化学实验的目的和要求

1.1.1 物理化学实验的目的和任务

物理化学实验是一门独立的基础实验课,是化学实验课程的一个重要分支。它是继无机化学、分析化学、有机化学、普通物理等实验课程之后的重要实验课,可以说它综合了化学领域中各个分支所需要的基本研究工具和方法。物理化学实验课不仅与前继实验课的基础知识和研究方法相互交叉渗透,而且还具有独立的实验理论、实验方法和技术,同时又与物理化学和结构化学理论课有着密切的联系。

物理化学实验是应用物理学的原理、技术和仪器,借助于数学运算工具,进而研究物质的物理化学性质、化学反应和相关过程规律的一门学科。它在培养学生踏实求真的科学态度、严谨细致的实验作风、熟练正确的操作技能、分析问题和解决问题及独立从事科学研究的能力等方面起着重要的作用。

物理化学实验的主要目的如下。

(1)使学生了解物理化学的研究方法,掌握物理化学的基本实验技术和技能。

(2)学会重要的物理化学性能测定,培养学生观察和记录实验现象、判断和选择实验条件、测量和处理实验数据、分析和归纳实验结果的能力。

(3)巩固并加深对物理化学概念和基本原理的理解,提高灵活运用物理化学理论解决实际化学问题的能力。

(4)通过综合与设计性实验,培养学生查阅文献资料的能力、创新性思维的能力和初步进行科学研究的能力。

(5)掌握物理化学实验常用仪器设备的构造、原理、性能及使用方法,了解大型仪器的功能、测试方法和手段及计算机在物理化学实验中的应用。

物理化学实验的主要任务是对物理化学各个分支如化学热力学、化学动力学、电化学、表面与胶体化学、结构化学等方面的各种物理化学量进行测量。这就需要了解和掌握基本的实验技术,它是完成和提高物理化学实验质量的必要保证。

物理化学实验具有其自身的特点,即在实验中主要使用精密仪器进行实验,大都涉及比较复杂的物理测量方法和技术,因此它不仅要求学生会动手组装和正确使用实验装置和仪器,而且要求学生能设计实验并对实验结果做出正确的处理,使学生既具有扎实的实验基础,又具备初步的科研能力,实现由学习基本知识和技能到能够进行初步科学研究的能力上的转变。

1.1.2 物理化学实验的要求和注意事项

1.1.2.1 物理化学实验的要求

物理化学实验教学在重视知识、技能学习的同时,更要注重研究能力的培养,以智能开发、能力培养为指导思想。要求在教学中,首先做好规定的基础实验,熟悉每一个实验的方法、技术和仪器操作。在实验教学的后期,根据实际情况适当安排一些综合与设计性实验。

为了达到实验目的,使学生真正掌握基本的实验方法和实验技术,通过该实验获得较大的收获，要求学生做到以下几点。

（1）实验预习 物理化学实验有其本身的特点，要求学生在开始做每个实验前要充分预习，仔细阅读教材，查阅相关资料，明确实验目的，掌握实验原理，了解所用仪器的构造和使用方法，了解整个实验的操作过程，做到心中有数。明确该实验需进行哪些测量，记录哪些数据，了解实验中每一步如何进行以及为什么要这样做。要在预习的基础上写出预习报告。

预习报告在实验前要交教师检查，同时教师要根据学生的预习情况进行必要的提问，并解答疑难问题。学生达到预习要求并经同意后，方可进行实验，对未预习或未达到预习要求的学生，不允许进行实验。学生有无充分预习对实验效果的好坏和对仪器的损坏程度影响极大，因此必须坚持做好实验前的预习，以利于提高实验效果。

（2）实验操作 实验操作是物理化学实验的一个重要环节。实验中应严格按操纵规程进行，不得任意改动操作步骤，如需改动应请教师批准。实验操作中，严禁"看一步，做一步"的操作方式，要仔细观察实验现象，严格控制实验条件，要积极思考，善于发现和解决实验中出现的各种问题。如遇难以解决的问题，可请指导教师予以帮助。

（3）实验记录 养成良好的记录习惯是物理化学实验的基本要求之一。进入实验室首先应该记录当时的实验条件，因为实验结果与实验条件密切相关，它是分析实验结果和误差的重要依据。实验条件包括环境条件和仪器药品条件。而环境条件指室温、大气压和湿度等；仪器药品条件则指使用药品的名称、纯度、浓度和仪器的名称、规格、型号、实际精度以及必要的附件参数等。

要忠实记录实验数据和现象，记录原始数据必须完全、准确、整齐、清楚。对原始数据不能随意涂改、任意取舍，不得转抄他组的实验数据，不允许回忆补记，所有数据都应记录在预习报告册上。数据记录要表格化，要求实验前预先设计好数据记录表格。

（4）实验报告 写好实验报告是物理化学实验的基本训练。它能使学生在实验数据处理、作图、误差分析、问题归纳等方面得到训练和提高。同时，可以加深对实验原理和实验设计思想的理解。因此，必须要认真、完整、详实地写出实验报告。

（5）综合设计性实验 综合与设计性实验是培养学生科学研究能力的一个有效途径，是基础物理化学实验的进一步提高与深化。物理化学实验与科学研究之间在设计思路、测量原理和方法上有着许多相似之处，因此，对学生进行综合与设计性实验的训练，能够使学生在实践中学到实验设计的思路和方法，能够较全面地提高他们的实验技能和综合素质，对于培养学生的科学研究能力起到了不可替代的作用。

在综合与设计性实验开设过程中，综合性实验由教师给定题目，设计性实验可由学生自己选定题目。在教师的指导下，要求学生自己查阅文献，提出实验方案，选择实验条件，配制和标定溶液，组合仪器设备，并独立完成全部实验内容。实验结束后，要求学生采用科学论文的形式写出实验报告，以此提高学生综合运用化学实验技能和基础知识解决实际问题的能力。

综合与设计性实验的基本程序如下。

研究选题。在教材提供的实验题目中选择自己感兴趣的题目，认真研究题目的内容和要求，包括题目的所属范畴、研究重点、影响因素及所需测量的物理化学量等。

查阅文献。查阅包括实验原理、实验方法、仪器装置在内的文献资料，对前人采用过的不同实验方法进行分析、对比、综合与归纳。

设计方案。对实验的整体方案进行初步的设想和规划，并写出设计方案。设计方案应包括实验装置示意图、详细的实验步骤，并列出所需的仪器、药品清单等。

方案论证。在实验开始前两周将设计方案交任课教师，进行实验可行性论证，请老师和同学提出存在的问题，优化实验方案，向实验室提出实验申请。

实验准备。得到实验室批准后，提前一周到实验室进行实验仪器、药品等的准备工作。

实验实施。在教师监督指导下，按实验方案进行实验。实验过程中，注意随时观察实验现象及影响因素等。不断总结经验，完善实验方案，反复进行实验直到成功。

数据处理。综合处理实验数据，进行误差分析，按科研论文的形式写出有一定见解的实验报告并进行交流。

1.1.2.2 物理化学实验的注意事项

（1）学生进入实验室后，应首先按仪器配套卡认真清点仪器，检查仪器是否完好，有无缺损，如有损坏及时报告，以便补充修理。核对所用试剂、药品是否符合要求，并做好实验前的各项准备工作。

（2）仪器使用时要严格按操作规程进行。要爱惜仪器，不了解仪器使用方法前不要乱试，应请教师指导，以免损坏仪器。对于复杂的仪器装置和电路，应装好后请教师检查，确认无误后方可接通电源。

实验中，仪器出现故障时，不得擅自拆卸、调整，需经指导教师允许方可更换。如遇到仪器损坏，应及时报告，检查原因，登记损坏情况，教师根据损坏情况和原因及本人态度，作出适当处理。

（3）特殊仪器需向实验教师领取，实验完毕后及时归还。

（4）不要乱拿它处仪器、药品，公用仪器及试剂不要随意变更摆放位置，用完后应立即放回原处。

（5）实验完毕后，先将原始数据交指导教师审查，并由教师签名。如指导教师认为有必要重做者，应在指定时间补做。实验数据合格者，方可整理拆卸仪器装置。

（6）实验结束，要彻底清洗玻璃仪器，复原仪器摆放位置。整理实验台面，核对所用实验物品后，请教师清点检查，并在仪器使用情况登记表上签名，经教师同意方能离开实验室。未经清点签字者应对以后损失情况负责。

1.1.2.3 特殊、贵重仪器的使用规则

物理化学实验使用特殊和贵重仪器较多，在实验中必须谨慎操作。首先检查仪器的电路、电源及配套仪器、仪表有无短路、错接之处，确认无误方可接通电源、气源。注意仪表的量程，若待测数值不清楚时，必须先从仪器的最大量程开始。仪器上的各种开关、旋钮等可调动部件，应熟悉其调动方向后，再仔细操作，不能强扭硬搬。保持仪器的清洁、干燥，不得淋溅酸、碱及水等液体。标准仪器应倍加爱护，放置在固定地方保存，不要任意挪动。

1.1.2.4 物理化学实验室规则

（1）实验时学生应遵守操作规程，遵守安全守则，保证实验顺利进行。

（2）遵守纪律，不迟到，不早退，实验过程保持室内安静，不要大声喧哗。

（3）不做与实验无关的事情。不要看其他的书、报、杂志或小说，不要在做实验过程中写实验报告。

（4）使用水、电、气、药品试剂等应本着节约的原则。

（5）保持实验室内卫生，做到整洁、干净，不要乱扔废纸、废物，更不要丢入水槽，以免堵塞。实验完毕，将废液倒入指定的回收瓶中。

（6）实验结束后，学生轮流值日，负责打扫整理实验室，检查水、电、门、窗，以保证实验室的安全。

1.1.3 预习报告和实验报告的书写规范

1.1.3.1 预习报告的书写

为加深学生对实验内容的了解，提高实验效率和实验效果，实验前必须要进行预习，并

在预习的基础上写出预习报告。预习报告的主要内容如下。

简明扼要地写出实验目的、实验原理（其中包括所用到的公式）、关键操作步骤和注意事项，并将实验所要记录的数据科学地设计一个原始数据记录表。此外，必要时可绘出实验装置简图；参阅教材中关于该实验所用仪器设备的构造原理和使用方法，必要时可另写出仪器的关键操作和使用方法；记录并提出预习中产生的疑难问题等。

1.1.3.2　实验报告的书写

实验报告是学生对所做实验内容的总结，它与预习报告的侧重点不同。在实验报告的书写过程中，首先要标明实验条件：日期、室温、气压，同时写清班级、学号、实验者和同组者的姓名。实验报告的书写内容和具体要求如下。

目的要求：简明扼要分条目写清楚。

实验原理：用自己的语言简述实验所依据的原理、实验的设计思想，并写出相关公式，绘出必要的实验装置图。

仪器与试剂：写出仪器名称、型号及精度，也可实验前对照实物填写；写出药品的名称及纯度，试剂要注明具体浓度。

实验步骤：明确写出实验的关键操作步骤和注意事项，一般步骤可简写。

数据处理：该部分是实验的关键部分，将原始数据按要求整理后列出实验数据表；需要绘图的实验按要求作图；写清计算公式及计算过程，并得出计算结果。最后，将所得结果与文献值进行比较，求出相对测量误差，讨论结果的可靠性。

思考与讨论：可参考教材中本实验的思考题进行回答；可对实验中的问题及现象加以分析和解释；也可提出一些建议性的改进意见和方法。

在实验报告中，数据处理和结果的分析讨论是实验报告的核心部分，这部分内容应反映出学生对于实验结果和实验现象的分析、归纳和解释，以及实验后的心得体会。

一份好的实验报告应该达到实验目的明确、原理清楚、数据准确、作图合理、结果正确、讨论深入、字迹清楚和报告完整等。

实验报告要独立完成，要有自己的风格，杜绝照抄书本或他人报告，用简练的语言完整地表达所要说明的问题。实验报告既要有一定的格式和规范，又要避免一般化和雷同。

1.2　物理化学实验室安全与防护

物化实验室的安全防护非常重要，因经常使用各种仪器设备和化学药品以及水、电、高压气等，为保证实验的顺利进行，必须要树立安全实验意识，了解和掌握必要的安全防护知识，是每一个化学实验工作者必须具备的素质。

各类化学实验室都有其不同的特点，本节主要介绍物理化学实验室的安全防护知识。

1.2.1　安全用电与防护

物理化学实验需要使用各种各样的电器，要特别注意安全用电，熟悉用电常识，遵守用电规则，违规用电可能造成损坏仪器设备、火灾，甚至人身伤亡等严重事故。

实验室所用电源主要是频率为 50 Hz 的交流电，分为单相 220V 和三相 380V 两种，除少数仪器设备外，实验室多用单相交流电。该电压远高于人体的安全电压（36V、50Hz），使用时要格外注意、多加小心。

人体通过 50Hz 的交流电 1mA 就有感觉，10mA 以上会使肌肉收缩，25mA 以上则感觉呼吸困难，甚至停止呼吸，100mA 以上则使心脏的心室产生颤动，以致无法救活，因此使用电器设备时，必须注意防止触电的危险。实验室安全用电注意事项如下。

（1）操作电器时，手必须干燥，一切电源裸露部分应有绝缘装置，所有电器设备的外壳都应妥善接地。

（2）通常每个实验室都有规定允许使用的最大用电负荷，每路电线也有规定的限定用电负荷，物理化学实验室插座的最大允许电流一般为16A。使用电器时不得超载，超过时会使导线发热着火，控制负荷超载的简便方法是按限定用电负荷使用熔断片（保险丝）。严防正负端子、火线、零线接反，插头插错等。

（3）导线不慎短路也容易引起事故。为防止短路，尽量防止酸、碱及水溶液等浸湿导线和电器。严禁使用湿布擦拭正在通电的设备、插座和电线等，电器设备上和电线线路上严禁潮湿。

（4）使用电器时，要注意仪器设备所要求的电源是交流电还是直流电，三相电还是单相电，以及电压的大小、功率的要求是否相符。不能用试电笔去试高压电，使用高压电源应有专门的防护措施。

（5）电器线路安装完毕应仔细检查无误后，方可进行试探性通电，据仪表指示情况判断有无错接、反接、短路、断路、超载以及漏电现象，以免烧毁仪器。若使用过程中发现仪器温度过高或嗅到绝缘漆的焦味，应立即断电检查。

（6）要禁止高温热源靠近电线。电线接头间要接触牢固，继电器工作时、电器触点接触不良时易产生电火花，要格外注意。防止因电火花而引起实验室的燃烧与爆炸。

（7）了解电源总闸的位置，遇有人触电，其他人员不要直接用手施救，要立即用不导电的物体（木棒、竹竿等）将带电体与触电者身体分开，立即切断电源，并对触电者进行急救，情况严重者应迅速就医。

（8）实验室的电器设备和电路不得私自拆卸和任意进行修理，也不能自行加接电器设备和电路，必须由专门的技术人员进行操作。

（9）实验结束应及时关闭仪器开关，最后离开实验室时关闭电源总闸和照明开关。

1.2.2 化学药品的安全使用与防护

1.2.2.1 化学药品的安全使用

大多数化学药品和试剂都具有不同程度的毒性，应尽量防止化学药品以任何方式进入人体。因为物理化学实验主要目的是测定物质或系统的性能和特性，所以可采用低毒试剂代替高毒试剂，无毒试剂代替有毒试剂，同时应尽量减少使用毒性大、致癌可能性大的药品。

在使用有毒、易爆、易挥发和腐蚀性药品时，要注意防毒、防爆、防燃、防灼伤等。

（1）防毒　实验前应了解所用药品的毒性及防护措施。取用或操作有毒化学药品和腐蚀性气体应在通风橱内进行，要避免与皮肤接触；剧毒药品应妥善保管并小心使用；饮食用具不要带进实验室，以防毒物污染；禁止在实验室内喝水、吃东西；离开实验室时要洗净双手。

（2）防爆　可燃气体与空气混合，当两者比例达到爆炸极限时，受到热源等诱发，就会引起爆炸。一些常见气体的爆炸极限见表1-1。

在使用可燃性气体时，要防止气体逸出，室内通风要良好；操作大量可燃性气体时，严禁同时使用明火，要防止发生电火花及其他撞击火花；有些药品（如叠氮铝、乙炔银、乙炔铜、高氯酸盐、过氧化物等）受震和受热都易引起爆炸，使用时要特别小心；严禁将强氧化剂和强还原剂放在一起。对容易引起爆炸的实验，操作时应备有防爆措施。

（3）防火　许多有机溶剂（如乙醚、丙酮、乙醇、苯等）非常容易燃烧，使用时室内不能有明火、电火花等，实验室内不可存放过多此类药品，使用后要及时回收处理，不可倒入下水道，以免聚集引起火灾。另外，有些物质如磷、金属钠、钾及比表面很大的金属粉末（如铁、铝等）易氧化自燃，要隔绝空气保存，使用时要特别小心。

表 1-1 与空气相混合的某些气体的爆炸极限 （20℃，101.325kPa）

单位：%（体积）

气 体	爆炸高限/%（体积）	爆炸低限/%（体积）	气 体	爆炸高限/%（体积）	爆炸低限/%（体积）
氢	74.2	4.0	醋酸	—	4.1
乙烯	28.6	2.8	乙酸乙酯	11.4	2.2
乙炔	80.0	2.5	一氧化碳	74.2	12.5
苯	6.8	1.4	水煤气	72	7.0
乙醇	19.0	3.3	煤气	32	5.3
乙醚	36.5	1.9	氨	27.0	15.5
丙酮	12.8	2.6			

注：1atm＝101325Pa；后同。

实验室一旦着火不要惊慌，应根据情况选择不同的灭火剂进行灭火。水是最常用的灭火物质，但以下几种情况不能用水灭火：有金属钠、钾、镁、铝粉、电石、过氧化钠等时，应用干沙等灭火；比水轻的易燃液体（如汽油、苯、丙酮等）着火，采用泡沫灭火器；有灼烧的金属或熔融物的地方着火时，应用干沙或干粉灭火器；电器设备或带电系统着火，用二氧化碳或水基型水雾灭火器。水基型水雾灭火器是 2008 年以来我国推广的一种新型灭火器，它具有绿色环保、高效阻燃、抗复燃性强、灭火速度快、渗透性强、灭火后药剂可 100% 生物降解、对周围环境和设备无污染等多个特点，其性能大大优于其他类型的灭火器。

（4）防灼伤 强酸、强碱、强氧化剂、溴、磷、钠、钾、苯酚、冰醋酸等都会腐蚀皮肤，特别要防止溅入眼内。液氮、干冰等物质的低温也会严重灼伤皮肤，使用时要小心。万一灼伤应妥善处理并及时送医院治疗。

化学烧伤应急处理办法：强酸、强碱如果与皮肤接触会造成严重烧伤，应该及时用大量水冲洗。对于强酸造成的烧伤可用很稀的弱碱（氨）来冲洗，强碱则可用很稀的弱酸（醋酸）来冲洗。应特别注意保护眼睛（使用安全眼镜、护目镜或面罩），万一化学药剂进入眼睛，应迅速用洗眼器或其他大量流水的工具来彻底洗净受伤者的眼球，冲洗时应将眼睑皮翻离眼球以便于有效地冲洗。

1.2.2.2 汞的安全使用

物理化学实验室经常用到汞，操作者使用不当时会引起汞中毒。汞中毒分急性和慢性两种。急性中毒多为高汞盐（如 $HgCl_2$）入口所致，0.1～0.3g 即可致死。吸入汞蒸气会引起慢性中毒，症状为食欲不振、恶心、便秘、贫血、骨骼和关节疼痛、神经衰弱等。汞蒸气的最大安全浓度为 $0.1mg/m^3$，而 20℃时汞的饱和蒸气压约为 0.16Pa，超过安全浓度 130 倍，所以使用汞必须严格遵守下列操作规定。

（1）储汞的容器要用厚壁玻璃器皿或瓷器，在汞面上加盖一层水，避免直接暴露于空气中，同时应放置在远离热源的地方。

（2）一切转移汞的操作，应在装有水的浅瓷盘内进行。装汞的仪器下面一律放置浅瓷盘，防止汞滴散落到桌面或地面上。

（3）万一有汞滴掉落，要先用吸汞管尽可能将汞珠收集起来，再用能形成汞齐的金属片（Zn、Cu）在汞溅落处进行多次刮扫，最后把硫黄粉撒在汞溅落的地方，覆盖并摩擦使之生成 HgS，也可用 $KMnO_4$ 溶液使其氧化。

（4）使用汞的实验室应有良好的通风设备。擦过汞或汞齐的滤纸或布必须放在有水的容器内，手上若有伤口，切勿接触汞。

1.2.3 X 射线的防护

X 射线被人体组织吸收后，对健康是有害的。一般晶体 X 射线衍射分析用的软 X 射线

（波长较长、穿透能力较低）比医院透视用的硬 X 射线（波长较短、穿透能力较强）对人体组织伤害更大。轻者造成局部组织灼伤，重者可造成白血球下降，毛发脱落，发生严重的射线病。但若采取适当的防护措施，上述危害是可以防止的，最基本的一条是防止身体各部位（特别是头部）受到 X 射线照射，尤其是直接照射，因此 X 射线管窗口附近要用铅皮（厚度在 1mm 以上）挡好，使 X 射线尽量限制在一个局部小范围内。在进行操作（尤其是对光）时，应戴上防护用具（特别是铅玻璃眼镜），暂时不工作时，应关好窗口，非必要时，人员应尽量离开 X 射线实验室。室内应保持良好通风，以减少由于高电压和 X 射线电离作用产生的有害气体对人体的影响。

第2章 物理化学实验的误差与数据处理

2.1 误差分析及应用

在实验的过程中，任何一种测量结果都不可避免地会存在一定的误差（或称偏差），所以进行误差分析是非常必要的。当我们拟定了实验方案、选择一定精度的仪器、用适当的方法进行测量后，更重要的是将所测得的数据加以整理、归纳，科学地分析、研究变量间的规律，目的是为了得到合理的结果。但是，由于外界条件的影响、仪器的优劣以及实验者感觉器官的限制，实验测得的数据只能达到一定的准确度。因此，在实验前了解测量所能达到的准确程度，实验后科学地分析和处理数据的误差，掌握其变化规律，才能正确表达测量结果的可靠程度，提高实验的质量和水平，对实验起到一定的指导作用。这就需要了解误差的种类、起因、特点和性质，帮助我们抓住提高准确度的关键。通过对实验过程的误差分析，选出实验的最佳条件。所以说，误差分析是正确表达实验结果、鉴定实验质量的重要依据。物理化学实验中必须要熟练掌握误差的概念和表达方法。

2.1.1 基本概念

2.1.1.1 误差

误差是测量学上的一个概念，它表示测量值与被测量真值的偏离程度，即测量值与真值之差。以 ΔX 表示误差，则：

$$\Delta X = X - X_{真} \tag{2-1}$$

式中，X 为测量值；$X_{真}$ 为被测量的真值。

ΔX 越小，测量的准确度越高，说明测量越接近真值。假如 ΔX 为零，则表示测量值完全反映了被测量的大小，即为被测量的真值。

获得真值是一切测量过程所希望的，但实践证明一切实验测量的结果都具有误差，并且贯穿于测量过程的始终。再精确的测量也只能在一定的数量级范围内达到或接近真值，完全等于真值是无法达到的，人们只能随着科学的发展、测量仪器和手段的改进，使测量误差越来越小。在科学测量中只有设想的真值，一般是用消除系统误差后，多次测量所得的算术平均值或文献手册的公认值来代替。

2.1.1.2 误差的分类

根据误差的种类、性质和产生的原因可分为系统误差、偶然误差和过失误差三种。

（1）系统误差 在相同条件下，多次测量同一物理量时，测量误差的绝对值和符号保持恒定；当条件改变时，又按某一确定规律变化的误差称为系统误差。系统误差也称为恒定误差。

系统误差的特点是：相同条件下，各次测量的误差大小相同，正负一致，绝对值和符号总保持恒定。并且产生系统误差的诸因素是可以被发现并加以克服的。

系统误差在测量过程中绝不能忽视，因为有时它比偶然误差要大出一个或几个数量级，因此在任何实验中，都要深入地分析产生系统误差的各种因素并尽力加以排除。引起系统误差的主要原因如下。

① 仪器误差 这是由于仪器结构上的缺点所引起的。如仪器的零位不准；温度计、滴

定管的刻度不准；气压计真空度不高等，这是仪器系统本身的精确度所致。

②　方法误差　　这主要是测量方法本身的限制。如采用近似的测量方法和近似公式；测量方法所依据的理论不完善等。

③　个人误差　　这是由于观测者的个人习惯和特点所引起的。如记录某一信号的时间总是滞后；对颜色的感觉不灵敏，读数总是偏高或偏低等。

④　环境误差　　这是由于实验环境不同所引起的。如温度、湿度、气压等，发生定向变化所引起的误差。

⑤　试剂误差　　所使用的化学试剂纯度不符合要求。如试剂中存在杂质或形成沉淀、絮状物等。

系统误差决定着测量结果的准确度。它是恒差，恒偏于一个方向。系统误差靠单纯的增加测量次数是无法消除的，只能通过改变实验方法和实验条件，通过选用不同的仪器设备，更换观测者，提高化学试剂的纯度，采用不同的实验技术等手段，综合考虑影响因素，达到消除或减小系统误差的目的，以提高准确度。

（2）偶然误差　　在相同条件下，多次重复测量同一物理量，每次测量结果都在某一数值附近随机波动，这种测量误差称为偶然误差。偶然误差也称为不确定误差或随机误差。

偶然误差的特点是：同一条件下，各次测量的误差大小不同，正负不一，具有任意性。其绝对值和符号都以不可预料的方式变化，具有随机性。

偶然误差来源于实验时某些无法发觉、无法确认和无法控制的变化因素对测量的影响，它在实验过程中总是存在的。引起偶然误差的主要原因如下。

①　操作者感官分辨能力的限制。如实验者对仪器的最小分度值以下的估读、颜色变化的判断，每次很难完全一致。

②　测量仪器的某些活动部件所指示的测量结果，在反复测量时很难每次完全一致。如电流和电压的波动。

③　暂时无法控制的某些实验环境条件的变化，也会使测量结果无规则变化。如大气压、温度波动等。

偶然误差决定着测量结果的精密度。偶然误差是很难消除的，但可以通过多次测量来提高精密度和重现性，以减小偶然误差的影响。

（3）过失误差　　在测量过程中，由于实验者的错误以及不正确操作或测量条件突变造成的误差，称为过失误差。如标度看错、记录写错、计算错误等。

过失误差无规律可循，在实验过程中应尽量避免。只要多方警惕，细心操作，加强责任心，此类误差是完全可以避免的。如果发现有此种误差产生，所得数据应谨慎予以剔除。

上述的三种误差都会影响测量结果，但是，过失误差在实验中是不允许发生的，系统误差也是可以避免的，而偶然误差则是不可避免的。那么，当避免了过失，校正了系统误差，则偶然误差就是测量误差。也就是说，最好的实验结果应只含有偶然误差。

（4）偶然误差的统计规律　　偶然误差是无法完全避免的，而且是可变的，有时大，有时小；有时正，有时负，但是在相同条件下，对同一物理量，当测量次数非常多时，便可发现数据的分布符合一般统计规律，这种规律可用图 2-1 中的典型曲线表示，此曲线称为偶然误差的正态分布曲线。

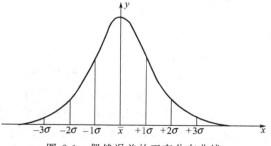

图 2-1　偶然误差的正态分布曲线

正态分布函数的具体形式为：

$$y = \frac{1}{\sqrt{2\sigma\pi}} \exp\left(-\frac{x_i^2}{2\sigma^2}\right)$$

式中，σ 为标准误差。

图中 y 表示误差出现的次数，σ 为误差的大小（无限多次测量所得标准误差），由图 2-1 正态分布曲线可以看出偶然误差具有以下规律。

① 对称性 正态分布曲线是以 y 轴对称的，因此，大小相等、符号相反的正、负误差出现的概率近于相等。

② 有界性 在一定的测量条件下，所有误差在一定范围内变化。即误差的绝对值不会超过某一界限。

③ 单峰性 绝对值小的误差比绝对值大的误差出现的概率大。

由数理统计方法分析可以得出，误差在 $\pm 1\sigma$ 内出现的概率是 68.3%；在 $\pm 2\sigma$ 内出现的概率是 95.5%；在 $\pm 3\sigma$ 内出现的概率是 99.7%，由此可见，误差超过 $\pm 3\sigma$ 出现的概率仅为 0.3%。

当测量次数无限增加时，偶然误差的算术平均值趋于零。

即：
$$\lim_{n \to \infty} \Delta \bar{x}_{偶} = \lim_{n \to \infty} \frac{1}{n}\sum_{i=1}^{n}(x_i - x_\infty) = 0 \qquad (2\text{-}2)$$

式中，x_i 为第 i 次的测量值；x_∞ 为同一条件下进行无限次测量的平均值。

为减小偶然误差的影响，在实际测量中对被测的物理量进行多次重复的测量，以提高测量的精度和重现性。上述曲线只当测量次数非常多时才能获得，但一般测量次数不会很多，因此只能做出粗略图。

2.1.1.3 准确度与精密度

准确度与精密度是表示测量质量的两个量。准确度是表示测量值与真值的接近程度，系统误差和偶然误差都小，测量值的准确度就高；精密度则是表示各观测值相互接近的程度，偶然误差小，数据重现性好，测量值的精密度高。

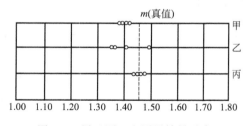

图 2-2 甲乙丙三人测量结果示意

在一组测量中，尽管精密度很高，但准确度并不一定很好；反之，如准确度好，则精密度一定高。换句话说，高精密度不能保证高准确度，但高准确度必须有高精密度来保证。

准确度与精密度的区别可用图 2-2 加以说明。

甲、乙、丙三人同时测定某物理量，每人分别测量四次，其测量结果用小圈表示在图中。可见甲测定结果精密度很高，但平均值与真值相差较大，说明其准确度低；乙测定结果精密度不高，准确度也低；只有丙的测定结果精密度和准确度都很高。

2.1.2 误差的计算

2.1.2.1 量的测量

测定各种物理量的方法虽然很多，但从测量方式上可分为直接测量与间接测量两种。

（1）直接测量 将被测量的量直接与同一类量进行比较的方法称直接测量。

如果被测的量直接由测量仪器的读数决定，这种方法称为直接读数法。如用米尺量长度，秒表记时间，温度计测温度，压力计测气压等。

当被测的量由直接与这个量的度量比较而决定时，这种方法叫比较法。如用对消法测量电动势，利用电桥法测量电阻，用天平称物质质量等。

（2）间接测量　许多被测的量不能直接与标准的单位尺度进行比较，而测量结果要由几个直接测量的物理量，通过一些函数关系加以运算才能得到，这种测量称为间接测量。例如：用黏度法测高聚物的相对分子质量时，就是用毛细管黏度计测出纯溶剂和聚合物溶液的流出时间，然后利用公式和作图求得相对分子质量的。

上述两种测量方法，直接读数法一般较为简单。而在实际测量中，物理化学实验的大多数问题是通过间接测量手段加以解决的。

2.1.2.2　直接测量的误差计算

物理量的测量可分为直接测量和间接测量，随之也就产生了直接测量误差和间接测量误差。

（1）直接测量结果的误差表示方法　一定条件下，对某一物理量进行 n 次测量，每次测量值以 x_i 表示，其算术平均值为：

$$\bar{x} = \frac{1}{n} \sum_{i=1}^{n} x_i \qquad (2\text{-}3)$$

其误差可用下列几种形式表示。

① 平均误差

$$\delta = \frac{\sum_{i=1}^{n} |x_i - \bar{x}|}{n} = \frac{\sum_{i=1}^{n} |d_i|}{n} \qquad (2\text{-}4)$$

式中，x_i 为测量值；$\bar{x}$ 为算术平均值；d_i 为偏差。平均误差也称绝对偏差。

② 标准误差

$$\sigma = \sqrt{\frac{\sum_{i=1}^{n} (x_i - \bar{x})^2}{n-1}} = \sqrt{\frac{\sum_{i=1}^{n} d_i^2}{n-1}} \qquad (2\text{-}5)$$

标准误差也称均方根误差。

③ 或然误差

$$p = \pm 0.675\sigma \qquad (2\text{-}6)$$

或然误差也称概率误差。

或然误差的意义是：在一组测量中若不计正负号，误差大于 p 的测量值与误差小于 p 的测量值各占测量次数的 50%，即误差落在 $+p$ 与 $-p$ 之间的测量次数占总测量数的一半。

三种误差之间的关系为

$$p : \delta : \sigma = 0.675 : 0.799 : 1.00$$

④ 绝对误差和相对误差　绝对误差是测量值与真值之差。绝对误差＝观测值－真值

相对误差是指误差在真值中所占百分数。相对误差＝绝对值/真值 ×100%

平均相对误差表示为　　　　　$\delta_{相} = \dfrac{\delta}{\bar{x}_n} \times 100\%$；　　　　　　　　　（2-7）

标准相对误差表示为　　　　　$\sigma_{相} = \dfrac{\sigma}{\bar{x}_x} \times 100\%$；　　　　　　　　　（2-8）

在表示直接测量结果时，除写出平均值外，还应写清其误差范围。应表示为：$\bar{x} \pm \Delta x$。测量结果可用各种误差表示，但多采用标准误差表示，有时也用平均误差表示，即：$\bar{x} \pm \sigma_{相}$ 或 $\bar{x} \pm \delta_{相}$。σ 和 δ 值越小，表示测量精密度越高。

（2）可疑观测值的舍弃　在测量过程中，经常发现有个别数据很分散，如果保留，则计算出的误差会较大，必然想舍去，企图获得较好的结果，但任意舍弃是不科学的。

　　所谓可疑观测值，是指实验中因各种错误而引入的测量值。这些值将会给实验结果带来很大的偏差，必须予以清除。首先据某测量值比一般值相差较大的特点，把一组测量值中较大的值或较小的值作为可疑值取出，然后按下述方法进行判断。

　　① 3σ 法　此法是最常用、最简单的判别可疑测量值的剔除法则。从误差正态分布理论可知，绝对值大于 3σ 的误差出现的概率只有 0.3%，通常把这一数值称为极限误差。如果可疑测量值的误差超过 3σ，那么，即可认为属于过失误差而将其舍弃。

　　② 4δ 法　物理化学实验通常只进行有限次的测定，因此测定次数少，概率理论已不适用。有人（H. M. Goodwin）提出了一种简单的判断方法，即略去可疑值后，计算其余各观测值的平均值 $\overline{x}_{n-1}$ 及平均误差 δ，然后计算可疑值与平均值的偏差 d。

$$d = \mid x_{疑} - \overline{x}_{n-1} \mid$$

　　如果 $d \geqslant 4\delta$ 则此可疑值可以舍去，因为这种观测值存在的概率只有 1‰。

　　对实验中的数据进行随意舍弃是不科学的。在实验过程中，如能充分证明，如称量时砝码加减有误、样品在实验中被沾污或溅失以及在实验中有其他过失等，才能舍弃掉某一坏数据。如果没有充分的理由，则应根上述方法进行判断，才能决定数据的取舍。

　　（3）一次测量值的误差　一次测量值是指只读取一次的测量值。它的误差可以根据仪器的不同按以下方法估计。

　　① 对于有刻度的仪器，如温度计、滴定管、移液管等，一般以仪器最小分度值的 1/5 估计其误差。

　　② 对容量仪器，如容量瓶、单刻度移液管、量筒等，可按其体积的 0.2% 来估计其误差。

　　③ 对于各种仪表，如各种电表、压力表等，其误差可按它们的等级来确定。如 0.1 级电表的准确度为其最大量程的 0.1%。

　　④ 一般的数据若未给出误差时，其误差可按最后一位有效数字的 ±3 估计。

2.1.2.3　间接测量结果的误差计算

　　在物理化学实验中，大多数情况下，要对几个物理量进行测量，然后，通过函数关系加以运算，才能获得所需的结果。也就是说我们最终所需要的结果是间接测量所得的数据。

　　在实验结果中，每个间接测量结果的误差都与直接测量结果的误差有着密切的关系，它将会直接影响最后的结果，这种影响称为误差传递。

　　（1）间接测量结果的平均误差　设有一间接量 u 是直接量 x、y、z、…的函数，函数式为：

$$u = F(x, y, z, \cdots) \quad 若\ x、y、z、\cdots均为独立变量$$

全微分得　$\mathrm{d}u = \left(\dfrac{\partial F}{\partial x}\right)_{y,z,\cdots} \mathrm{d}x + \left(\dfrac{\partial F}{\partial y}\right)_{x,z,\cdots} \mathrm{d}y + \left(\dfrac{\partial F}{\partial z}\right)_{x,y,\cdots} \mathrm{d}z + \cdots$ 　　　　(2-9)

　　设各自变量的平均误差（δ_x、δ_y、δ_z、…）足够小，可代替它们的微分（$\mathrm{d}x$、$\mathrm{d}y$、$\mathrm{d}z$、…），并考虑直接测量的正、负误差不能对消而引起误差积累，故取其绝对值，则式(2-9)可写为：

　　平均误差　　　$\delta_u = \left|\dfrac{\partial F}{\partial x}\right| |\delta_x| + \left|\dfrac{\partial F}{\partial y}\right| |\delta_y| + \left|\dfrac{\partial F}{\partial z}\right| |\delta_z| + \cdots$ 　　　　(2-10)

　　将式(2-10)取对数后再微分，并进行微分量代换得：

　　相对平均误差　$\dfrac{\delta_u}{u} = \dfrac{1}{F(x,y,z,\cdots)} \left[\left|\dfrac{\partial F}{\partial x}\right| |\delta_x| + \left|\dfrac{\partial F}{\partial y}\right| |\delta_y| + \left|\dfrac{\partial F}{\partial z}\right| |\delta_z| + \cdots \right]$ 　　(2-11)

　　以上两式分别为间接测量结果的平均误差和相对平均误差的普遍公式。由此可以导出部分函数的平均误差计算公式（表 2-1）。

（2）间接测量结果的标准误差　设函数 $u=F(x, y, z, \cdots)$　　x、y、z、$\cdots$ 的标准误差分别为 σ_u、σ_y、σ_z、$\cdots$，则 u 的标准误差为

$$\sigma_u = \left[\left(\frac{\partial F}{\partial x}\right)^2 \sigma_x^2 + \left(\frac{\partial F}{\partial y}\right)^2 \sigma_y^2 + \left(\frac{\partial F}{\partial z}\right)^2 \sigma_z^2 + \cdots\right]^{\frac{1}{2}} \tag{2-12}$$

相对标准误差为：

$$\frac{\sigma_u}{u} = \left[\left(\frac{1}{F}\frac{\partial F}{\partial x}\right)^2 \sigma_x^2 + \left(\frac{1}{F}\frac{\partial F}{\partial y}\right)^2 \sigma_y^2 + \left(\frac{1}{F}\frac{\partial F}{\partial z}\right)^2 \sigma_z^2 + \cdots\right]^{\frac{1}{2}} \tag{2-13}$$

以上两式分别为间接测量结果的标准误差和相对标准误差的普遍公式。由此可以导出部分函数的标准误差计算公式（表 2-1）。

表 2-1　部分常见函数的误差计算公式

函数关系	平均误差	相对平均误差	标准误差	相对标准误差
$z=x\pm y$	$\pm(\lvert \mathrm{d}x \rvert + \lvert \mathrm{d}y \rvert)$	$\pm\left(\frac{\lvert \mathrm{d}x \rvert + \lvert \mathrm{d}y \rvert}{x \pm y}\right)$	$\pm\sqrt{\sigma_x^2 + \sigma_y^2}$	$\pm\frac{1}{\lvert x \pm y \rvert}\sqrt{\sigma_x^2 + \sigma_y^2}$
$z=xy$	$\pm(y\lvert \mathrm{d}x \rvert + x\lvert \mathrm{d}y \rvert)$	$\pm\left(\frac{\lvert \mathrm{d}x \rvert}{x} + \frac{\lvert \mathrm{d}y \rvert}{y}\right)$	$\pm\sqrt{y^2\sigma_x^2 + x^2\sigma_y^2}$	$\pm\sqrt{\frac{\sigma_x^2}{x^2} + \frac{\sigma_y^2}{y^2}}$
$z=x/y$	$\pm\left(\frac{y\lvert \mathrm{d}x \rvert + x\lvert \mathrm{d}y \rvert}{y^2}\right)$	$\pm\left(\frac{\lvert \mathrm{d}x \rvert}{x} + \frac{\lvert \mathrm{d}y \rvert}{y}\right)$	$\pm\frac{1}{y}\sqrt{\sigma_x^2 + \frac{x^2}{y^2}\sigma_y^2}$	$\pm\sqrt{\frac{\sigma_x^2}{x^2} + \frac{\sigma_y^2}{y^2}}$
$z=x^n$	$\pm(nx^{n-1}\mathrm{d}x)$	$\pm\left(\frac{n}{x}\mathrm{d}x\right)$	$\pm(nx^{n-1}\sigma_x)$	$\pm\left(\frac{n}{x}\sigma_x\right)$
$z=\ln x$	$\pm\left(\frac{1}{x}\mathrm{d}x\right)$	$\pm\left(\frac{1}{x\ln x}\mathrm{d}x\right)$	$\pm\left(\frac{1}{x}\sigma_x\right)$	$\pm\left(\frac{1}{x\ln x}\sigma_x\right)$

2.1.2.4　测量结果的正确记录及有效数字

测量的误差，与正确记录测量结果有着密切的关系，有效数字的确定和运算是进行误差计算的基础。在物理化学实验中，测得的任意物理量，它的每一位都有着实际的意义，它能够反映出量的大小、数据的可靠程度、仪器的精确程度等。

对任一物理量的测定，其准确度都是有限的，我们只能以某一近似值来表示，因此，测量数据的精确度不能超过测量条件所允许的范围，当我们对一个测量的量进行记录时，所记数字的位数应与仪器的精密度相符合。如果任意将近似值保留过多的位数，反而歪曲了测量结果的真实性。

有效数字是指在一个数据中可靠值和可疑值所包含的数字，即所记数字的最后一位是仪器最小分度内的估计值，称为可疑值，其他几位则为准确值。有效数字的有关规则如下。

① 直接测量的有效数字，其最后一位就是最小分度以下的估读数字，一般只取一位，最多不超过两位。

② 任何一物理量的数据，其有效数字的最后一位，在位数上应与误差的最后一位划齐。例如：1.24+0.01 表示方法是正确；而 1.242+0.01 和 1.2+0.01 的表示方法都是错误的，前者缩小了测量结果的精度，后者则夸大了测量结果的精度。

③ 测量值更换单位时，有效数字不变，变化的位数用 $10^{\pm n}$ 的倍数表示。如：将 1.5m 写成 1.5×10^2 cm。

最后有零的数字，如 158000，无法判断后边的 3 个 0 是用来表示有效数字的，还是用以标志小数点位置的，为避免错误，通常采用指数表示法：1.58×10^5（表示三位有效数字）；1.580×10^5（表示四位有效数字）。数字前边的零如 0.00135 只起说明小数点位置的作

用，不是有效数字，应写成 1.35×10^{-3} 的形式；指数表示法不但避免了与有效数字的定义发生矛盾，也简化了数值的写法，便于计算。

④ 若第一位数值等于或大于 8，其有效数字可多算一位。如：9.15 仅有三位，运算时可看作四位。

⑤ 计算四个以上数据的平均值时，平均值的有效位数可多取一位。

⑥ 任何一次直接量度值都要记到仪器刻度的最小估计读数，即第一位可疑数字。如：滴定管最小刻度 0.1mL，读数记到 0.01mL。

⑦ 有效数字加、减、乘、除及对数的运算规则。

在运算中舍弃过多不定数字时，应用"4 舍 6 入，逢 5 尾留双"的法则。

在加减运算中，各数值小数点后所取的位数，以其中小数点后位数最少者为准。

在乘除运算中，各数保留的有效数字，应以其中有效数字最少者为准。

在乘方或开方运算中，结果可多保留一位。

对数运算时，对数中的首数不是有效数字，对数的尾数的位数，应与各数值的有效数字相当。

计算公式中的一些常数 π、e、阿佛伽德罗常数、普朗克常数等，不受上述规则限制，其位数按实际需要取舍。

2.2 实验数据的处理方法

物理化学实验数据经初步整理、归纳和处理后，为了表达实验结果所获得的规律，通常采用三种方法来表示实验结果，即列表法、图解法和数学方程式法，随着计算机的广泛普及和应用，也可采用计算机处理实验数据。

2.2.1 列表法

将实验数据按顺序列表表示的方法称列表法。此方法是按一定形式和规律列出自变量和因变量间的相应数值。在物理化学实验中，多数测量至少包括两个变量，用表格形式处理实验数据，表达实验结果是最常用的方法之一。

列表法的优点是整齐、简单且形式紧凑，能阐明实验结果的规律性，且无须特殊工具，便于进一步处理运算，由于表中所列的数据已经过科学整理，所以易于比较和检查。列表时应注意以下几点。

（1）表格要有序号和简明、完整的名称。必要时在表下附以说明，注明数据的来源和处理方法。

（2）表格要行列清楚，每行或每列第一栏应正确列出物理量的名称、单位即栏头。

因为在表中列出的通常是一些纯数，所以在置于这些纯数之前的表示也应该是一纯数。这些纯数是量的符号 A 除以其单位的符号 $[A]$，即 $A/[A]$。如 V/mL；或者是这些纯数的数学函数，如 $\ln(p/\text{MPa})$。

（3）表中的数据应化为最简形式，公共乘方因子应写在第一栏与物理量符号相乘的形式，并为异号。

（4）数字要排列整齐，注意有效数字位数，小数点要对齐，按递增或递减的顺序排列。数值为零应记为 0，数值空缺时应记为横划线。

（5）表格中表达的数据排列顺序为：由左到右，由自变量到因变量。自变量应按增加或减少的顺序排列，最好以整数值等间隔增加。

选择依次均匀递增的自变量的方法：通常是将原始数据先按自变量和因变量的关系做

图，画出平滑曲线，消去一些偶然误差，然后从曲线上选取适当的变量间隔，再用列表法列出相应的数值。这种方法在测定随时间不断改变的物理量时最为常用。

（6）原始数据和处理结果列于同一表中时，应在表下列出计算公式，注名计算过程和处理方法，有时也写在表格第一栏。

一个完整的表格应包括表的顺序号、名称、项目、说明及数据来源五项内容。表 2-2 是液体饱和蒸气压测定数据表，可作为列表法参考示例。

表 2-2　液体饱和蒸气压测定数据

$t/℃$	T/K	$(10^3/T)/K^{-1}$	$10^{-4}\Delta h/Pa$	$10^{-4}p/Pa$	$\ln(p/Pa)$
95.10	368.25	2.716	1.253	8.703	11.734

2.2.2　图解法

所谓图解法就是将实验数据用一定的函数图形表示出来的方法。图解法也称作图法，这种方法在物理化学实验中尤为重要。

图解法的优点是直观、简明、易于比较，直观地显示出数据的变化规律及特点，如极大值、极小值、转折点、变化周期和速率等，便于数据的分析比较，确定经验方程式中的常数，也可对数据进行进一步的处理。

2.2.2.1　图解法在物理化学实验中的应用

作图是一种重要的数据表达方式，用途极为广泛，主要应用如下。

（1）求内插值　据实验所得数据，作出函数间相互关系曲线，然后在曲线上找出与某函数相应的物理量的数值。即在曲线所示的范围内，可求对应于任意自变量数值的因变量数值。

例如，（实验 6）双液系气-液平衡相图的绘制实验中，因实验所测得的数据是相应组成溶液的折射率，需通过折射率-组成关系曲线，用内插值的方法，在曲线上查出溶液的组成。

（2）求外推值　在某些条件下，测量数据间的线性关系，可用于外推至测量范围以外，求某一函数的极限值，此方法称为外推法。当所需数据不易或无法直接测定时，常用作图外推的方法求的。

例如，（实验 28）黏度法测高聚物的相对分子质量实验中，必须先用外推法求得溶液浓度趋于零时的黏度（即特性黏度）值，才能计算出相对分子质量。

在使用外推法时必须满足以下条件：外推的区间距实际测量的区间不太远；在外推的范围内，测量数据间的函数关系是线性关系；外推所得结果与已有的经验式无抵触。

（3）求函数的微商　在实验数据处理中经常应用曲线的斜率求函数的微商。具体做法是在所得曲线上选定若干个点，然后采用几何作图法做出各切线，计算出切线的斜率，即得该点函数的微商值。

（4）求函数的极值或转折点　函数的极大值、极小值或转折点，在图形上表现的直观准确，是图解法最大的优点之一。在物理化学实验数据处理中，凡是遇到求函数的极值或转折点等问题，几乎都采用图解法。

例如，（实验 7）二组分金属相图的绘制实验中，混合物相变点的确定。

（5）求经验方程式　若函数和自变量有线性关系

$$y=mx+b$$

则以相应的 x 和 y 的实验数值（x_i，y_i）作图，作一条尽可能连接诸实验点的直线，由直线的斜率和截距，可求出方程式中的 m 和 b 的数值。对于指数函数可取对数作图，即可将其转变为线性关系。

例如，反应速度常数 k 与活化能 E_a 的关系为：

$$k = Ae^{-E_a/RT}$$

可根据不同温度 T 下的 k 值，以 $\lg k$ 对 $1/T$ 作图，则可得一直线，由直线的斜率和截距，可分别求出活化能 E_a 和频率因子 A 的数值。

（6）求面积计算相应的物理量 如果图形中的因变量是自变量的导函数，方可利用图形求出定积分值，即曲线下所包含的面积。

2.2.2.2 作图方法及规则

图解法最关键的是作图，图的好坏直接影响着实验结果的优劣，因此，应认真掌握作图技术。作图的一般步骤及作图规则如下。

（1）选择绘图工具 物理化学实验数据处理时所需的绘图工具有铅笔、直尺、曲线板、圆规等。

（2）选择坐标纸 一般直角坐标纸最为常见，使用也最普遍，有时也选用对数坐标纸和半对数坐标纸，在表达三组分体系相图时，通常采用三角坐标纸。

（3）确定坐标 在用直角坐标纸作图时，以自变量为横轴，因变量为纵轴，在轴旁须注明变量的名称和单位，并以相除的形式表示，10 的幂次以相乘的形式写在变量旁，并为异号。

（4）选择比例尺 比例尺的选择很重要，比例尺的改变将会引起曲线形状的变化，如选择不当，曲线的特殊部分就表示不出来。比例尺的选择要注意以下几点。

比例尺以表达出全部有效数字为准，要使图上读出的精确度与测量的精确度相一致，即最小的毫米格内表示有效数字的最后一位。

图纸的每小格所对应的数值，应便于迅速读出和计算。应选 1、2、5，避免使用 3、7、9 这样的数值或小数。

按测得的最大值与最小值来选取图纸的大小，要充分利用图纸，使全图布局匀称合理，坐标的原点不一定从零开始，要视具体情况而定。

若所作图形为直线，则比例尺选择应使其斜率接近于 1，即直线与横轴交角近于 45°。

（5）画坐标轴 比例尺选定后，画出坐标轴，在轴旁注明该轴所代表变量的名称和单位，在纵轴左面和横轴下面，每隔一定距离（1cm 或 2cm）写出该处变数应有的值，以便作图及读数。横轴读数自左至右，纵轴自下而上。

（6）作代表点 将测得数值的各点用细铅笔绘于图上，并在点的周围画上 ×、○、△、□ 等，其面积的大小应表示实验数据误差的大小，应不超 1mm 格。在一张图上，如有数组不同的测量值时，各组测量值的代表点应以不同符号表示，以便于区别。

（7）连曲线 各代表点作出后，按其分布情况，用曲线板或曲线尺作出尽可能通过或接近各实验点的曲线。曲线要平滑均匀、清晰流畅，曲线不必强行通过所有的点，但对于不能通过的点，应均匀分布在曲线的两侧。

（8）写图名 每个图要有序号和简明的标题。要写清楚完备的图名和坐标轴的比例尺，图上除图名、比例尺、坐标轴和曲线外，一般不再写其他内容及其他辅助线。数据不要写在图上，写在实验报告上。

作好一张图，还应注意几点：应选用市售的正规坐标纸，不能用实验报告纸直接绘图；所用的绘图铅笔应削尖，以使线条明晰清楚；绘图时应使用直尺或曲尺辅助，不能徒手描绘，而且选用的直尺或曲尺应透明，以便于全面地观察实验点的分布情况，这样才能绘出理想满意的图形。图 2-3 可作为作图法参考示例。

在曲线上作切线可用下述两种方法。

① 镜像法　取一平面镜，使之垂直与图面，并通过曲面上待做切线的点 P（如图 2-4 所示），然后让镜子绕 P 点转动，注意观察镜中曲线的影像，当镜子转到某一位置，使得曲线与其影像刚好平滑地连为一条曲线时，过 P 点沿镜子作一直线即为 P 点的法线，过 P 点再作法线的垂线，就是曲线上 P 点的切线。若无镜子，可用玻璃棒代替，方法相同。

② 平行线法　在选择的曲线段上做两条平行线 AB 及 CD（如图 2-5 所示），然后连接 AB 和 CD 的中点 P、Q 并延长相交曲线于 O 点，过 O 点作 AB、CD 的平行线 EF，则 EF 就是曲线上 O 点的切线。

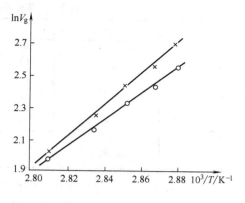

图 2-3　$\ln V_g - 10^3 \dfrac{1}{T}$ 图

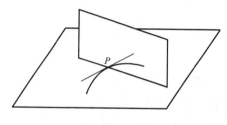

图 2-4　镜像法示意

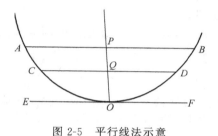

图 2-5　平行线法示意

2.2.3　数学方程式法

把实验数据间的关系表示成数学方程式的方法，称为数学方程式法。实验方程式是客观规律的一种近似描绘，是最精练的一种表示方法，它是理论探讨的线索和依据。

方程式法的优点是方式简单、关系明确、记录方便；便于进行理论分析和说明，可进行精确的微分、积分等。

对于一组实验数据，没有简单的方法可以直接得到理想的函数关系（经验方程式），它需要通过如下的方法才能实现。

2.2.3.1　建立经验方程的基本步骤

（1）判断曲线的类型　将实验数据直接描点作图，观察曲线的形状，从曲线的类型、经验和平面解析几何原理，猜测出相应的数学方程式。

（2）确定公式的形式　将曲线的函数关系变换成直线关系，若不是直线方程时，可将经验公式经变量的代换，变为直线方程。

例如，表示液体或固体的饱和蒸汽压 p 与温度 T 并非线性关系，而克劳修斯-克拉贝龙方程的积分式则是线性关系，即：

$$\ln(p/p^{\ominus}) = -\frac{\Delta H_m}{R}\frac{1}{T} + B$$

作 $\ln(p/p^{\ominus})$-$1/T$ 图，由直线的斜率即可求得汽化热或升华热。

将函数关系拟合成直线方程的形式是最为简单的处理方法，某些比较重要的函数关系式及其线性形式见表 2-3。

表 2-3 常见函数关系（方程）的线性关系

方 程	线性式	线性坐标轴			斜 率	截 距
$y=a\mathrm{e}^{bx}$	$\ln y=\ln a+bx$	$\ln y$	对	x	b	$\ln a$
$y=ab^x$	$\lg y=\lg a+x\lg b$	$\lg y$	对	x	$\lg b$	$\lg a$
$y=ax^b$	$\lg y=\lg a+b\lg x$	$\lg y$	对	$\lg x$	b	$\lg a$
$y=a+bx^2$	—	y	对	x^2	b	a
$y=a\lg x+b$	—	y	对	$\lg x$	a	b
$y=\dfrac{a}{b+x}$	$\dfrac{1}{y}=\dfrac{b}{a}+\dfrac{x}{a}$	$\dfrac{1}{y}$	对	x	$\dfrac{1}{a}$	$\dfrac{b}{a}$
$y=\dfrac{ax}{1+x}$	$\dfrac{1}{y}=\dfrac{1}{ax}+\dfrac{b}{a}$	$\dfrac{1}{y}$	对	$\dfrac{1}{x}$	$\dfrac{1}{a}$	$\dfrac{b}{a}$

如果函数关系式不能线性化，则应以多项式代替。

（3）求出常数建立方程式 将实验数据代入所得经验方程式，求解出斜率、截距或多项式中的各常数，从而建立完整的经验方程式。

2.2.3.2 经验方程式中常数的求法

（1）图解法 求直线方程 $y=mx+b$ 中的 m 和 b 可采用两种方法。

方法一，截距、斜率法。将直线延长交于 y 轴，其交点的 y 值即为 b，直线与 x 轴夹角的正切即为 m。

方法二，端值法。在直线的两端选两点 (x_1,y_1) (x_2,y_2) 将它们代入直线方程式中，解联立方程式得：

$$m=\frac{y_2-y_1}{x_2-x_1}\qquad b=y_1-mx_1=y_2-mx_2$$

（2）计算法 不用作图而直接由所测数据进行计算求得方程常数的方法。

设线性方程为 $y=mx+b$ 由于测量值 x 存在误差，使 y 值也产生误差，称其为残差。数学定义为：

$$\delta_i=y_i-(mx_i+b)$$

式中，x_i、y_i 为第 i 次的测量值；δ_i 为第 i 次的残差。

对残差的处理有不同的两种方法。

方法一：平均法。这是最简单的方法。令经验公式中残差的代数和等于零，

即

$$\sum_{i=1}^{n}\delta_i=0$$

计算时把 n 次测量值分为相等的两组，按残差的定义将各组的 x，y 累加起来，则各组的总和分别为：

$$\begin{cases}m\displaystyle\sum_{i=1}^{k}x_i+kb-\sum_{i=1}^{k}y_i=\sum_{i=1}^{k}\delta_i=0\\[2mm]m\displaystyle\sum_{i=k+1}^{n}x_i+kb-\sum_{i=k+1}^{n}y_i=\sum_{i=k+1}^{n}\delta_i=0\end{cases}$$

解此联立方程即可求出 m 和 b 值。

方法二：最小二乘法。这是最准确的处理方法。基本假设是残差的平方和为最小，即所有数据点与计算得到的直线偏差的平方和为最小。

对于 n 次测量值 δ_i^2 的总和应有：

$$\sum_{i=1}^{n}\delta_i^2=\sum_{i=1}^{n}(mx_i+b-y_i)^2=\Delta$$

据函数有极小值的必要条件可知 $\dfrac{\partial\Delta}{\partial m}$ 和 $\dfrac{\partial\Delta}{\partial b}$ 必等于 0。

将上式对 m 和 b 分别求导得：

$$\begin{cases} \dfrac{\partial \Delta}{\partial m} = 2\sum_{i=1}^{n} x_i(mx_i + b - y_i) = 0 \\ \dfrac{\partial \Delta}{\partial b} = 2\sum_{i=1}^{n}(mx_i + b - y_i) = 0 \end{cases}$$

展开上两式得：

$$\begin{cases} m\sum_{i=1}^{n}x_i^2 + b\sum_{i=1}^{n}x_i - \sum_{i=1}^{n}x_iy_i = 0 \\ m\sum_{i=1}^{n}x_i + nb - \sum_{i=1}^{n}y_i = 0 \end{cases}$$

解上述联立方程得：

$$m = \frac{n\sum\limits_{i=1}^{n}x_iy_i - \sum\limits_{i=1}^{n}x_i \sum\limits_{i=1}^{n}y_i}{n\sum\limits_{i=1}^{n}x_i^2 - \left(\sum\limits_{i=1}^{n}x_i\right)^2} \tag{2-14}$$

$$b = \frac{\sum\limits_{i=1}^{n}y_i \sum\limits_{i=1}^{n}x_i^2 - \sum\limits_{i=1}^{n}x_i \sum\limits_{i=1}^{n}x_iy_i}{n\sum\limits_{i=1}^{n}x_i^2 - \left(\sum\limits_{i=1}^{n}x_i\right)^2} \tag{2-15}$$

上述几种方法中最小二乘法最准，但计算比较麻烦且费时，如果用计算机计算就非常简便了。

2.2.3.3　直线方程的相关系数

最小二乘法是对具有线性函数的实验数据求得最佳直线方程的方法。但所得方程的意义究竟多大，即与真正方程误差有多大，需要进行判断，其标志就是相关系数的大小。相关系数是表明各测量值与直线偏离程度的一个物理量，通常以 R 表示，其表达式如下：

$$R = \frac{\sum(x - \overline{x_n})(y - \overline{y_n})}{\sqrt{\sum(x - \overline{x_n})^2 \sum(y - \overline{y_n})}} \qquad (0 \leqslant |R| \leqslant 1)$$

当 $R=0$ 时，表示 x 与 y 无线性关系，称不相关，其方程无意义；当 $|R|=1$ 时，表示各测量点均在其直线上，误差为零，称为完全相关，方程完全正确；当 $|R|<1$ 时，表明所得直线与各测量点有误差。

误差越大 $|R|$ 越小，这样可根据 $|R|$ 的大小来判断由最小二乘法求得的直线方程与测量点误差的大小，说明直线方程的实际意义。

2.3　计算机软件在实验数据处理中的应用

在物理化学实验过程中，需要处理的数据繁多。传统的数据处理方法是利用坐标纸进行的，由于在描点画线、选取坐标比例时引入的误差因人而异，即使同一组实验数据进行处理，所得到的实验结果也常常不能吻合，误差较大。再者，数据的纸上处理过程繁杂、费时，效率很低，已不能适应信息化时代的要求。因此，改变这种传统的数据处理方法是十分必要的。

随着计算机的不断普及、分析条件的不断改善、软件功能的不断增强以及操作方法的不断简化，应用计算机处理实验数据，不但可以减少在数据处理过程中人为因素产生的各种误差，提高实验结果的准确性，还可以极大地提高实验效率，对客观评价学生的实验结果具有重要意义。

目前，用于处理物理化学实验数据的软件主要有两种，即 Microsoft Excel 和 Origin。下面介绍 Excel 和 Origin 两种软件在物理化学实验数据处理中的一般用法。

2.3.1　Excel 软件的一般用法

Microsoft Excel 是应用最为普遍的计算机数据处理软件。由于一般计算机中都有 Office 套装软件 Excel，而且使用方便，因此实验中常用它进行列表法处理实验数据和一般函数曲线的绘制。Microsoft Excel 具有强大的数据分析功能，并能很方便地将数据处理过程的基本单元制成电子模板，使用时只要调出相应的模板，输入原始数据，激活相应的功能按钮，就能得到实验作图要求的各项参数。但是，在图形处理、分析功能方面 Excel 不如 Origin 简便、强大。

(1) 启动 Excel 程序，在数据窗口输入需作图数据。

(2) 数据表的处理

① 选中处理结果列的第一个单元格，在编辑栏中单击，从函数列表中选择所需的公式或者直接输入计算公式［如＝(C3＋D3)＊1000/9.807＋0.85］在这里，不用考虑大小写，单击"输入"按钮，确认我们的输入。

② 点击此单元格右下角，鼠标变成"十"字形，往下拖动可得整列结果。

(3) 作图

① 拖动鼠标选定作图所需数据，或选定一列后按 Ctrl 键再选定一列，程序默认左列为 X 轴右列为 Y 轴。

② 点击按钮 弹出"图表向导 4 步骤 1 之图表类型"选择"XY 散点图"。

③ 点"下一步"，弹出"图表向导 4 步骤 2 之图表源数据"，如选择数据列时左列为 Y 轴右列为 X 轴，可选择"系列"进行修改。

④ 点"下一步"，弹出"图表向导 4 步骤 3 之图表选项"，输入"图表标题"、"数值 X 轴"、"数值 Y 轴"，勾掉网格线和图例。

⑤ 点"下一步"，弹出"图表向导 4 步骤 4 之图表位置"，点"完成"，则在当前窗口插入一个图表。

⑥ 鼠标在"绘图区"点右键选择"绘图区格式"，将绘图区变成白色。

(4) 线性拟合　鼠标在绘图区点击一个数据点，则除该数据点外，所有数据点呈黄色，即选中所有数据点，点击右键，选择"添加趋势线"在"类型"中选择"线性"，"选项"中勾中"显示公式"、"显示 R 平方值"，点"确定"则在绘图区显示公式和 R 平方值。

(5) 数据和图表都可复制到 Word 文档。

2.3.2　Origin 软件的一般用法

Origin 是由 OriginLab 公司开发的一个高级科学绘图、数据分析软件，近年来越来越受到科研工作者的欢迎。它是一个功能性强又相当易学易用的科学数据处理软件。与其他专业的实验处理软件不同的是：Origin 处理实验数据不需要编写任何程序，使用者通过简单的学习，即可获得专业的处理结果。将 Origin 软件应用到物理化学实验的数据处理、线性回归方程的拟合中，不仅简化了数据处理的过程，而且还提高了分析结果的准确度。

Origin 软件具有两大功能：数据分析和图形绘制。数据分析可方便用户进行数据排序、计算、统计、平滑、拟合、积分、微分等。图形绘制是基于模板的，用户可以使用软件内置的 50 多种模板或根据自己需要设计的模板，方便地绘制出各种清晰、美观的 2D 和 3D 图形。下面介绍用 Origin 软件对物化实验数据处理的方法。

Origin 有如下基本功能：①输入数据并作图；②将数据计算后作图；③数据排序；④选择需要的数据范围作图；⑤数据点屏蔽；⑥Origin 软件的线性拟合和非线性曲线拟合功能。

（1）数据作图　Origin 可绘制散点图、点线图、柱形图、条形图或饼图以及双 Y 轴图形等，在物化实验中通常使用散点图或点线图。

① 启动 Origin 程序，菜单栏 View-Toolbars 中至少选中 2D graphs 和 Tools，显示必需的按钮，在数据工作表窗口输入需作图数据，左边为 X 轴，右边为 Y 轴。

② 拖动鼠标选定需作图数据，点击按钮 ![icon]，弹出图表窗口，得到连线图。

③ 点击按钮 ![icon] 在图表上可划出横线、竖线和斜线，可用鼠标选中再移动线的位置。

④ 点击按钮 ![icon]，再将鼠标点击图表指定位置，将显示该点的坐标。

⑤ 点击按钮 ![icon]，再将鼠标点击图表指定位置，可在该处添加文本，并可选择字体、字号等。

⑥ 数据处理完毕，点击 ![icon]（save project），将处理结果命名保存。

⑦ 点击菜单栏 Edit 中 copy page 命令可将图表复制到 word 文档，并可放大缩小。

⑧ 千万注意：关闭 Origin 程序时应关主程序，此时数据和图表不丢失，如点击数据或图表窗口的按钮 ，则会将该窗口删除。

（2）线性拟合　当绘出散点图或点线图后，选择 Analysis 菜单中的 Fit Linear 或 Tools 菜单中的 Linear Fit，即可对图形进行线性拟合。结果记录中显示拟合直线的公式、斜率和截距的值及其误差，相关系数和标准偏差等数据。在线性拟合时，可屏蔽某些偏差较大的数据点，以降低拟合直线的偏差。

屏蔽图形中的数据点操作如下：打开 View 菜单中 Toolbars，选择 Mask，然后点击 Close。点击工具条上 ![icon]（Mask point toggle）图标，双击图形中需要屏蔽的数据点，数据点变为红色，即被屏蔽。点击工具条上 ![icon]（Hide/Show Mask Points）图标，隐藏屏蔽数据点。

物理化学实验数据处理中绝大多数是根据实测数据，直接或经过计算后由数据点绘制直线，根据直线的斜率或截距求得相应结果，这类实验数据的处理利用 Origin 软件的线性拟合非常方便，实验结果的误差在结果中一目了然。

例如：利用 Origin 软件处理液体饱和蒸气压的测定实验数据。在工作表中输入实验数据，作 $\ln p$-$1/T$ 散点图，然后进行线性拟合：在 "Analysis" 菜单下点击 Fitting→FitLinear，可得到拟合线（详见实验 4）。在 Results Log 窗口中显示了拟合直线的公式、斜率、截距、误差、标准偏差和相关系数等。根据直线得斜率 m，即可求得实验温度范围内液体的平均摩尔汽化热 $\Delta_{vap}H_m$。

（3）非线性曲线拟合

① Origin 提供了多种非线性曲线拟合方式。

a. 在 Analysis 菜单中提供了如下拟合函数：多项式拟合、指数衰减拟合、指数增长拟合、S 形拟合、Gaussian 拟合、Lorentzian 拟合和多峰拟合；在 Tools 菜单中提供了多项式拟合和 S 形拟合。

b. 在 Analysis 菜单中的 Non-linear Curve Fit 选项提供了许多拟合函数的公式和图形。

c. 在 Analysis 菜单中的 Non-linear Curve Fit 选项可让用户自定义函数。

② 在处理实验数据时，可根据数据图形的形状和趋势选择合适的函数和参数，以达到最佳拟合效果。多项式拟合适用于多种曲线，且方便易行，操作如下：

　　a. 对数据作散点图或点线图。

　　b. 选择 Analysis 菜单中的 Fit Polynomial 或 Tools 菜单中的 Polynomial Fit，打开多项式拟合对话框，设定多项式的级数、拟合曲线的点数、拟合曲线中 X 的范围。

　　c. 点击 OK 或 Fit 即可完成多项式拟合。结果记录中显示：拟合的多项式公式、参数的值及其误差，R2（相关系数的平方）、SD（标准偏差）、N（曲线数据的点数）、P 值（R2＝0 的概率）。

　　例如：利用 Origin 软件用非线性拟合方法处理最大泡压法测定溶液的表面张力的实验数据，通过 Gibbs 公式与 Langmuir 等温式的结合，对溶液表面吸附实验进行数据处理，得到两组分稀溶液表面张力 σ 与溶液浓度 c 关系式（详见实验 26）。用计算机进行非线性函数拟合代替传统的作图、作切线、再直线拟合的方法。该方法具有简单快捷、拟合参数能直接反映实验数据质量的特点，避免了计算中较大误差的引入。

　　使用 Origin 软件处理化学实验数据，所得图形美观，可准确反映实验数据变化规律。学生运用 Origin 软件处理实验数据、绘图，方便快捷，实验结果误差小。灵活运用 Origin 软件，可使学生的物理化学实验数据处理更符合规范，并提高效率和客观性，而且可以快速地比较实验得出的数据并分析其原因。

第一篇　基础实验

第3章　化学热力学

3.1　热力学实验方法概述

3.1.1　热力学基本原理

将热力学基本原理应用于化学过程或与化学过程有关的物理过程，形成化学热力学。其研究特点是不考虑物质的微观结构和反应机理，不考虑变化所需的时间。热力学的研究对象是大量分子的集合体，是对象的宏观性质，所得结论具有统计意义。化学热力学利用热力学第一定律来计算某过程中系统和环境的能量变换和化学反应中的热效应；利用热力学第二定律来判断在某一条件下，指定的热力学过程的变化方向以及可能达到的最大限度。

3.1.1.1　热力学基本概念

（1）系统和环境　被划定的研究对象称为系统（或体系），与系统密切相关、影响所能及的部分称为环境。根据系统与环境之间在物质与能量方面的交换情况，系统可以分为三类：系统和环境之间无物质和能量交换的称为隔离系统（或孤立系统）；系统和环境之间无物质交换但有能量交换的称为封闭系统；系统和环境之间既有物质交换又有能量交换的称为敞开系统。

（2）系统的性质和状态函数　系统的性质分为两类：一类是广度性质（或容量性质），其数值与系统中物质的数量成正比，如体积、质量、热容量、热力学能等。该性质在一定条件下具有加和性。广度性质在数学上是一次齐函数。另一类是强度性质，其数值取决于系统自身性质，无加和性，如压力、温度、密度等。强度性质在数学上是零次齐函数。两个广度性质相除或将广度性质除以系统的物质的量，就得到强度性质。

某热力学系统的状态是系统的物理性质和化学性质的综合表现，可以用系统的性质来描述。在热力学中把仅决定于现在所处状态而与过去历史无关的系统的性质叫做状态函数，状态函数具有全微分的性质，积分与变化途径无关。

（3）过程和途径　在一定的环境条件下，系统的状态发生了一个由始态到终态的变化，称之为发生了一个过程。常见的过程有等温、等压、等容过程，绝热过程、循环过程、相变过程和化学变化过程等。在系统状态发生变化时所经历的具体方式或步骤，则称为途径。

（4）热力学平衡　当系统的各种性质不再随时间而改变，则系统处于热力学平衡态。包括热平衡、力学平衡、相平衡和化学平衡。

（5）热和功　在系统和环境之间由于温度不同而交换的能量称为热，用 Q 表示。系统吸热，$Q>0$，系统放热，$Q<0$。在被传递的能量中，除了热量形式以外，其他各种形式的能量都叫做功，用符号 W 表示。系统对环境做功，$W<0$；系统从环境得到功，$W>0$。热量和功均不是状态函数，计算时一定要与变化途径相联系。热和功的微小变化分别用 δQ 和 δW 表示。膨胀功的计算式为 $\delta W_e = -p_e dV$，p_e 是环境压力。除膨胀功以外的其他功（如电功、表面功等）称为非膨胀功，用 W_f 表示。

3.1.1.2 热力学基本定律

（1）**热力学第一定律** 热力学第一定律实际上是能量守恒与转化定律在热现象中所具有的特殊形式，不考虑系统的宏观运动，不考虑特殊外力场作用，能量只限于热力学能（U）形式。系统由始态变到终态时，热力学能的增量为 ΔU。它的数学表达式为 $\Delta U = Q + W$，热力学能的绝对值无法测定，只能测定其变化值，它是状态函数，数学上具有全微分的性质。

（2）**热力学第二定律** 热力学第二定律是建立在无数事实的基础上，虽不能用其他定律来推导、证明它，但事实证明凡是违反该定律的实验，均以失败而告终。

所有自发过程都是热力学不可逆过程，这些不可逆过程是相互关联的，可以用一个普遍原理来涵盖所有不可逆过程，这就是热力学第二定律。比较典型的对热力学第二定律的表述有 Clausius 说法："不可能把热从低温物体传到高温物体，而不引起其他变化"。这一说法揭示了热量传递的不可逆性。Kelvin 说法为："不可能从单一热源取出热使之完全变为功，而不发生其他变化"。这一说法揭示了热功交换的不可逆性。

（3）**热力学第三定律** 热力学第二定律只说明了如何测量熵的改变值，热力学第三定律则给出了规定熵的零点。Nernst 提出："在温度趋于热力学温度 0K 时的等温过程中，系统的熵值不变"。此即 Nernst 热定理。Planck 和 Lewis 提出："在 0K 时任何完美晶体的熵等于零"。

3.1.1.3 一些重要的热力学函数

（1）**热力学能和焓** 热力学能（亦称内能）是系统内部所有能量的总和，包括系统内部（分子、原子、电子、原子核……）的运动（平动、转动、振动……）动能和相互作用势能。由于人类对物质内部运动的认识仍在不断发展之中，故热力学能的绝对值无法确定（同样焓、自由能的绝对值也是不可知的），热力学关心的是一个变化前后热力学能的改变值（ΔU），而 ΔU 有多种热力学方法确定。

焓的定义为 $H = U + pV$。它是为解决实际问题而引入的一个物理量。焓没有明确的物理意义。焓具有能量的量纲，但不是能量，不服从能量守恒原理，即不和环境交换能量，焓值亦可发生变化。在等压无其他功的情况下，过程的热效应等于焓的改变值 $\Delta H = Q_p$，故热力学中经常用 ΔH 表示上述条件下的热量。

（2）**熵** 熵是系统混乱度的一种量度。一切自发的不可逆过程都是从有序到无序的变化过程，也就是熵增加的过程。功是一种有序的能量，而热是分子混乱运动的体现，是无序的能量，所以热不能完全变为功而不留下任何影响。这就是第二定律所阐明的不可逆过程的本质。熵（S）是状态函数，始终态确定了，熵变就有定值。熵变等于可逆过程的热温熵。

在绝热系统或隔离系统中，发生一个不可逆过程，熵值增加；发生一个可逆过程，系统熵值不变；绝热系统或隔离系统不可能发生熵减小的过程。这就是熵增加原理。在隔离系统中，任何变化总是向着熵增加的方向自发进行，直至达到具有最大熵值的平衡态，这就是熵判据。有时将系统和与之密切联系的环境合在一起看作隔离系统，根据熵变的情况来判断过程自发与否。

（3）**Helmholtz 自由能和 Gibbs 自由能** Helmholtz 和 Gibbs 各定义了一个状态函数，$A = U - TS$，$G = H - TS$，A 和 G 分别称为 Helmholtz 自由能和 Gibbs 自由能。在封闭系统的等温过程中，Helmholtz 自由能的减少值等于或大于对外所做的功（包括膨胀功和非膨胀功）；在封闭系统的等温、等压过程中，Gibbs 自由能的减少值等于或大于对外所做的非膨胀功。定义这两个函数的目的是希望用系统自身热力学函数的变化值，来判断变化的方向与限度。

3.1.1.4 热效应

当系统发生变化（包括物理变化、化学反应和生物代谢过程）之后，使发生变化的温度恢复到变化前起始的温度，系统放出或吸收的热量称为该系统的热效应。化学反应热是指系统在不做其他功的等温反应过程中所放出或吸收的热量。恒压热效应与恒容热效应的关系为：

$$\Delta_r H = \Delta_r U + \Delta n_g (RT) \quad (气体为理想气体) \tag{3-1}$$

当反应进度为 1mol 时有：

$$\Delta_r H = \Delta_r U + \sum \nu_B RT \tag{3-2}$$

把化学计量方程和其热效应同时标出的方程，称为热化学方程式。热化学方程式是表示一个已经完成了的反应，即反应进度为 1mol 的反应。反应进度为 1mol 的焓变值，称为反应的摩尔焓变，用 $\Delta_r H_m(T)$ 表示。

（1）标准摩尔生成焓　人们规定在反应温度和标准压力下，由最稳定单质生成 1mol 化合物的热效应称为该化合物的标准摩尔生成焓。

（2）标准摩尔燃烧焓　在标准压力和指定温度下，可燃烧物质 B（B 的系数为 1）完全燃烧成相同温度的指定产物时的焓变，称为物质 B 在该温度下的标准摩尔燃烧焓。标准摩尔燃烧焓的相对标准是规定那些指定产物 [如 $CO_2(g)$，$H_2O(l)$ 等] 和助燃剂 $O_2(g)$ 的燃烧焓。

（3）溶解热　一定量的物质溶于一定量的溶剂中所产生的热效应称为该物质的溶解热。溶解热分为积分溶解热和微分溶解热。积分溶解热是在等温等压条件下，1mol 溶质在溶解过程中，溶液浓度由零逐渐变为指定浓度时，系统所产生的总热效应。它由实验直接测定。微分溶解热是一个偏微分量，其含义是等温等压下，1mol 溶质溶于某一确定浓度的无限量的溶液中产生的热效应。微分溶解热不能从实验直接测定，可由作图法求得。

（4）稀释热　一定量的溶剂加到一定量的溶液中，使之冲稀，此种热效应称为稀释热。稀释热分为积分稀释热和微分稀释热。积分稀释热是在指定温度和压力下，将 1mol 溶剂加到一定量的溶液中，使之稀释所产生的热效应。微分稀释热是在等温等压下，1mol 溶剂加到某一确定浓度的无限量的溶液中产生的热效应。

3.1.1.5　稀溶液的依数性与活度

（1）稀溶液中的经验定律　稀溶液中有两个经验定律，一个是 Raoult 定律，指出了稀溶液中溶剂蒸气压与溶剂摩尔分数之间的定量关系，用公式可表示为：

$$p_A = p_A^* x_A \quad 或 \quad (p_A^* - p_A)/p_A^* = x_B \tag{3-3}$$

另一个经验定律是 Henry 定律，指出了在一定温度和平衡状态下，气体在液态溶剂中的溶解度与该气体的平衡分压成正比，用公式可表示为：

$$p_B = k_{x,B} x_B = k_{m,B} m_B/m^{\ominus} = k_{c,B} c_B/c^{\ominus} \tag{3-4}$$

式中，$k_{x,B}$、$k_{m,B}$ 和 $k_{c,B}$ 为溶质 B 分别用不同浓度表示时的 Henry 系数。

（2）稀溶液的依数性　稀溶液的依数性是指只与溶质的质点数有关，而与溶质的性质无关的那些性质。主要表现为加入非挥发性溶质后，溶剂的蒸气压降低，凝固点下降、沸点升高和溶液与纯溶剂之间产生渗透压。利用稀溶液的依数性可以测量溶质的摩尔质量，其中以渗透压法最为准确。

（3）活度　理想液态混合物是指任一组分在全部浓度范围内都符合 Raoult 定律的溶液。在理想稀溶液中溶剂服从 Raoult 定律，溶质服从 Henry 定律。但有的真实稀溶液，对理想稀溶液所遵守的规律产生偏差，这种稀溶液称为非理想稀溶液。为保持与理想稀溶液相同的化学势表示式，Lewis 引入了活度的概念。

溶剂浓度用摩尔分数表示时的活度为：

$$a_{x,A} = \gamma_A x_A \tag{3-5}$$

当溶质浓度用摩尔分数、质量摩尔浓度或物质的量浓度表示时，对应的活度表示式为：

$$a_{x,B}=\gamma_{x,B}x_B \quad a_{m,B}=\gamma_{m,B}\frac{m_B}{m^\ominus} \quad a_{c,B}=\gamma_{c,B}\frac{c_B}{c^\ominus} \tag{3-6}$$

3.1.1.6 相律

相平衡是化学热力学的主要研究对象之一。热力学定律所研究的状态函数及其判据，以及在多组分系统中定义的化学势概念，为研究相平衡提供了基本工具。

相是指系统内部物理性质和化学性质完全均匀的部分，系统内部共存的相的数目用符号 P 表示；能够维持现有系统的相数不变，而可以独立改变的温度、压力及组成等变量的数目称为自由度，用符号 f 表示；系统的组分数 (C) 等于系统中所有物种的数目 S 减去独立的化学平衡数 R，再减去独立的限制条件数 R'，即 $C=S-R-R'$。

在一个多相平衡系统中，相数、组分数、自由度与温度和压力之间存在着一定的相互关系。在不考虑其他力场的情况下，只受温度和压力影响的多相平衡系统中，自由度等于组分数减去相数再加上 2。用公式表示为：$f=C-P+2$，这就是 Gibbs 相律，简称相律。式中"2"代表温度和压力，如果指定了温度（或压力），则自由度减少 1，称为条件自由度，即 $f^*=C-P+1$。

3.1.1.7 化学反应的方向和限度

(1) 化学反应方向和平衡的判据 所有的化学反应都是既可以正向进行，亦可以逆向进行，有的反应逆向反应程度极小。对于一个化学反应系统，在一定条件下，当正向和逆向两个反应速率相等时，意味着反应系统达到了平衡。化学平衡都是动态平衡。

$(\partial G/\partial\xi)_{T,p}$，$(\Delta_rG_m)_{T,p}$（下标 r 表示 reaction，m 表示反应进度为 1mol）和 $\sum\limits_B\nu_B\mu_B$ 可以作为化学反应的方向与限度的判据。若 $(\partial G/\partial\xi)_{T,p}<0$，也即 $(\Delta_rG_m)_{T,p}<0$ 或 $\sum\limits_B\nu_B\mu_B<0$，则表示正向反应能自发进行；反之，若 $(\partial G/\partial\xi)_{T,p}>0$，也即 $(\Delta_rG_m)_{T,p}>0$ 或 $\sum\limits_B\nu_B\mu_B>0$，则表示正向反应不能自发进行；若 $(\partial G/\partial\xi)_{T,p}=0$，也即 $(\Delta_rG_m)_{T,p}=0$ 或 $\sum\limits_B\nu_B\mu_B=0$，则表示反应系统达到平衡状态。

在等温、等压条件下，化学反应方向和平衡判据最终由化学反应等温式给出：

$$\Delta_rG_m=-RT\ln K^\ominus+RT\ln Q \tag{3-7}$$

$K^\ominus$ 和 Q 都为实验可测量的量。比较两者大小，即可判别化学反应方向。若 $Q<K^\ominus$，$\Delta_rG_m<0$，反应正向进行；若 $Q>K^\ominus$，$\Delta_rG_m>0$，反应逆向进行；若 $Q=K^\ominus$，$\Delta_rG_m=0$，反应已达平衡。

(2) 平衡常数 化学平衡状态最重要的特点是存在一个平衡常数，它是反应系统的特性，是反应限度的一种表示。平衡常数既可以用平衡浓度来表示 (K_c)，也可以用平衡分压（适用于低压下进行的气相反应）来表示 (K_p)，还经常用标准平衡常数 $(K^\ominus)$ 来表示。

标准平衡常数 $K^\ominus$ 用来计算平衡产量（最大产量），是很有用的物理量。$K^\ominus$ 值可由实验测得，也可由反应标准摩尔吉布斯自由能变化 $\Delta_rG_m^\ominus$ 计算而得。标准平衡常数的定义为：

$$K^\ominus=\prod_B(a_B)_e^{\nu_B} \tag{3-8}$$

$K^\ominus$ 是量纲一的量，其值不但同化学计量方程式的书写有关，而且同标准态的选择有关。

若系统条件改变，如温度、压力、浓度等条件之一发生改变，则系统的平衡就会破坏，导致反应向某一方向进行，直到在新的条件建立新的平衡。

3. 1. 2　热力学实验方法与技术

通过热力学实验，可以帮助学生熟悉相关化学热力学理论知识，掌握化学热力学的实验方法，学会使用物理化学实验中常用的一些实验仪器，为更好运用化学热力学知识打下良好基础。

热力学数据的一个重要来源是量热实验，物质的生成热、燃烧热、溶解热、相变热等许多热力学数据，大多是通过量热实验得到的，因此热力学实验中很大一部分是热化学实验。最常见的热化学测量技术有量热技术、差热分析技术和热分析（步冷曲线法）技术等，而热化学测量技术又与温度测量技术密切相关。

3. 1. 2. 1　量热技术

"量热"通常包括物质计量和热量测定两大部分。热效应大小与参比态以及系统本身的压力、温度、体积等状态有关。所以，热量的测定必须标明各种有关参数，以便于比较。在条件允许时，应尽可能在标准状态或某一特定状态下进行测定。

在量热技术中使用的仪器为热量计，原称量热计，按其测量原理分为补偿式和温差式两大类；按工作方式可分为绝热、恒温和环境恒温三种。下面介绍量热计的测量原理和工作方式。

（1）热量计的测量原理

① 补偿式量热　将研究体系置于热量计中，热效应将引起体系温度的变化，而补偿式量热方法将以热流形式及时、连续地予以补偿，使体系温度保持恒定。利用相变潜热和电-热或电-致冷效应是常用的两种方法。

a. 相变补偿量热方法　设将一反应体系置于冰水浴中，其热效应将使部分冰融化或使部分水凝固。已知冰的单位质量融化焓，只要测得冰水转变的质量，就可求得热效应的数值。这是一种最简单的冰热量计，这类热量计简单易行，灵敏度和准确度都较高，热损失小。然而，热效应是处于相变温度这一特定条件下发生的。这既为确定热效应的环境温度提供了精确的数据，也限制了这类热量计的使用范围。

b. 电效应补偿量热原理　对于一个吸热的化学或物理变化过程，可将体系置于一液体介质中，利用电热效应对其补偿，使介质温度保持恒定。这类热量计的工作原理与恒温水浴相似。由测温系统将测得值与设定值比较后，反馈给控制系统。其不同点在于，加热器所消耗的电功可由电压 U、电流 I 和时间 t 的精确测定求得。如不考虑体系的介质与外界的热交换，该变化过程的焓变 ΔH 为：

$$\Delta H = Q_p = \int U(t) I(t) \mathrm{d}t \tag{3-9}$$

显然，介质温度可根据需要予以设定，温度波动情况可由高灵敏度的温差温度计显示。电量的测量精度远高于温度的测量。只要介质恒温良好，焓变的测量值就可靠。至于介质与外界的热交换，介质搅拌所产生的热量以及其他干扰因素都可以通过空白实验予以校正。

② 温差式量热　热量计中发生的热效应，导致热量计温度的变化，热量的测量可以用不同时间 t 或不同位置 x_i 测得的温度差来表示：

$$\Delta T = T(t_1) - T(t_2) \tag{3-10a}$$

$$\Delta T = T(x_1) - T(x_2) \tag{3-10b}$$

a. 时间温差测量方法　燃烧热实验所用的氧弹热量计就是根据温度随时间变化的原理

设计的。热效应为：

$$Q_V = C_{计} \Delta T \tag{3-11}$$

式中，$C_{计}$ 称热量计的热容或热量计水当量，它包括构成热量计的各部件、工作介质以及研究体系本身。$C_{计}$ 与测量时的温度甚至于热效应所造成的温差 ΔT 有关。同时，热量计与环境水夹套的热交换，即所谓"热漏"，在所难免。因此，$C_{计}$ 必须用已知热效应值的标准物质，或用电能，在相近的实验条件下进行标定，再以雷诺作图法予以修正。

b. 位置温差测量方法　体系的热效应以一定的热流形式向热量计或周围环境散热，其间存在着温度梯度。同时测量两个位置的温度 $T(x_1)$ 和 $T(x_2)$，由其温差对时间积分可以测得热量：

$$Q = K \int \Delta T(t) \mathrm{d}t \tag{3-12}$$

式中，K 为仪器常数，由标定求得。

（2）热量计的工作方式

① 恒温式　将体系处于一个热容量很大的恒温环境中，设两者之间的热导率非常大，热阻 $R_燃$ 趋于零。则体系与环境的热交换可在瞬间完成。这样一来，发生热效应的体系和环境的温度相等，$T_体 = T_环 =$ 恒定值。

实际上，环境需用上述相变或电补偿效应予以补偿，才可能抵消体系传导出来的热效应。而热效应的大小恰好可以通过补偿的能量计算出来。在理想条件下，体系的体系温度 $T_体$ 和环境温度 $T_环$ 应不随时间和空间而异。实际测量中，体系、测温元件、介质、加热或冷却元件之间的差异及滞后是必然存在的。所谓"恒温"，只是恒温变化的幅度可以忽略而已。

② 环境恒温式　量热是在环境温度恒定的条件下来测量体系温度变化的情况，并进而反映热量的传递。所谓环境，通常是一个恒温浴、相变浴或金属恒温块。在燃烧热测定实验中所用到的氧弹热量计尽管没有恒温浴，但可认为它是以室温水夹套作为环境的。所以可将其当成环境恒温测量方式的一个例子。

热导式热量计是一种较为常见的环境恒温的热量计。体系产生的热效应有一部分 Q_R 通过热阻流向环境，其余的热量 Q_C 将使体系及其容器的温度改变。在该过程的某一时刻，热效应 Q 的功率为：

$$P = \frac{\mathrm{d}Q}{\mathrm{d}t} = \frac{\mathrm{d}Q_C}{\mathrm{d}t} + \frac{\mathrm{d}Q_R}{\mathrm{d}t} \tag{3-13}$$

将热流与电流相比，温差相当于电压，当通过热阻 $R_热$ 的热传导达到稳定时，热流 $\mathrm{d}Q_R/\mathrm{d}t$ 应为 $\Delta T/R_热$，而 $\mathrm{d}Q_C = C_{计} \cdot \mathrm{d}(\Delta T)$，将两者代入式（3-13），得：

$$P = C_{计} \cdot \frac{\mathrm{d}(\Delta T)}{\mathrm{d}t} + \frac{\Delta T}{R_热} \tag{3-14}$$

式中，$C_{计}$ 为量热容器及其内含物总的有效热容。

体系与环境之间传导热流的"热阻"可由测量两者温差的热电堆组成。它所输出的温差电动势在记录曲线上的响应值 h 与 ΔT 成正比，令其比例常数为 g。两式合并积分：

$$Q = \int_{t_1}^{t_2} P \mathrm{d}t = C_卡 \int_{T_1}^{T_2} \mathrm{d}(\Delta T) + \frac{1}{R_热} \int_{t_1}^{t_2} \Delta T \mathrm{d}t = \frac{C_卡}{g} \int_{h_1}^{h_2} \mathrm{d}h + \frac{1}{R_热 g} \int_{t_1}^{t_2} h \mathrm{d}t \tag{3-15}$$

③ 绝热式　理想的绝热状态意味着被测体系与环境之间无热交换。如果热效应过程极其迅速，在整个测量过程中来不及交换；或体系与环境隔热十分完善，热阻无限大，这都可

达到绝热的目的。显然，这两种方法在实际中都难以实现。比较实际的方法是：让环境温度随体系温度改变，两种始终一致，即 $T_{体}=T_{环}=f(t)$。不过，如被测体系与环境的接触面积很大，或体系温度变化过于急剧，会因传热过快或环境补偿滞后引起误差偏大。一般这种绝热测量方法宜用于热效应变化较慢的过程。在扫描量热中，热效应 Q 的数值可通过测定用于补偿所消耗的电功来计算。

3.1.2.2　热分析（步冷曲线）技术

热分析是在程序控温下测量物质的物理性质与温度关系的一类技术。这里所指的"热分析法"就是通过测定步冷曲线绘制体系相图的方法。

对所研究的二组分体系，配成一系列不同组成的样品，加热使之完全熔化，然后再均匀降温，记录温度随时间的变化曲线，称之为"步冷曲线"。体系若有相变，必然产生相变热，使降温速率发生改变，则在步冷曲线上出现"拐点"或"平台"，从而确定出相变温度。以横轴表示混合物的组成，纵轴表示温度，即可绘制出被测体系的相图（详见实验 7）。

3.1.2.3　差热分析技术

差热分析（Differential Thermal Analysis，简称 DTA）是热分析方法中的一种。它是在程序控温下，测量物质和参比物的温度差与温度关系的技术。当物质发生物理变化和化学变化时，都有其特征的温度，并伴随着热效应，从而造成该物质的温度与参比物温度之间的温差，根据此温差及相应的特征温度，可以鉴定物质或研究其有关的物理化学性质。

如果对某待测样品进行差热分析，可将其与热稳定性极好的参比物（如 Al_2O_3 或 SiO_2）一起放入电炉中，以设定的程序均匀升温。由于参比物在整个温度变化范围内不发生任何物理变化和化学变化，因而其温度始终与设定的程序温度相同。所以当样品不发生物理变化或化学变化时，也就没有热量产生，其温度与参比物的温度相同，两者的温差为零；当样品发生物理变化或化学变化时，伴随着热效应的产生，使样品与参比物间出现温差 $\Delta T \neq 0$。

若以温差为纵坐标，以参比物温度为横坐标作图，得到差热曲线，分析差热图谱就是分析差热峰的数目、位置、方向、高度、宽度、对称性以及峰的面积等。峰的数目表示在测定温度范围内，待测样品发生变化的次数；峰的位置表示发生变化的特征温度；峰的方向表示过程是吸热还是放热；峰的面积对应于过程热量的大小。峰高、峰宽及对称性除与测定条件有关外，往往还与样品变化过程的动力学因素有关。因此分析差热图谱可以得到物质变化的一些规律（详见实验 12）。

3.1.2.4　差示扫描量热分析技术

在差热分析测量试样的过程中，当试样产生热效应（熔化、分解、相变等）时，由于试样内的热传导，试样的实际温度已不是程序所控制的温度（如在升温时）。由于试样的吸热或放热，促使温度升高或降低，因而进行试样热量的定量测定是困难的。要获得较准确的热效应，可采用差示扫描量热法（Differential Scanning Clorimetry，简称 DSC）。

DSC 是在程序控制温度下，测量输给物质和参比物的功率差与温度关系的一种技术。

经典 DTA 常用一金属块作为样品保持器，以确保样品与参比物处于相同的加热条件。而 DSC 的主要特点是试样和参比物分别各有独立的加热元件和测温元件，并由两个系统进行监控。其中一个用于控制升温速率，另一个用于补偿试样和惰性参比物之间的温差。图 3-1 为常见的 DSC 的原理。

试样在加热过程中由于热效应与参比物之间出现温差 ΔT 时，通过差热放大电路和差动热量补偿放大器，使流入补偿电热丝的电流发生变化：当试样吸热时，补偿放大器使试样一边的电流立即增大；反之，当试样放热时则使参比物一边的电流增大，直到两边热量平衡，

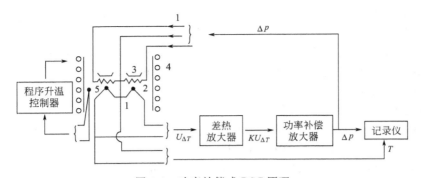

图 3-1　功率补偿式 DSC 原理
1—温差热电偶；2—补偿电热丝；3—坩埚；4—电炉；5—控温热电偶

温差 ΔT 消失为止。换句话说，试样在热反应时发生的热量变化，由于及时输入电功率而得到补偿，所以实际记录的是试样和参比物下面两只电热补偿的热功率之差随时间 t 的变化 dH/dt-t 关系。如果升温速率恒定，记录的也就是热功率之差随温度 T 的变化，dH/dt-T 关系如图 3-2 所示。其峰面积 S 正比于热焓的变化：

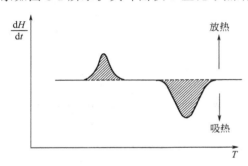

图 3-2　DSC 曲线

$$\Delta H_{m} = KS \qquad (3\text{-}16)$$

式中，K 为与温度无关的仪器常数。

如果事先用已知相变热的试样标定仪器常数，再根据待测样品的峰面积，就可得到 ΔH 的绝对值。仪器常数的标定，可利用测定锡、铅、铟等纯金属的熔化，从熔化热的文献值即可得到仪器常数。

因此，用差示扫描量热法可以直接测量热量，这是与差热分析的一个重要区别。此外，DSC 与 DTA 相比，另一个突出的优点是 DTA 在试样发生热效应时，试样的实际温度已不是程序升温时所控制的温度。而 DSC 由于试样的热量变化随时可得到补偿，试样与参比物的温度始终相等，避免了参比物与试样之间的热传递，故仪器的反应灵敏，分辨率高，重现性好。

3.1.2.5　热重分析技术

热重分析法（Thermogravimetric Analysis，简称 TG）是在程序控制温度下，测量物质质量与温度关系的一种技术。许多物质在加热过程中常伴随质量的变化，这种变化过程有助于研究晶体性质的变化，如熔化、蒸发、升华和吸附等物质的物理现象。

进行热重分析的基本仪器为热天平。热天平一般包括天平、炉子、程序控温系统、记录系统等部分。有的热天平还配有通入气氛或真空装置。

热重分析法通常可分为两大类：静态法和动态法。静态法是等压质量变化的测定，是指一物质的挥发性产物在恒定分压下，物质平衡与温度 T 的函数关系。以失重为纵坐标，温度 T 为横坐标绘制等压质量变化曲线图。等温质量变化的测定是指一物质在恒温下，物质质量变化与时间 t 的依赖关系，以质量变化为纵坐标，以时间为横坐标，获得等温质量变化曲线图。动态法是在程序升温的情况下，测量物质质量的变化对时间的函数关系。

在控制温度下，样品受热后重量减轻，天平向上移动，使变压器内磁场移动，输电功能改变；另外加热电炉温度缓慢升高时热电偶所产生的电位差输入温度控制器，经放大后由信号接收系统绘出 TG 热分析图谱。

热重法实验得到的曲线称为热重曲线，如图 3-3（a）所示，TG 曲线以质量作纵坐标，从上向下表示质量减少；以温度（或时间）作横坐标，自左至右表示温度（或时间）增加。

从热重法可派生出微商热重法（DTG），它是 TG 曲线对温度（或时间）的一阶导数。以物质的质量变化速率 dm/dt 对温度 T（或时间 t）作图，即得 DTG 曲线，如图 3-3（b）所示。DTG 曲线上的峰代替 TG 曲线上的阶梯，峰面积正比于试样质量。DTG 曲线可以微分 TG 曲线得到，也可以用适当的仪器直接测得，DTG 曲线比 TG 曲线优越性大，它提高了 TG 曲线的分辨力。

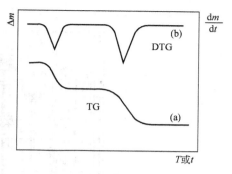

图 3-3　TG 及 DTG 曲线

热重分析的实验结果受到许多因素的影响，基本可分二类：一是仪器因素，包括升温速率、炉内气氛、炉子的几何形状、坩埚的材料等；二是试样因素，包括试样的质量、粒度、装样的紧密程度、试样的导热性等。

在 TGA 的测定中，升温速率增大会使试样分解温度明显升高。如升温太快，试样来不及达到平衡，会使反应各阶段分不开。合适的升温速率为 5～10℃/min。

试样在升温过程中，往往会有吸热或放热现象，这样使温度偏离线性程序升温，从而改变了 TG 曲线位置。试样量越大，这种影响越大。对于受热产生气体的试样，试样量越大，气体越不易扩散。再则，试样量大时，试样内温度梯度也大，将影响 TG 曲线位置。总之实验时应根据天平的灵敏度，尽量减小试样量。试样的粒度不能太大，否则将影响热量的传递；粒度也不能太小，否则开始分解的温度和分解完毕的温度都会降低。

热重分析法的重要特点是定量性强，能准确地测量物质的质量变化及变化的速率，可以说，只要物质受热时发生重量的变化，就可以用热重法来研究其变化过程。目前，热重分析法已在下述诸方面得到应用：无机物、有机物及聚合物的热分解；金属在高温下受各种气体的腐蚀过程；固态反应；矿物的煅烧和冶炼；液体的蒸馏和汽化；煤、石油和木材的热解过程；含湿量、挥发物及灰分含量的测定；升华过程；脱水和吸湿；爆炸材料的研究；反应动力学的研究；发现新化合物；吸附和解吸；催化活度的测定；表面积的测定；氧化稳定性和还原稳定性的研究；反应机制的研究。

3.2　热力学实验

实验 1　恒温槽的装配及其性能测试

一、目的要求

1. 了解恒温槽的构造及控温原理，学会恒温槽的装配和调试技术。

2. 测绘恒温槽的灵敏度曲线，并对恒温槽性能进行分析。

3. 掌握贝克曼温度计的调节技术和正确使用方法。

二、实验原理

温度对许多物理化学参量都有显著的影响，如折射率、黏度、表面张力、蒸气压、化学反应速率等都与温度有关。因此，许多物理化学实验必须在恒温条件下进行，恒温槽就是实验中常用的一种自动恒温控制装置，其安装、调试及使用，是物理化学实验必须掌握的基本实验技术之一。

1. 恒温槽部件及作用

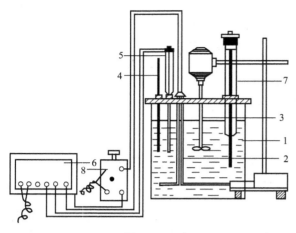

图 3-4　恒温槽装置示意
1—浴槽；2—加热器；3—搅拌器；4—水银温度计；
5—接触温度计；6—继电器；7—贝克曼温度计；
8—调压变压器

普通恒温槽是由浴槽、温度计、搅拌器、加热器、接触温度计和继电器等部分组成。其装置如图 3-4 所示。

恒温槽的各部件及作用简述如下。

（1）浴槽　浴槽包括容器和液体介质。为便于观察恒温物质的变化情况，通常可用 $20dm^3$ 的圆形玻璃缸作容器。如果所需设定温度与室温相差不太大，槽体内液体一般采用蒸馏水。如果对装置稍作改动并选用其他液体作为工作介质，则可在较大的温度范围内使用。如 $80\sim160℃$ 可用甘油，$70\sim200℃$ 采用液体石蜡、硅油等。

（2）温度计　观察恒温槽的温度一般选用分度值为 $0.1℃$ 的水银-玻璃温度计，而测量恒温槽的灵敏度时，则应采用测量精度更高的贝克曼温度计（或数字贝克曼温度计）。水银-玻璃温度计的安装位置应尽量靠近被测系统，并且其刻度值应预先加以校正。

（3）搅拌器　搅拌器的作用是搅拌恒温介质，一般采用功率为 $40\sim60W$ 可调速的电动搅拌器。搅拌器一般应安装在加热器附近，热量能被迅速传递，以使槽内各部位温度均匀。搅拌器安装的位置、桨叶的形状对搅拌效果都有很大的影响，为此搅拌桨叶应是螺旋桨式的或涡轮式的，且有适当的片数、直径和面积，以使液体在恒温槽中有效地循环，这样才能保证恒温槽整体温度均匀。

（4）加热器　加热器是将电阻丝放入圆形的金属管中并加以绝缘，根据浴槽的大小弯成直径稍小的圆环而制成，它可将热量均匀地分布在恒温槽周围。加热器应热容量小、导热性能好。其功率应根据恒温槽的容量、所需的恒温范围及与环境的温差大小来决定。为了满足对加热器功率的要求，有些恒温系统采用主、辅两个加热器，功率较小的主加热器，接在继电器上，进行自动控制。功率较大的辅助加热器，用于温差较大时迅速升温。通常是采用一个适中的加热器，接一个可调变压器进行控制。需迅速升温时，可加大调压器的输出电压，当将要达到设定温度时，将输出电压调低，此时输出功率变小，从而可提高控温精度。加热器由继电器进行自动控制，以实现对恒温槽的恒温作用。

（5）接触温度计　感温元件是恒温槽的感觉中枢，其作用是当恒温槽达到设定温度时，发出指令信号，命令执行机构停止加热。感温元件的种类很多（详见第 10 章 10.2.2），本实验选用接触温度计（也称电接点温度计、或称导电表）作为感温元件，其构造如图 3-5 所示。它是一支能够导电的特殊温度计，如同一个自动开关。温度计的毛细管内有一根金属触丝 8，与标铁 5 相连，并且可以上下移动，其上端与螺杆 3 及电极引线 4 相连。此外，在温度标尺反面有一根固定的金属丝，下端插入温度计底部与水银球相连，上端与电极引线 4′ 相连。温度计的顶部有一磁性螺旋调节帽（简称磁铁），当旋转磁铁时，可带动金属触丝上下移动，以此来调节触点的位置。温度计上下设有两个相同的标尺，根据标铁所指示的位置，可以读出金属触丝的位置（设定值），因为两者所示温度值相同。

当温度升高时，水银膨胀使毛细管中水银上升，与金属触丝下部的触点相接触，温度计形成通路，使继电器的线圈产生磁场，吸动常闭接点的弹簧片，使加热回路断开，加热器停止加热。当恒温槽因热量损失而使温度降低时，水银收缩与金属触丝断开，继电器磁场效应消失，常闭接点的弹簧片弹回，接通加热器开始加热。接触温度计如此反复"通"、"断"，使加热器"加热"或"停止"，从而使恒温槽温度得到控制，达到恒温的效果。

（6）继电器　继电器的作用是将接触温度计的电信号进行测量、比较、放大并进行运算，同时发出电指令信号，控制加热器工作。继电器必须与接触温度计和加热器相连，才能起到控温的作用。

2. 恒温槽灵敏度及控温性能

在恒温槽中，继电器的工作方式是按断续式二位置控制的调节规律进行的。电加热器在继电器的驱动下，只有"通"、"断"两种工作状态，只要继电器的触点处于闭合位置，加热器在单位时间内总是输出相同的热量，但体系却随着温度的回升与设定值之间的偏差不断减小，而在整个升温过程中对热量的需求是不同的。

当设定温度与体系温度偏差较大时，按控温要求，加热器应立即输出较大功率的热量，以使恒温槽达到设定值的时间尽量缩短，这样能够减小外界因素的扰动和影响，此时，必须加大加热器固有的功率。而当体系的温度回升至接近设定温度时，由于加热器的输出功率是固定的，则产生的热量超过实际需要，导致体系温度超过设定值，此时，需要加热器输出的功率作相应的减小。但是，这种断续式二位置控温方式，是无法完全满足上述要求的，不可避免地会产生各种滞后现象（如热量的传递、加热器功率、电器元件的灵敏度等），因此恒温槽的温度总是在设定值上下波动，而不是控制在某一固定不变的温度。

如果在指定温度下，记录恒温槽温度随时间变化的数值，并绘出温度-时间曲线，即可得到控温过程的灵敏度曲线。其几种形式如图 3-6 所示。

曲线（a）是加热器功率适中，介质的热惰性小，因此温度波动小，控温灵敏度高，是较好的恒温槽灵敏度曲线。

曲线（b）是加热器功率适中，但介质的热惰性大，使得控温精度降低。

曲线（c）是加热器功率过大，介质的热惰性小，控温灵敏度较差。

曲线（d）是加热器功率太小或散热太快的情况，控温灵敏度较差。

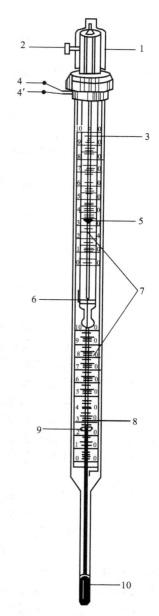

图 3-5　接触温度计示意

1—磁性螺旋调节帽；2—锁定螺丝；
3—螺杆；4，4′—金属丝电极引线；
5—标铁；6—导通金属丝；
7—上、下温度标尺；8—金属触丝；
9—水银柱；10—水银球

通过灵敏度曲线可以判断恒温槽控温性能的优劣，恒温槽的灵敏度可用式（1）表示：

$$S = \pm \frac{T_2 - T_1}{2} \qquad (1)$$

式中，T_2 为恒温过程中介质的最高温度；T_1 为恒温过程中介质的最低温度。

由式（1）可知，S 越小，温度波动范围越小，则恒温槽的灵敏度越高。灵敏度的大小不

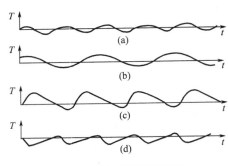

图 3-6 恒温槽灵敏度曲线

仅与继电器、接触温度计的灵敏度有关，而且还与搅拌器的效率、加热器的功率、恒温槽的大小等因素有关。

搅拌器效率越高，恒温介质流动性越好，传热快，灵敏度高；加热器的功率适中，热容量小，灵敏度高；继电器和接触温度计感温性能好，灵敏度高；设定温度与环境温度差值越小，控温越好。

三、仪器与试剂

仪器：玻璃恒温槽 1 台；接触温度计 1 支；贝克曼温度计 1 支（或数字贝克曼温度计 1 台）；(1/10℃) 温度计 1 支；调压变压器 1 个；继电器 1 台；电动搅拌器 1 台；秒表 1 块；导线 6 根；放大镜 1 个。

四、实验步骤

1. 恒温槽装配

（1）首先将导电表和（1/10℃）温度计固定在浴槽中，将浴槽加入约 4/5 体积的蒸馏水。

（2）安装电动搅拌器，位置不要过高或过低，在浴槽中部即可，搅动时水的搅拌方向应为：加热器→导电表→反应器。

（3）将导电表的两根导线接于继电器的"控制接触"两接线柱上。

（4）将电加热器一端接于继电器"常闭接点"的一端上，另一端接于可调变压器的输出固定端，而变压器的输出滑动端与继电器"常闭接点"的另一端相连接。

（5）将电源线接于继电器的⓪、①、②三个接线柱上（注意：⓪接地线），并将调压变压器的输入端同时接在①、②两接线柱上。

（6）当检查各部分线路无误后，方可进行通电试验。

2. 性能调试

（1）调节导电表，使标铁指在 25℃附近。

（2）接通电源，打开继电器开关，调节搅拌器的搅拌速度（中速）。然后将调压变压器调至 200V，加热使恒温槽迅速升温。随时观察（1/10℃）温度计的读数，当温度升至 (24.9±0.1)℃时，立即调节导电表的磁铁（调节速度不要太快），使金属触丝与水银丝刚好接触，此时指示灯绿灯亮（红灯灭），几分钟后，温度稍有下降红灯亮（绿灯灭）。这样红、绿灯交替亮、灭，使得加热器在 25℃上下交替通、断。

在调节过程中，不能以导电表的刻度为依据，应以（1/10℃）温度计为准。因为导电表所指示的温度数值只是一个粗略的数值。

（3）在浴槽上盖放置反应器的孔中，选择 3 个不同位置，其中一个靠近加热器，另一个放在远离加热器的浴槽边上，最后一个放在浴槽的中间区，然后用预先调节好的贝克曼温度计分别放置在这三个位置上，其深度以浴槽深度的 1/2 为好，观察温度计的变化，并记录温度变化的最高值和最低值。（贝克曼温度计的调整方法请参见第 10 章 10.1；数字贝克曼温度计的使用请参见第 14 章仪器 1）

（4）选择三点中灵敏度最差的一点，调节调压器的电压，分别测定 200V、140V、120V、60V 时恒温槽的灵敏度曲线。每隔 30s 读取一次温度值，读至 20min 以上为止。

注意：每次改变电压值时，应使体系稳定 10min 后再读数。

（5）实验完毕，将调压器调至 0V 位置，电子继电器开关置于"关"的位置，电动搅拌器速度调至 0 位，然后关闭电源，拆除线路和装置。

五、注意事项

1. 注意贝克曼温度计的安全使用。

2. 在未加水之前，切勿开电源，以防电热管烧毁。

3. 水位不可过高，以免水溢入电器控制箱损坏元件。

4. 水浴装置长期不使用时，应将水槽内的水放净并擦拭干净，定期清除水槽内的水垢。

5. 在使用恒温槽时（本实验除外），若恒温槽的温度和设定温度相差较大，可以适当增大加热电压以加快升温速率，但当温度接近设定温度时，应将加热电压降到较低值，以提高控温灵敏度。

6. 接触温度计调至某一位置后，应将调节帽上的固定螺钉拧紧，以免受到搅拌器等外界因素产生的振动而发生滑动。

7. 搅拌器的转速不宜过快，要避免产生明显的振动。

六、数据记录与处理

1. 用简图表示恒温槽中各元件及所选三点的位置。

2. 列表表示所选三点的最高、最低温度及最大温差，标明所选的灵敏度最差的一点。

3. 列出不同电压值的温度、时间数据表，并绘制灵敏度曲线。

4. 对所测得的灵敏度曲线进行分析。

注意：为便于比较，请将不同电压值的灵敏度曲线绘于同一坐标系中，并讨论加热器功率对灵敏度的影响。

七、实验讨论与启示

实验室中除使用上述恒温槽外，目前也常使用 SYP-Ⅱ 玻璃恒温水浴和 SYC-15B 超级恒温水浴。此类恒温槽所有部件是一体化装配，使用和操作更加方便。它采用的是智能恒温控制器，数字集成电路和数字显示技术，并用温度传感器的探头测量温度。下面简单介绍这两种恒温水浴的使用方法。

1. SYP-Ⅱ 玻璃恒温水浴的使用方法

（1）使用前，将槽内注入蒸馏水，一般是浴缸深度的 4/5。

（2）将仪器与传感器连接好（传感器一定要置于水浴内 10cm 的深度）。

（3）回差值选择：按"回差"键，回差将依次显示为 0.5，0.4，0.3，0.2，0.1，选择所需的回差值即可（一般选择 0.3）。

（4）控制温度的设置：按移位键，其中一位数字闪烁，根据需要设定其位数。然后用增 ▲、减 ▼ 键设定水浴温度数值的大小，直至所需温度设定完成。

（5）打开搅拌器开关，根据需要选择搅拌器"快"或"慢"。

（6）将加热器置于"开"位和"强"位，待温度升至低于设定温度 2～3℃ 时，将加热器置于"弱"位，以免过冲，达到较为理想的控温目的。

（7）工作完毕，关闭加热器电源、搅拌电源，最后切断控温仪与本仪器电源。

如果使用此恒温槽进行本实验，可设置如下条件进行测定。

编号	加热器	搅拌器	编号	加热器	搅拌器
1	强	慢	3	弱	快
2	强	快	4	弱	慢

2. SYC-15B 超级恒温水浴的使用方法

SYC-15B 超级恒温水浴的使用与 SYP-Ⅱ 玻璃恒温水浴的使用方法相近，但 SYC-15B 超级恒温水浴装有循环水泵，该循环水泵与搅拌同轴联动，可对恒温槽以外被控体系进行恒温。内循环时，需用一根橡胶管将出水口和入水口连接即可。外循环需用两根橡胶管，具体连接可根据实际需要而定。

八、思考题

1. 如果所需恒定的温度低于室温或更低，应如何装配恒温槽？
2. 影响恒温槽灵敏度的因素有哪些？如何提高恒温槽灵敏度？
3. 断续式二位控温方式有何缺点？
4. 为什么在恒温槽温度低于设定温度 0.1～0.2℃时，就要提前调节导电表。

九、参考文献

[1] 复旦大学等. 物理化学实验. 第 3 版. 北京：高等教育出版社，2004.
[2] 袁誉洪. 物理化学实验. 北京：科学出版社，2008.
[3] 苏育志. 基础化学实验（Ⅲ）——物理化学实验. 北京：化学工业出版社，2010.
[4] 北京大学化学学院物理化学实验教学组. 物理化学实验. 北京：北京大学出版社，2002.
[5] 顾月姝. 基础化学实验（Ⅲ）——物理化学实验. 北京：化学工业出版社，2004.

实验 2 燃烧热的测定

一、目的要求

1. 进一步明确燃烧热的意义及恒压燃烧热与恒容燃烧热的关系。
2. 掌握氧弹热量计的原理、构造及使用方法。
3. 用氧弹热量计测定萘的燃烧热。
4. 学会雷诺图解法校正温度的改变值。

二、实验原理

燃烧热是热化学中重要的基本数据。根据热化学的定义，在指定的温度下，1mol 物质完全氧化时的反应热称为燃烧热。所谓完全氧化，是指有机化合物中的碳氧化成气态二氧化碳、氢氧化成液态水，硫氧化成气态二氧化硫等。

例如：在 25℃、标准压力下，萘的完全氧化反应方程式为：

$$C_{10}H_8(s) + 12O_2(g) = 10CO_2(g) + 4H_2O(l)$$

对于有机化合物，通常可利用燃烧热数据求算化学反应的热效应。

燃烧热可在恒容或恒压条件下测定，由热力学第一定律可知：在不做非膨胀功的情况下，恒容燃烧热 $Q_V = \Delta U$（体系内能的变化），恒压燃烧热 $Q_p = \Delta H$（体系的焓变）。在体积恒定的氧弹式热量计中测得的燃烧热为 Q_V，而通常热化学计算所使用的值为 Q_p，若把参加反应的气体和反应生成的气体都视为理想气体，两者可按以下公式进行换算：

$$Q_p = Q_V + \Delta n(g)RT \tag{1}$$

式中，$\Delta n(g)$ 为反应前后生成物和反应物中气体的物质的量之差；R 为理想气体常数；T 为反应时的热力学温度，K。

通常测定物质的燃烧热，是用氧弹热量计进行测量，而测量的基本原理是能量守恒定律。一定量被测物质样品在氧弹中完全燃烧时，所释放的热量使氧弹本身及其周围的介质和热量计有关附件的温度升高，测量介质在燃烧前后温度的变化值 ΔT，就能根据下列公式计算出该样品的燃烧热。

$$m_{丝}Q_{丝} + \frac{m_{样品}}{M}Q_V = (C_{水}m_{水} + C_{总})\Delta T \tag{2}$$

式中，$m_{样品}$、M 分别为样品的质量和摩尔质量；Q_V 为样品的恒容燃烧热；$m_{丝}$、$Q_{丝}$ 分别为引燃用燃烧丝的质量和单位质量的燃烧热；$C_{水}$、$m_{水}$ 分别为水的比热容和水的质量；$\Delta T(\Delta T = T_{终} - T_{始})$ 为样品燃烧前后水温的变化值；$C_{总}$ 为量热计的水当量。所谓水当量，是指除水之外，热量计升高1℃所需的热量。因每台仪器的总热容是不同的，所以必须进行测定。水当量的测定方法是：用已知燃烧热的定量标准物质（一般用苯甲酸），在热量计中完全燃烧，测其始末温度，求出 ΔT，便可根据式（2）求出。

在精确的测量中，辐射热及燃烧丝所放出的热量及温度计本身的校正都应该考虑。另外，若供燃烧用的氧气中及氧弹内的空气中含有氮气时，则在燃烧过程中，氮气氧化成硝酸而放出热量亦不能略去。

热量计的种类很多，热化学实验常用的有绝热式热量计、恒温式热量计和环境恒温式热量计，本实验所用的是环境恒温式热量计。其外部结构如图 3-7 所示，内部结构如图 3-8 所示。

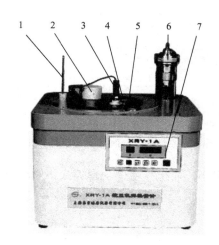

图 3-7　氧弹热量计外部结构
1—玻璃温度计；2—搅拌电机；
3—温度传感器；4—上盖手柄；
5—手动搅拌杆；6—氧弹体；7—控制面板

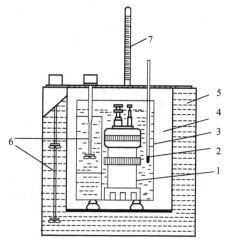

图 3-8　氧弹热量计内部结构
1—氧弹；2—温度传感器；3—内筒；
4—空气夹层；5—外桶；
6—搅拌器；7—玻璃温度计

从上述图中可见，氧弹热量计设有内、外两个桶，外桶较大盛满与室温相同温度的水，用来保持环境温度恒定，内桶装有定量的、适合实验温度的水。内桶放在支撑垫上的空气夹层中，以减少热交换。氧弹放在内桶中，为了保证样品完全燃烧，氧弹中须充以高压氧气，因此氧弹应有很好的密封性、耐高压且耐腐蚀。氧弹的结构见图 3-9。它是一个单头氧弹，比以前的氧弹具有操作简单、充氧方便等优点，可用充氧机进行充氧，减少了充氧操作步骤，而且放气也很方便。

实验过程中，量热系统的温度随时间而变化，因此量热系统和恒温的环境之间不可避免地存在热交换，会对量热系统的温度变化值产生影响，可以用雷诺图解法予以校正。即根据不同时间测得热量计的温度数值，作温度-时间曲线，可得如图 3-10 所示，即 $FHIDG$ 曲线。图中 H 点相当于开始燃烧之点，D 点为观察到的最高温度值，作相当于室温（或 HD 的 1/2 处）的 J 点的平行线 JI，交曲线于 I 点，过 I 点作垂线 ab，然后将 FH 线和 GD 线分别延长交 ab 线于 A、C 两点，A、C 两点间所表示的温度

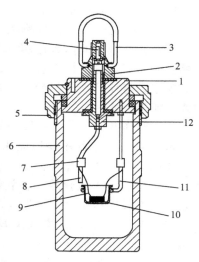

图 3-9　氧弹剖面
1—弹筒盖；2—弹顶螺母；3—拉环；
4—气阀柄；5—弹筒螺母；6—氧弹弹筒；
7—导电套环；8—电极；9—燃烧丝；
10—燃烧皿；11—燃烧皿架；12—气阀

差即为经过校正的温度升高值 ΔT。图中 AA' 为开始燃烧到体系温度上升至室温这一段时间 Δt_1 内，由环境辐射和搅拌引进的能量所造成体系温度的升高必须扣除，CC' 为温度由室温升高到最高点 D 这一段时间 Δt_2 内，热量计向环境的热漏而造成体系温度的降低，计算时必须考虑在内（添加或减去）。由此可见 A、C 两点的温差较客观地表示了由于样品燃烧致使热量计温度升高的数值。

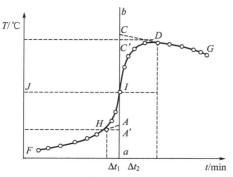 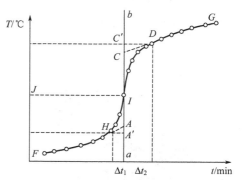

图 3-10 绝热稍差时的雷诺温度校正图　　　图 3-11 绝热良好时的雷诺温度校正图

在某些情况下，量热计的绝热情况良好，热漏很小，而搅拌器的功率偏大不断引进少许热量，使得燃烧后热量计的温度不出现最高温度点，如图 3-11 所示。在此情况下，ΔT 仍可按上述方法进行校正。

三、仪器与试剂

1. 仪器　XRY-1A 数显氧弹式热量计 1 台；压片机 1 台；充氧机 1 台；氧气钢瓶 1 个；减压阀 1 个；直尺 1 个；剪刀 1 把。

2. 试剂　燃烧丝（铁丝或镍铬丝）；苯甲酸（标准物质）；萘（分析纯）。

四、实验步骤

1. 测定量热计的水当量

（1）样品制作　用台秤称取大约 0.6g 苯甲酸，将压片机的垫筒放置在可调底座上，装上压模，并从上面倒入已粗称好的苯甲酸样品，旋转手柄至合适位置压紧样品，旋转手柄松开压棒，打开模低托板，取出压模垫块，再旋转压棒至药品从压模内掉出。清除表面粉末，将样品在分析天平上准确称重后，置于燃烧皿中，并将燃烧皿安装在氧弹内的燃烧皿架上。

（2）装样及充氧　取一段约 10～15cm 长的燃烧丝，并用直尺量准其长度。然后用手轻轻弯成 U 形，中间不要形成死弯。将燃烧丝的两端绑牢于氧弹中的两根电极上，并使其中间部分（约样片直径长度）与样品紧密接触，但燃烧丝不能与燃烧皿壁相接触（装法见图 3-9）。旋紧氧弹盖，将氧弹放在充氧机上，弹头与充氧口对正，压下充氧机手柄，待充氧器上表压指示稳定后松开，一般充氧压力为 1.2～1.6MPa 充气完毕。充氧压力已经预先由氧气钢瓶上的减压阀调控好，氧气钢瓶及减压阀的原理、操作步骤请参见第 11 章 11.3。

（3）测量　将充好氧气的氧弹放入盛水的内桶中。用容量瓶准确量取已被调节到低于外筒温度 0.5～0.8℃ 的水 3000mL 倒入盛水筒内，并连接控制器上的两根点火电极（一根插入氧弹盖上的专用小孔，另一根带有螺帽的电极旋紧在气阀柄上）。盖上盖子，将温度传感器的探头插入盛水内桶中，将控制器上各线路接好，打开电源开关，按"搅拌"键（参见控制面板示意图 3-12），仪器开始自动显示内筒水温数值（0～99 逐次递增），并每隔 30s 蜂鸣器报时一次。待温度稳定（5min 左右），按"复位"键，测定次数复零，每隔 1min 读取温度一次，读 10 个点，在第 10min 的同时按下"点火"键，测量次数自动复零，燃烧丝被熔断，同时引燃样品。经过 0.5～1.0min 后，温度若迅速上升，则表明氧弹内样品已燃烧，自按下"点火"键后，每隔 30s 读取一次温度值，待温度升至每分钟上升小于 0.003℃，改为每隔 1min 读一次温度，再读 10 个点。注意：存储器

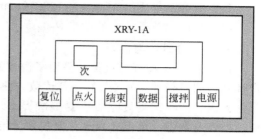

图 3-12　控制面板示意

只记录 30 个数据，30 次后数据次数归零。必要时，在 30 个数据后，需人工记录连续读数。点火后，勿触摸控制面板，以防出错。

数据记录完成后，按"搅拌"键，停止搅拌，然后按"结束"键。取出温度传感器探头，打开上盖，拆下电极引线，取出氧弹，先用放气阀放掉氧弹内气体，再旋开氧弹头，检查燃烧是否完全。取下未燃烧完的燃烧丝，准确测量其剩余长度（两根相加），计算实际燃烧掉的燃烧丝的长度。若氧弹燃烧皿内有黑色残渣或未燃尽的样品颗粒，说明燃烧不完全，此次实验失败，需重做。

（4）将内桶提出，倒出内桶水，氧弹擦拭干净。

2. 测定萘的燃烧热

称取 0.6g 左右的萘，同法进行上述实验操作一次。实验完毕后，擦净氧弹，倒出内桶剩余的水，擦干，整理好实验台面。

五、注意事项

1. 样品压片不可太紧或太松，太紧不易燃烧，太松易燃烧不充分。
2. 安装样品时，燃烧丝不能与燃烧皿壁接触，以防短路。
3. 充氧时注意氧气钢瓶和减压阀的正确使用顺序，注意减压阀的旋动方向。
4. 内桶中加 3000mL 水后若有气泡逸出，说明氧弹漏气，设法排除。
5. 点火前和达到最高温度点后要保证足够的测温时间，取足测量数据。
6. 实验停止后，一定要量取未燃烧完的残余燃烧丝的长度。
7. 待测样品需干燥，受潮的样品容易造成称量偏差且不易燃烧。
8. 为避免腐蚀，必须清洗氧弹。

六、数据记录与处理

1. 原始数据记录

（1）燃烧丝长度_____ cm、质量_____ kg；苯甲酸（或萘）质量_____ kg；剩余燃烧丝长度_____ cm、质量_____ kg；外桶水温_____ ℃；内桶水温_____ ℃；

（2）记录苯甲酸和萘燃烧前后的温度-时间变化数据，并列表。

2. 根据样品燃烧前后的温度-时间变化曲线，采用雷诺图解法求出苯甲酸和萘燃烧前后的温度差 $\Delta T_{苯甲酸}$ 和 $\Delta T_{萘}$。

3. 据 $\Delta T_{苯甲酸}$ 计算量热计的水当量 $C_{计}$。

4. 求出萘的恒容燃烧热 Q_V 和恒压燃烧热 Q_p。

5. 将所测萘的燃烧热值与文献值比较，求出相对误差，并分析误差产生的原因。

附：已知数据如下。

铁丝的恒容燃烧热 $Q_{铁丝} = -6694.4kJ/kg$；镍铬丝的恒容燃烧 $Q_{镍铬丝} = -3158.9kJ/kg$

苯甲酸的恒容燃烧热 $Q_{苯甲酸} = -26460kJ/kg = -3231.30kJ/mol$

苯甲酸的摩尔质量 $M_{苯甲酸}=122.12g/mol$；萘的摩尔质量 $M_{萘}=128.17g/mol$

镍铬燃烧丝单位长度的质量 $d_{镍铬丝}=7.314\times10^{-4}g/cm$

七、实验讨论与启示

1. XRY-1A 型氧弹热量计采用了微控制器为基础的高性能测温系统，测温精度高，稳定性好，测量精度为 0.001℃，且读数方便。该仪器可将样品测量全过程中的测温数据存入存储器内，或一次测量完后反复多次提出，取代了贝克曼温度计，控制器面板上设置有电源、搅拌、数据、结束、点火、复位六个电子开关按键和七位数码管（图 3-12），能对样品热值测定进行全过程操作和温度显示。

2. 本实验装置可测量绝大部分固态可燃物质，实验时一般采用蔗糖、葡萄糖、萘、淀粉等。若对实验步骤稍加改进，也可进行液体物质的测定。对于液体可燃物，若沸点高，挥发度小（如重油类），可直接放于燃烧皿中测定。具体步骤是：先准确称量燃烧皿质量，装入液体至燃烧皿体积的 2/3，再次称量，将点火丝中间部位绕成螺旋，两端紧束于电极上，螺旋部分插入燃烧皿所盛的液体中，小心充氧，注意不要过分倾斜氧弹，以免液体溅到外面，同法测定燃烧热。若所测液体的沸点低、挥发度大（如有机物），则应盛于药用胶囊中，再用小玻璃泡密封，置于引燃物如铁丝或棉线上点燃测定。计算时应将引燃物和胶囊放出的热量扣除。

也可采用塑料袋代替玻璃泡盛装液体的方法进行测定，具体步骤：①先测定塑料（如聚氯乙烯塑料膜）的燃烧热，方法同固体燃烧热测定方法；②用塑料封口机制成 2.2cm×3.5cm 的小塑料袋，袋口留下约 2mm 宽的小口，以便用滴管滴加待测液体。将液体加好后，只需在 2mm 的小口处用热的铁丝轻轻烫一下即可封口；③封口后的盛液体塑料袋放进氧弹中，用与固体燃烧热测定相同的方法测取（塑料袋+液体）温度上升的准确数值。根据塑料袋和液体的质量，经计算即可得到液体的燃烧热。此法适用范围广，操作简便，准确度和精密度都较高，误差小于 2%。

3. 燃烧热是热化学中的重要数据，可用于计算化合物的生成热、反应热、键能及评价燃料品质的优劣等。燃烧热的测定有很多应用，蕴涵着许多问题值得我们去思考和实践。例如，可以在获得测定固体燃烧热的经验基础上去测定液体的热值，探索实验技术上的特殊性及难点；通过测定燃烧热，判断汽油、煤油、柴油等燃料的质量；测定食糖、奶粉、营养乳剂等食品和营养制品的燃烧热，判断某些制品的开发价值；采用测热值用的氧弹法来测定燃料、固体废弃物中的硫含量；测定不同淤泥的热值，了解污染的严重性，有助于寻求淤泥利用和污染防治的措施等。可见，燃烧热测定在能源、生物、环境等学科中起着重要作用。

八、思考题

1. 加入内桶中水的温度为什么要比外桶低？

2. 在使用氧气钢瓶及氧气减压阀时，应注意哪些操作规程？

3. 为什么实验测量得到的温度差值要经过雷诺图解法进行校正？

4. 在燃烧热测定实验装置中，哪些是体系？哪些是环境？体系与环境有无热交换？这些热交换对实验结果有何影响？

5. 在燃烧热测定的实验中，哪些因素容易造成实验误差？如何提高实验的准确度？

九、参考文献

[1] 袁誉洪. 物理化学实验. 北京：科学出版社，2008.

[2] 刘勇健. 物理化学实验. 南京：南京大学出版社，2009.

[3] 苏育志. 基础化学实验（Ⅲ）——物理化学实验. 北京：化学工业出版社，2010.

[4] 雷群芳. 中级化学实验. 北京：科学出版社，2005.

[5] 复旦大学等. 物理化学实验. 第 3 版. 北京：高等教育出版社，2004.

[6] 李森兰，杜巧云，王宝玉. 燃烧热测定研究. 大学化学，2010，16：1.

[7] 张建策，毛力新. 燃烧热测定实验的进一步改进. 化工技术与开发，2005，34（6）.

十、实例分析

利用 Origin8.0 软件以苯甲酸萘为例，作雷诺（Renolds）温度校正图求 ΔT。

1. 打开 Origin 软件，在 "Datal" 的列表中输入或粘贴输入以时间 $t/\min$ 为 X 轴，以相对温度 $T/℃$ 为 Y 轴的苯甲酸燃烧的实验数据。

2. 选定所有 A（X）、B（Y）两列实验数据，在主菜单 Plot 命令中选择 "Line ＋ Symbol"，然后分别用鼠标左键双击实验图的 "X Axis Title" 和 "Y Axis Title"；输入横坐标标题 $t/\min$ 和纵坐标标题 $T/℃$，点击 "OK"。

3. 点击 Text tool 按钮，在曲线上分别命名 F、H、D、G。

4. 单击绘图窗口左侧的工具栏中的 "Data Selector" 按钮，系统将自动在散点轨迹的首、末端产生数据标识符，按住光标，将末端标识符手动移到第 H 点，在 Analysis 中选择线性拟合 Fit Linear，即作出 FH 线。

5. 同样单击 "Data Selector" 按钮，按住光标，手动将散点轨迹首端的数据标识符移至第 D 个拐点，在 Analysis 中选择线性拟合 Fit Linear，即作出 GD 线。

6. 点击 lineTool 即 "/" 功能键，从 H 作水平线，从 D 作水平线；以 D、H 两点的纵坐标之间的中点 I 作垂线，分别交水平线于 A' 和 C'，同时也分别交 FH、GD 于 A、C 两点。

7. 过 D 点作垂线，即可得：$\Delta t_1 = HA'$，$\Delta t_2 = DC'$。

8. 双击边框，点击 Title&Format，

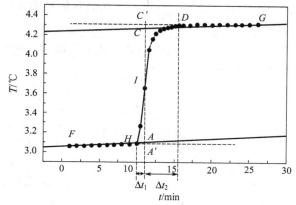

图 3-13　苯甲酸燃烧的雷诺校正图

在左侧的 "Selector" 中选择 "Top" 和 "Right"，选取 "ShowAxis&Tic" 在 "major" 中和 "minor" 中，都选择 None，然后点击确定，即可得图 3-13。

9. 点击 "Data Reader"，把光标放在 A 点处，显示 A 点纵坐标（温度 T），记下 Y_A 值；同理记下 C 点的纵坐标 Y_C 值，故可知：$\Delta T = Y_C - Y_A$。

10. 同理，可求出萘燃烧的 ΔT。

实验 3　溶解热的测定

一、目的要求

1. 掌握用电热补偿法测定 KNO_3 溶解热的基本原理和方法。

2. 用作图法求 KNO_3 在水中的积分溶解热、积分稀释热和微分稀释热。

3. 掌握溶解热测定仪的使用。

二、实验原理

物质溶于溶剂时，常伴随有热效应的产生。物质的溶解过程包含两个同时进行的过程：

溶质晶格的破坏和分子或离子的溶剂化，晶格的破坏为吸热过程，溶剂化作用为放热过程，总的热效应由这两个过程热效应的相对大小所决定。温度、压力以及溶质、溶剂的性质和用量都是影响溶解热的主要因素。

物质溶解过程所产生的热效应称为溶解热。溶解热可以分为积分溶解热和微分溶解热两种。积分溶解热指在一定温度、压力条件下，将 1mol 溶质溶解在 n_0 mol 的溶剂中时所产生的热效应。由于在溶解过程中溶液的浓度逐渐改变，因此积分溶解热也称变浓溶解热，以 Q_s 表示。微分溶解热指在一定温度、压力条件下把 1mol 溶质溶解在无限量某一定浓度的溶液中时所产生的热效应，以 $\left(\dfrac{\partial Q}{\partial n}\right)_{T,P,n}$ 表示。此热效应可视为定温、定压、定溶剂条件下，由微小溶质增量所引起的热量变化。由于过程中溶液的浓度可视为不变，因此微分溶解热也称定浓溶解热。

稀释热是指将溶剂加入到溶液中，使溶液稀释过程的热效应，又称为冲淡热。它也分为积分稀释热和微分稀释热两种。积分稀释热指在定温、定压下把含 1mol 溶质及 n_{01} mol 溶剂的溶液稀释到含溶剂为 n_{02}（mol）时的热效应。它是两浓度的积分溶解热之差。微分稀释热是指在定温、定压下，含 1mol 溶质及 n_{01} mol 溶剂的无限量溶液中加入 1mol 溶剂所产生的热效应，以 $\left(\dfrac{\partial Q}{\partial n_0}\right)_{T,P,n}$ 表示。此热效应可视为定温、定压、定溶质条件下，由微小溶剂增量所引起的热量变化。

积分溶解热可以由实验直接测定，微分溶解热则可根据图形计算得到，其积分溶解热与浓度的关系如图 3-14 所示。

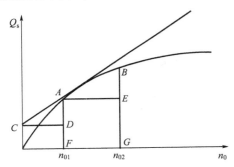

图 3-14　溶解热和溶剂量关系

由图 3-14 可见，AF 与 BG 分别为将 1mol 溶质溶于 n_{01} 及 n_{02} 摩尔溶剂时的积分溶解热 Q_s；BE 表示在含有 1mol 溶质的溶液中加入溶剂使溶剂量由 n_{01} mol 变到 n_{02} mol 过程中的积分稀释热 Q_d，则：

$$Q_d=(Q_s)_{n_{02}}-(Q_s)_{n_{01}}=BG-AF \qquad (1)$$

曲线在 A 点的斜率等于该浓度溶液的微分稀释热。

$$\left(\frac{\partial Q}{\partial n_0}\right)_{T,P,n}=\frac{AD}{CD} \qquad (2)$$

在绝热容器中测定溶解热的方法有两种。

（1）先测出量热系统的热容 C，然后测定待测物质反应过程中温度变化值 ΔT，由 ΔT 和 C 即可求出积分溶解热。

（2）先测出体系的起始温度 T_0，当溶解过程中温度随反应进行而降低，再用电热法使体系温度恢复到起始温度，根据所消耗电能求出热效应 Q。

$$Q=I^2Rt=IUt \qquad (3)$$

式中，I 为通过电阻丝加热器的电流强度，A；U 为电阻丝的两端所加的电压，V；t 为通电时间，s；这种方法称为电热补偿法。

本实验采用第二种方法测定 KNO_3 在水中的积分溶解热，然后作 Q_s-n_0 图，再计算出其他热效应。

三、仪器与试剂

1. 仪器　溶解热测定装置 1 套；电磁搅拌器 1 台；精密数字温度温差仪 1 台；电子天平 1 台；电子台秤 1 台；干燥器 1 个；停表 1 块；称量瓶 8 个。

2. 试剂　KNO$_3$（分析纯）。

四、实验步骤

1. 样品与处理　取 KNO$_3$ 约 26g 置于研钵中磨细，放入烘箱在 110℃ 下烘 1.5～2h，然后取出放入干燥器中待用。

2. 称样　将 8 个称量瓶编号，并依次加入约 2.5g，1.5g，2.5g，2.5g，3.5g，4.0g，4.0g，4.5g KNO$_3$，粗称后在分析天平上准确称量，称量完毕仍将称量瓶放入干燥器中待用。在台秤上称取 216.2g 的蒸馏水注入杜瓦瓶中，按图 3-15 所示安装测定装置。

3. 安装　将杜瓦瓶置于测量装置上，插入测温探头，打开电磁搅拌器，调节搅拌速度，磁子不要与探头相碰。将加热器与恒流电源相连，调节电流使加热功率在 2.2～2.5W，稳定后记录电流、电压数值。按下温度温差仪上的"测量"键，与此同时观察数字温度温差仪的数值，当水温上升到高于室温 0.5℃ 时，按下温度温差仪上"采零"键和"锁定"键，同时按下"计时"键开始计时。

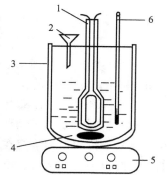

图 3-15　溶解热测定装置
1—加热器；2—加料漏斗；
3—杜瓦瓶；4—搅拌磁子；
5—电磁搅拌器；6—精密数字
温度温差仪探头

4. 测量　将已称好的第一份 KNO$_3$ 从加料漏斗中加入杜瓦瓶中，漏斗要干燥，用毛刷将残留在漏斗上的 KNO$_3$ 全部扫入杜瓦瓶，然后用塞子塞好加料口。读取电流电压值并记录（在实验过程中应随时观察电流、电压值是否改变，若有微小变化，随时调整）。加入 KNO$_3$ 后，溶液温度会很快下降，温差仪上显示的温差为负值，而后慢慢上升，当温度数值上升至零时，记录时间读数。继续测定（测定必须连续进行，不能间断），直至 8 份样品全部测完为止。

5. 称量瓶质量　用天平准确称量空称量瓶的质量，计算出各次所加入 KNO$_3$ 的质量。

6. 整理　测定结束后，关闭电源，取出探头，将溶液倒入回收瓶中（小心磁子不要倒丢），再将所用杜瓦瓶冲洗干净。

五、注意事项

1. 仪器要预热，以保证系统的稳定性。在实验过程中要求 IV（加热功率）保持稳定。

2. 电加热丝不可从玻璃套管中向外拉拽，以免功率不稳甚至短路。

3. 实验过程中各称量瓶应按顺序放置，否则可能会导致实验结果出现错误。

4. 磁子搅拌速率要适中，测定时不要改变速率。

5. 实验必须连续进行，直到所有数据全部测完。

6. 加入样品时不宜太快，也不能太慢。过快磁子不能正确搅拌，太慢时，体系与环境热量交换损失较大，且因加热速度较快无法读到零点的温度。

六、数据记录与处理

1. 记录数据：水的质量、每份样品的质量、恒流源的电流和电压。

2. 计算每次加入 KNO$_3$ 后的总质量 W_{KNO_3} 和通电的总时间。同时将以上所有数据列表。

3. 计算各次溶解过程的热效应。

$$Q = IUt = Kt \quad [K = IU \text{ (J/s)}]$$

4. 将上述所算各数据分别换算，求出当 1mol KNO$_3$ 溶于 n_0 mol 水中时的积分溶解

热 Q_s。

$$Q_s = \frac{Q}{n_{KNO_3}} = \frac{Kt}{\left(\dfrac{W}{M}\right)_{KNO_3}} = \frac{101.1Kt}{W_{KNO_3}}$$

$$n_0 = \frac{n_{H_2O}}{n_{KNO_3}}$$

5. 将以上数据列表，作 Q_s-n_0 图，并从图中求得 $n_0 = 80mol$，$100mol$，$200mol$，$300mol$ 和 $400mol$ 处的积分溶解热和微分稀释热。

6. 计算溶液 n_0 从 $80\to100$，$100\to200$，$200\to300$，$300\to400$ 的积分稀释热。

七、实验讨论与启示

本实验测硝酸钾溶解在水中的溶解热，由于是吸热过程，故可用补偿法。测定溶解过程始点与终点温度，然后通电加热，使体系由最低温度升至过零的温度，根据消耗的电功求出溶解过程的热效应。因为体系和环境之间有各种形式的热交换，为减少这些交换的影响，加热的时间应与降温的时间相同，即使加热沿原降温的途径进行。

八、思考题

1. 为什么实验一开始测量，就不能中途停顿？

2. 本实验的装置是否适应于求放热反应的热效应？为什么？

3. 温度和浓度对溶解热有何影响？

九、参考文献

[1] 刘勇健，白同春. 物理化学实验. 南京：南京大学出版社，2009.

[2] 袁誉洪. 物理化学实验. 北京：科学出版社，2008.

[3] 唐林，孟阿兰，刘红天. 物理化学实验. 北京：化学工业出版社，2009.

[4] 刘展鹏，易兵. 物理化学实验. 湘潭：湘潭大学出版社，2009.

实验 4　液体饱和蒸气压的测定

一、目的要求

1. 了解纯液体的饱和蒸气压与温度的关系，理解 Clausius-Clapeyron 方程的意义。

2. 用静态法测定不同温度下乙醇饱和蒸气压，学会用图解法求被测液体在实验温度范围内的平均摩尔气化焓。

3. 初步掌握真空实验技术，进一步熟悉数字气压计和真空泵的使用方法。

二、实验原理

在一定温度下，真空密闭容器中，液体与其蒸气建立动态平衡时，液面上的蒸气压力称为该温度下的饱和蒸气压。所谓动态平衡，是指当蒸气分子碰撞向液面凝结和液体分子从表面逃逸成蒸气的速率相等时，即达动态平衡。液体的饱和蒸汽压与温度有关，温度升高，分子运动加剧，单位时间内从液面逸出而进入气相的分子数增多，所以蒸气压增大。饱和蒸气压与温度的关系服从 Clausius-Clapeyron 方程：

$$\frac{\mathrm{d}p}{\mathrm{d}T} = \frac{\Delta_{vap}H_m^*}{T\Delta V_m} \tag{1}$$

式中，$\Delta_{vap}H_m^*$ 为在热力学温度 T 时，纯液体的摩尔汽化热。

当蒸气压等于外界压力时，**液体便沸腾，此时的温度称为沸点。**显然液体沸点随外压而变，当外压为标准大气压（101.325kPa）时，**液体的沸点称为正常沸点。**

对于包括气相的纯物质两相平衡系统，因 $V_m(g) \gg V_m(l)$，故 $\Delta V_m \approx V_m(g)$。若将气体视为理想气体，则 Clausius-Clapeyron 方程式为：

$$\frac{\mathrm{d}p}{\mathrm{d}T} = \frac{p \Delta_{vap} H_m^*}{RT^2} \tag{2}$$

式中，R 为摩尔气体常数；p 为纯液体在温度 T 时的饱和蒸气压；当温度变化范围较小时，$\Delta_{vap} H_m^*$ 可以近似视为常数，将上式积分得：

$$\ln p = \frac{-\Delta_{vap} H_m^*}{RT} + C \tag{3}$$

式中，C 为积分常数，它与压力的单位有关。由式（3）可见，在一定温度范围内，测定不同温度下的饱和蒸气压，作 $\ln p$-$1/T$ 图，可得一直线，斜率为 $-\dfrac{\Delta_{vap} H_m^*}{R}$，由斜率可求算液体的 $\Delta_{vap} H_m^*$。

测定纯液体饱和蒸气压常用的方法有三种，分别为动态法、静态法和饱和气流法。本实验采用静态法，即在不同温度下，用数字压力计直接测定乙醇的饱和蒸气压。而静态法测定饱和蒸气压，又可分为升温法和降温法两种。本实验采用升温法进行测定，实验装置如图 3-16 所示。

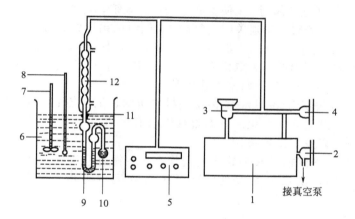

图 3-16　饱和蒸气压测定装置
1—缓冲储气罐；2—抽气阀；3—平衡阀；4—进气阀；5—数字压力计；
6—玻璃恒温水浴；7—搅拌器；8—温度传感器；9—等压计（U 形管）；
10—试样球；11—加样口；12—冷凝管

平衡管由试样球 A 和等压计 B、C 组成，如图 3-17 所示。将被测液体装入试样球 10 中，并将 U 形管 BC 间也装入被测液，作为封闭液。某温度下若试样球 A 液面上方仅含有被测物质的蒸气，则等压计 C 管液面上所受到的压力即为被测试样的蒸气压。当该压力与 B 管液面上空气的压力相平衡（B 管和 C 管液面齐平）时，就可以从与等压计相连的数字压力计上读出在此温度下的饱和蒸气压。

三、仪器与试剂

1. 仪器　饱和蒸气压实验装置 1 套；精密数字（真空）压力计 1 台；循环水真空泵

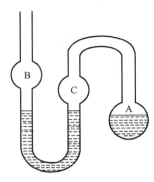

图 3-17 平衡管

（或真空泵）1 台；恒温槽 1 台。

2. 试剂 无水乙醇（分析纯）。

四、实验步骤

1. 安装 按图 3-16 安装好测量装置。

2. 加试液 将待测样品从加样口 11 加入 2/3 体积的无水乙醇，并在等压计 B、C 管内装入一定体积的无水乙醇，加入量参见图 3-17。固定好平衡管，接口处要严密、不漏气。（如装有冷阱则需在冷阱中加入冰水）

3. 调试 打开数字压力计电源开关，按单位选择键至显示单位 "kPa"。关闭平衡阀 3，打开进气阀 4，待压差计显示数字稳定后，按 "采零" 键，使数字显示为 0.00。同时，打开恒温水浴的加热开关，将水温调至（24.0±0.1）℃。

4. 检漏 接通冷凝水，关紧进气阀 4，打开平衡阀 3 和抽气阀 2，开启真空泵电源，B 管开始有气泡逸出，抽真空 2~3min 至压力为 −50kPa 左右，关闭真空泵，然后迅速关紧抽气阀 2（必要时可直接关闭平衡阀 3），观察整个测量装置的气密性，若数字压力计上的数字保持不变，表明系统不漏气，可进行下步实验。否则应逐段检查，消除漏气因素。

5. 抽气 若符合要求，再次打开抽气阀 2 和平衡阀 3，此时 AC 弯管内的空气不断经 B 管逸出，继续抽真空至 −90kPa 以上。当 B 管中的液面逐渐高于 C 管液面时，空气被排除干净后，关闭抽气阀后，迅速停止系统抽气，然后关闭平衡阀。

6. 测量 缓缓打开进气阀门 4，使少许空气进入系统，待等压计内 B、C 两管的液面缓慢变化至两侧液面相平齐时，迅速关闭进气阀 4，同时读出压力和温度。计算出所测温度下的饱和蒸气压（$p_{饱和} = p_{大气} − p_{表}$）；然后打开平衡阀 3，使 B 管液面高于 C 管液面，重复此步骤至少 3 次，使每次读出的压力数值误差 ≤ 0.1kPa。若误差较大，可重复操作多次（此时体系不要升温），选取 3 个测量误差小的数据。

7. 将恒温槽温度每次升温 2℃，重复上述操作步骤，记录各个温度和对应的压力。从低温到高温依次测定，共测 8~10 组。升温过程中会有气泡通过 U 形管逸出，需要通过调节进气阀 4 加以控制，以免发生暴沸。

8. 实验结束后，确定抽气阀 2 处于关闭状态，缓慢打开进气阀 4 和平衡阀 3，放入空气，最后打开抽气阀，使系统通大气，直至压力计显示为零。关闭冷凝水，切断所有电源。

五、注意事项

1. 必须充分排净等压计 A 球液面上的空气，使 A、C 液面间只含有液体的蒸气分子（如果数据偏差在正常误差范围内，可认为空气已排净）。但要注意抽气速度不要过快，以防止液封溶液被抽干。

2. 等压计中有溶液的部分必须放置于恒温水浴中的液面以下，否则所测溶液温度与水浴温度不同。

3. 调节进气阀 4 时要缓慢，待等压计 B、C 两管中液面调平齐时，一定要迅速关闭进气阀门，以防空气倒灌影响实验的进行。如发生倒灌，只能重做。

4. 在关闭真空泵前一定要先将系统排空，然后关闭真空泵。

六、数据记录与处理

室温 $t =$ _____℃   大气压 $p =$ _____ kPa

1. 将实验数据列于表 3-1。

表 3-1　乙醇的饱和蒸气压实验数据表

编号	温度 $T/℃$	表压 $\Delta p/kPa$	蒸气压 p/kPa	$\ln p$	$T^{-1}/\times 10^3 K^{-1}$

2. 以 $\ln p$ 对 $1/T$ 作图，由直线的斜率求出 $\Delta_{vap} H_m^*$。

七、实验讨论与启示

1. 将被测液体装入平衡管可采用如下方法：将平衡管从系统中取出，洗净，烘干。然后用酒精灯（或煤气灯）加热 A 球，赶走管内空气，迅速将待测液从 B 管口灌入，冷却 A 球，液体将被吸入。如此反复 2～3 次，使液体灌至 A 球体积的 2/3 即可，然后接入系统。

2. 在测定液体饱和蒸气压的方法中，动态法是指在连续改变体系压力的同时测定随之改变的沸点；静态法是指在密闭体系中改变温度而直接测定液体上方气相的压力，此法适用于蒸气压较大的液体；饱和气流法是在一定的液体温度下，采用惰性气体流过液体，使气体被液体所饱和，测定流过的气体所带出的液体物质的量，从而求出其饱和蒸气压。此法适用于蒸气压较小的液体。

八、思考题

1. 如何判断等压计中试样球与等压计间空气已全部排出？如未排尽空气，对实验有何影响？怎样防止空气倒灌？

2. 测定蒸气压时为何要严格控制温度？

3. 升温过程中如果液体急剧气化或出现暴沸，应作何处理？

4. 每次测定前是否需要重新抽气？为什么？

九、参考文献

[1] 苏育志 . 基础化学实验（Ⅲ）——物理化学实验 . 北京：化学工业出版社，2010.

[2] 祖莉莉，胡劲波 . 化学测量试验 . 北京：北京师范大学出版社，2010.

[3] 袁誉洪 . 物理化学实验 . 北京：科学出版社，2010.

[4] 唐林，孟阿兰，刘红天 . 物理化学实验 . 北京：化学工业出版社，2009.

十、实例分析

1. $\ln p$-$1/T$ 曲线的绘制。

（1）打开 Origin 软件，在"Data1" A、B 两列中输入 (T, p) 全部实验数据。

（2）右键点击 Insert 添加新列 C 列，选定 C 列，右键点击 set colum values 将该列数值设为 col(C)＝1/col(A)；新增 D 列，右键点击 set colum values 将该列值设为 col(D)＝ln [col(B)]。

（3）选定 C 、D 列，点击作散点图，然后点击 Analysis 菜单 Fit Linear 即得线性拟合图。在 ResultLog 窗口中可以看到如表 3-2 的线性回归处理结果。

表 3-2　线性回归处理结果

	A	B	C	D
1	Equation	y＝a＋b * x		
2	Adj. R-Square	0.99929		
3			Value	Standard Error
4	D1	Intercept	24.65517	0.14241
5	D1	Slope	−4642.85003	43.72269

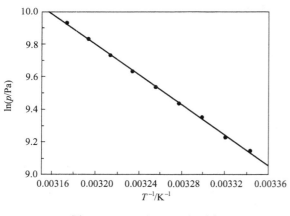

图 3-18 $\ln(p/Pa)$-$(1/T)$图

从中可知直线的斜率和截距：24.655 和 -4642.85，可得，本实验的方程为 $\ln p = 24.655 - 4642.85/T$，相关系数为 -0.99929，说明数据相关性好，精确度高。

（4）分别双击"X Axis Title"和"Y Axies Title"，分别输入 T^{-1}/K^{-1} 和 $\ln(p/Pa)$。

（5）双击边框，点击 Title&Format，在左侧的"Selcetio"中选择"Top"和"Right"，选取"ShowAxis & Tic"在"major"中和"minor"中，都选择 None，然后点击确定，即可得图 3-18。

2. 利用所得斜率可以计算出相应的溶液的摩尔汽化热 $\Delta_{vap}H_m^*$；从图上外推至 101.325×10^3 Pa 处的 $\ln(p/Pa)$，求出正常沸点。

实验 5 凝固点降低法测定摩尔质量

一、目的要求

1. 掌握溶液凝固点的测定技术，并加深对稀溶液依数性的理解。
2. 掌握数字温差测量仪的使用方法。
3. 用凝固点降低法测定萘的摩尔质量。

二、实验原理

在一定压力下，固体溶剂与溶液成平衡的温度称为溶液的凝固点。当向溶剂中加入一种非挥发性溶质而形成二组分稀溶液（溶剂与溶质不生成固溶体）时，溶液的凝固点将低于纯溶剂的凝固点，这是稀溶液的依数性质之一。对一定量的某溶剂，其理想稀溶液凝固点下降的数值只与所含非挥发性溶质的粒子数目有关，而与溶质的本性无关。

对于理想稀溶液，凝固点降低与溶液成分关系为：

$$\Delta T_f = \frac{R(T_f^*)^2}{\Delta_f H_{m,A}} \times \frac{n_B}{n_B + n_A} \tag{1}$$

式中，ΔT_f 为溶液的凝固点降低值；T_f^* 为纯溶剂的凝固点，$\Delta_f H_{m,A}$ 为溶剂 A 的摩尔凝固热；n_A、n_B 分别为溶剂和溶质的物质的量。

当溶液很稀时，$n_A \gg n_B$ 则有：

$$\Delta T_f = \frac{R(T_f^*)^2}{\Delta_f H_{m,A}} \times \frac{n_B}{n_A} = \frac{R(T_f^*)^2}{\Delta_f H_{m,A}} M_A b_B = K_f b_B \tag{2}$$

式中，M_A 为溶剂 A 的摩尔质量；b_B 为溶质的质量摩尔浓度；K_f 为溶剂的凝固点降低常数，它的数值仅与溶剂的性质有关。

$$b_B = \frac{m_B}{M_B m_A} \times 1000 \tag{3}$$

将该式代入式（2），整理得： $M_B = K_f \frac{1000 m_B}{\Delta T_f m_A}$ $\qquad$ (4)

如果已知溶剂的摩尔凝固点降低常数 K_f，并测出凝固点降低值 ΔT_f 以及溶剂和溶质的质量 m_A，m_B，则溶质的摩尔质量可由式（4）求得。

凝固点降低值的大小，直接反映了溶液中溶质有效质点的数目。如溶质在溶液中有解离、缔合、溶剂化和配合物形成等情况，这些均会影响溶质在溶剂中的表观分子量的大小。因此，凝固点降低法也可用于溶液热力学性质的研究，例如电解质的电离度、溶质的缔合度、溶剂的渗透系数和活度系数等。

通常测定凝固点的方法是将溶液逐渐冷却。对于纯溶剂冷却时，在未凝固前，温度将随时间均匀下降，开始凝固后，因放出凝固热而补偿了热损失，体系液-固两相平衡，温度保持不变，直至全部凝固，温度继续下降。其冷却曲线（步冷曲线）如图 3-19（Ⅰ）所示，水平段所对应的温度即为纯溶剂的凝固点 T_f^*。然而在实际冷却过程中往往会发生过冷现象，即当液体温度达到或稍低于其凝固点时，晶体并

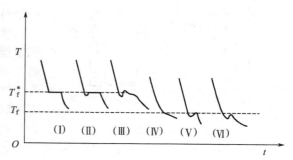

图 3-19　步冷曲线示意

不析出。此时若加以搅拌或加入晶种，促使晶核产生，则会迅速产生大量晶体，放出的凝固热使体系的温度迅速回升到稳定的平衡温度，此温度即液体的凝固点。待液体全部凝固后，温度再逐渐下降，其步冷曲线如图 3-19（Ⅱ）所示。如果过冷太甚，步冷曲线容易出现如图 3-19（Ⅲ）情况。

与纯溶剂不同，溶液的凝固点是该溶液与溶剂固相共存的平衡温度。当溶剂凝固析出时，剩余溶液的浓度增大，与之相平衡的温度也不断下降，即溶液的凝固点也逐渐下降。因凝固热的放出，步冷曲线的斜率发生变化，即温度下降速度减慢，如图 3-19（Ⅳ）所示，步冷曲线中转折点所对应的温度即为溶液的凝固点 T_f。若溶液在冷却过程中发生轻微的过冷，其步冷曲线如图 3-19（Ⅴ）所示，此时可将体系温度回升的最高值作为溶液的凝固点。如果过冷程度太大或者寒剂的温度过低，溶剂析出过多，溶液的浓度变化过大，回升的温度较凝固点低，如图 3-16（Ⅵ）所示。

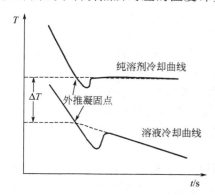

图 3-20　外推法求纯溶剂
和溶液的凝固点

本实验中要测定已知浓度溶液的凝固点，如果溶液过冷程度不大，析出固体溶剂的量较少，原始溶液浓度变化不大，则以过冷回升的最高温度作为溶液的凝固点（见方法一），如图 3-19（Ⅴ）所示。

本实验中确定凝固点的另一种方法是外推法（见方法二），首先绘制纯溶剂和溶液的步冷曲线，做曲线后面部分的趋势线并延长使其与前面部分相交，其交点就是凝固点，如图 3-20 所示。

三、仪器与试剂

1. 仪器　凝固点测定仪 1 套；分析天平 1 台；烧杯 2 个；数字贝克曼温度计（0.001℃）1 台；压片机 1 台；移液管（25mL）1 支；洗耳球 1 个。

2. 试剂　环己烷（分析纯）；萘（分析纯）；碎冰。

四、实验步骤

1. 方法一：通过观察温度回升的最高点，确定纯溶剂和溶液的凝固点。

（1）仪器安装　将实验装置按图 3-21 所示安装好。检查测温探头，要求洁净，干燥。冰水浴槽中准备好冰和水，温度控制在 3～3.5℃，在实验过程中应不断搅拌并补充碎冰，使寒剂温度基本不变。注意冰水浴高度要超过凝固点管中环己烷的液面。

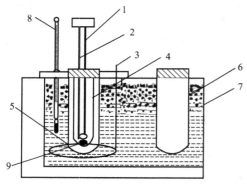

图 3-21 凝固点测定仪

1—数字温差仪感应器；2—试样搅拌器；
3—寒剂搅拌器；4—凝固点管；
5—空气套管；6—凝固点管存放槽；
7—冰槽；8—温度计；9—磁子

（2）溶剂凝固点的测定。

① 粗测 用移液管取 25.00mL 分析纯的环己烷注入已洗净干燥的凝固点管中，放入小磁子，再将温度传感器插入，注意测温探头应位于环己烷液体的中间位置。旋紧橡胶塞，以免环己烷的挥发。

将盛有环己烷的凝固点管直接插入寒剂中，调节搅拌旋钮，平稳搅拌使温度逐渐降低，当开始有晶体析出时，立即取出凝固点管，擦干，放在空气套管中冷却，观察样品管的降温过程，待温度较稳定，温差仪的示值变化不大时，此温度即为环己烷的近似凝固点。

② 细测 取出凝固点管，用手捂热，使结晶完全熔化。然后将凝固点管放入冰水浴中，均匀搅拌。当温度降到比近似凝固点高 0.5℃ 时，迅速将凝固点管从冰水浴中拿出，擦干，放入空气套管中，继续冷却。待温度达到比近似凝固点低 0.2～0.3℃ 时，调整调速旋钮加速搅拌，促使固体析出，温度开始回升时，调整旋钮继续缓慢搅拌，注意观察温差显示值，直至稳定，此稳定的最高温度即为纯环己烷的凝固点。记录稳定后的温差值。用手微热使结晶熔化，重复测定 3 次，要求其绝对平均误差不超过 ±0.003℃，取其平均值。

（3）溶液凝固点的测定。用压片机将萘（约 0.10～0.12g）压成片状后，用分析天平准确称重，小心地放入凝固点管中，搅拌使之全部溶解，注意不要使萘沾到管壁上。同上法先测定溶液的近似凝固点，再精确测定，但溶液凝固点是取回升后所达到的最高温度。注意：最高点出现的时间很短，需仔细观察。重复测定三次，要求其绝对平均误差不超过 ±0.003℃，取其平均值。

（4）实验完成后，将环己烷溶液倒入回收瓶，洗净样品管，关闭电源，擦干搅拌磁子并放好，整理实验台。

2. 方法二：用连续记录时间-温度法（步冷曲线法）作图外推确定凝固点。

（1）按方法一中的步骤 1 进行操作。并注意按下定时键，将定时时间间隔设为 20s。

（2）溶剂凝固点的测定

① 粗测 与方法一中的粗测方法相同。

② 细测 取出凝固点管，用手捂住管壁片刻同时不断搅拌，使管中固体全部熔化，将凝固点管直接插入寒剂中使之冷却至比近似凝固点略高 0.5℃ 时，将凝固点管从寒剂中取出，快速擦干外壁，放入空气套管中，缓慢搅拌，使温度逐渐降低。定时读取并记录温度，温差仪每 20s 鸣响一次，依次读取温度值。当温度降至低于近似凝固点 0.2～0.3℃ 时，调整调速旋钮加速搅拌，促使固体析出。待温度回升后，调整调速旋钮继续缓慢搅拌。当样品管内开始出现固体时，再持续操作、记录约 10min。重复本步骤 1 次。

（3）溶液凝固点的测定 用分析天平准确称量压成片状的萘 0.10～0.12g，小心地放入凝固点管中，搅拌使之全部溶解，注意不要使萘沾到管壁上。待全部溶解后，按上述方法，测定溶液的冷却曲线。重复本步骤 1 次。

（4）实验完成后，将环己烷溶液倒入回收瓶，洗净样品管，关闭电源，擦干搅拌磁子并放好，整理实验台。

五、注意事项

1. 搅拌速度的控制是做好本实验的关键，每次测定应按要求的速度搅拌，并且测溶剂与溶液凝固点时搅拌条件要完全一致。

2. 寒剂温度对实验结果也有很大影响，过高会导致冷却太慢，过低则测不出正确的凝固点。冰浴槽温度应不低于溶液凝固点 3.0℃为佳。一般控制在 3.0～3.5℃之间。

3. 溶剂和溶质的纯度都直接影响实验的结果。防止水进入溶液中。

六、数据记录与处理

1. 用 $\rho_t/(g/cm^3)=0.7971-0.8879\times10^{-3}t/℃$ 计算室温 t 时环己烷的密度，然后计算出所取环己烷的质量 m_A。

2. 方法一，根据测得的溶剂和溶液的凝固点，计算萘的摩尔质量（表 3-3）。

表 3-3　环己烷-萘的测定数据表

物质	凝固点		凝固点降低值（ΔT）	溶质摩尔质量
	测量值	平均值		
溶剂	(1)			
	(2)			
	(3)			
溶液	(1)			
	(2)			
	(3)			

3. 方法二，列表记录时间-温度数据，并画出纯溶剂和溶液的步冷曲线。用外推法求凝固点（如图 3-20 所示），然后求出凝固点降低值 ΔT_f，计算萘的摩尔质量，并判断萘在环己烷中的存在形式。

4. 萘的摩尔质量的理论值为 128.17g/mol，计算测量的相对误差。

七、实验讨论与启示

1. 液体在逐渐冷却过程中，当温度达到或稍低于其凝固点时，由于新相形成需要一定的能量，故结晶并不析出，这就是过冷现象。在冷却过程中，如稍有过冷现象是合乎要求的，但过冷太厉害或寒剂温度过低，则凝固热抵偿不了散热，此时温度不能回升到凝固点，在温度低于凝固点时完全凝固，就得不到正确的凝固点。因此，实验操作中必须注意掌握体系的过冷程度。

2. 从相律看，溶剂与溶液的冷却曲线形状不同。对纯溶剂，固-液两相共存时，自由度 $f^*=1-2+1=0$，冷却曲线出现水平线段。对溶液，固-液两相共存时，自由度 $f^*=2-2+1=1$，温度仍可下降，但由于溶剂凝固时放出凝固热，使温度回升，但回升到最高点又开始下降，所以冷却曲线不出现水平线段。由于溶剂析出后，剩余溶液浓度变大，显然回升的最高温度不是原浓度溶液的凝固点，严格的做法应通过外推法加以校正，如曲线（图 3-20）所示，可以将凝固后的固相的冷却曲线向上外推至与液相段相交，并以此交点温度作为凝固点。

3. 本实验测量的成败关键是控制过冷程度和搅拌速度。理论上，在恒压条件下，纯溶剂体系只要两相平衡共存就可达到平衡温度。但实际上，只有固相充分分散到液相中，也就是固液两相的接触面相当大时，平衡才达到。如凝固点置于空气套管中，温度不断降低达到凝固点后，由于固相是逐渐析出的，此时若凝固热放出速率小于寒剂所吸收的热量，则体系温度将继续降低，产生过冷现象。这时应控制过冷程度，采取突然搅拌的方式，使骤然析出的大量微小结晶得以保证两相的充分接触，从而测得固液两相共存的平衡温度。为了判断过冷程度，本实验先测近似凝固点；为使过冷状况下大量微晶析出，本实验规定了搅拌方式。对于两组分的溶液体系，由于凝固的溶剂量多少将会直接影响溶液的浓度，因此控制过冷程度和搅拌速度就更为重要。

八、思考题

1. 如溶质在溶液中离解、缔合和生成配合物，对摩尔质量测定值如何影响？
2. 影响凝固点精确测定的因素有哪些？
3. 加入溶质的量太多或太少有何影响？

九、参考文献

[1] 复旦大学等. 物理化学实验. 第3版. 北京：高等教育出版社，2004.
[2] 苏育志. 基础化学实验（Ⅲ）——物理化学实验. 北京：化学工业出版社，2010.
[3] 北京大学化学学院物理化学教学组. 物理化学实验. 北京：北京大学出版社，2002.
[4] 刘勇建，白同春. 物理化学实验. 南京：南京大学出版社，2009.

实验6　双液系的气-液平衡相图

一、目的要求

1. 绘制在常压下环己烷-乙醇双液系的气-液平衡相图，了解相图和相律的基本概念。
2. 掌握测定双组分液体的沸点及正常沸点的方法。
3. 掌握用折射率确定二组分液体组成的方法。

二、实验原理

在常温下，任意两种液体混合组成的体系称为双液体系。若两液体能按任意比例相互溶解，则称完全互溶双液体系；若只能部分互溶，则称部分互溶双液体系。

液体的沸点是指液体的蒸气压与外界大气压相等时的温度。在一定的外压下，纯液体有确定的沸点。而双液系的沸点不仅与外压有关，还与双液系的组成有关。在恒压下，表示溶液沸点和组成关系的图称为沸点-组成图，即 T-x 相图。该图能明确表明在各种沸点时的液相组成和与之成平衡的气相组成的关系，对工业上分馏-精馏具有很大的指导意义。

在恒压下，完全互溶双液系的沸点-组成图可分为三类。①对于理想溶液，或各组分对拉乌尔定律偏差不大的体系，溶液的沸点介于 A、B 两纯组分沸点之间 [图 3-22（a）]，如苯-甲苯、正己烷-正庚烷体系。②实际溶液由于 A、B 两纯组分相互影响，常与拉乌尔定律有较大负偏差，溶液存在最高沸点 [图 3-22（b）]，如盐酸-水体系；丙酮-氯仿体系。③A、B 两纯组分混合后与拉乌尔定律有较大的正偏差，溶液存在最低沸点 [图 3-22（c）]，如水-乙醇；苯-乙醇等体系。对于 b、c 两种类型的溶液在最高或最低沸点时的气、液两相组成相同，此时加热气化的结果仅仅使得气相总量增加，气、液两相的组成和溶液的沸点保持不变，此时的温度称为恒沸点，对应的组成为恒沸组成，对应的溶液为恒沸点混合物。

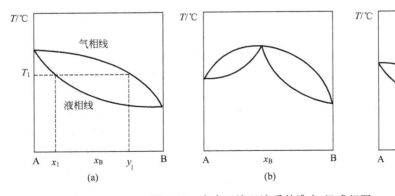

图 3-22　完全互溶双液系的沸点-组成相图

　　根据相律：在一定的压力下，对于二组分体系，在气、液两相共存区域中，自由度为 1。即 $f^* = C - p + 1$。一旦设定某个变量，则其他两个变量必有相应的确定值。在 $T\text{-}x$ 相图上，有温度、气相组成和液相组成三个变量，但因只有一个自由度。若体系的温度一定，气、液两相的组成也确定。当总组成确定时，由杠杆原理则可知，两相的相对量也一定。反之，若在一定的实验装置中，利用回流的方法，使气相和液相的相对量一定，则体系温度也恒定。待两相平衡后，取出两相的样品，用物理方法或化学方法分析两相的组成，给出在该温度下气、液两相平衡组成的坐标点。改变体系的总组成，再如上法找出另一对坐标点。这样测得若干对坐标点后，分别按气相点和液相点连成气相线和液相线，即可得 $T\text{-}x$ 平衡相图。

　　本实验使用如图 3-23 所示的沸点仪测定沸点，通过与温度传感器相连接的数字温度计读取溶液的沸点值。沸点仪是一支带回流冷凝管的长颈圆底烧瓶。冷凝管底部有一半球形小室，用以收集冷凝下来的气相样品。电流经变压器和粗导线通过浸于溶液中的电热丝。这样既可以减少溶液沸腾时的过热现象，还能防止暴沸。

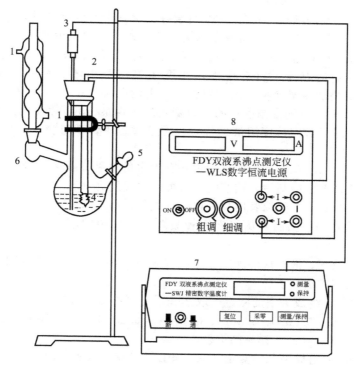

图 3-23　沸点仪及测定装置
1—接冷凝循环水；2—接恒流电源；3—传感器；4—电热丝；5—取液侧管；
6—气相凝聚液；7—数字温度计；8—数字恒流电源

　　组成分析可采用折射率的测定方法。本实验选用环己烷和乙醇双液系，两者折射率相差较大，而折射率测定又只需要少量样品。因此，可用阿贝折射仪测定不同组成试样的气相和液相的折射率，再从折射率-组成工作曲线上求得两相的相应组成，从而绘制出沸点-组成（$T\text{-}x$）图。

三、仪器与试剂

　　1. 仪器　双液系沸点测定仪 1 套（包括恒流电源，数字温度计）；超级恒温水浴 1 台；阿贝折射仪 1 台；1mL、2mL、5mL、10mL、25mL 移液管各 2 支；吸耳球 2 个；滴瓶 10

个；胶头滴管 10 个；50mL 烧杯 2 个；250mL 烧杯 2 个；镜头纸。

2. 试剂 环己烷（分析纯）；乙醇（分析纯）；丙酮（分析纯）。

四、实验步骤

1. 工作曲线（折射率-组成关系曲线）的绘制

（1）调节恒温槽温度，通恒温水于阿贝折射仪中，使其温度保持在（25±0.1）℃。

（2）工作曲线的溶液配制和测定：将 10 个小滴瓶编号，洗净并烘干，冷却后用分析天平准确称量，依次移入 0.0mL、1.0mL、2.0mL、3.0mL、4.0mL、5.0mL、6.0mL、7.0mL、8.0mL、9.0mL 的无水乙醇，分别称其质量，再依次移入 9.0mL、8.0mL、7.0mL、6.0mL、5.0mL、4.0mL、3.0mL、2.0mL、1.0mL、0.0mL 的环己烷，混合均匀，配成 10 份已知浓度的溶液，再分别称其质量，计算每个溶液的组成（组成用环己烷的物质的量分数 $x_{环己烷}$）。

（3）用阿贝折射仪测定 10 份样品的折射率。以折射率对浓度作图，即可绘制出该温度下的折射率-组成工作曲线。

2. 沸点与组成关系曲线的测定

（1）将洁净、干燥的沸点仪按图 3-23 组装好。检查带有温度计的软木塞是否塞紧，电热丝要靠近烧瓶底部的中心。温度计探头应处在支管之下，但至少要高于电热丝 1.5cm。

（2）量取 25mL 乙醇加入瓶中，注意，温度计的探头应位于溶液的中部，加热丝应完全浸没于溶液中。开启冷却水，打开电源，用调压变压器由零开始逐渐加大电压（10～12.5V），将液体缓慢加热至沸腾。液体沸腾后，再调电压大小，使蒸汽在冷凝管中回流的高度保持在 1.5～2cm。待测温温度计的读数稳定后，再维持数分钟以使体系达到平衡，记录温度计的读数，即为对应浓度溶液的沸点。在这过程中，不时将小球中凝聚的液体倾入烧瓶。

（3）切断沸点仪的电源，停止加热。用盛有冷水的烧杯套在沸点仪和气相小球的底部，使体系冷却。待液体充分冷却后，调节阿贝折射仪的温度为（25±0.1）℃，然后用干燥、洁净的毛细滴管从冷凝管下方吸取管内少许样品（气相样品），将所取样品迅速滴入折射仪中，测其折射率 n_g；再用另一支滴管从取液侧管吸取沸点仪中的溶液（液相样品），测其折射率 n_l。

（4）溶液沸点及气、液组成的测定。本实验是以恒沸点为界，把相图分成左右两半支，分别进行测绘。具体方法如下。

① 右半分支沸点-组成关系的测定 取 25mL 无水乙醇加入到干净的沸点仪中，然后依次加入纯环己烷 2mL、2.5mL、3.8mL、6.25mL、6.25mL。用上述方法逐一测定它们的沸点及气相样品折射率 n_g 和液相样品的折射率 n_l。

② 左半分支沸点-组成关系的测定 取 25mL 环己烷加入到干净的沸点仪中，测其沸点。再依次加入无水乙醇 0.5mL、1.0mL、1.2mL、2.5mL、10.0mL。用上述方法逐一测定它们的沸点及气相样品折射率 n_g 和液相样品的折射率 n_l。

3. 整理

实验完毕后，关闭电源，关闭冷凝水，清洗仪器，整理实验台。

五、注意事项

1. 实验中可调节加热电压来控制回流速度的快慢，电压不可过高，能使待测液体沸腾即可。电阻丝不能露出液面，一定要被待测液体浸没。

2. 实验过程中，保证沸点仪的各个塞子密封良好，避免气体溢出挥发。

3. 一定要在停止通电加热之后，方可取样进行分析。

4. 测折射率的速度尽量快，否则样品挥发后测不出结果。取样量应适当，太少不能测出数据，取样量太多影响后续实验数据。

5. 在使用阿贝折射仪读取数据时，特别要注意在气相冷凝液样品与液相样品之间一定要用擦镜纸将镜面擦干。

六、数据记录与处理

1. 将实验中测得的折射率-组成数据列表，以折射率为纵坐标、组成为横坐标，绘制折射率-组成关系的工作曲线（表3-4）。

表 3-4 折射率-组成关系的数据　　　　　折射仪恒温：___℃

试样编号	1	2	3	4	5	6	7	8	9	10
无水乙醇质量/g										
环己烷质量/g										
组成($x_{环己烷}$)										
折射率(n_D)										

2. 将实验中测得的沸点-折射率数据列表，并从工作曲线上查得相应的气、液相得组成，绘制沸点（T）-组成（x）的气-液平衡相图（表3-5）。

表 3-5 沸点-组成关系的数据

试样编号		1	2	3	4	5	6	7	8	9	10	11	12
溶液的沸点/℃													
气相冷凝液	折射率(n_g)												
	组成($x_烷$)												
液相液	折射率(n_1)												
	组成($x_烷$)												

3. 从绘制的相图上找出最低恒沸点及相应恒沸物的组成。

4. 文献数据

① 标准压力下的恒沸点数据（表3-6）

表 3-6 标准压力下环己烷-乙醇体系相图的恒沸点数据

沸点/℃	乙醇质量分数/%	$x_{环己烷}$	沸点/℃	乙醇质量分数/%	$x_{环己烷}$
64.9	40	—	64.8	31.4	0.545
64.8	29.2	0.570	64.9	30.5	0.555

② 环己烷-乙醇体系的折射率-组成关系（表3-7）

表 3-7 25℃时环己烷-乙醇体系的折射率-组成关系

$x_{乙醇}$	$x_{环己烷}$	n_D^{25}	$x_{乙醇}$	$x_{环己烷}$	n_D^{25}
1.00	0.0	1.35935	0.4016	0.5984	1.40342
0.8992	0.1008	1.36867	0.2987	0.7013	1.40890
0.7948	0.2052	1.37766	0.2050	0.7950	1.41356
0.7089	0.2911	1.38412	0.1030	0.8970	1.41855
0.5941	0.4059	1.39216	0.00	1.00	1.42338
0.4983	0.5017	1.39836			

七、实验讨论与启示

1. 被测体系的选择　本实验所选体系，沸点范围较为合适。由通过实验绘制的相图可知，该体系与拉乌尔定律存在严重正偏差。作为有最小值的 $T\text{-}x$ 相图，该体系有一定的典型意义。然而该相图的液相线较为平坦，在有限的学时内不可能将整个相图精确绘出。有些教学实验选用苯-乙醇体系，尽管其液相线有较佳极值，考虑到苯的毒性，未予选用。

2. 沸点测定仪 仪器的设计必须方便于沸点和气、液两相组成的测定。蒸气冷凝部分的设计是关键之一。若收集冷凝液的凹形半球容积过大，在客观上即造成溶液的分馏；而过小则会因取样太少而给测定带来一定困难。连接冷凝管和圆底烧瓶之间的连管过短或位置过低，沸腾的液体就有可能溅入小球内；相反，则易导致沸点较高的组分先被冷凝下来，这样一来，气相样品组成将有偏差。

3. 组成测定 可以用相对密度或其他方法进行测定，但折射率的测定快速、简单，特别是所需样品量较少，这对于本实验特别合适。不过，如操作不当，误差比较大。通常需重复测定三次。应该指出，含量较高的部分，折射率随组成的变化率较小，实验误差将略大。

4. 气-液相图的实用意义 气-液相图的实用意义在于只有掌握了气-液相图，才有可能利用蒸馏方法来使液体混合物有效分离。在石油工业和溶剂、试剂的产生过程中，常利用气-液相图来指导并控制分馏、精馏的操作条件。气-液平衡数据是精馏法分离液体混合物的基础。如遇到恒沸混合物则需辅以其他手段，如加入第三组分以改变原两组分的相对挥发度，再进行萃取蒸馏或恒沸蒸馏。对具有最高或最低恒沸点的二组分系统，采用普通精馏的方法，只能得到一个纯组分和恒沸混合物，而不能同时得到两种纯液体。

八、思考题

1. 在该实验中，测定工作曲线时折射仪的恒温温度与测定样品时折射仪的恒温温度是否需要保持一致？为什么？

2. 过热现象对实验产生什么影响？如何在实验中尽可能避免？

3. 在本实验中，样品的加入量应十分精确吗？为什么？

4. 试估计哪些因素是本实验误差的主要来源？

九、参考文献

[1] 复旦大学等. 物理化学实验. 第 3 版. 北京：高等教育出版社，2004.
[2] 苏育志. 基础化学实验（Ⅲ）——物理化学实验. 北京：化学工业出版社，2010.
[3] 傅献彩等编. 物理化学. 第 4 版. 上册. 北京：高等教育出版社，2003.

十、实例分析

1. 工作曲线的绘制

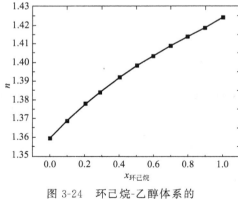

图 3-24 环己烷-乙醇体系的
折射率-组成工作曲线

（1）打开 Origin 软件，出现一个默认 data1 的 worksheet 窗口，其中有缺省为 A、B 两列，将环己烷摩尔分数（$x_{环己烷}$）和折射率（n）值输入到表格的 A、B 列中。

（2）选中两列，在 plot 菜单中选择 symbol，作出散点图。然后在 "Analysis" 菜单下点击 "Fit-exponential"，弹出一个 "exp" 对话框，点击 "fit" 即可完成拟合。分别双击 "X Axis Title" 和 "Y Axies Title"，分别输入 $x_{环己烷}$ 和折射率 n_D。

（3）然后双击边框，点击 Title & Format，在左侧的 "Selector" 中选择 "Top" 和 "Right"，选取 "ShowAxis & Tic" 在 "major" 和 "minor" 中，都选择 None，点击确定，即可得图 3-24。

2. 双液系相图的绘制

（1）读取折射率值求得 $x_{环己烷}$ 在标准工作曲线上求出环己烷的摩尔分数。 根据实验测得气相和液相的折射率数值，在标准工作曲具体操作方法：将标准工作曲线图放大为全屏显示，在工具栏中选择 Date Reader 图标，在曲线上寻找对应的点，在 Date Display 中则读出对应点的 X，Y 的坐标值，可以按下键盘上的 Space 键改变＋标志的大小，即可快速确定相应的环己烷摩尔分数。

（2）绘制相图

① 在 Origin 中建立新的 Worksheet，用 Column 菜单中 Add New Column 或右键点击 Insert 添加新列 C 列。

② 将沸点、液相和气相的组成分别输入到 A（X）、B（Y1）、C（Y2）三列中。下面将数据按照 B 列按升序排列：选中 A、B、C 三列，然后选择 "Worksheet" 菜单 "SortRange" → "Custom"，在新弹出的 "Nested Sort" 对话框中，左侧的 "Selected Columns" 中选择 B，然后点击 "Ascending" 按钮，再单击 "OK" 按钮关闭对话框，排序完成。

③ 在 Plot 下拉菜单中选 line＋symbol 或快捷方式绘制出点线图，之后双击图中曲线，在 Plot Details 中选择 Line，在 Connect 中选择 B-Spline 可使图中线条圆滑美观，然后在 Graph 下拉菜单中选择 "Exchange X-Y Axes"。

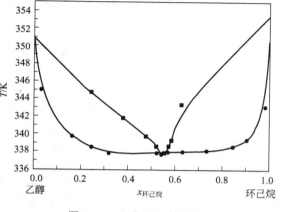

图 3-25　乙醇-环己烷相图

④ 分别双击 "X Axis title" 和 "Y Axis Title"，分别输入 $x_{环己烷}$ 和 T/K，双击边框，点击 Title & Format，在左侧的 "Selector" 中选择 "Top" 和 "Right"，选取 "ShowAxis & Tic" 在 "major" 和 "minor" 中，都选择 None，点击确定。即可得图 3-25。

实验 7　二组分固-液相图的绘制

一、目的要求

1. 掌握热分析法绘制二组分固-液相图的基本原理和测量技术。
2. 用热分析法测绘 Pb-Sn 二组分金属相图。
3. 学会步冷曲线的分析及相变点温度的确定方法。
4. 掌握数字控温仪和可控升降温电炉的使用方法。

二、实验原理

相图是多相体系处于平衡时，体系的某强度性质（如温度）对体系某一自变量（如组成）作图所得的图形。由于压力对仅由液相和固相构成的凝聚体系的相平衡影响很小，所以二组分凝聚体系的相图通常不考虑压力的影响。根据相律可知，二组分凝聚体系最多有两个独立变量，其相图为温度-组成图。

对于液相完全互溶的二组分体系，在凝固时，分为完全互溶、部分互溶和完全不互溶三种情况。三种典型的相图如图 3-26 中（a）、（b）、（c）所示。本实验研究的 Pb-Sn 二组分体系，属于液相完全互溶，固相部分互溶的体系，与图 3-26 中（b）相似。

测绘金属相图常用的实验方法是热分析法，其原理是将体系（一种金属或合金）加热熔融后，使其缓慢均匀冷却，记录体系温度随时间变化的关系曲线，即步冷曲线（图 3-27a），根据步冷曲线就能分析相态的变化。若冷却过程中体系无相变发生，其体系温度随时间均匀下降；冷却过程中当体系发生相变时，将会产生相变热，使降温速率发生改变，此时步冷曲

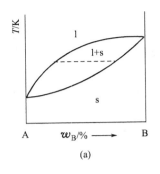
(a)

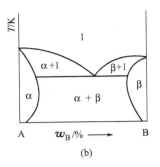
(b)

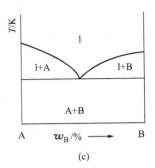
(c)

图 3-26　典型的二组分金属相图

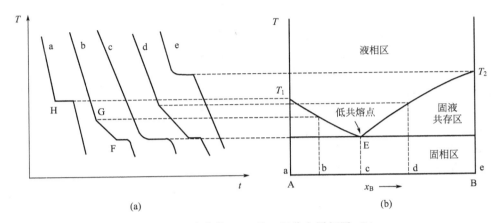

(a)　　　　　　　　　　　　(b)

图 3-27　步冷曲线（a）及二组分金属相图（b）

线会出现转折点和水平线段。转折点所对应的温度即为该组分的相变温度。

对于简单二组分凝聚系统，步冷曲线有三种形式，分别如图 3-27（a）中的 a、b、c 三条曲线。

图 3-27(a)中 a 曲线是纯物质 A 的步冷曲线。在冷却过程中，当体系温度达到 A 物质凝固点 H 时，固相开始析出，体系发生相变释放出相变热，建立单组分两相平衡($f^* = 0$)，温度维持不变，在步冷曲线上出现平台，当液相全部转化为固相后，温度继续下降。平台的温度即为 A 物质的凝固点。纯 B 物质的步冷曲线 e 的形状与 A 相似。

图 3-27（a）中 b 曲线是二组分混合物质的步冷曲线。该组分属于 A 物质含量高于低共熔点处 A 含量的混合组分，因含有 B 物质，则在低于纯 A 凝固点温度的 G 点开始析出固体 A，曲线在此出现转折。随着固体 A 的析出，使得液相中 B 的浓度不断增大，凝固点逐渐降低，直到 F 点时，A、B 两种固体共同析出，此时固、液相组成不变（最低共熔组成），建立三相平衡（$f^* = 0$），温度不随时间变化，体系释放出相变热，使得曲线上出现平台，直至液体全部凝固，温度继续下降。如果液相中 B 组分含量比共熔点处 B 的含量高，则先析出纯 B，且转折点温度不同，而步冷曲线形状与此相同，如图 3-27（a）中曲线 d。

图 3-27（a）中 c 曲线是二组分低共熔混合物的步冷曲线，形状与 A 类似。当冷却过程无相变发生时，体系温度随时间均匀下降，当达到 E 点温度时，A、B 两种固体按液相组成同时析出，建立三相平衡（$f^* = 0$），步冷曲线出现平台，当液体全部凝固，温度继续下降。

在冷却过程中，常出现过冷现象，即温度下降到相变点以下，而后又出现回升，步冷曲线在转折处出现起伏，如图 3-28 所示。遇此情况可延长 *FM* 交曲线 *BD* 于点 *G*，此点即为正常转折点，如平台出现过冷也可用同法进行处理，延长 EF 交于 H 点，则平台长度为 HE。

　　配制一系列不同组成的样品，测定其步冷曲线，找出转折点温度及平台温度，以横坐标表示混合物的组成，纵坐标表示 T/K 温度，将温度与组成关系绘制在该坐标系中，连接各点，即得二组分固-液相图，见图 3-27（b）。

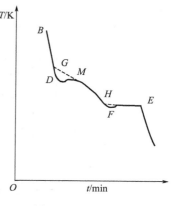

图 3-28　步冷曲线

三、仪器与试剂

　　1. 仪器　KWL-09 可控升降温电炉 1 台；SWKY-Ⅰ数字控温仪 1 台；计算机 1 台；不锈钢样品管 6 根。

　　2. 试剂　Pb（分析纯）；Sn（分析纯）；石墨粉。

四、实验步骤

　　1. 配制样品

　　用感量为 0.01g 的电子天平分别配制含 Sn 质量分数为 20%、40%、70%、80% 的 Pb-Sn 混合物各 100g，纯 Pb、纯 Sn 各 100g，分别装入 6 个不锈钢样品管中，并在样品上覆盖一薄层石墨粉以防试样氧化。

　　2. 准备工作

　　（1）将 SWKY-Ⅰ控温仪与 KWL-09 可控升降温电炉按图 3-29 进行连接。将冷风量调节和加热量调节两个旋钮逆时针旋转到底。将 5 支样品管分别放入样品管摆放区（共 6 个孔）内。

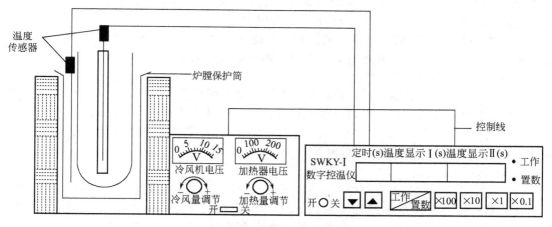

图 3-29　金属相图装置示意

　　（2）同时将准备测试的样品管插入控温区电炉 2（面板示意图见图 3-30），温度传感器Ⅰ插入控温传感器插孔 4，温度传感器Ⅱ插入测试区电炉 3 内。

　　（3）依次打开可控升降温电炉、SWKY-Ⅰ温控仪和计算机的电源开关。温控仪显示初始状态。其中，温度显示Ⅰ为 320.0℃（开机设定温度），温度显示Ⅱ为实时温度，"置数"指示灯亮。

　　3. 设置控制温度

　　按数字控温仪上的"工作/置数"键，使"置数"灯亮。依次按"×100"、"×10"、"×1"、"×0.1"四个键，设置"温度显示Ⅰ"将显示设定（最高）值。各组分混合物的温度设定值，需参考该组分的熔点（金属混合物的熔点参见附录中附表 10）。考虑到加热电炉的温度过冲，一般应设置在高于熔点温度 20～30℃。

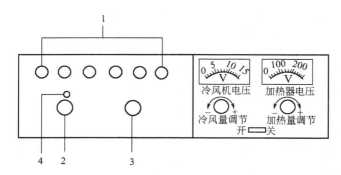

图 3-30 可控升降温电炉上面板示意

1—样品管摆放区；2—控温区电炉；3—测试区电炉；4—控温传感器插孔

4. 样品的熔融

按"工作/置数"按键，使工作指示灯亮，控温区电炉 2 开始通电升温，温度显示 Ⅰ 从设置温度转换为控制温度当前值。（注意：升温过程中，温度传感器 Ⅰ 不能提起或移动，否则无法正确控温。）当温度显示 Ⅰ 达到所设定的温度并稳定一段时间，样品管内样品完全熔化后，按"工作/置数"键，转换到置数位置，用坩埚钳取出样品管放入测试区电炉炉膛 3 内并把温度传感器 Ⅱ 放入样品管内。

待样品在 3 中稳定 3～5min 后，观察样品温度，此时可打开电炉电源开关，如果样品温度未达到所需温度，可调节"加热量调节"旋钮，使电压在 150～200V 之间继续加热，直至低于设定温度 30～40℃时，将"加热量调节"旋钮旋至零，（因考虑到仪器加热量的过冲，需提前调节至零），而后样品将会继续升温至设定温度。

打开"冷风量调节"旋钮，使冷风机电压保持在 2.5V 左右，控制试样的降温速率（一般为 6～7℃/min 为宜），当温度开始下降时，即可进行自动记录。

5. 步冷曲线测量程序的设定

（1）打开金属相图绘制软件，出现登录窗口，输入用户名和学号，进入软件操作界面。

（2）根据实际情况选择串行口（如 com1）；设置软件采样时间（0.5 min）；点"设置" → "设置坐标系"，可先输入纵坐标（□到□℃），再输入横坐标最大值（□min），设置完成后，点"确定"，即显示所设定的坐标。

6. 步冷曲线的绘制

（1）待已熔融的样品温度下降至高于熔点 50℃时，点"开始绘图"，软件将自动绘制步冷曲线。直到绘制的步冷曲线在平台以下 30～40℃（纯 Pb 降温到 280℃、纯 Sn 降温到 190℃，其他样品应降温到 150℃ 左右）时，可停止记录。点"停止绘图"再点"保存"，将步冷曲线保存在指定的文件夹中。点"清屏"，可进行下一样品的测定。

（2）样品测完后，用坩埚钳从测试区炉膛内取出样品管，放入样品管摆放区进行冷却。

（3）另一组试样的加热。当把控温区电炉内的样品管取出放入测试区电炉炉膛内进行测试时，可将另一待测样品管放控温区电炉内加热。如此循环往复，直至多组实验做完。

（4）将绘制的所有步冷曲线，在绘图软件的界面下打开，点"打印"，即可将全部的步冷曲线打印出来，以便绘制相图。也可利用此软件进行数据处理后，自动绘出相图，绘制方法详见说明书。

7. 结束

逆时针调节电炉的"加热器调节"和"冷风量调节"到底，表头指示为零，关闭电炉和控温仪电源，关闭计算机。

五、注意事项

1. 用热分析法（步冷曲线法）绘制相图时，被测系统应尽量接近相平衡状态，因此冷却速率不能过快（6～7℃/min 为宜），才能达到理想的结果。

2. 为保证测定结果准确，要注意使用纯度高的试样且样品质量相同。传感器放入样品中的部位和深度要适当。

3. 金属相图实验炉炉体温度较高，实验过程中不要接触炉体，以防烫伤。开启加热炉后，操作人员不要离开，防止出现意外事故。

4. 样品加热过程中，加热炉在达到设定温度后，还将会继续升温，此现象称为温度的过冲。所以设定温度时，要将过冲的温度范围考虑进去，以避免样品温度过高。

5. 由于过冷现象的存在，降温过程中会有升温，属正常现象。在冷却时，速度不宜过快，否则步冷曲线中的拐点和平台不明显。

6. 测试时，如果发现温度超过 400℃ 还在上升，应立即抽出温度传感器放置炉外冷却，否则将会被损坏。随后抽出样品管冷却，排除故障后再通电。

7. 在测定当前样品步冷曲线的同时，可将下一个样品放入控温区电炉内加热，以节省时间。但样品加热时间不可太长，温度不能过高，否则样品容易被氧化。

六、数据记录与处理

1. 将所绘制的步冷曲线进行处理，注意过冷现象的校正。

2. 确定步冷曲线的拐点或平台温度（相变点温度），并列表。

3. 依据相变点温度和样品组成 W_{Sn}（%），作出 Pb-Sn 二组分固-液平衡相图。标出相图中各区的相态，根据相图求出低共熔点温度及低共熔混合物的组成。并计算测量值的相对误差。

文献值：最低共熔点：温度为 456K（183℃），组成为 $W_{Sn}=61.9\%$、$x_{Sn}=0.74$。

七、实验讨论与启示

1. 在实验中，可选择最低共熔组分的含量（已知）作为测定样品之一，绘制相图。也可不选择最低共熔组分（若未知），选择其他含量的样品，利用塔曼三角法（图 3-31）来确定最低共熔点的组成。具体方法如下：首先做出等温线 de，此线与横坐标平行（图 3-31），然后在相当于样品的组成点做 de 的垂线，同时在各垂线上分别截取相应的平台长度（可预先从步冷曲线上量取），并将各截点及 d、e 点连接起来，其交点 f 即为最低共熔组成，在坐标轴上读出准确含量。此法是根据各样品总质量相等，冷却条件相同时，保持温度的时间与析出最低共熔混合物的质量成正比的原理而得到的。此法是确定最低共熔点的简便方法。

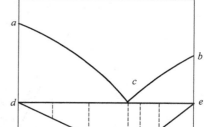

图 3-31　塔曼三角法示意

2. 对于 Pb-Sn 二组分体系，用本实验方法得到的步冷曲线只能绘制出其相图的一部分，其图形与图 3-26（c）相类似。若要得到完整的 Pb-Sn 二组分相图，需采用其他的实验方法。

3. 相图具有非常广泛的应用，在钢铁和合金冶炼生产条件的控制、硅酸盐（水泥、耐火材料等）生产的配料、盐湖中无机盐的提取等，都需要相平衡知识和相图的指导。对物质进行提纯（如制备半导体材料）、配制各种不同低熔点的金属合金等，都需要考虑到有关相平衡的问题。化工生产中用于产品分离和提纯的诸多单元操作与溶解和结晶、冷凝和熔融、气化和升华等相变过程也与相图密切相关。由于相变过程和相平衡问题普遍存在，因而利用相图研究和掌握相变过程的规律，用以解释有关的自然现象和指导生产。

八、思考题

1. 冷却速度快慢对实验有何影响？
2. 为什么不同组分的混合物在其步冷曲线上，最低共熔组分的水平线段长度不同？
3. 用相律分析在各条步冷曲线上出现平台的原因。

九、参考文献

[1] 复旦大学等．物理化学实验．第3版．北京：高等教育出版社，2004.
[2] 北京大学化学学院物理化学教学组．物理化学实验．第4版．北京：北京大学出版社，2002.
[3] 唐林，孟阿兰，刘红天．物理化学实验．北京：化学工业出版社，2009.
[4] 苏育志．基础化学实验（Ⅲ）——物理化学实验．北京：化学工业出版社，2010.
[5] 范楼珍，王艳，方维海．物理化学．北京：北京师范大学出版社，2009.
[6] 雷群芳．中级化学实验．北京：科学出版社，2005.

实验8 三组分体系等温相图

一、目的要求

1. 熟悉相律，掌握三角形坐标的使用方法。
2. 掌握用溶解度法绘制三组分相图的基本原理。

二、实验原理

人们常用图形来表示体系的存在状态与组成、温度、压力等因素的关系。根据相律，自由度＝组分数－相数＋2。对于三组分体系，当处于恒温恒压条件时，最大条件自由度为2，因此浓度变量最多只有两个，可用平面图表示体系状态和组成间的关系，通常用等边三角形坐标表示，称之为三元相图，如图3-32所示。

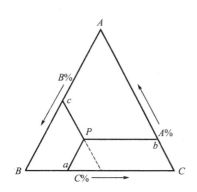

图3-32 等边三角形表示三元相图

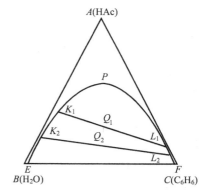

图3-33 共轭溶液的三元相图

等边三角形的三个顶点分别表示纯物 A、B、C，三条边 AB、BC、CA 分别表示 A 和 B、B 和 C、C 和 A 所组成的二组分体系的组成，三角形内任何一点都表示三组分体系的组成。图3-32中，P 点的组成表示如下：首先经 P 点作平行于三角形三边的平行线，并交三边于 a、b、c 三点。若三角形的每条边均分成100等份，则线段 Cb、Ac、Ba 分别对应于 P 点的 A、B、C 组成。分别为 $A\%=Cb$，$B\%=Ac$，$C\%=Ba$。对共轭溶液的三组分体系，即三组分中两对液体 A 与 B 及 A 与 C 完全互溶，而另一对液体 B 与 C 只能有限度的混溶，其相图如图 3-33 所示。图 3-33 中，E、K_2、K_1、P、L_1、L_2、F 点构成溶解度曲线，K_1L_1 和 K_2L_2 是连接线，P 为互溶点，溶解度曲线内是两相区，溶解度曲线外是单相区，因此，利用体系在相变化时出现的清浊现象，可以判断体系中各组分间互溶度的大小。

苯-醋酸-水是属于具有一对共轭溶液的三液体体系，其中醋酸则能与水和苯都互溶，水和苯的相互溶解度极小。当在水和苯组成的二相混合物中加入醋酸，能增大水和苯之间的互溶度，随着醋酸的增加，互溶度也随之增大，当加入醋酸达到一定量时，水和苯变得能完全互溶，这时原来两相组成的混合物由浑变清。在恒定温度下，使二相体系变为均相所需要醋酸的量，取决于原来混合物中水和苯的比例。

同样，把水加到苯和醋酸的均相混合物中时，当水达到一定量，则体系分成水相和苯相两相混合物，体系由清变浑。使体系变成二相所需加水的量，由苯和醋酸混合物的起始组成决定。因此可利用体系在相变化时的浑浊和清亮现象的出现，判断体系中各组分间的互溶度大小，一般由清变浊易分辨，所以本实验采用向均相的苯-醋酸体系中滴加水使之变成二相混合物的方法，测定二相间的相互溶解度。

三、仪器与试剂

1. 仪器　具塞锥形瓶（100mL）4 个、（50mL）4 个；酸式滴定管（50mL）3 支；碱式滴定管（50mL）1 支；锥形瓶（250mL）4 个；移液管（2mL、1mL）各 2 支；分液漏斗（250mL）2 个。

2. 试剂　冰醋酸（分析纯）；苯（分析纯）；标准 NaOH 溶液（0.2mol/L）；酚酞指示剂。

四、实验步骤

1. 测定互溶度曲线

取 3 根洁净、干燥的滴定管，分别装入苯、醋酸和水。取 100mL 的具塞锥形瓶一个（体系 I），用滴定管加入 5mL 苯和 1mL 醋酸，摇匀成均相后，由滴管慢慢滴入蒸馏水，边滴边摇，并仔细观察有无浑浊现象，直到体系由清变浑为止（由无色变为乳白色），记下所用水的体积。

再加入 2mL 醋酸，体系又成为均相，继续用水滴定，至体系由清变浊为止。分别记下此时体系中苯、醋酸、水所加入的总毫升数。依次再加入 3mL、3mL、5mL、5mL、5mL 醋酸，同法以水滴定，并记下每浑浊时刻体系中各组分的含量，测定后，在体系中加入 10mL 苯，使体系分成二相，塞好塞子留待下面测连接线用。

分别改变苯、醋酸的比例，用同样的方法滴定并记录。

体系 II：1mL 苯加入 5mL 醋酸，摇匀后用水滴定，使其成两相，再依次加入 1mL、2mL、5mL、5mL 醋酸，用水滴定并记录。滴完加苯 15mL 即可。

体系 III：0.5mL 苯，加入 10mL 醋酸，用水滴定，再依次加入 5mL、5mL 醋酸，用水滴定并记录。

2. 连接线的测定

将体系 I、II 各组分的含量准确记录，塞紧瓶塞，用力摇动。每隔 5min 摇一次，约 30min 后，分别倒入二个干净的分液漏斗中，待二液分层后，分别将各层液体放入干净的 50mL 具塞锥形瓶中，用 2mL 移液管分别取每种液体的上层液 2mL，放入已称重的 25mL 具塞锥形瓶内，准确称其重量。然后用水洗入 250mL 锥形瓶中，以酚酞为指示剂，用 NaOH 标准溶液滴定各液体中醋酸的含量，记录所用 NaOH 溶液的体积。

五、注意事项

1. 因所测体系含有水的成分，所以玻璃器皿均须干燥。

2. 在滴定时，要一滴一滴慢慢加，当醋酸含量很少时，更应特别注意。醋酸含量较多时，开始可快滴，近终点时要逐滴加入。滴定时需不停地摇动锥形瓶，由于分散的"油珠"颗粒能散射光线，所以体系出现浑浊，如在 $2\sim3\mathrm{min}$ 内不消失，即可认为已达终点。

3. 在实验过程中注意防止或尽可能减少苯和醋酸的挥发，测定连接线时取样要迅速。

4. 用水滴定如超过终点，可加入 $1\mathrm{mL}$ 醋酸，使体系由浑变清，再用水继续滴定。

六、数据记录与处理

1. 互溶度曲线的绘制

根据各次所用的苯、醋酸和水的体积以及实验温度下水、苯、醋酸的密度，求算每次体系出现复相时这三种组分的质量及体系的总质量。计算三种组分所占的质量分数。按表 3-8 列出各次所得数据。

表 3-8　实验数据记录表

编号	苯			醋酸			水			总质量
	体积/mL	质量/g	质量分数/%	体积/mL	质量/g	质量分数/%	体积/mL	质量/g	质量分数/%	/g

根据上表数据，在三角坐标纸上，画出各次的组成点，用曲线板将这些连接点连接成一光滑的曲线，并标明由曲线分割开的各相区的意义。

2. 连接线的绘制

将体系 Ⅰ、Ⅱ 计算出的苯、醋酸、水的质量分数，画于上面的三角相图内。

由所取各相的质量及用 NaOH 滴定所得的数据，求出醋酸在各相内的质量分数。

将醋酸的质量分数画在互溶度曲线上，水层内的醋酸含量画在水多的一边，苯层内的醋酸含量画在含苯多的一边。

连接两个成平衡的液层的组成点，即为连接线。该连接线应通过所得的体系的总组成点。

七、实验讨论与启示

1. 该相图的另一种测绘方法是：在两相区内以任一比例将此三种液体混合置于一定的温度下，使之平衡，然后分析互成平衡的二共轭相的组成，在三角坐标纸上标出这些点，且连成线。此法较为烦琐。

2. 在物理化学实验中常用的三组分体系有：氯化铵-硝酸铵-水、氯化钾-盐酸-水、苯-水-乙醇体系。

3. 含有两固体（盐）和一液体（水）的三组分体系相图的绘制常用湿渣法。原理是平衡的固、液分离后，其滤渣总带有部分液体（饱和溶液），即滤渣，但它的总组成必定是在饱和溶液和纯固相组成的连接线上。因此，在定温下配制一系列不同相对比例的过饱和溶液，然后过滤，分别分析溶液和滤渣的组成，并把它们一一连成直线，这些直线的交点即为纯固相的成分，由此亦可知该固体是纯物质还是复盐。

八、思考题

1. 如果求出的连接线未通过体系组成点，其原因是什么？

2. 用体系由清变浊的现象判断相界的依据是什么？

3. 若用被水饱和的苯或含水醋酸能否做此实验？为什么？

九、参考文献

[1] 马志广，庞秀言. 基础化学实验 4　物性参数与测定. 北京：化学工业出版社，2009.

[2] 孙尔康，徐维清，邱金恒. 物理化学实验. 南京：南京大学出版社，1999.

[3] 顾月姝. 基础化学实验（Ⅲ）——物理化学实验. 北京：化学工业出版社. 2004.

[4] 傅献彩，沈文霞，姚天扬. 物理化学：上册. 第 5 版. 北京：高等教育出版社，2005.

实验 9　指示剂离解平衡常数的测定

一、目的要求

1. 掌握甲基红离解平衡常数的测定原理和方法。
2. 掌握分光光度计和 pH 计的使用方法。

二、实验原理

1. 甲基红在溶液中的电离反应

甲基红（对二甲氨基-邻羧基偶氮苯）是一种弱酸性的染料指示剂，具有酸（HMR）和碱（MR$^-$）两种形式，它在溶液中部分电离，在碱性溶液中呈黄色，酸性溶液中呈红色。本实验测定甲基红的离解平衡常数，是根据甲基红在电离前后具有不同颜色和对单色光的吸收特性，借助于分光光度法的原理，测定其离解常数。甲基红在溶液中的电离可表示为：

HMR（酸式，红色）

H$^+$ $\|$ $\ominus$OH

MR$^-$（碱式，黄色）

简写为　　HMR $\Longrightarrow$ H$^+$ + MR$^-$

其电离平衡常数表示为：

$$K = \frac{[H^+][MR^-]}{[HMR]} \tag{1}$$

或

$$pK = pH - \lg\left(\frac{[MR^-]}{[HMR]}\right) \tag{2}$$

其中甲基红的 pH 值可以用酸度计测得，只要测定平衡时[MR$^-$]和[HMR]的比值，就可求得 pK，得到甲基红的离解平衡常数。

2. 利用分光光度法测定 HMR 和 MR$^-$ 的相对浓度

本实验是用分光光度法测定甲基红的离解平衡常数，由于甲基红本身带有颜色，而且在有机溶剂中电离度很小，所以用一般的化学分析法或其他物理化学方法进行浓度测定都有困难，但用分光光度法可不必将其分离，就能同时测定两种组分的浓度。

由于 HMR 和 MR$^-$ 两者在可见光区范围内具有强的吸收峰，溶液离子强度的变化对它的酸离解平衡常数没有显著的影响，而且在简单 CH_3COOH-CH_3COONa 缓冲体系中很容易使颜色在 pH=4～6 范围内改变，因此比值$\frac{[MR^-]}{[HMR]}$可用分光光度法测定而得。

溶液对于单色光的吸收遵守朗伯（Lambert)-比耳（Beer）定律：

$$A = \lg\frac{I_0}{I} = \lg\frac{1}{T} = \varepsilon l c \tag{3}$$

式中，I_0 是入射光强度；I 为透过光强度；A 称为吸光度；T 称为透光度。

若测定物质的浓度 c 的单位采用 mol/L，样品池中液层厚度 l 的单位采用 cm，则 ε 称为摩尔吸光系数，单位为 L/(mol·cm)。

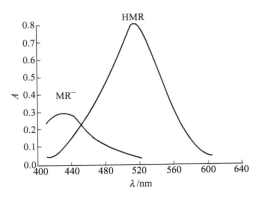

图 3-34　分光光度曲线

在分光光度分析中，将每一种单色光分别依次地通过某一溶液，测定溶液对每一种光波的吸光度，以吸光度 A 对波长作图，就可以得到该物质的吸光度-波长关系曲线，或称为吸收光谱曲线，如图 3-34 所示。由图可知，对应于某一波长有一个最大的吸收峰，用这一波长的入射光通过该溶液测定吸光度会有最佳的灵敏度。

从式（3）可看出，对于固定长度的吸收槽，在对应最大吸收峰的波长（λ）下测定不同浓度 c 的吸光度，就可作出线性的 A-c 关系图，这就是分光光度法定量分析的基础。

从图 3-34 可看出，甲基红溶液中酸式和碱式的分光光度曲线相重叠，则可在两波长 λ_A 和 λ_B（λ_A、λ_B 是酸式和碱式单独存在时吸收曲线中最大吸收峰的波长）时测定其总吸光度，即：

$$A_A = \varepsilon_{A,HMR} d[HMR] + \varepsilon_{A,MR^-} d[MR^-] \tag{4}$$
$$A_B = \varepsilon_{B,HMR} d[HMR] + \varepsilon_{B,MR^-} d[MR^-] \tag{5}$$

式中，A_A 是在 HMR 的最大吸收波长 λ_A 处所测得的总吸光度；A_B 是在 MR^- 的最大吸收波长 λ_B 处所测得的总吸光度；$\varepsilon_{A,HMR}$ 是在波长 λ_A 处 HMR 的摩尔吸光系数；ε_{A,MR^-} 是在波长 λ_A 处 MR^- 的摩尔吸光系数；$\varepsilon_{B,HMR}$ 是在波长 λ_B 处 HMR 的摩尔吸光系数；ε_{B,MR^-} 是在波长 λ_B 处 MR^- 的摩尔吸光系数。

对于指定浓度的 HMR 与 MR^-，由式（4）和式（5）可得：

$$\frac{[MR^-]}{[HMR]} = \frac{A_B \varepsilon_{A,HMR} - A_A \varepsilon_{B,HMR}}{A_A \varepsilon_{B,MR^-} - A_B \varepsilon_{A,MR^-}} \tag{6}$$

三、仪器与试剂

1. 仪器　722S 型分光光度计 1 台；PHS-3C 酸度计 1 台；玻璃电极、饱和甘汞电极各 1 支，500mL 容量瓶 1 个；100mL 容量瓶 7 个；10mL 移液管 3 支；0～100℃ 温度计 1 支。

2. 试剂　甲基红（分析纯）；pH 为 6.84 的标准缓冲溶液；NaAc 溶液（0.04mol/L，0.01mol/L）；HAc 溶液（0.02mol/L）；HCl 溶液（0.1mol/L，0.01mol/L）。

四、实验步骤

1. 制备溶液

（1）甲基红储备液　0.5g 甲基红溶于 300mL 95% 的乙醇中，用蒸馏水稀释至 500mL。

（2）标准甲基红溶液　取 8mL 储备液加 50mL 95% 的乙醇稀释至 100mL。

（3）A 溶液　取 10mL 标准甲基红溶液，加 10mL 0.1mol/L HCl 溶液，稀释至 100mL。此溶液的 pH 值大约为 2，这时甲基红完全以 HMR 形式存在。

（4）B 溶液　取 10mL 标准甲基红溶液，加 25mL 0.04mol/L NaAc 溶液，稀释至 100mL。此溶液的 pH 值大约为 8，这时甲基红完全以 MR^- 形式存在。

2. 测定甲基红酸式（HMR）和碱式（MR^-）的最大吸收波长

接通电压，预热仪器。722S 型分光光度计的使用方法详见第 13 章 13.3.2.

取部分 A 液和 B 液分别放在 2 个 1cm 比色皿内，在 350～600nm 之间每隔 10nm 分别测定 A、B 两溶液相对于蒸馏水的吸光度。由吸光度对波长作图，找出最大吸收波长 λ_A 和 λ_B。

3. 测定 A 液和 B 液的摩尔吸光系数

A 溶液：用移液管分别吸取 25mL、20mL、15mL、10mL、5mL A 液，各加入 25mL 的容量瓶中，再加 0.01mol/L HCl 溶液至刻度，分别在波长 λ_A 和 λ_B 下测定这些溶液相对于蒸馏水的吸光度。由吸光度对浓度作图，求得摩尔吸光系数 $\varepsilon_{A,HMR}$ 和 $\varepsilon_{B,HMR}$。

B 溶液：用移液管分别吸取 25mL、20mL、15mL、10mL、5mL B 液，各加入 25mL 的容量瓶中，再加 0.01mol/L NaAc 溶液至刻度，分别在波长 λ_A 和 λ_B 下测定这些溶液相对于蒸馏水的吸光度。由吸光度对浓度作图，求得摩尔吸光系数 ε_{A,MR^-} 和 ε_{B,MR^-}。

4. 测定混合溶液的总吸光度及其 pH 值

（1）配制四个混合液

① 10mL 标准甲基红溶液＋25mL 0.04mol/L NaAc＋50mL 0.02mol/L HAc 加蒸馏水稀释至 100mL。

② 10mL 标准甲基红溶液＋25mL 0.04mol/L NaAc＋25mL 0.02mol/L HAc 加蒸馏水稀释至 100mL。

③ 10mL 标准甲基红溶液＋25mL 0.04 mol/L NaAc＋10mL 0.02mol/L HAc 加蒸馏水稀释至 100mL。

④ 10mL 标准甲基红溶液＋25mL 0.04 mol/L NaAc＋5mL 0.02mol/L HAc 加蒸馏水稀释至 100mL。

（2）分别在 λ_A 和 λ_B 处测定这四个溶液的吸光度。

（3）再用酸度计测定这四个溶液的 pH 值。（酸度计的使用方法详见第 14 章仪器 5）。

五、注意事项

1. 使用分光光度计时，先接通电源，预热 20min。为了延长光电管的寿命，在不测定时，应将暗盒盖打开。比色皿放置到比色架时，应使其光面连通光路。

2. 使用酸度计前应预热 20min，使仪器稳定。测量 pH 值应精确到小数点后第二位。

3. 玻璃电极使用前需在蒸馏水中浸泡 24h。如果使用复合 pH 电极，需在 3mol/L KCl 溶液中浸泡 24h。

4. 使用饱和甘汞电极时应将上面的小橡皮塞及下端橡皮套取下来，以保持液位压差。

六、数据记录与处理

1. 记录实验步骤 2 中不同波长下的吸光度数据，由吸光度对波长作图，找到 A 溶液和 B 溶液的最大吸收波长 λ_A 和 λ_B。

2. 将实验步骤 3 中测定的数据，填入表 3-9 中。

表 3-9　测定摩尔吸光系数的数据

编　　号	1	2	3	4	5
A 溶液/mL	25.00	20.00	15.00	10.00	5.00
HCl(0.01mol/L)/mL	0.00	5.00	10.00	15.00	20.00
A 溶液的相对浓度	1.00	0.80	0.60	0.40	0.20
$A_A(\lambda_A)$					
$A_B(\lambda_B)$					
B 溶液/mL	25.00	20.00	15.00	10.00	5.00
NaAc(0.01mol/L)/mL	0.00	5.00	10.00	15.00	20.00
B 溶液的相对浓度	1.00	0.80	0.60	0.40	0.20
$A_A(\lambda_A)$					
$A_B(\lambda_B)$					

由吸光度 A 对浓度 c 作图，据 $A=\varepsilon cd$，由直线的斜率求得摩尔吸光系数。

3. 在实验步骤 4 中测定的数据，填入表 3-10 中。

表 3-10　测定酸离解平衡常数 K 的数据表

溶液序号	A_A	A_B	pH	$\dfrac{[\mathrm{MR}^-]}{[\mathrm{HMR}]}$	$\lg\dfrac{[\mathrm{MR}^-]}{[\mathrm{HMR}]}$	pK	K
1							
2							
3							
4							

注：1. 由 A_A、A_B 及 $\varepsilon_{A,\mathrm{HMR}}$、$\varepsilon_{B,\mathrm{HMR}}$、$\varepsilon_{A,\mathrm{MR}^-}$、$\varepsilon_{B,\mathrm{MR}^-}$，计算出 $\dfrac{[\mathrm{MR}^-]}{[\mathrm{HMR}]}$。

2. 结合 pH 值，计算出 pK 和 K。

七、实验讨论与启示

1. 实验中，若出现样品的透光率大于 100% 的现象，一般的原因是样品池不配套。

2. 本实验是利用分光光度法来研究溶液中的化学反应平衡问题，较用传统的化学法、电动势法研究化学平衡更为简便。首先它的应用不局限于可见光区，可以扩大到紫外和红外区，所以对于没有颜色的溶液也可以应用。此外，也可以在同一样品中对两种以上的物质（不需预先进行分离）同时进行测定。故分光光度法在化学中得到广泛的应用，不仅可测解离常数、缔合常数、配合物组成及稳定常数，还可研究化学动力学中的反应速率和机理。

3. 在 25～30℃ 时，文献值为：

甲基红酸式(HMR) 的最大吸收波长　$\lambda_A = (520 \pm 10)$ nm；

甲基红碱式(MR^-) 的最大吸收波长　$\lambda_B = (425 \pm 10)$ nm。

八、思考题

1. 在测定吸光度时，为什么每个波长都要用空白液校正零点？理论上应该用什么溶液作为空白溶液？本实验用的是什么溶液？

2. 为什么可以用相对浓度？

3. 酸度计使用时应注意什么？

4. 实验中，温度对实验结果有何影响？采取哪些措施可以减少由此而引起的实验误差？

九、参考文献

［1］苏育志．物理化学实验（Ⅲ）——基础化学实验．北京：化学工业出版社，2010．
［2］袁誉洪．物理化学实验．北京：科学出版社，2008．
［3］祖莉莉，胡劲波．化学测量实验．北京：北京师范大学出版社，2010．
［4］东北师范大学等校．物理化学实验．第 2 版．北京：高等教育出版社，1989．
［5］顾月姝．基础化学实验（Ⅲ）——物理化学实验．北京：化学工业出版社，2004．

实验 10　配位化合物组成和稳定常数测定

一、目的要求

1. 测定配位化合物的组成和稳定常数。

2. 掌握分光光度法测定配合物稳定常数的基本原理。

3. 进一步熟悉分光光度计的使用方法。

二、实验原理

溶液中金属离子 M 和配位体 L 形成 ML_n 型配位化合物，其反应式可表示为：

$$M + n\mathrm{L} \Longrightarrow \mathrm{ML}_n$$

当反应达到平衡后，即处于络合平衡状态时，有：

$$K = \frac{[\mathrm{ML}_n]}{[\mathrm{M}][\mathrm{L}]^n} \tag{1}$$

式中，K 为配位化合物的稳定常数；[M] 为金属离子的浓度；[L] 为配位体的浓度；[ML$_n$] 为配位化合物的浓度。

在 [M]+[L] 之和不变的情况下，改变 [M] 和 [L] 的浓度，当 [L]/[M]=n 时，配合物的浓度达到最大。

如果在可见光某个波长区域，配合物 ML$_n$ 有强烈吸收，而金属离子和配位体则几乎没有吸收，找出 ML$_n$ 的最大吸收波长，然后在该波长下测定一系列组成溶液的吸光度 A，作 A-[M]/([M]+[L]) 曲线，则该曲线必存在最大值，而此极大值即为配合物的组成。如图 3-35(a) 所示。

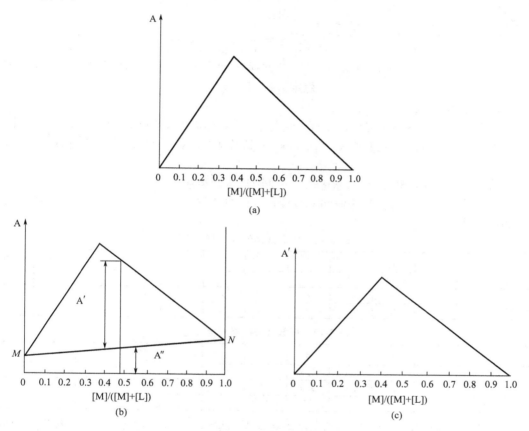

图 3-35　吸光度曲线

但是实际情况下金属离子和配位体都会有一定程度的吸收，所以观察到的吸光度并不是完全由 ML$_n$ 所引起，需进一步进行校正。校正方法即：在 A-[M]/([M]+[L]) 曲线图上，过 [M]=0 和 [L]=0 的两点作直线 MN，则直线上所表示的不同组成的吸光度值，可以认为是由金属离子和配体的吸收引起的。因此，校正后的吸光度 A' 应等于曲线上的吸光度数值减去相应组成下直线上的吸光度数值 A''，$A'=A-A''$，如图 3-35(b) 所示。最后作校正后 A'-[M]/([M]+[L]) 曲线，该曲线对应的极大值才是配合物的实际组成。校正曲线如图 3-35(c) 所示。

设定 x_{max}=[M]/([M]+[L])，x_{max} 为曲线最大值所对应的组成，则配位数为：

$$n=\frac{[L]}{[M]}=\frac{(1-x_{max})}{x_{max}} \tag{2}$$

确定配合物的组成后，可用下述方法来测定配合物的稳定常数 K。当反应进行达平衡

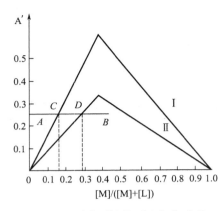

图 3-36 A'-[M]/([M]+[L])曲线

时，设 $[M]=a$，$[L]=b$，$[ML_n]=x$，则有：

$$K=\frac{x}{(a-x)(b-nx)^n} \qquad (3)$$

如果在两组不同的 $[M]+[L]$ 总浓度下，在同一图中作两条 A'-[M]/([M]+[L]) 曲线（如图 3-36 所示），在两条曲线上找到吸光度相同的两个点，此两点对应的配合物的浓度应相同。设对应于两条曲线的金属离子 M 和配位体 L 的初始浓度分别为 a_1、b_1 和 a_2、b_2，则：

$$K=\frac{x}{(a_1-x)(b_1-nx)^n}=\frac{x}{(a_2-x)(b_2-nx)^n} \qquad (4)$$

解方程（4）即可求得 x，从而可计算出配合物的稳定常数 K。

三、仪器与试剂

1. 仪器 722S 可见分光光度计 1 台；酸度计 1 台；容量瓶(100mL)22 个、(1000mL)2 个。

2. 试剂 0.005mol/L 硫酸铁铵；0.005mol/L 钛铁试剂；醋酸-醋酸铵缓冲液(pH=4.6)。

四、实验步骤

1. 取 100g 醋酸铵和 100mL 水醋酸，配制 1L 缓冲溶液。

2. 用 0.005mol/L 的硫酸铁铵和 0.005mol/L 的钛铁试剂，按表 3-11 和表 3-12 配制两组待测溶液样品。

表 3-11 所取试样的量（第 1 组）

编号	0	1	2	3	4	5	6	7	8	9	10
M/mL	0	1	2	3	4	5	6	7	8	9	10
L/mL	10	9	8	7	6	5	4	3	2	1	0
缓冲溶液/mL	25	25	25	25	25	25	25	25	25	25	25

表 3-12 所取试样的量（第 2 组）

编 号	0	1	2	3	4	5	6	7	8	9	10
M/mL	0	0.5	1.0	1.5	2.0	2.5	3.0	3.5	4.0	4.5	5.0
L/mL	5.0	4.5	4.0	3.5	3.0	2.5	2.0	1.5	1.0	0.5	0
缓冲溶液/mL	25	25	25	25	25	25	25	25	25	25	25

按上述两表的数据分别配好各系列待测溶液样品，然后，依次将各样品加蒸馏水稀释至 100mL。

3. 测定 λ_{max} 值 在上述 11 份试样中选择颜色最深的一组，在分光光度计中选择入射单色光。在 480～700 nm 波长范围，每隔 20 nm 测一次吸光度，然后绘制 A-λ 曲线，找出 A 极大值时的 λ_{max}。

4. 以波长为 λ_{max} 的单色光，分别测定上述试样的吸光度。

5. 关闭电源，冲洗比色皿及玻璃仪器。

五、注意事项

1. 配制试液时，加入顺序不能改变，否则会影响测定结果。

2. 缓冲溶液配好后，要测定其 pH，达不到要求时，需进行调整后再用。

3. 试液配好后，不能放置时间太久，要及时进行测定。

六、数据记录与处理

1. 绘制 A-λ 曲线，确定 λ_{max} 值。

2. 作 A-[M]/([M]+[L]) 图，并对吸光度 A 进行校正（校正方法见实验原理）。

3. 作两组溶液的 A′-[M]/([M]＋[L])图。

4. 找出 A′-[M]/([M]＋[L])图中最高点所对应的 x_{max} 值，并带入式（2）中求 n 值。

5. 采用图 3-36 的方法，在 A′-[M]/([M]＋[L])图上作平行线，交两曲线于两点。分别求出两点所对应的溶液组成（即求出 a_1、b_1 和 a_2、b_2 的值）。

6. 将两点的数值代入式（4）解出 x，并求出配合物的稳定常数 K。

七、实验讨论与启示

在 A′-[M]/([M]＋[L])曲线上，由于配合物的解离，测出曲线会出现弯曲，使得[L]/[M]附近的 A′ 值降低，直接观察 A'_{max} 则不准确，因此，可采用作切线校正的方法，找出两切线的交点所对应的组成，即可求得 n 值。

八、思考题

1. 为什么要控制溶液的 pH 值？

2. 配合物的配位数 n 和稳定常数温度有何关系，不同起始浓度的 Fe^{3+} 和钛铁试剂形成的配合物溶液当温度相同时，其 $K^{\ominus}$ 值是否相同？

3. 为什么只有在维持([M]＋[L])不变的条件下，[L]/[M]＝n 时，配合物的浓度才达到最大？

4. 使用分光光度计时应注意些什么？

5. 在什么条件下才能用本实验的方法测定络合物的组成和稳定常数？

九、参考文献

[1]刘展鹏．物理化学实验．湘潭:湘潭大学出版社,2008.

[2]北京大学化学学院．物理化学实验．第 4 版．北京:北京大学出版社,2002.

[3]东北师范大学．物理化学实验．北京:高等教育出版社,1992.

实验 11　气相色谱法测定非电解质溶液的热力学函数

一、目的要求

1. 熟悉以热导池为检测器的气相色谱仪的工作原理和基本构造，掌握其使用方法。

2. 用气-液色谱法测定二元溶液组分的活度系数、偏摩尔溶解焓和偏摩尔超额溶解焓。

3. 了解气-液色谱法在化学热力学方面的一些应用。

二、实验原理

1. 色谱法基本原理

在色谱柱中填充固体多孔性填料，在填料上涂有固定液（本次实验用邻苯二甲酸二壬酯），填料之间的缝隙可以使得流体流过。在柱子中流过一种不和固定液起作用的气体，称为载气。当载气携带着溶质分子流过固定液表面时，将产生溶解-挥发的过程，在一定条件下可达到气液分配平衡。

由于向载气中加入的溶质量很少，其溶解于固定液中的浓度可看成是无限稀。溶质在气液两相中达到平衡时，在固定液中的浓度和在载气中的浓度的比值称为分配系数：

$$K_D = \frac{\text{固定液上溶质质量/固定液质量}}{\text{流动相中溶质质量/流动相体积}} = \frac{m_2^s/m_1}{m_2^g/V_d} \tag{1}$$

式中，下标 1、2 分别表示固定液和溶质；上标 s、g 分别表示为固定液相和载气，其中溶质在固定液中的浓度采用质量浓度，而在流动相中的浓度采用体积浓度；V_d 表示色谱柱中气相的体积。流动相流动过程中，携带溶质流经色谱柱，并且在流动过程中不断实现分配平衡。最后，溶质流出色谱柱，在检测器上产生一个峰状的信号，以此来确定溶质在柱子中的停留时间，所得检测信号与时间的关系成为色谱图，如图 3-37 所示。

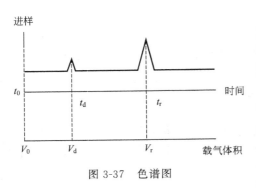

图 3-37　色谱图

在色谱图中，从进样到出峰最高处的时间成为保留时间 t_r；在这一段时间里流过柱子的载气体积成为保留体积 V_r，它代表了溶质在与固定相分配过程中，花费了多少流动相体积。

另外，由于柱中有一定的空隙，如进样口、检测器、连接管道等，总有一部分流动相在流动过程中并未与固定相交换溶质，这一部分体积要从溶质与固定相分配平衡所占的流动相体积中减去。用一个不与固定相作用的物质（如空气）同样从柱头进样，它们出峰的时间称为死时间，用 t_d 表示，所流过的流动相体积称为死体积，用 V_d 表示。保留时间与死时间的差值、保留体积与死体积的差值，分别称为校准保留时间和校准保留体积。

流动相的流速不同，柱中分配平衡状态也不同，故应考虑流速对分配平衡的影响。在柱后用皂沫流量计可以测定柱中的实际流速，但必须对皂沫流量计中水的饱和蒸气压和柱内压力进行校正。

分配平衡还与固定液用量有关。以单位质量固定液上溶质的校准保留体积来衡量溶质与固定液之间的相互作用，可消除固定液用量的影响，所得的保留体积成为比保留体积，用 V_g^0 表示。

$$V_g^0 = (t_r - t_d) \cdot j \cdot \frac{(p_0 - p_w)}{p_0} \cdot \frac{273}{T_r} \cdot \frac{F}{m_1} \tag{2}$$

该式已对压力差及由皂沫产生的水蒸气进行了校正。式（2）中的 j 称为压力校正因子；式中的 p_0 为出口压力；p_w 为水的饱和蒸气压；T_r 为皂沫流量计所处的温度（一般为室温）；F 为用皂沫流量计测得的流量；m_1 为固定液质量。

在理想条件下，色谱峰峰形应是对称的。在 t_r 时，有一半溶质流出色谱柱，而另一半留在色谱柱内，且两部分质量相等，而留在色谱柱中的溶质又可分为液相和气相两部分，可得：

$$V_r^c \frac{m_2^g}{V_d} = V_d^c \frac{m_2^g}{V_d} + V_s \frac{m_2^s}{m_1} \rho_1 \tag{3}$$

移项并作温度和体积校正，可得：

$$(t_r - t_d) \cdot j \cdot \frac{(p_0 - p_w)}{p_0} \cdot \frac{273}{T_r} \cdot F \cdot \frac{m_2^g}{V_d} = V_s \rho_1 \frac{m_2^s}{m_1} \tag{4}$$

式中，ρ_1 为固定液的密度。因 $V_s \rho_1 = m_1$，进一步整理并将式（1）和式（2）代入，可得：

$$V_g^0 = \frac{m_2^s / m_1}{m_2^g / V_d} = K_D \tag{5}$$

即溶质的比保留体积，等于溶质在两相中的分配系数。

2. 活度系数的测量

气相色谱法的进样方法称为脉冲进样法，进样量非常少，一般为微升级。因此，溶质在气液两相间的行为可以用理想气体方程和拉乌尔定律作近似处理。

根据理想气体方程：

$$p_2 V_d = nRT_c \tag{6}$$

$$p_2 = \frac{m_2^g R T_c}{V_d M_2} \tag{7}$$

式中，T_c 为柱温。根据拉乌尔定律：

$$p_2^* = \frac{p_2}{x_2} = p_2 \left(\frac{n_1 + n_2}{n_2} \right) \approx p_2 \cdot \frac{n_1}{n_2} = p_2 \frac{M_2}{M_1} \cdot \frac{m_1}{m_2^s} \tag{8}$$

将式（1）代入，再将蒸气压 p_2 由柱温校正到 273K，则：

$$p_2^* = p_2 \cdot \frac{273}{T_c} \cdot \frac{M_2}{M_1} \cdot \frac{V_d}{K_D \cdot m_2^g} = \frac{273R}{K_D \cdot M_1} \tag{9}$$

将式（5）代入，可得：

$$V_g^0 = \frac{273R}{p_2^* M_1} \tag{10}$$

由于溶质与作为溶剂的固定相的饱和蒸气压相差非常大，因此，溶液的性质会偏离拉乌尔定律。但由于在溶液中，溶质分子的实际蒸气压主要取决于溶质与溶剂分子之间的相互作用力，因此可以用亨利定律来进行校正：

$$V_g^0 = \frac{273R}{\gamma_2^\infty p_2^* M_1} \tag{11}$$

由此式可求得溶质在无限稀释时的活度系数：

$$\gamma_2^\infty = \frac{273R}{V_g^0 p_2^* M_1} \tag{12}$$

3. 偏摩尔溶解焓和偏摩尔超额溶解焓的求算

溶液体系中，溶质在溶解-汽化过程中的焓变，可以利用克劳修斯-克拉贝龙方程来处理：

$$d(\ln p_2^*) = \frac{\Delta_\nu H_{2,m}}{RT^2} dT \tag{13}$$

对于溶液体系，结合亨利定律，有：

$$d[\ln(p_2^* \gamma_2^\infty)] = \frac{\Delta_v H_{2,m}}{RT^2} dT \tag{14}$$

式中，$\Delta_\nu H_{2,m}$ 表示溶质从溶液中汽化的偏摩尔汽化焓。对理想溶液，活度系数为 1，溶质的分压可用 $p_2^* x_2$ 表示，其偏摩尔汽化焓与纯溶质的摩尔汽化焓 $\Delta_v H_m$ 相等，且理想溶液的偏摩尔溶解焓 $\Delta_s H_{2,m}$ 等于液化焓 $\Delta_s H_m$，即：

$$\Delta_v H_{2,m} = \Delta_v H_m = -\Delta_s H_{2,m} = -\Delta_s H_m \tag{15}$$

对于非理想溶液，偏摩尔溶解焓在数值上虽然等于偏摩尔气化焓，但它们与活度系数有关。将式（11）取对数后对 $1/T$ 求微分，并代入式（14），得：

$$\frac{d(\ln V_g^0)}{d(1/T)} = \frac{d[\ln(p_2^* \gamma_2^\infty)]}{d(1/T)} = \frac{\Delta_\nu H_{2,m}}{R} \tag{16}$$

$\Delta_v H_{2,m}$ 在一定温度条件下可视为常数，积分可得：

$$\ln V_g^0 = \frac{\Delta_v H_{2,m}}{RT} + C \tag{17}$$

以 $\ln V_g^0$ 对 $1/T$ 作图，根据斜率，可求出偏摩尔汽化焓 $\Delta_v H_{2,m}$，而偏摩尔溶解焓即为其相反数。

将式（14）与式（13）相减，并将偏摩尔汽化焓代为偏摩尔溶解焓，得：

$$d(\ln \gamma_2^\infty) = \frac{(\Delta_v H_{2,m} - \Delta_v H_m)}{RT^2} dT = -\frac{(\Delta_s H_{2,m} - \Delta_s H_m)}{RT^2} dT \tag{18}$$

同样，视一定温度范围内焓变为常数，积分可得：

$$\ln \gamma_2^\infty = \frac{(\Delta_v H_{2,m} - \Delta_v H_m)}{RT} + D = \frac{\Delta_s H^E}{RT} + D \tag{19}$$

式（19）中，$\Delta_s H^E$ 为非理想溶液与理想溶液中溶质的溶解焓之差，称为偏摩尔超额溶解焓，以 $\ln \gamma_2^\infty$ 对 $1/T$ 作图，根据所得直线的斜率可求得偏摩尔超额溶解焓。当活度系数大于 1 时，溶液对拉乌尔定律产生正偏差，溶质与溶剂分子之间的作用力小于溶质分子之间的作用力，偏摩尔超额溶解焓为正；反之为负。

三、仪器与试剂

1. 仪器　9790 气相色谱仪（热导池检测器）1 套；色谱工作站 1 套；氢气发生器 1 台；皂沫流量计 1 支；压力表 1 个；红外灯 1 个；微量进样器 1 支；秒表 1 块。

2. 试剂　邻苯二甲酸二壬酯柱；正己烷；环己烷。

四、实验步骤

1. 色谱柱的准备

（1）根据色谱柱容积，取一定体积的白色硅烷化 101 担体，称量后以其质量的 10％计算固定液用量。称取固定液后用氯仿溶解，再加入担体，搅拌均匀后置于红外灯下干燥，称量。

（2）将空色谱柱洗净烘干后，一端堵上玻璃棉后接真空系统，另一端接一小漏斗，在轻轻敲击色谱柱的同时，将处理好的填充物慢慢由漏斗倒入色谱柱，称量多余的填充物，计算柱中填充物所含固定液的质量。

（3）将色谱柱装配到色谱仪上，不接检测器，在低载气流速下，于 100℃柱温老化 10h 以上。老化完成后，连接好色谱柱，并保证各连接处不漏气。

2. 设置色谱仪工作状态

（1）打开载气气源，调节色谱仪载气总压调节阀，使总压力表所示压力为 0.25MPa，柱 1 的柱前压为 0.1MPa，柱 2 的柱前压为 0.02MPa。注意：柱 1 的柱前压由外接精度较高的压力表读出。

（2）打开色谱仪电源，在仪器显示屏上设置升温参数。按"柱箱"→数字键→"输入"。当光标移到 Maxim 后按数字键再按"输入"则输入 Maxim 值。预设各点的温度值如表 3-13 所示。

表 3-13　色谱仪器温度设置值

设置值	柱箱	热导	注样器	检测器
Temp	50	120	120	120
Maxim	110	140	200	200

（3）打开加热电源开关，按"柱箱/热导/注样器/检测器"→"显示"→"输入"按钮，启动各控制点的升温程序。按"热导"→"参数"→120→"输入"，将热导池电流设置为 120 mA。按热导控制器上的"复位"按钮，打开热导电源开关。

（4）接通色谱工作站电源，启动计算机上的工作站程序，进入测量界面。调节色谱仪热导控制器上的调零按钮，使工作站软件测定窗口下方的信号电位值在±5 mV 范围内。

3. 测定

（1）用皂沫流量计和秒表测定气体流过 10mL 所需时间。读取柱前压力表上的压力（表压）。

（2）用微量进样器吸取 0.5μL 正己烷、环己烷混合样，再吸入 2μL 空气，从 1 号柱进样口进样，进样的同时按下遥控启动开关或软件界面上的开始按钮。在色谱图上分别读取死时间和正己烷、环己烷的保留时间。待三个峰出完后按停止按钮。重复进样测量三次。

（3）再将柱箱温度分别调到 58℃、66℃、74℃和 82℃，当温度升到设置温度后保持 5min，读取流量和柱前压，再进样测定该柱温下的死时间和正己烷、环己烷的保留时间。

（4）读取当前室温和大气压。

4. 关闭仪器

（1）关闭热导控制器上的电源开关，在色谱仪面板上设置热导电流为零。按"柱箱/热导/注样器/检测器"→"显示"→"取消"，将各加热开关关闭。

（2）关闭加热电源开关。打开柱箱门，待柱箱温度降到 35℃以下时，关闭电源开关；

待热导池温度适当降低时，关闭气源。

五、注意事项

1. 色谱柱填充过程比较费时，且需要有一定的经验。目前商品色谱仪很少采用填充柱，因此本实验不要求同学自行制作色谱柱，但对填充柱制作过程要有所了解。

2. 操作色谱仪时，必须严格按照色谱仪操作规程进行。各温度点的设置、热导池电流的设置都必须符合实验要求，否则可能造成不必要的损失。

3. 使用微量进样器时要有耐心，注入样品时动作要连续、迅速，注意防止把针头和推杆压弯。

4. 实验结束时要严格按照操作步骤关闭仪器，特别要注意气路不可先关，一定要待热导池冷却后方可关闭气路。

六、数据记录与处理

1. 实验数据记录（表 3-14）　柱中的固定液质量：＿＿＿＿＿，大气压力：＿＿＿＿＿，室温：＿＿＿＿＿。

表 3-14　数据记录表

柱温/℃	载气流速/(mL/min)	柱前压/MPa	死时间/s	正己烷保留时间/s	环己烷保留时间/s
58					
66					
74					
82					
...					

2. 纯物质的饱和蒸气压参考以下公式计算（单位均为 Pa，温度 t 为℃）：

① 正己烷

$$P_2^* = 133.3 \times \exp[15.834 - 2693.8/(224.11 + t)]$$

② 环己烷

$$P_2^* = 133.3 \times \exp[15.957 - 2879.9/(228.20 + t)]$$

③ 水

$$P_w = 6.1100 \times 10^2 + 4.4227 \times 10t + 1.4816 \times t^2 + 2.1593 \times 10^{-2} \times t^3$$

3. 数据处理

① 根据式（2）计算正己烷和环己烷在各柱温下的比保留体积 V_g^0，再根据式（12）计算正己烷和环己烷在邻苯二甲酸二壬酯溶剂中不同柱温下的无限稀释活度系数 γ_2^∞。

② 以正己烷和环己烷在不同柱温时测得的 $\ln V_g^0$ 和 $\ln \gamma_2^\infty$ 对 $1/T_c$ 作图。根据其斜率分别求出该组分的偏摩尔溶解焓 $\Delta_s H_{2,m}$ 和偏摩尔超额溶解焓 $\Delta_s H^E$。

七、思考题

1. 本实验为什么要采用氢气做载气？能否用别的气体？如何确定各控制点的温度以及柱前压、桥电流？

2. 什么样的溶液体系才适合用气液色谱法测定其热力学函数？

3. 从所测得的活度系数讨论正己烷的邻苯二甲酸二壬酯溶液对拉乌尔定律的偏差。

八、参考文献

［1］孙尔康，张建荣. 物理化学实验. 南京：南京大学出版社，2009.

［2］复旦大学等. 物理化学实验. 第 3 版. 北京：高等教育出版社，2004.

实验 12 差热分析法测定水合无机盐的热稳定性

一、目的要求

1. 掌握差热分析基本原理，了解差热分析仪的构造，并学会差热分析仪的操作方法。

2. 用差热分析仪测定 $CuSO_4 \cdot 5H_2O$ 的热稳定性。

3. 学会对差热图谱进行定性解释和分析。

二、实验原理

物质在发生物理变化或化学变化过程中，往往伴随有热效应产生，此时的吸热或放热现象则反应了体系焓的改变，并且表现为该物质与外界环境之间存在温度差。选择一种热稳定的物质作参比物，所谓热稳定，是指在所测定温度范围内不发生任何物理变化和化学变化，或者说不产生热效应的物质。将被测物质与参比物同时置于可按设定速率升温的电炉中，分别测量参比物的温度及样品与参比物间的温差。据此可以了解物质的变化规律，确定物质的某些物理化学性质。

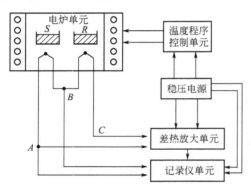

图 3-38 差热分析装置

差热分析（Differential Thermal Analysis，DTA）是在程序控制温度下，测量物质与参比物之间温度差与温度（或时间）关系的一种技术。DTA 曲线描述的是试样与参比物之间的温差随温度（或时间）的变化关系，称为差热分析曲线，也称差热图谱。

在 DTA 实验中，试样温度的变化是由于发生了物理化学变化所引起的，如脱水、熔化、凝固、晶型转变、脱氢、分解、化合等过程。一般来说，相转变、脱氢、还原和一些分解反应产生吸热效应；而结晶、氧化等反应产生放热效应。

差热分析装置如图 3-38 所示。主要由加热系统、温度控制系统、信号放大系统、差热系统和记录系统等组成（有些差热分析仪还配有气氛控制系统和压力控制系统）。

在图 3-38 中，试样 S 和参比物 R 分别装在两个坩埚内，其底部分别装有同种材料制成，且反向连接的片状热电偶。A-B 用于测量温度，A-C 用于测量温差，在升温过程中，两对热电偶所产生的热电势方向相反，若试样未发生变化，它与参比物同步升温，两者的温度相等，两热电势互相抵消，A-C 中没有电流。一旦试样发生物理或化学变化，即产生热效应，两热电偶所处的温度不同，而在 A-C 中产生温差电流，输入差热放大单元，经放大后送入记录单元，记录单元可同时记录试样温度和试样与参比物之间的温度差，随着时间的延续，就可直接绘制出差热图谱。理想的差热曲线如图 3-39 所示。

由图 3-39 可见，差热图谱中有两条曲线，其中曲线（T-t）为升温曲线，它表明参比物温度随时间的变化情况；另一条为差热曲线（DTA），它表示样品与参比物间的温度差（ΔT）与时间 t 的关系。图中与时间轴平行的线段 ab、de、gh 表明样品与参比物间温差为零或恒为常数，试样无热效应，这些直线称为基线；当有热效应产生时，将出现 bcd 或 efg 组成的差热峰。国际热分析协会规定，峰顶向上的为放热峰，此时样品的焓变小于零，温度高于参比物；峰顶向下的为吸热峰，焓变大于零，此时试样温度低于参比物，出现在基线的另一侧。

通过分析差热图谱可获得差热峰的数目、位置、方向、高度、宽度、对称性以及峰的面积等信息。峰的数目表示在测定温度范围内，待测样品发生变化的次数；峰的位置表示发生转化的温度范围；峰的方向则表明过程是吸热还是放热；峰的面积反映了热效应大小，相同条件下，峰面积越大，表示热效应越大。因此，从差热图谱中峰的方向和面积可以测得变化过程的热效应的大小和性质。DTA 曲线所包围的面积 S 可用式（1）表示：

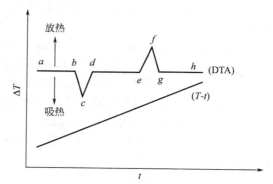

图 3-39　理想的差热分析曲线

$$\Delta H = \frac{C}{m}\int_{t_2}^{t_1}\Delta T \mathrm{d}t = \frac{C}{m}S \qquad (1)$$

式中，m 为反应物的质量；ΔH 为反应热；C 为仪器常数；t_1 和 t_2 为 DTA 曲线的积分限。仪器常数 C 需要通过已知热效应的物质求得。式（1）是一种最简单的表达式，它是通过运用近似常数 C 来说明试样反应热与峰面积的关系。这里忽略了微分项和试样的温度梯度，并假设峰面积与试样的比热容无关，所以它是一个近似关系式。

在实际测定中，由于样品与参比物间存在着比热容、热导率、粒度、装填疏密程度及热电偶间的误差，而且样品在测定过程中可能发生收缩或膨胀，差热曲线就会发生漂移，峰的前后基线不在一条直线上，差热峰可能比较平坦，转折点不明显，但可以通过作切线的方法来确定转折点。

在完全相同的条件下，许多物质的差热图谱表现出一定的特征，即具有确定的差热峰数目、位置、方向、峰温等，因此就可通过与已知物的差热图进行对比，从而定性地鉴别试样的种类、相变温度和变化次数等。

三、仪器与试剂

1. 仪器　差热分析仪 1 台；微机、打印机各 1 台；分析天平 1 台。

2. 试剂　$CuSO_4 \cdot 5H_2O$（分析纯）；纯锡；$\alpha\text{-}Al_2O_3$（分析纯）。

四、实验步骤

1. 仪器常数 C 的测定

（1）将电源和数据线联接在仪器主机上，数据线的另一端接在电脑主机上，打开电源开关，仪器预热 20min。打开差热炉冷却水，逆时针旋松两只炉体固定螺栓，双手轻轻向上托起炉体，再逆时针推移旋转 90°。

（2）准确称取标准样品 Sn 粉末（约 6～7mg），放入坩埚中，另一坩埚中放入与 Sn 质量相等的参比物 $\alpha\text{-}Al_2O_3$。并将样品坩埚放在坩埚架左边托盘上，参比物放在右边托盘上。然后顺时针旋回炉体，并准确放置在炉座上，旋紧两只炉体固定螺栓。

（3）差热仪参数设置。在仪器主机的参数设置区内，按"功能"键，仪器将进入设置状态。用⟳键选择所要设置的参数，用▲、▼键增减设置数值。

① 定时。按"功能"键，进入定时设置。设置定时为 60s，（因仪器可自动连续记录，也可不设定此功能）。

② 升温速率。按"功能"键，进入升温速率设置。用⟳键和▲、▼键设定升温速率为 12℃/min（或 10℃/min）。

③ 设定温度。按"功能"键，进入温度设置。用"$T_0/T_S/T_G$"键调至 T_G 指示灯亮，再用⟳键和▲、▼键，设置测定所需最高温度值（Sn 的最高温度设为 280℃；$CuSO_4 \cdot 5H_2O$ 的最高温度设为 350℃）。此时显示窗内有一位数字闪烁，仪器进入准备状态。

（4）计算机绘图程序设置。打开计算机，打开差热绘图软件界面，在"设置"菜单下进行设置。

① 设置坐标系　点"设置坐标系"，选择全屏绘图，输入纵坐标（Sn：$0 \sim 280℃$；$CuSO_4 \cdot 5H_2O$：$0 \sim 350℃$）；输入横坐标最大值，30min（或再长），点"确定"。

② 设置偏差值范围　偏差值范围选为 $\pm 30 \mu V$（或 $\pm 40 \mu V$），点"确定"。

③ 选择串行口　据实际接口选择（本机接 Com2）。

④ 设定数据采集时间　10000ms。

设置完成后，点"选项"，查看显示条件与设定值是否一致，再点"更新坐标系"，如与设定条件相符，点"确定"。

（5）全部设置完成后，按差热仪上的"$T_0/T_S/T_G$"温度显示键，选择在 T_S 位置，差热炉开始升温，待 2~3min 升温速率稳定后，点击计算机菜单中的"开始绘图"，此时电脑上将出现温度随时间、温差随时间变化的两条曲线，此时测定的是 Sn 熔化的差热图谱。绘图完成后，点"停止绘图"，测试完成。

2．$CuSO_4 \cdot 5H_2O$ 脱水过程测定

（1）待仪器温度下降到 45℃ 以下时，按要求准备好测定试样 $CuSO_4 \cdot 5H_2O$。重新设定测试条件，其他测定步骤和方法同上，测出 $CuSO_4 \cdot 5H_2O$ 脱水过程的差热图谱。

（2）将温度速率改为 5℃/min（或 17℃/min），重复步骤 2 的测量。

五、注意事项

1．测试时参比物与样品的质量必须相等，填充紧密程度要尽可能相一致。样品和参比物必须预先进行研磨，否则差热峰不明显，研磨后用 100~200 目筛过筛。

2．样品和参比物坩埚不能调换。

3．称量时，坩埚一定要保持干净，否则不仅影响导热，而且坩埚残留物在受热过程中也会发生物理化学变化，影响实验结果的精确性。

4．样品用量一定要适中，一般取 6~10 mg。

5．坩埚要轻拿轻放，取放坩埚时，要把样品托盘移过来，以免异物掉入。

6．测试条件设定好后，待试样和参比物全部装好，方可将"$T_0/T_S/T_G$"键置于 T_S 位置，否则仪器将会提前升温，致使实验无法进行。

六、数据记录与处理

1．由所测样品的差热图谱，求出各峰的起始温度和峰温，并将数据记录在表 3-15 中。

表 3-15　差热分析数据记录表

样　品	$CuSO_4 \cdot 5H_2O$			Sn
峰号	1	2	3	
开始温度				
峰顶温度				
结束温度				
外延点温度				
峰面积				
质量				

2．已知纯锡的熔化热为 $\Delta H_m = 7.047 \text{kJ/mol}$，由锡的差热峰面积求算仪器常数 C 值。再利用公式（1）求出样品的相变热。

3．文献值　根据差热峰的面积讨论五个结晶水与 $CuSO_4$ 结合的可能形式。

CuSO$_4$·5H$_2$O 的热分解相变过程（0～250℃）：在 48℃时，CuSO$_4$·5H$_2$O $\longrightarrow$ 2H$_2$O +CuSO$_4$·3H$_2$O（单斜晶系）；在 99℃时，CuSO$_4$·3H$_2$O $\longrightarrow$ 2H$_2$O+CuSO$_4$·H$_2$O（单斜晶系）；在 218℃时，CuSO$_4$·H$_2$O $\longrightarrow$ H$_2$O+CuSO$_4$（无色正交晶系）。

七、实验讨论与启示

1. 影响差热分析的主要因素

一个热效应所对应的峰位置和方向反映了物质变化的本质。其宽度、高度和对称性除与测定条件有关外，往往还取决于样品变化过程的各种动力学因素。实际过程中，一个峰的确切位置还受变温速率、样品质量、粒度大小等因素影响。主要影响因素及条件选择如下。

（1）参比物的选择　参比物是测量的基准，为获得平滑的基线，在整个测温范围内，参比物应具有良好的热稳定性，不产生任何热效应。此外，所选用参比物的比热容、热导率、粒度及装填疏密程度应尽可能与试样相一致。常用的参比物有 α-Al$_2$O$_3$，煅烧过的 MgO、SiO$_2$ 或 Ni 粉等，为了确保其热稳定性，使用前应先经较高温度灼烧。

（2）升温速率的影响及选择　升温速率对测定结果的影响非常明显，不仅影响峰的位置，而且影响峰面积的大小。一般情况下，升温速率慢，基线漂移小，差热峰分辨率高，峰形变低且平坦，但所需实验时间长；升温速率较快时，基线漂移明显，差热峰分辨率低，可能导致相邻两个峰重叠，峰的位置会向高温方向漂移，峰形比较尖锐，但所需实验时间短。测定时需根据不同样品的要求选择升温速率，通常选择 8～15℃/min 为宜。

（3）试样的预处理与用量　一般非金属固体样品均应经过碾磨，粒度在 100～200 目。这样可以减少死空间、改善导热条件。但过度碾磨将有可能破坏晶体的晶格。样品用量与仪器的灵敏度有关，过多的样品必然存在温度梯度从而使峰形变宽，甚至导致相邻峰互相重叠而无法分辨，通常用量 6～10mg。如果样品量较少或易烧结，可掺入一定量的参比物。

（4）气氛和压力的选择　气氛和压力会影响试样的化学反应和物理变化的平衡温度、峰形等。如 CaCO$_3$、AgO 的分解温度分别受气氛中 CO$_2$ 和 O$_2$ 分压影响；液体或溶液的沸点直接与外界压力有关；某些样品或热分解产物还可能与周围的气体进行反应。因此，应根据样品的性质选择适当的气氛和压力。常用的气氛为空气、氮气或是将系统抽真空。

除上述影响因素外还有许多因素，诸如样品盒（坩埚）的材料、大小和形状，热电偶的材质及位置等也都应予以考虑。

2. 热分析曲线峰面积的表示

如果不考虑比热以及样品不均匀性等因素的影响，DTA 曲线的峰面积与热效应大小成正比。在不同情况下正确求算峰面积是很关键的。图 3-40 是四种较常见峰面积的确定方法。图中（a）面积容易求算，是较理想的差热峰；（b）和（c）通常是由于样品在变化过程中热容改变而引起的，对于（b）可采用基线连接以构成峰面积；

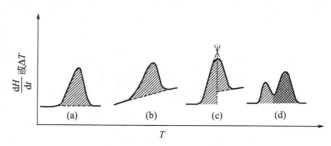

图 3-40　热分析曲线峰面积的确定

而（c）基线的漂移表示产物的热容与原样品明显不同，因此常将峰面积分成两部分加和；（d）则是分辨情况不够理想的两个相邻峰，在两峰面积相差不大的情况下，可以按峰谷为界线分别计算。

按上述方法和原则划定峰面积范围后，可采用以下方法求算：①用积分仪，可以直接读数或自动记录差热峰的面积；②如果差热峰的对称性好，可作等腰三角形，用峰高乘以半峰宽（峰高 1/2 处的宽度）的方法求面积；③剪纸称重法，若记录纸厚薄均匀，可将差热峰剪下，在分析天平上称其质量，其数值可以代表峰面积。④用计算机处理，计算机对（a）和（b）的处理可得到非常精确的结果，而图形（c）和（d）则与程序的设计及参数的设定有关，应谨慎处理。

差热分析法应用时常与 X 衍射、质谱、色谱、热重等方法配合，可用于鉴别物质并考查其组成、结构以及相变温度、热效应等物理化学性质，也可进行反应热动力学的研究。

在热分析技术的发展与应用过程中，从 19 世纪末到 20 世纪初，差热分析法主要用来研究黏土、矿物以及金属合金方面。到 20 世纪中期，热分析技术才应用于化学领域中，最初应用于无机物领域，而后逐渐扩展到络合物、有机化合物和高分子领域中，现在已成为研究高分子结构与性能关系的一个相当重要的工具。在 20 世纪 70 年代初，又开辟了对生物大分子和食品工业方面的研究。现在，热分析技术已渗透到物理、化学、化工、石油、冶金、地质、建材、纤维、塑料、橡胶、有机、无机、低分子、高分子、食品、地球化学、生物化学等各个领域。

八、思考题

1. 常用的热分析技术有哪些，它们之间有什么异同？

2. 差热分析是热力学平衡过程吗？为什么？

3. DTA 实验中，若把样品和参比物位置放颠倒，对所测差热图谱有何影响？对实验结果有无影响？

4. 差热曲线的形状与哪些因素有关？为什么差热峰的位置往往不刚好等于发生相变的温度？

5. 引起基线漂移的原因有哪些？

九、参考文献

[1] 甘礼华，陈龙武，李天昊. 差热分析法测定分解反应活化能. 大学化学，1996，11（3）：38.

[2] 徐立新，提高差热分析演示实验教学效果的做法. 实验室研究与探索，1997，3：22.

[3] 陈良坦，董振荣，黄泰山. 差热分析在物化实验中的应用. 实验室研究与探索，2001，20（2）：96.

[4] 复旦大学等. 物理化学实验. 第 3 版. 北京：高等教育出版社，2004.

[5] 苏育志. 基础化学实验（Ⅲ）——物理化学实验. 北京：化学工业出版社，2010.

[6] 雷群芳. 中级化学实验. 北京：科学出版社，2005.

[7] 唐林，孟阿兰，刘红天. 物理化学实验. 北京：化学工业出版社，2009.

第4章 化学动力学

4.1 动力学实验方法概述

4.1.1 动力学基本原理

化学动力学是一门研究化学反应动态过程以及机理的学科。它的基本任务是研究各种因素（如反应系统中各种物质的浓度、温度、催化剂、光、介质等）对反应速率的影响，揭示化学反应如何进行的机理，研究物质的结构与反应性能的关系。化学动力学研究分为气相动力学、凝聚相动力学以及界面化学动力学研究。气相动力学在宏观上主要研究化学反应的速率以及机理，在微观上研究化学反应在原子分子水平上的动态过程以及反应机理。凝聚相动力学的研究主要是研究化学反应在凝聚相的反应机理及反应速率。

4.1.1.1 反应速率的表达和速率方程

化学反应速率定义为单位体积反应系统中反应进度随时间的变化率，以符号 r 表示，即：

$$r = \frac{1}{V}\frac{d\xi}{dt} = \frac{1}{V}\frac{dn_B}{\nu_B dt} \tag{4-1}$$

若反应系统的体积是恒定的，则：

$$r = \frac{1}{V}\frac{dn_B}{\nu_B dt} = \frac{1}{\nu_B}\frac{dc_B}{dt} \tag{4-2}$$

式中，V 为时间 t 时反应体系的体积；ξ 为反应进度；ν_B 为物种的化学计量系数；n_B 为时间 t 时参加反应的各物种的物质的量；c_B 为各物种的物质的量浓度。在实际应用时，常选择其中浓度比较容易测量的某一物质来表示反应的反应速率。

一定温度下，化学反应的速率大多与参与化学反应的物质（反应物、产物或催化剂等）浓度密切相关。反应速率 r 与各物质浓度 c_i 的函数关系 $r = f(c_i)$、或者各物质浓度 c 与时间 t 的函数关系 $c_i = f(t)$，称为反应的速率方程，亦称为动力学方程，其具体形式随反应的不同而不同，必须由实验来确定。有许多反应的速率方程可表达为：

$$r = kc_A^\alpha c_B^\beta c_C^\gamma \tag{4-3}$$

式中，k 为反应的速率系数；α、β、γ 分别为 A、B、C 物质的反应分级数，$\alpha + \beta + \gamma = n$ 称为反应总级数。根据速率方程一方面可以得知哪些组分以怎样的关系影响反应速率，另一方面也可以为研究反应机理提供线索。

4.1.1.2 基元反应与质量作用定律

基元反应是指由反应物微粒（分子、原子、离子、自由基等）直接作用而生成新产物的反应。非基元反应是许多基元反应的总和，亦称为总包反应。一个复杂反应是经过若干个基元反应才能完成的反应，这些基元反应代表了反应所经过的途径，在动力学中称为反应机理或反应历程。

对于基元反应，其反应速率与反应物浓度（含有相应的指数）的乘积成正比，其中各浓度的指数就是反应式中各反应物质的计量系数，这就是质量作用定律。例如，有基元反应：

$$aA + bB \longrightarrow gG + hH$$

其反应速率方程为：

$$r=kc_{A}^{a}c_{B}^{b} \tag{4-4}$$

注意：质量作用定律只适用于基元反应，不能直接应用于复杂反应，如未指明某反应为基元反应，不要随便使用质量作用定律。

4.1.1.3 具有简单级数反应的动力学特征

凡是反应速率只与反应物浓度有关，而且反应级数无论是 α、β、$\cdots$ 或 n 都只是零或正整数的反应，统称为"简单级数反应"。表 4-1 给出了具有简单级数反应的速率方程及特点。

表 4-1　具有简单级数反应的速率方程及特点

级数	反应类型	微分式	积分式	浓度与时间的线性关系	半衰期	速率系数 k 的单位
1	$A \longrightarrow$ 产物	$-\dfrac{dc_A}{dt}=k_A c_A$	$\ln\dfrac{c_{A,0}}{c_A}=k_A t$	$\ln\dfrac{1}{c_A}\text{-}t$	$t_{\frac{1}{2}}=\dfrac{\ln 2}{k_1}$	(时间)$^{-1}$
2	$A+B \longrightarrow$ 产物 $(c_{A,0}=c_{B,0})$	$-\dfrac{dc_A}{dt}=k_A c_A^2$	$\dfrac{1}{c_A}-\dfrac{1}{c_{A,0}}=k_A t$	$\dfrac{1}{c_A}\text{-}t$	$t_{\frac{1}{2}}=\dfrac{1}{k_A c_{A,0}}$	(浓度)$^{-1}\cdot$(时间)$^{-1}$
3	$A+B+C \longrightarrow$ 产物 $(c_{A,0}=c_{B,0}=c_{C,0})$	$-\dfrac{dc_A}{dt}=k_A c_A^3$	$\dfrac{1}{c_A^2}-\dfrac{1}{c_{A,0}^2}=2k_A t$	$\dfrac{1}{c_A^2}\text{-}t$	$t_{\frac{1}{2}}=\dfrac{3}{2k_A c_{A,0}^2}$	(浓度)$^{-2}\cdot$(时间)$^{-1}$
0	表面催化反应	$-\dfrac{dc_A}{dt}=k$	$c_{A,0}-c_A=k_A t$	$c_A\text{-}t$	$t_{\frac{1}{2}}=\dfrac{c_{A,0}}{2k_A}$	(浓度)$\cdot$(时间)$^{-1}$
n $(n\neq1)$	反应物 $\longrightarrow$ 产物	$-\dfrac{dc_A}{dt}=k_A c_A^n$	$\dfrac{1}{c_A^{n-1}}-\dfrac{1}{c_{A,0}^{n-1}}=(n-1)k_A t$	$\dfrac{1}{c_A^{n-1}}\text{-}t$	$t_{\frac{1}{2}}=A\dfrac{1}{c_{A,0}^{n-1}}$ （A 为常数）	(浓度)$^{1-n}\cdot$(时间)$^{-1}$

4.1.1.4 温度对反应速率的影响

影响反应速率的因素有三类：一是反应物、产物、催化剂以及其他物质的浓度；二是反应系统的温度和压力；三是光、点、磁等外场。温度是影响化学反应速率的十分敏感的因素，它的主要作用是改变速率系数。对不同类型的反应，温度对反应速率的影响是不相同的，一般情况下，温度升高，反应速率增大。1884 年，Van't Hoff（范特霍夫）根据实验归纳得到一近似规则：当温度升高 10K，一般反应的速率大约增加至原来的 2～4 倍。1889 年，瑞典科学家 Arrhenius（阿仑尼乌斯）进一步总结出了表示反应速率与温度关系的 Arrhenius 公式，有四种表达形式。

微分式：
$$\frac{d\ln\{k\}}{dT}=\frac{E_a}{RT^2} \quad 或 \quad \frac{d\ln\{k\}}{d(1/T)}=-\frac{E_a}{R} \tag{4-5}$$

指数式：
$$k=A\exp\left(-\frac{E_a}{RT}\right) \tag{4-6}$$

对数式：
$$\ln\{k\}=-\frac{E_a}{RT}+\ln\{A\} \tag{4-7}$$

定积分式：
$$\ln\frac{k_2}{k_1}=\frac{E_a}{R}\left(\frac{1}{T_1}-\frac{1}{T_2}\right) \tag{4-8}$$

式中，A 称为指前系数或频率系数，具有与反应速率系数 k 相同的单位；E_a 称为反应的 Arrhenius 活化能，其单位为 J/mol。A 和 E_a 的大小决定于化学反应本身。

Arrhenius 定律表明温度对反应速率影响的大小主要决定于 E_a 的值，E_a 的值越大反应速率随温度的变化越显著。因此 Arrhenius 活化能 E_a 是表征反应系统动力学特征的重要参数。

按照 Arrhenius 定律以不同温度下速率系数的对数 $\ln\{k\}$ 对温度的倒数 $1/T$ 作图（即

ln $\{k\}$-$1/T$ 图）应得到一条直线，从该直线的斜率（$-E_a/R$）和截距（ln $\{A\}$）可以求出活化能与指前系数。所以，ln $\{k\}$-$1/T$ 图在分析温度对动力学行为的影响时特别有用。

4.1.1.5　典型的复杂反应

实际的化学反应绝大多数都是由一系列基元反应组成的复杂反应。对涉及同一物种的两个基元反应而言，其相互关系主要有：平行、对峙和连续三种基本类型。构成复杂反应的基元反应序列虽然千变万化，大都包括有上述三种基本组合类型中的一种、两种甚至所有三种。

平行反应是指反应系统中相同反应物同时独立地参与两个或多个反应。每一个反应可以是基元反应，也可以是复合反应。例如甲苯硝化生成邻、间、对位硝基甲苯：

$$C_6H_5CH_3 + HNO_3 \longrightarrow \begin{matrix} o\text{-}NO_2\text{-}C_6H_4CH_3 + H_2O \\ m\text{-}NO_2\text{-}C_6H_4CH_3 + H_2O \\ p\text{-}NO_2\text{-}C_6H_4CH_3 + H_2O \end{matrix}$$

一般来说反应速率较快，产物生成较多的反应，称为主反应，其他称为副反应。人们往往要通过寻找选择性强的催化剂或控制温度来加大速率系数的差别，以提高主反应的产率和产量。

对峙反应是指在正、逆两个方向都能进行的反应，也称为可逆反应，其中正、逆反应可以是基元反应，也可以是复合反应。理论上所有化学反应都是对峙反应，只是有些逆反应很慢，以致可以忽略。许多对峙反应的正、逆反应均以显著速率进行，如氨的合成 $N_2 + 3H_2$ $\longrightarrow$ $2NH_3$、一氧化碳变换 $CO + H_2O \longrightarrow CO_2 + H_2$ 等。

有些化学反应，一个反应的某产物是另一个非逆向反应的反应物，如此组合的反应称为连续反应。一些放射性元素的衰变就是连续反应，又例如苯的液相氯化，有下列反应组合而成：

$$C_6H_6 + Cl_2 \longrightarrow C_6H_5Cl + HCl$$
$$C_6H_5Cl + Cl_2 \longrightarrow C_6H_4Cl_2 + HCl$$
$$C_6H_4Cl_2 + Cl_2 \longrightarrow C_6H_3Cl_3 + HCl$$
$$\cdots\cdots$$

第一个反应的产物氯苯是第二个反应的反应物，其产物二氯苯又是第三个反应的反应物……每一步可以是基元反应，也可以是复杂反应。

要确定一个复杂反应的反应机理，最基础的工作是收集定量的实验数据，如测定反应速率与各个反应物浓度的关系，确定反应的级数；测定反应速率与温度的关系，确定反应的活化能；确定主反应、副反应、中间产物等。然后，根据实验事实和实验数据，提出可能的反应步骤，排除那些与活化能大小不符的反应或与实验事实相抵触的反应步骤，从而初步确定该反应的机理。对所提出的机理必须进行多方面的检验，通过实践、认识、再实践、再认识，才能得出正确的结论。

4.1.1.6　催化反应

如果一种（或几种）物质加到某化学反应中，可以改变反应速率，而物质本身在反应前后无论在数量还是在化学性质上都保持不变，则该物质称为催化剂，催化剂的这种作用称为催化作用。当催化剂的作用是加快反应速率的，称为正催化剂，通常所说的催化剂都是指正催化剂，在工业生产中占有重要地位。据统计，化工生产和石油炼制等过程中，90% 左右的反应要用到催化剂。如果催化剂的作用是降低反应速率的，则称为阻化剂（亦称负催化剂）。例如，塑料和橡胶中的防老化剂，金属防腐中的缓蚀剂和汽油燃烧中的防爆震剂等都属于阻化剂。

催化剂只能催化热力学允许的化学反应，缩短达到化学平衡的时间，但不能使热力学认为不能发生的反应进行。另外，催化剂也不能改变反应的限度，即不能改变平衡的组成，能同时改变正、逆反应的速率，使平衡提前到达。催化剂加快反应速率的本质是改变了反应历程，降低了整个反应的表观活化能。

常用催化剂的制法有沉淀法、浸渍法、热分解法等，浸渍法是制备催化剂常用的方法。它是在多孔性载体上浸渍含有活性组分的盐溶液，再经干燥、焙烧、还原等步骤而成，活性物质被吸附于载体的微孔中，催化反应就是在这些微孔中进行。使用载体可使催化剂的催化表面积加大，机械强度增加，活性组分用量减少。载体对催化剂性能影响很大，应根据需要对载体的比表面、孔结构、耐热性及形状等加以选择。氧化铝、二氧化硅、活性炭等都可作为载体。

一般用活性和选择性来描述催化剂的好坏。催化剂使一个反应的速率显著改变的能力称为催化剂的活性，这种活性来源于催化剂活性表面结构。因此，催化剂的制备方法、活化处理条件对催化剂活性影响很大。催化剂活性的表示方法很多，通常，在相同反应条件下，一定量的催化剂将反应物转化为产物的百分数称为转化率，用转化率来表示催化剂的活性。转化成目标产物的百分数称为选择性。对于固体催化剂，也常用单位时间、单位质量（或表面积）上，生成产物的质量来表示其活性。

4.1.2 动力学实验方法

4.1.2.1 动力学研究的实际意义

实验室和工厂中，化学反应一般在各种类型的反应器中进行，反应速率直接决定了一定尺寸的反应器在一定时间内所能达到的产率或产量。对于一个生产过程，其化学反应必须具有一定的速率才能获得较好的经济价值。20 世纪 50 年代后化学反应工程的形成，使得大规模化学工业生产中反应器的设计、操作和控制具备重要的理论基础，借助化学动力学实验可以预测和筛选获得具有一定经济价值的反应速率的工艺条件。另外，生物界的反应是在器官乃至细胞中进行，它们也可看作反应器，反应速率影响着营养物质的转化和吸收以及生物体的生长和代谢。对于大气和地壳，反应在更大规模的空间进行，反应速率关系着臭氧层破坏、酸雨产生、废物降解、矿物形成等生态环境和资源的重大问题。

4.1.2.2 动力学实验的基本内容

化学动力学实验的基本内容是测定不同温度时反应物或产物的浓度随时间的变化。经验速率方程是一定温度下反应系统唯象动力学特征的集中定量代表，建立反应系统的经验速率方程是宏观动力学实验的主要目的。在均相化学反应动力学实验成果的基础上建立起来的均相反应动力学至今仍是化学动力学的主要内容，而且比较成熟。随着生产发展的需要，复相反应，如化工生产中的催化反应、冶金及材料生产中的固-气反应、固-液反应、固-固相反应等在化学动力学实验研究中也占有相当的分量，已成为当今化学动力学实验的重要内容。

通过化学动力学实验可以得到化学反应动力学数据，进而可以确定具体反应的活化能、反应速率系数和反应级数等反应特性参数。通过化学动力学实验可以考查各种因素对化学反应速率的影响规律，进而确定反应机理。

4.1.2.3 动力学实验方法

（1）化学分析法   一般化学动力学实验并不直接给出反应速率的值，大多数实验技术只测定作为时间函数的浓度数值。收集实验数据的手段通常有化学方法和物理方法。化学法测量化学反应速率时，参与化学反应的某物质在不同反应时刻的浓度或含量是用化学分析法来测量的。实验中每隔一定时间，从反应器取样进行化学分析，得到反应物或产物的浓度。为防止取样后反应继续进行，必须采取骤冷、冲稀、加入阻化剂或分离催化剂等措施。此法的限制是：①不少化合物很难用化学分析的方法定量测定，特别是有机物；②需要较多的样品，因而需要较大的反应系统；③测定比较费时。

化学法测量化学反应速率的关键在于选择分析方法和做好取样工作及分析工作。一般而言，此法虽较易建立，但实验操作麻烦，所以不大为人们所使用。

（2）物理化学分析法　物理法测量化学反应速率时，是用物理仪器跟踪监测反应体系的某些物理性质随时间变化的数据，如气体的压力（恒容下）和体积（恒压下）、电导、电势、旋光度、吸光度、折射率、蒸气压、黏度、磁化率等的大小，以求算出参与化学反应的某物质在相应时刻的浓度或含量，进而求得化学反应速率。由于测定方法简便迅速，得到广泛的应用。但需注意，以物理法测量化学反应速率时，要求所采用的物理性质与参与化学反应某物质的浓度之间存在确定的函数关系，否则此法不能使用。

物理法有重量法、压力法、体积法、电导法及光学法等，可通过适当的变换器或传感器的使用，而设计成可以自动记录和自动处理数据的化学动力学测量装置。有些方法适用于均相反应，有些方法则适用于多相反应，在选用方法时应加以考虑。

（3）快速反应动力学测试方法　对于一些快速反应（半衰期小于 1s），如常见的离子反应、酸碱中和反应、血红蛋白和 O_2 和 CO 的反应、酶催化反应、某些有机取代反应和爆炸反应等，不能用常规方法跟踪反应进程，需采用一些新的快速反应动力学的实验方法。

① 流动法　流动法是使反应物连续稳定地流过一反应器（图 4-1），经混合室混合后发生反应，并建立了稳态，流出物是未反应的反应物和产物的混合物，也连续地从反应器移走。当反应混合物流速一定时，反应时

图 4-1　流动法装置示意

间与反应管长度成正比，即离混合室越远，反应时间越长，反应器管中的各处位置就对应不同的反应进行时刻。反应管中的各位置的物质浓度不随时间而变化，测定不同点的溶液的物理性质，即可得到不同反应时间所对应的组分组成，由此便可建立动力学关系。流动法常用分光光度计测定某组分的吸光度来表征浓度，由于流动法对应的时间起点是在混合器后的观察管零点，要求混合时间必须小于被测反应的半衰期。

② 弛豫法　弛豫法的基本思想是采取措施，使一个平衡系统的某些与平衡常数有关的物理性质（如温度、压力、电场强度等）发生急剧改变，于是平衡受到破坏并迅速向新的平衡位置移动，然后测定在此新条件下重新达到平衡的速率。如化学反应：

$$A+B \underset{}{\overset{T}{\rightleftharpoons}} C+D$$

在温度 T 时处于平衡，当温度突然（时间 $<10^{-6}$ s）由 T 升至 $(T+10)$，则反应会自动地变化到一个新的平衡状态：

$$A+B \underset{}{\overset{T+10}{\rightleftharpoons}} C+D$$

把体系由于受外来因素的影响而从不平衡状态趋向于新的平衡状态的过程称为弛豫。反应体系在弛豫过程中各物质的浓度变化可以借助于检测器（浓度分析器）作为时间的函数而被记录下来，如图 4-2 所示。有了这些数据则可求得快速反应的动力学参数。可以用作弛豫研究的物理参数有温度、压力、强光或强电场等。这些物理参数突然变化的结果可使平衡扰动。弛豫过程的快慢与被研究的对峙反应正、逆向速率系数有关。

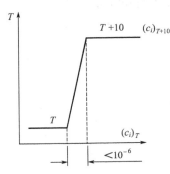 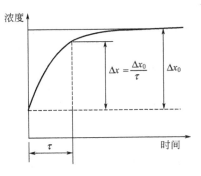

图 4-2 弛豫曲线

4.1.3 动力学实验数据的处理

4.1.3.1 积分法

积分法又称为尝试法。将实验中所得到的一组浓度-时间数据,代入各级速率方程的积分形式中,尝试是否合适。判断实验数据与动力学方程是否吻合的方法通常有两种:一种是计算速率系数 k。将初始条件与每一对浓度-时间数据代入动力学方程求得一个 k 值。如果从一次实验中不同时刻的若干对数据所求得的多个 k 为一常数,可以断定此动力学方程正好描述了该反应浓度随时间的变化关系,那么此动力学方程的微分形式便是该反应系统的经验速率方程。第二种是作图法。速率方程的积分式表明,具有简单整数级数的反应,浓度的某种函数与时间有线性关系,把相应的浓度表达式对时间作图可得一直线。因此也可以通过作图进行尝试。

当反应级数是简单整数时,积分法比较简便。缺点是不够灵敏,特别是实验的浓度范围不够广时,常难以区分究竟是几级反应。当级数是分数或负数时,也不适用。

4.1.3.2 微分法

由于大多数反应系统本身的复杂性,使其经验速率方程常常会涉及多个浓度可变组分及具有非整数级次,这时积分形式的动力学方程将变得相当复杂。相比之下,一组浓度-速率数据直接确定速率方程就显得比较方便易行了。

设速率方程为 $r_B = -\dfrac{dc_B}{dt} = k_B c_B^n$,将等式两边取对数,得:

$$\lg r_B = n\lg c_B + \lg k_B \tag{4-9}$$

以 $\lg r_B$ 对 $\lg c_B$ 作图应得直线,由斜率可得级数 n,且不限于正整数,由截距可得 k_B。由于速率 $r_B = -\dfrac{dc_B}{dt}$ 是导数,故称为微分法。

① 初速率法 做一系列不同初始浓度的动力学实验,用作图法求出相应的初速率,代入式(4-9),所得级数称为真级数,用 n_c 表示。这种方法求得的级数较为可靠,因为起始速率不受产物和其他因素的影响,相当于无干扰因素的级数,称为对浓度而言的级数。

对一化学反应 $$aA + bB \longrightarrow gG + hH$$

经验速率方程可写为: $$r_0 = k c_{A,0}^\alpha c_{B,0}^\beta \tag{4-10}$$

若实验中安排特定浓度(如表 4-2 所示),可以采用更简便的算法,即将表中的 Ⅰ、Ⅱ、Ⅲ组数据分别代入式(4-10)得三个方程,将三个方程两两相除得:

$$\frac{r_{0,2}}{r_{0,1}} = \left(\frac{a}{a}\right)^\alpha \left(\frac{mb}{b}\right)^\beta = m^\beta \tag{4-10a}$$

及

$$\frac{r_{0,3}}{r_{0,1}} = \left(\frac{ma}{a}\right)^\alpha \left(\frac{b}{b}\right)^\beta = m^\alpha \tag{4-10b}$$

解出反应级数 α 及 β，再利用任何一组数据便可求出实验速率系数 k。

表 4-2　初速率实验安排举例（a、b、m 大于零，且 $m \neq 1$）

实验编号	$c_{A,0}/$ (mol/L)	$c_{B,0}/$ (mol/L)	$r_0/$ (mol/L·s)
I	a	b	$r_{0,1}$
II	a	mb	$r_{0,2}$
III	ma	b	$r_{0,3}$

② 一次法　利用一次动力学实验测得的 c_B-t 曲线，用作图法或用多项式进行曲线拟合，得出在不同时刻斜率的绝对值即 r_B，代入式 (4-9)，所得级数用 n_t 表示。如 $n_t > n_c$，预示产物起了阻滞作用；如 $n_t < n_c$，预示产物起了加速作用，即自催化反应。

4.1.3.3　半衰期法

如经验速率方程具有 $r_B = -\dfrac{dc_B}{dt} = k_B c_B^n$ 时，反应物 B 的半衰期 $t_{1/2}$ 与反应物起始浓度 $c_{B,0}$ 的（$1-n$）次方成正比：

$$t_{1/2} \propto c_{B,0}^{1-n}$$

若取两个不同的起始浓度 $c_{B,0}$ 和 $c'_{B,0}$ 进行实验，测出半衰期为 $t_{1/2}$ 和 $t'_{1/2}$，则利用正比关系两式相除，再两边取对数得：

$$n = 1 + \frac{\lg(t_{1/2}/t'_{1/2})}{\lg(c'_{B,0}/c_{B,0})} \tag{4-11}$$

如果实验数据不止两组，也可以用作图法：

$$\ln\{t_{1/2}\} = (1-n)\ln c_{B0} + \ln C \tag{4-12}$$

以 $\ln\{t_{1/2}\}$ 对 $\ln c_{B,0}$ 作图，从斜率求出 n。此法也可以取反应进行到 1/4、1/8 等的时间来进行计算。

4.1.3.4　孤立变数法

该方法的基本思想是在有多个浓度因素影响反应速率时，一次实验中只让其中一个组分的浓度在反应过程中随时间改变，而其他组分浓度有效地保持恒定。例如反应：

$$a A + b B + d D \Longrightarrow e E + f F$$

预备性实验发现反应速率只受 A、B 两物种浓度的影响，即经验速率方程可能具有：

$$r = k_{exp} c_A^\alpha c_B^\beta$$

形式。实验中使一种反应物例如 A 大量过量，即 $c_{A,0} \gg c_{B,0}$，则在限定反应物 B 被消耗的整个过程中 A 的浓度基本维持恒定。因此速率方程可简化为：

$$r = k_B c_B^\beta$$

以上三种方法便可确定 k_B 和 β 值。同理，当采用 $c_{A,0} \ll c_{B,0}$ 时，通过实验可求出 k_A 和 α 值。

在使用孤立法时，为使其组分的浓度在整个反应期间有效地保持恒定，让其浓度改变值小于初浓度的十分之一是完全必要的。该方法虽可使动力学处理大大简化，但由于某一种或几种反应物的大大过量会导致一些不合理的结果，在使用时要格外小心，必须设计一些实验来验证结果的正确性。

4.2　动力学实验

实验 13　过氧化氢分解反应速率系数的测定

一、目的要求

1. 熟悉一级反应的速率方程及动力学特征，了解反应物浓度、温度及催化剂等因素对反应速率的影响。

2. 掌握用量气法测定反应速率系数的方法。

3. 测定过氧化氢分解反应的速率系数和半衰期。

二、实验原理

过氧化氢分解反应为：

$$H_2O_2 \longrightarrow H_2O + \frac{1}{2}O_2$$

实验表明，过氧化氢在没有催化剂存在时，分解反应很慢。此反应可被许多催化剂（KI、MnO_2、$FeCl_3$、Ag、Pt 等）催化而加速反应，另外其他一些物理因素也能加速过氧化氢的分解，如光照、升温、搅拌等。过氧化氢在 KI 作用下的催化分解按下列步骤进行：

$$H_2O_2 + KI \longrightarrow KIO + H_2O(慢)$$

$$KIO \longrightarrow KI + \frac{1}{2}O_2(快)$$

整个反应的速率取决于第一步，因此可假定其速率方程为：

$$-\frac{dc_{H_2O_2}}{dt} = k' c_{KI} c_{H_2O_2} \tag{1}$$

因为反应过程中 KI 不断再生，故其浓度保持不变。式（1）可写成：

$$-\frac{dc_{H_2O_2}}{dt} = k c_{H_2O_2} \tag{2}$$

故 H_2O_2 分解为一级反应，将式（2）积分得：

$$\ln \frac{c_t}{c_0} = -kt \tag{3}$$

式中，c_0、c_t 分别为 H_2O_2 的初始浓度和反应进行到 t 时刻的浓度（mol/L）；k 为反应速率系数。

反应物浓度降低到起始浓度一半时所需的时间称为半衰期 $t_{1/2}$。根据式（3）一级反应的半衰期为：

$$t_{1/2} = \frac{\ln 2}{k} = \frac{0.693}{k} \tag{4}$$

由反应方程式可知，在 H_2O_2 催化分解过程中，随着 H_2O_2 的分解氧气不断产生。在定温定压下，放出 O_2 的体积与分解了的 H_2O_2 的浓度成正比，O_2 体积的增长速率，就反映了 H_2O_2 分解的反应速率。因此，采用量气法测定不同时刻的氧气体积，用所得数据作图即可求算出反应速率系数。

设 V_∞ 代表 H_2O_2 完全分解时氧气体积，V_t 表示 H_2O_2 在 t 时刻分解放出的氧气体积，由于分解了的 H_2O_2 的浓度与分解产物 O_2 的体积有下列关系式成立：

$$c_0 = K V_\infty \qquad c_t = K(V_\infty - V_t)$$

式中，K 为比例系数。

将上式代入式（3）得：

$$\ln(V_\infty - V_t) = -kt + D \tag{5}$$

式中，D 为积分常数。只要测定或计算出 V_∞，再测定出一系列的 t-V_t 数据，以 $\ln(V_\infty - V_t)$ 对 t 作图得一直线，由直线的斜率即可求出反应速率系数 k。

但是在实验中若使 H_2O_2 完全分解比较麻烦，也不易测准，为免去测定 V_∞ 值，采用下述方法，使操作更简便、准确。

① 按量气法测出第一套 V-t 数据，即：

$$t_1 t_2 t_3 \cdots t_n$$

$$V_1 V_2 V_3 \cdots V_n$$

② 在 t_n 后指定另一时刻 T 作为新的起点，按相同的时间间隔测定第二套 $V\text{-}t$ 数据，即：

$$T+t_1 \quad T+t_2 \quad T+t_3 \cdots T+t_n$$
$$V_1' \quad V_2' \quad V_3' \cdots V_n'$$

③ 将第一套和第二套数据分别代入式（5）得：

$$\ln(V_\infty - V_t) = -kt + D \tag{6}$$
$$\ln(V_\infty - V_t') = -k(T+t) + D \tag{7}$$

将两式改写为指数形式：

$$V_\infty - V_t = e^{-kt+D} \tag{8}$$
$$V_\infty - V_t' = e^{-kt+D-kT} \tag{9}$$

上两式相减得：

$$V_t' - V_t = e^{-kt}\left[e^D(1-e^{-kT})\right] \tag{10}$$

取对数得：

$$\ln(V_t' - V_t) = -kt + E \tag{11}$$

式中，$E = D + \ln(1-e^{-kT})$ 为一常数。据式（11），以 $\ln(V_t' - V_t)$ 对 t 作图得一直线，即可求得其斜率 k。

三、仪器与试剂

1. 仪器　磁力搅拌器 1 台；超级恒温水浴 1 套；量气实验装置 1 套；秒表 1 块；带恒温夹套的锥形瓶 1 个；移液管（10mL）2 支；移液管（20mL）1 支。

2. 试剂　30％H_2O_2（分析纯）；KI（分析纯）。

四、实验步骤

1. 按图 4-3 安装好量气装置，调节超级恒温水浴温度为（25.0 ± 0.1）℃。

2. 检漏：将锥形瓶塞子塞好，提高水位瓶高度，把三通旋塞 4 转到 b 的位置，打开旋塞式止水阀 7，使水位升到一定高度，放下水位瓶，把三通旋塞旋到 a 的位置。轻开止水阀 7，使 5、6 两个量气管水位产生一段落差，关闭止水阀，观察水位。待 3～5min 后，如果水位无变化，则表明量气装置不漏气可以使用。

3. 在容量瓶中配置 100mL 0.5％的 H_2O_2 水溶液，并吸取该溶液 20mL 注入预先已洗净烘干的锥形瓶中，此时三通旋塞处于 b 位置，5、6 两管液面在零点处相平。再吸取 KI（1mol/L）溶液 2mL，蒸馏水 18mL 均置于锥形瓶中，盖好带有量气管的塞子，开启电磁搅拌器，调节适当的搅拌速度，先放空，舍去少量气体后，然后将三通旋塞旋至 a 位置（处于两通），开始卡表计时。与此同时，观察量气管中液面的位置，应缓慢放开止水阀，使两量气管液面随时保持水平并同时下降。于 1，2，3，…，8min 时读取氧气体积，作为第一组 $V\text{-}t$ 数据。以 $T=9$min，再于 $T+1$，$T+2$，…，$T+8$min 时读取第二组 $V\text{-}t$ 数据。

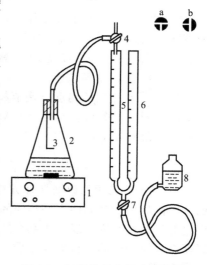

图 4-3　过氧化氢分解实验装置

1—电磁搅拌器；2—锥形瓶；
3—催化剂托盘；4—三通旋塞；
5、6—量气管；7—旋塞式止水阀；
8—水位瓶

4. 按上述方法重复实验两次，并及时处理数据，绘制出 $\ln(V'_t - V_t)\text{-}t$ 图，观察是否为直线。

5. 另取一清洁干燥的锥形瓶，改变催化剂的加入量，即加入 20mL 0.5% 的 H_2O_2 水溶液，4mL KI(1mol/L)溶液和 16mL 蒸馏水，按实验步骤(3)、(4)测出两组 $V\text{-}t$ 数据。

6. 改变 H_2O_2 的初始浓度，配制 100mL 的 2% H_2O_2 水溶液（用第 3 步中配制的溶液稀释即可），并加入该溶液 20mL，4mL KI（1mol/L）溶液，蒸馏水 16mL，同前法进行测定。

五、注意事项

1. 安装量气装置时，注意各接口不能漏气，量气管要放置水平。

2. 用电磁搅拌器搅拌时，注意搅拌速度不能太快，并且搅拌速度调好后，不要任意改变。

3. 每组测量数据的时间要连续记录。

六、数据记录与处理

温度：_____；大气压：_____

1. 将所得数据列于表 4-3（时间间隔 1min）：

表 4-3 过氧化氢分解反应数据

t/min	V_t/mL	$T+t$/min	V'_t/mL	$(V'_t - V_t)$/mL	$\ln(V'_t - V_t)$
1		9			
2		10			
3		11			
4		12			
5		13			
6		14			
7		15			
$T=8$		16			

2. 以 $\ln(V'_t - V_t)$ 对 t 作图，由直线的斜率求得反应速率系数 k，并注明反应条件；比较不同浓度的催化剂对反应速率系数的影响。

3. 计算 H_2O_2 分解反应的半衰期。

七、实验讨论与启示

1. 如果改变实验温度（调节超级恒温水浴），重复上述操作步骤，测定不同温度下的速率系数，即可根据阿仑尼乌斯（Arrhenius）公式计算反应的活化能。

计算公式如下：

$$E_a = \frac{RT_1 T_2}{T_2 - T_1} \ln \frac{k_2}{k_1} \tag{12}$$

2. 本实验采用的数据处理方法称为古根汉姆（Guggenheim）法，要求 t 一定是等间隔的（或前后两段时间序列是相同的），这种方法不用测定 V_∞，而且可以大大缩短实验时间，但是对实验所研究的反应体系有严格的要求：①反应速率不能太快，即反应时间不能太短，以便有足够的时间进行数据处理。②反应要稳定，尽量消除或减少副反应的发生，最好是无副反应的体系。

3. 如果采用测定 V_∞ 的方法求反应速率系数 k，则 V_∞ 可由实验所用的 H_2O_2 的体积及浓度算出。标定方法如下：

$$5H_2O_2 + 2KMnO_4 + 3H_2SO_4 \longrightarrow 2MnSO_4 + K_2SO_4 + 8H_2O + 5O_2$$

按其分解反应的化学方程式可知 1mol H_2O_2 放出 0.5mol O_2，在酸性溶液中以 $KMnO_4$ 标准溶液滴定，求出过氧化氢的浓度 $c_{H_2O_2}$，就可以计算出 V_∞。

$$c_{H_2O_2} = \frac{c_{KMnO_4} V_{KMnO_4}}{V_{H_2O_2}} \times \frac{5}{2} \tag{13}$$

$$V_\infty = \frac{c_{H_2O_2} V_{H_2O_2}}{2} \times \frac{RT}{p_{O_2}} \tag{14}$$

式中，p_{O_2} 为氧气的分压（大气压减去实验温度下水的饱和蒸汽压）；T 为实验温度。

求出 V_∞ 后，即可由 $\ln(V_\infty - V_t)$-t 图的斜率求出反应的速率系数 k。

八、思考题

1. 反应速率系数与哪些因素有关？

2. 为什么可以用 $\ln(V_t' - V_t)$-t 代替 $\ln c$-t 作图？

3. 为什么在反应开始后舍去部分分解所生成的氧气？记录 V-t 数据的起始时刻为何可以不从反应开始时计时？

4. 过氧化氢的初始浓度对反应速率系数有无影响，为什么？

九、参考文献

[1] 傅献彩，沈文霞，姚天扬. 物理化学. 第 5 版. 北京：高等教育出版社，2005.

[2] 孙尔康，张剑荣. 物理化学实验. 南京：南京大学出版社，2009.

[3] 唐林，孟阿兰，刘红天. 物理化学实验. 北京：化学工业出版社，2009.

[4] 赵凯元，张锡安，罗鸣. 过氧化氢分解反应动力学实验的改进. 大学化学，1988，3（5）：44.

[5] 刘庆泰. 一级反应——过氧化氢分解实验的改进. 首都师范大学学报（自然科学版），1989，10（2）：72.

[6] 李元高，陈丽莉，肖均陶. H_2O_2 分解反应动力学实验的改进. 大学化学，2002，17（2）：41.

[7] 江茂生，林瑞余. 用于较高温度下过氧化氢分解动力学实验的反应装置. 大学化学，2002：17（3）：39.

实验 14　蔗糖转化反应速率系数的测定

一、目的要求

1. 进一步掌握一级反应的动力学特征，了解反应物浓度与旋光度之间的关系。

2. 了解旋光仪的基本原理，掌握其使用方法。

3. 用旋光法测定蔗糖转化反应的速率系数、半衰期及反应的活化能。

二、实验原理

蔗糖在水中转化成葡萄糖和果糖，反应式为：

$$\underset{\text{（蔗糖）}}{C_{12}H_{22}O_{11}} + H_2O \xrightarrow{H^+} \underset{\text{（葡萄糖）}}{C_6H_{12}O_6} + \underset{\text{（果糖）}}{C_6H_{12}O_6}$$

速率方程式为：

$$-\frac{dc_t}{dt} = k' c_t c_{H_2O} c_{H^+} \tag{1}$$

式中，k' 为反应速率系数，c_t、c_{H_2O}、c_{H^+} 分别为时间 t 时蔗糖浓度、水的浓度及酸的浓度。该反应在定温条件下，在纯水中进行的反应速率很慢，通常需要在酸的催化下进行，而 H^+ 作为催化剂，在反应过程中浓度可视为不变，则式（1）变为：

$$-\frac{dc_t}{dt} = k'' c_t c_{H_2O} \tag{2}$$

式中，$k''=k'c_{H^+}$。由于反应时水是大量存在的，虽然有部分水分子参加反应，但在反应前后水的浓度变化极小，因此水的浓度在反应中视为常数，合并到 k'' 中，故式（2）可写成：

$$-\frac{\mathrm{d}c_t}{\mathrm{d}t}=kc_t \tag{3}$$

式中，$k=k'c_{H^+}c_{H_2O}$，为反应表观速率系数，故蔗糖水解反应为准一级反应。

积分式（3）可得：

$$\ln c_t=-kt+\ln c_0 \tag{4}$$

式中，c_0 为蔗糖的初始浓度。

由式（4）可看出，如果测出某一时刻蔗糖的浓度 c_t，并以 $\ln c_t$ 对 t 作图，可得一直线，从直线斜率即可求得速率系数 k。

当 $c_t=\frac{1}{2}c_0$ 时，半衰期 $t_{1/2}$ 为：

$$t_{1/2}=\frac{\ln 2}{k}=\frac{0.693}{k} \tag{5}$$

式（5）表明，半衰期只决定于反应的速率系数，而与蔗糖初始浓度无关，这是一级反应的特征。

反应物（蔗糖）和产物（葡萄糖、果糖）都具有旋光性，但旋光能力不同，而伴随着反应的进程，旋光度不断发生变化，而且旋光度与浓度之间具有定量关系，所以可利用体系在反应过程中旋光度的变化来度量反应过程中蔗糖浓度的变化。测量旋光度所用的仪器称为旋光仪（其工作原理及使用方法请参阅第 13 章中 13.1.4）。

在温度、波长、溶剂、溶液的浓度和厚度等一定的条件下，旋光度与溶液的浓度呈线性关系：

$$\alpha=Kc \tag{6}$$

式中，K 为比例常数，它是一个与物质的旋光能力、溶剂性质、溶液浓度、样品管长度、溶液温度等因素有关的常数。

物质旋光能力的大小，一般用比旋光度来度量。比旋光度可用式（7）表示：

$$[\alpha]_D^{20}=\frac{100\alpha}{lc_A} \tag{7}$$

式中，$[\alpha]_D^{20}$ 右上角的"20"表示实验时的温度为 20℃；D 为光源波长，钠光灯光源 D 线的波长（589.3nm）；α 为测得的旋光度，（°）；l 为样品管长度，dm；c_A 为被测物质的浓度，g/100mL。

在蔗糖水解中，反应物蔗糖为右旋物质，其比旋光度 $[\alpha]_D^{20}=66.6°$；生成物中葡萄糖也是右旋物质，其 $[\alpha]_D^{20}=52.5°$；果糖是左旋物质，其 $[\alpha]_D^{20}=-91.9°$。由于生成物中果糖的左旋性比葡萄糖的右旋性大，所以生成物总体呈现左旋性质。因此，随着反应的进行，体系的右旋角不断变小，反应至某一时刻，旋光度为零，之后体系旋光度继续变化至左旋，到蔗糖完全转化时，左旋角达到最大值 α_∞。旋光度与浓度成正比，且溶液的旋光度为各组成的旋光度之和。

设：　　　当 $t=0$ 时，$\alpha_0=K_{反}c_0$

　　　　　当 $t=\infty$ 时，$\alpha_\infty=K_{生}c_0$

当 $t=t$ 时，$\alpha_t=K_{反}c_t+K_{生}(c_0-c_t)$

三式联立解得：

$$c_0=\frac{\alpha_0-\alpha_\infty}{K_{反}-K_{生}}=K(\alpha_0-\alpha_\infty)$$

$$c_t=\frac{\alpha_t-\alpha_\infty}{K_{反}-K_{生}}=K(\alpha_t-\alpha_\infty)$$

将以上两关系式代入式（4）即得：

$$\ln(\alpha_t-\alpha_\infty)=-kt+\ln(\alpha_0-\alpha_\infty) \tag{8}$$

若以 $\ln(\alpha_t-\alpha_\infty)$ 对 t 作图，从其斜率即可求得反应表观速率系数 k，进而求得其半衰期 $t_{1/2}$。

本实验就是通过测定蔗糖水解过程中不同时间 t 的旋光度 α_t 以及完全水解后的旋光度 α_∞，求得反应速率系数 k。如果测出不同温度时的 k 值，利用 Arrhenius 公式即可求出该反应温度范围内的表观活化能 E_a。

$$\ln\frac{k_2}{k_1}=\frac{E_a}{R}\left(\frac{1}{T_1}-\frac{1}{T_2}\right) \tag{9}$$

三、仪器与试剂

1. 仪器　SJW-1 自动旋光仪（或 WZZ-2B 自动旋光仪）1 台；电热鼓风干燥箱 1 台；超级恒温槽 1 台；秒表 1 块；移液管（25mL）2 支；锥形瓶（100mL）3 只。

2. 试剂　蔗糖（分析纯）；盐酸（4.00mol/L）。

四、实验步骤

1. 接通电源，打开旋光仪右侧的电源开关，液晶显示器显示"请等待"，约 6s 后，液晶显示器显示模式、长度、浓度、复测次数、波长等选项，预热 20min，待仪器稳定后，方可使用。与此同时，将超级恒温槽调至（25.0±0.1）℃，并将旋光管外套接上恒温水。

2. 旋光仪零点校正。将旋光管一端的盖子旋开，用蒸馏水洗净并注满，使液体在管口形成一凸出的液面，然后将玻片轻轻推放盖好，注意管中尽量不要有气泡存在，盖住旋光管，旋紧套盖。把旋光管外壳及两端玻片的水渍擦净，放入旋光仪中，旋光管凸颈部位放在右侧，轻轻盖上槽盖。

选择测量条件。仪器开机后默认值为：模式=1（旋光度）；长度=2.0；比旋度=1.000；复测次数=1；波长=1（589.3nm）。本实验可不改变默认值，按"回车"键确定该默认值，然后按"清零"键，显示 0.000 读数。可按"复测"键，仪器将再次显示"0.000"，此时校正完成。若需改变测量条件，详细操作步骤请参阅第 13 章 13.1.4。

3. 测定蔗糖水解过程中的旋光度 α_t。首先用电子天平（感量 0.01g）称取 5g 蔗糖，置于锥形瓶中，加 25mL 蒸馏水溶解；同时用移液管取 25mL HCl（4.00mol/L）溶液，置于另一锥形瓶中。将两锥形瓶一同放入恒温槽内，恒温 10min 后取出，将 HCl 迅速、全部倒入蔗糖溶液中，当 HCl 加入约一半时立即卡表计时，并摇动使之充分混合。迅速用少量混合液荡洗旋光管 1～2 次后，立即将混合液装满旋光管，旋好上盖并擦净，立即置于旋光仪中，盖上槽盖，此时，仪器将自动显示溶液的旋光度值（随着反应的进行，旋光度显示值将不断减小）。测量不同时间 t 时溶液的旋光度 α_t。因旋光度随时间不断变化，读取旋光度要在瞬时读准，否则数据会继续变化无法再读。

在反应开始时，每 1min 读取数据一次，之后随反应物浓度降低变化渐慢，待 20min 后可间隔 2min 读取一次，40min 后可间隔 5min 读取一次，直到旋光度由正变为负值，且旋光度变化很小时为止，测定时间约为 1h。将实验数据记录在原始数据表中。

4. 测定蔗糖完全水解的旋光度 α_∞。当实验步骤（3）开始后，将剩余的混合液置于 $50 \sim 60℃$ 的电热鼓风干燥箱中，恒温 30min 左右，以加速反应，然后取出冷却至实验温度，按上述操作，测定其旋光度。可设定复测次数＝3，将得出 3 个读数并显示平均值，此值即为 α_∞。如测量前复测次数＝1（默认值），则可手动复测，按"复测"键将显示一次 α_∞ 值。

5. 将超级恒温槽温度调至（35.0 ± 0.1）℃，按实验步骤（3）、（4）测定该温度下的 α_t 和 α_∞。

6. 测试完毕，须将旋光仪内槽擦净（防止酸腐蚀），洗净旋光管，擦干备用。

五、注意事项

1. 打开或旋紧旋光管上盖时要格外小心，以防盖上圆形光学玻璃片掉出而打碎。装样品时，旋光管旋盖只要旋至不漏液体即可，旋得过紧会造成玻璃片损坏，或因受力产生应力而造成一定的假旋光。

2. 因为旋光度随水解反应的进行不断变化，仪器上所显示的数值也随时间连续变化，所以读取旋光度要迅速准确，否则将会造成漏读该点实验数据。

3. 向旋光管中装样品时，应尽量装满，使液面在管口凸起。如有小气泡，应使气泡停留在旋光管的凸颈部位，以防气泡影响测定。

4. 在测定 α_∞ 时，加热使反应速率加快并完全反应。但加热温度不要超过 $60℃$，否则发生副反应，溶液变黄。加热过程也要防止溶剂挥发，避免溶液浓度变化。

5. 由于酸会对仪器的金属部件造成腐蚀，操作时应特别注意，避免酸液滴到仪器上。实验结束后必须将旋光管的旋盖彻底洗净，以防金属罗口被腐蚀。

六、数据记录与处理

1. 分别将两个不同温度下所得的原始数据进行整理，并记录于自己设计的实验数据表中。

2. 作 α_t-t 图（绘成平滑曲线）。

3. 分别在两条 α_t-t 曲线上，等间隔（如 5min）读取 $8 \sim 10$ 个 α_t 值，计算出相应的 $(\alpha_t - \alpha_\infty)$、$\ln(\alpha_t - \alpha_\infty)$，也同时列于所设计的数据表中。

4. 分别作 $\ln(\alpha_t - \alpha_\infty)$-$t$ 图，由斜率计算反应速率系数和半衰期，需注明反应条件。

5. 由两个温度测得的速率系数计算反应的活化能。

附：文献参考值见表 4-4。

表 4-4   温度与盐酸浓度对蔗糖转化速率系数的影响

c_{HCl}/(mol/L)	$k \times 10^3$/min^{-1}		
	298.2K	308.2K	318.2K
0.2512	2.255	9.355	35.86
0.4137	4.043	17.00	60.62
0.9000	11.16	46.76	148.8
1.214	17.46	75.97	—

注：实验所用蔗糖溶液初始浓度为 20%。

七、实验讨论与启示

1. 蔗糖在纯水中转化速率很慢，但在催化剂存在下会迅速加快，此时反应速率不仅与催化剂种类有关，而且与催化剂浓度有关。本实验采用酸做催化剂，也可用蔗糖酶做催化剂，其催化效率更高并且用量较少，如用蔗糖酶液（$3 \sim 5$ 活力单位/mL），其用量仅为

2mol/L HCl 用量的 1/50（该实验方法参见第 9 章实验 50）。本实验用 HCl 做催化剂，浓度不变，如果改变其浓度，蔗糖转化速率也将随之改变，详见表 4-4。

2. 为了从可测的某种物理性质确定出相应的浓度，就必须了解系统中各组分的某种物理性质 Z 与浓度的确定关系。

设有反应 $0 = \sum\limits_{B} \nu_B B$，在 $t \to \infty$ 或某一反应物消耗完时反应停止，或反应达到该条件下的平衡。现测得在 0，t，∞ 时刻的某物理性质 Z 的量值分别为 Z_0，Z_t 和 Z_∞。如果反应系统中对物理性质 Z 有贡献的任一组分 B，其浓度与相应性质 Z_B 成正比，或呈线性关系，并具有加和性，则该反应系统作为整体在不同时刻的 Z 值与 B 的浓度间的关系可直观地表示如下：

$$\frac{c_{B,0}}{c_{B,0} - x} = \frac{Z_\infty - Z_0}{Z_\infty - Z_t} \tag{10}$$

$$\frac{x}{c_{B,0} - x} = \frac{Z_t - Z_0}{Z_\infty - Z_t} \tag{11}$$

式中，$x = c_{B,0} - c_B$。这两个式子的实质在于：B 的浓度变化与物理性质 Z 的改变量成正比。例如当时间由 t 至 ∞，B 的浓度由 c_B 变为 0，改变量为 $c_B = c_{B,0} - x$，Z 的改变量则为 $Z_\infty - Z_t$。

以系统物理性质 Z 代替浓度的反应速率：

$$r = \frac{dc_B}{\nu_B dt} = \frac{c_{B,\infty} - c_{B,0}}{Z_\infty - Z_0} \cdot \frac{dZ}{\nu_B dt} \tag{12}$$

最常见的动力学方程为：

一级反应（$r = k_{exp} c_B$）　　　$\ln \dfrac{Z_\infty - Z_t}{Z_\infty - Z_0} = k_{exp} \nu_B t$　　$\tag{13}$

单纯二级（$r = k_{exp} c_B^2$）　　　$\dfrac{Z_0 - Z_t}{Z_\infty - Z_t} = k_{exp} \nu_B t$　　$\tag{14}$

八、思考题

1. 旋光仪的零度视场的含义是什么？测定旋光度时旋转旋光仪上的刻度盘，实际上是在旋转什么部件？

2. 为什么用蒸馏水来校正旋光仪的零点？在蔗糖转化反应中，所测的旋光度是否需要零点校正？为什么？

3. 蔗糖溶液为什么可以粗略配制？对实验结果有无影响？

4. 一级反应有哪些特征？蔗糖的转化速率系数与哪些因素有关？

5. 实验中混合蔗糖溶液和盐酸溶液时，是将盐酸溶液加入蔗糖溶液中，能否将蔗糖溶液加入盐酸溶液中？

6. 试分析实验误差，怎样减小实验误差？

九、参考文献

[1] 复旦大学等. 物理化学实验. 第 3 版. 北京：高等教育出版社，2004.

[2] 孙尔康，张剑荣. 物理化学实验. 南京：南京大学出版社，2009.

[3] 顾月姝. 基础化学实验（Ⅲ）——物理化学实验. 北京：化学工业出版社，2004.

[4] 陈余行，张亮. 一种新的蔗糖水解反应实验设计方案. 大学物理实验，2010，23（5）：22.

[5] 周从山，杨涛，张建策. 蔗糖水解实验数据处理与误差分析. 大学化学，2008，23（4）：55.

实验 15   乙酸乙酯皂化反应动力学

一、目的要求

1. 熟悉二级反应的速率公式及动力学特征，学会用图解法求算二级反应的速率系数。
2. 掌握电导法测定反应速率系数和活化能的原理和方法。
3. 掌握电导率仪的使用方法，测定乙酸乙酯皂化反应的速率系数。

二、实验原理

乙酸乙酯与碱的反应称为皂化反应，它是一个典型的二级反应。其反应式为：

$$CH_3COOC_2H_5 + NaOH \longrightarrow CH_3COONa + C_2H_5OH$$

反应速率方程为：

$$\frac{dx}{dt} = k(a-x)(b-x) \tag{1}$$

式中，a，b 分别表示两反应物的初始浓度；x 表示经过时间 t 后消耗的反应物浓度；k 表示反应速率系数。为了数据处理方便，设计实验使两种反应物的初始浓度相同，即 $a=b$，此时式（1）可写成：

$$\frac{dx}{dt} = k(a-x)^2 \tag{2}$$

积分得：

$$kt = \frac{x}{a(a-x)} \tag{3}$$

由式（3）可知，若 a 已知，只要测得 t 时刻某一组分的浓度 x 就可求得反应速率系数 k。

本实验采用电导率仪测定反应进程中体系电导率随时间的变化，从而达到跟踪反应物浓度随时间变化的目的。用电导法测量 x 值的根据是：由于反应是在稀的水溶液中进行，故可假定 CH_3COONa 全部电离，参加导电的离子有 Na^+、OH^- 和 CH_3COO^- 三种离子，其中 Na^+ 在反应前后浓度不发生变化，而溶液中 OH^- 离子的电导率比 CH_3COO^- 的电导率大得多，换句话说，就是反应物与生成物的电导率差别很大。因此，随着反应的进行，当溶液中 OH^- 逐渐被 CH_3COO^- 取代时，溶液的电导率将会逐渐减小，故可以通过反应体系电导率的变化来度量反应的进程。

在稀溶液中，每种强电解质的电导率 κ 与其浓度成正比，溶液的总电导率等于组成溶液的各电解质的电导率之和。对在稀溶液中进行的乙酸乙酯皂化反应，有：

$$\kappa_0 = A_1 a$$
$$\kappa_\infty = A_2 a$$
$$\kappa_t = A_1(a-x) + A_2 x$$

式中，κ_0 为反应开始时 $NaOH$ 的电导率；κ_∞ 为反应终了时 CH_3COONa 的电导率；κ_t 为时间 t 时溶液的总电导率；A_1、A_2 为与温度、电解质性质、溶剂等因素有关的比例系数。整理以上三式可得：

$$x = \frac{\kappa_0 - \kappa_t}{\kappa_0 - \kappa_\infty} a = K'(\kappa_0 - \kappa_t) \tag{4}$$

式中，K' 为比例常数，将式（4）代入式（3）得：

$$k = \frac{1}{ta} \frac{K'(\kappa_0 - \kappa_t)}{[a - K'(\kappa_0 - \kappa_t)]}$$

整理得：

$$\frac{1}{\kappa_0 - \kappa_t} = \frac{K'}{a^2 k} \frac{1}{t} + \frac{K'}{a} \tag{5}$$

由上式可知，只要测出 κ_0 及不同时刻的 κ_t 值，用 $\frac{1}{\kappa_0 - \kappa_t}$ 对 $\frac{1}{t}$ 作图应得一直线，由直线的斜率 m 和截距 b，可求出反应速率系数 $k = \frac{b}{am}$。

将所获得的不同温度时的反应速率系数 k 值，代入 Arrhenius 公式（6），可求出该反应温度范围内的表观活化能 E_a。

$$\ln \frac{k_2}{k_1} = \frac{E_a}{R} \left(\frac{1}{T_1} - \frac{1}{T_2} \right) \tag{6}$$

$$\ln k = -\frac{E_a}{R} \frac{1}{T} + B \tag{7}$$

此外，由式（7）可知，如果测得几个温度（至少 3 个）下的速率系数 k，以 $\ln k$ 对 $\frac{1}{T}$ 作图，由直线斜率 $-\frac{E_a}{R}$ 也可求得活化能 E_a，此法更合理、更可靠。

三、仪器与试剂

1. 仪器　DDSJ-318A 电导率仪（或 DDS-11A 电导率仪）1 台；函数记录仪 1 台；SYP-Ⅱ玻璃恒温水浴 1 套；微量进样器（0.1mL）1 支；电导电极 1 支；酸式滴定管（50mL）、碱式滴定管（50mL）各 1 支；锥形瓶（150mL）3 个；烧杯（1000mL）1 个。

2. 试剂　$CH_3COOC_2H_5$（分析纯）；NaOH（分析纯）；HCl（分析纯）；酚酞。

四、实验步骤

1. 恒温水浴的调节

本实验测定三个温度下的速率常数，恒温水浴的温度分别调节至（20.0±0.1）℃、（30.0±0.1）℃、（40.0±0.1）℃。如果室温高于 20℃，可适当提高恒温水浴的温度（调节方法请参阅第 3 章实验 1 操作步骤）。

2. 预热仪器

打开电导率仪开关、记录仪开关，预热 20min。（电导率仪的使用方法参见第 14 章仪器 3）

3. NaOH 溶液（0.02mol/L）的配置及标定

在电子天平（感量 0.1g）上用小烧杯迅速称取 NaOH 0.8g，加水约 100mL，使 NaOH 全部溶解，将溶液倒入大烧杯，并用水稀释至 1000mL，然后转移到试剂瓶中，用橡胶瓶塞塞好瓶口，备用。

将标准酸溶液（0.10mol/L）稀释 5 倍，然后准确移取 25.00mL，置于 150mL 锥形瓶中，加入酚酞指示剂 2～3 滴（共取三份），用待定的 NaOH 溶液滴定至溶液刚好出现粉红色（在摇动下保持半分钟不退色）为止，记下 NaOH 所消耗的体积数，并计算物质的量浓度。

4. 反应物溶液（0.01mol/L）的配置

本实验要求 NaOH 的浓度与乙酸乙酯浓度相等。按室温下乙酸乙酯的密度 $\rho_{室}$ 计算 0.1mL 酯的物质的量 $n_{酯}$，然后计算出等物质的量的标准 NaOH 溶液的体积 $V_{碱}$，再计算出酯和碱浓度均为 0.01mol/L 时加入水的体积，计算公式分别如下：

$$n_{酯} = \frac{0.1 \times \rho_{室温}}{M_{酯}} \tag{8}$$

$$V_{碱} = \frac{n_{酯}}{c_{碱}} \quad (c_{碱} \text{经准确标定}) \tag{9}$$

$$V_{水} = \frac{n_{酯}}{0.01} - (V_{碱} + \frac{0.1}{1000}) \tag{10}$$

5. 溶液起始电导率 κ_0 的测定

（1）按计算数据，分别用碱式滴定管和酸式滴定管将 $V_{碱}$（mL）的 NaOH 溶液和 $V_{水}$（mL）的电导水加入干燥锥形瓶中，摇匀。并将干净、干燥的电导电极插入锥形瓶中，同时将温度传感器插入锥形瓶，然后将锥形瓶置于恒温槽中恒温。

（2）按电导率仪"ON/OFF"键，按"模式"键选择"电导率测量"状态，按"电极常数"键，设置电极常数与电极上注明的电极常数值一致。待样品恒温 10～15min 后，记录电导率仪显示的电导率值，即 κ_0 值。

6. κ_t 的测定

双击计算机桌面上的"REXDC1.1"图标，打开"雷磁数据采集软件"，点击"设置/开始通讯"菜单启动与仪器的通讯，然后点击"设置/记录数据"菜单，在仪器名称下拉列表中选择"DDSJ-318 型电导率仪"，并在可测参数列表中选择参数"Time""电导率"放入已选参数列表中。再点击"记录/自动记录"菜单，将记录时间间隔设置为 10s。点击工具栏中"▶"按钮，开始记录溶液的电导率，待自动记录 4～6min 后，用微量进样器取 0.10mL 乙酸乙酯，迅速注入上述已恒温的 NaOH 溶液中，立即摇动锥形瓶使溶液混合均匀。此时，软件自动记录电导率随时间的变化曲线图，即 κ_t-t 曲线。待记录 50～60min 后，可停止测量。导出所测数据，作图并打印。

7. 其他温度下 κ_0、κ_t 的测定

按上述实验步骤用同样的方法做温度为（30.0±0.1）℃ 和（40.0±0.1）℃ 时的实验。温度为 30℃ 时，记录 40min；温度为 40℃ 时，记录 30min 即可。

实验结束后，经检查后关闭电源，拆下电极接头，将电极用蒸馏水洗净，插入装有电导水的锥形瓶中保存，同时将用过的锥形瓶用蒸馏水洗净并干燥。

五、注意事项

1. 由于空气中的 CO_2 会溶入电导水和配制的 NaOH 溶液中，而使溶液浓度发生改变。因此在实验中可用煮沸后的电导水，同时在配好的 NaOH 溶液瓶上装配碱石灰吸收管等方法处理。

2. 温度的变化会影响反应速率，NaOH 溶液混合前应充分恒温，可通过函数记录仪上的 κ-t 图来判断，若体系已充分恒温，则 κ 值不变。

3. 电极不使用时应浸泡在电导水中，使用时用滤纸轻轻吸干水分。清洗铂电极时不能用滤纸擦拭电极上的铂黑。

4. 用微量进样器向锥形瓶中注入 $CH_3COOC_2H_5$ 时，注意不要注在电极表面上。

5. DDSJ-318A 电导率仪具体使用方法请参见第 14 章仪器 3。

六、数据记录与处理

1. 根据 κ_t-t 曲线，读出 $t = 0$ 时 κ_0 值，并读出时间为 2min、4min、6min、8min、10min、15min、20min、25min、30min、40min、50min 时的电导率值（由记录纸坐标直接读数，不必换算为真实值），列成表 4-5。

表 4-5　乙酸乙酯皂化反应数据记录表

实验温度 T：_____　　NaOH 溶液的浓度：_____

反应时间(t/min)							
$1/t$							
κ_t							
$1/\kappa_0-\kappa_t$							

2. 作 $1/(\kappa_0-\kappa_t)$-$1/t$ 图，求出直线的斜率及截距，并计算速率系数 k 值。

3. 如果只测得两个温度下的速率系数请用式（6）计算反应的活化能；如果测得三个（或更多）温度下的 k 值，按式（7），以 $\ln k$ 对 $\dfrac{1}{T}$ 作图，由直线斜率求得反应的活化能 E_a。

七、实验讨论与启示

1. 影响结果的一些因素

① 温度对速率常数影响较大，需在恒温条件下测定。当水浴温度达到所需温度后，应继续恒温 10min，否则会因起始温度的不恒定而使电导率偏离真实值，造成测量误差。

② 测定 κ_0 时，所用的蒸馏水最好先煮沸，若蒸馏水溶有 CO_2，降低了 NaOH 的浓度，而使 κ_0 偏低。

③ 测定 30℃的 κ_0 时，如仍用 20℃的溶液而不调换，由于放置时间过长，溶液会吸收空气中的 CO_2，而降低 NaOH 的浓度，使 κ_0 偏低，从而导致速率常数 k 值偏低。

2. 反应速率系数与温度的经验关系式为：

$$\lg[k/(L\cdot mol^{-1}\cdot min^{-1})]=-1780/(T/K)+0.00754T/K+4.53$$

3. 文献值　不同温度下乙酸乙酯的密度见表 4-6。

表 4-6　不同温度下乙酸乙酯的密度

t/℃	0	10	20	30
ρ/(g/cm³)	0.9244	0.9127	0.9005	0.8885

不同温度下乙酸乙酯皂化反应速率系数文献值见表 4-7。

表 4-7　不同温度下乙酸乙酯皂化反应速率系数文献值

t/℃	k/[dm³/(mol·min)]	t/℃	k/[dm³/(mol·min)]	t/℃	k/[dm³/(mol·min)]
15	3.3521	24	6.0293	33	10.5737
16	3.3828	25	6.4254	34	11.2382
17	3.8280	26	6.8454	35	11.9411
18	4.0887	27	7.2906	36	12.6843
19	4.3657	28	7.7624	37	13.4702
20	4.6599	29	8.2622	38	14.3007
21	4.9723	30	8.7916	39	15.1783
22	5.3039	31	9.3522	40	16.1055
23	5.6559	32	9.9457	41	17.0847

注：$E_a=46.1$kJ/mol。

4. 在物理化学实验中，用电导法测定乙酸乙酯皂化反应是一个典型的动力学实验，但速率系数的处理方法不同，以致实验操作步骤也不尽相同。下面介绍一种常用的实验方法。

① 基本原理　随着乙酸乙酯皂化反应的进行，溶液中导电能力强的 OH^- 逐渐被导电能力弱的 CH_3COO^- 离子所取代，溶液电导率逐渐减少。实际上，溶液的电导率是反应物 NaOH 与产物 NaAc 两种电解质的贡献：

$$\kappa_t = \beta_{NaOH}(a-x) + \beta_{NaAc}x \tag{11}$$

式中，κ_t 为 t 时刻溶液的电导率；β_{NaOH}、β_{NaAc} 为分别为两电解质的电导率与浓度关系的比例常数（在稀溶液中可认为电导与浓度成正比）

反应开始时溶液电导率全由 NaOH 贡献，反应完全后则由 NaAc 贡献，因此有：

$$\kappa_0 = \beta_{NaOH}a \tag{12}$$

$$\kappa_\infty = \beta_{NaAc}a \tag{13}$$

整理以上三式得：

$$\kappa_t - \kappa_\infty = (\beta_{NaOH} - \beta_{NaAc})(a-x) \tag{14}$$

$$\kappa_0 - \kappa_t = (\beta_{NaOH} - \beta_{NaAc})x \tag{15}$$

由式（15）、式（14）得：

$$\frac{x}{a-x} = \frac{\kappa_0 - \kappa_t}{\kappa_t - \kappa_\infty} \tag{16}$$

因此该反应的速率公式为：

$$ckt = \frac{\kappa_0 - \kappa_t}{\kappa_t - \kappa_\infty} \tag{17}$$

在实验中需要测出 κ_0、κ_∞ 和 κ_t 的值，以 $\dfrac{\kappa_0 - \kappa_t}{\kappa_t - \kappa_\infty}$ 对 t 作图，应得一直线，由直线的斜率即可求得反应速率常数。

② 实验步骤

a. κ_0 和 κ_∞ 的测定　将电导电极用少量稀 NaOH 溶液冲洗数次后放入 0.01mol/L NaOH 溶液试管中，置恒温槽中恒温后，测其电导率值。此值即为反应初始时的电导率值 κ_0。再用另一个试管取 0.01mol/L CH_3COONa 溶液，用测 κ_0 相同的方法测 κ_∞。

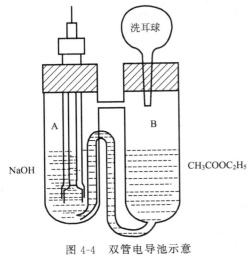

图 4-4　双管电导池示意

b. κ_t 的测定　用移液管分别移取 10mL 配制好的乙酸乙酯和浓 NaOH 溶液置于电导池的 A 管与 B 管中，把电极放入电导池的 A 管中，如图 4-4 所示，并将电导池置于恒温槽中恒温。约经 10min 达恒温后，操动 B 支管口上的洗耳球，把 B 管的液体压出一半时，开始计时。然后反复压几次，使溶液混合均匀，并立即测量其电导值。每隔 2min 读一次数据，直至电导值基本不变。该反应约需 45min～1h。

此种实验方法和正文中所介绍的实验方法，均能求出反应的速率常数 k。但本实验方法除需要测定 κ_0 和 κ_t 外，还需要测定 κ_∞ 值。在实验中是通过测定浓度为 0.01mol/L 的乙酸钠水溶液的电导率来代替 κ_∞，但它不是从原反应体系测到的数据，不仅增加了实验操作步骤，而且会引入一定的误差。

另外，此法所用的 $CH_3COOC_2H_5$ 溶液是 0.01mol/L 的稀溶液，为防止其缓慢水解浓度发生改变，需用煮沸后的电导水临时配制。而正文中介绍的方法是直接吸取 $CH_3COOC_2H_5$，免去了 $CH_3COOC_2H_5$ 溶液的配制，减小了因溶液配制而引起的实验误差。

八、思考题

1. 如果酯和碱的起始浓度不等将会引起什么结果？

2. 为何酯和碱的浓度必须足够稀？如果 $CH_3COOC_2H_5$ 和 NaOH 溶液均为浓溶液，试问能否用此方法求得 k 值？为什么？

3. 采用微量进样器加样，此法有何优点？

4. 若配制乙酸乙酯溶液时用的不是电导水，或玻璃容器未洗干净，对本实验结果有何影响？

5. 清洗铂黑电极时应注意些什么？

九、参考文献

[1] 傅献彩，沈文霞，姚天扬. 物理化学. 第 5 版. 北京：高等教育出版社，2005.

[2] 孙尔康，张剑荣. 物理化学实验. 南京：南京大学出版社，2009.

[3] 苏育志. 基础化学实验（Ⅲ）——物理化学实验. 北京：化学工业出版社，2010.

[4] 唐林，孟阿兰，刘红天. 物理化学实验. 北京：化学工业出版社，2009.

[5] 冯安春，冯喆. 简明电导法测量乙酸乙酯皂化反应速率常数. 化学通报，1986（3）：55.

[6] 玉占君，张文伟，任庆云. 电导法测定乙酸乙酯皂化反应速率常数的一种数据处理方法. 辽宁师范大学学报，2006，29（4），511.

实验 16　丙酮碘化反应的速率方程

一、目的要求

1. 加深对复杂反应特征的理解，初步认识复杂反应机理。

2. 掌握用孤立法确定反应级数的方法。

3. 测定酸催化下丙酮碘化反应的速率系数和活化能。

4. 了解用分光光度法研究反应动力学的方法，学会分光光度计的使用。

二、实验原理

在化学反应中，大多数化学反应是由多个基元反应组成的复杂反应。对于复杂反应的反应速率与反应物浓度间的计量关系，可以通过实验的方法来建立，即反应的速率方程，进而可以推测反应机理。

如果在一段时间内随着反应的进行反应速率不断增加，则反应中可能存在自催化现象。

在酸性溶液中，丙酮碘化反应是一个复杂反应，其反应方程式为：

$$\underset{(A)}{CH_3-\overset{\overset{O}{\|}}{C}-CH_3} + I_2 \xrightarrow{H^+} \underset{(E)}{CH_3-\overset{\overset{O}{\|}}{C}-CH_2I} + I^- + H^+$$

由上式看出，丙酮碘化反应过程中能生成 H^+，而 H^+ 是反应的催化剂，使反应速率不断增加，故此反应是一个自催化反应。

通常认为该反应按以下两步进行：

$$\underset{(A)}{CH_3-\overset{\overset{O}{\|}}{C}-CH_3} \rightleftharpoons \underset{(B)}{CH_3-\overset{\overset{OH}{|}}{C}=CH_2} \tag{1}$$

$$CH_3-\underset{\underset{(B)}{|}}{\overset{\overset{OH}{|}}{C}}=CH_2 + I_2 \longrightarrow CH_3-\underset{\underset{(E)}{}}{\overset{\overset{O}{\|}}{C}}-CH_2I + H^+ + I^- \tag{2}$$

反应（1）是丙酮的烯醇化反应，它是一个很慢的可逆反应。反应（2）是烯醇的碘化反应，它是一个快速且趋于进行到底的反应。因此，丙酮碘化反应的总速率是由丙酮的烯醇化反应的速率决定，而丙酮的烯醇化反应的速率取决于丙酮及 H^+ 的浓度，如果以碘化丙酮浓度的增加来表示丙酮碘化反应的速率，则此反应的动力学方程式可表示为：

$$\frac{dc_E}{dt} = k_{总} c_A c_{H^+} \tag{3}$$

式中，c_E 为碘化丙酮的浓度；c_A 为丙酮的浓度；c_{H^+} 为 H^+ 的浓度；$k_{总}$ 为丙酮碘化反应总的速率系数。

由反应式(1)、(2) 可知：

$$r = \frac{dc_E}{dt} = -\frac{dc_A}{dt} = -\frac{dc_{I_2}}{dt} \tag{4}$$

如果测得反应过程中各时刻碘的浓度，就可以求出 dc_E/dt。因为碘溶液在可见光区有一个比较宽的吸收带，而在此吸收带中盐酸、丙酮、碘化丙酮和碘化钾溶液均没有明显的吸收，所以可采用分光光度法，测定丙酮碘化反应中碘浓度随时间的变化值，从而求出反应的速率系数，即：

$$\frac{dc_{I_2}}{dt} = -k_{总} c_A c_{H^+} \tag{5}$$

丙酮碘化反应不仅可以生成一元碘化丙酮，还可以产生多元碘化丙酮，为了控制反应在一元化阶段，应使丙酮和酸的浓度远大于碘的浓度，这时可把丙酮和酸的浓度看作不变，将式（5）积分：

$$c_{I_2} = -k c_A c_{H^+} t + B \tag{6}$$

式中，B 为积分常数。

依据朗伯-比耳（Lambert-Beer）定律，某指定波长的光通过碘溶液的光强为 I，通过蒸馏水的光强度为 I_0，则透光率与碘的浓度之间的关系可表示为：

$$\lg T = \lg \frac{I}{I_0} = -\varepsilon l c_{I_2} \tag{7}$$

式中，T 为透光率；l 为样品池光径长度（比色皿厚度）；ε 为摩尔吸光系数。

将式（6）代入式（7）得：

$$\lg T = k \varepsilon l c_A c_{H^+} t + B' \tag{8}$$

由 $\lg T$ 对 t 作图可得一直线，直线的斜率为 $k\varepsilon l c_A c_{H^+}$。其中 εl 可通过测定已知浓度的碘溶液的透光率，由式（7）求得。当 c_A 与 c_{H^+} 浓度已知时，只要测出不同时刻丙酮、酸、碘的混合液对指定波长的透光率，就可以利用式(8)求出反应的总速率系数 $k_{总}$。由两个或两个以上温度的速率系数，就可以根据 Arrhenius 关系式计算出反应的活化能。

$$E_a = \frac{RT_1T_2}{T_2 - T_1} \ln \frac{k_2}{k_1} \tag{9}$$

为了验证推断出的反应机理，可以进行反应级数的测定。孤立法是动力学研究中常用的一种方法。设计一系列溶液，其中只有某一物质的浓度不同，而其他物质的浓度均相同，以此可以求得反应对该物质的级数。

根据总反应方程式，可建立如下关系式：

$$r = \frac{dc_E}{dt} = k c_A^\alpha c_{H^+}^\beta c_{I_2}^\gamma \tag{10}$$

式中，α、β、γ 分别表示丙酮、H^+ 和碘的反应级数。若保持 H^+ 和碘的起始浓度不变，只改变丙酮的起始浓度，分别测定在同一温度下的反应速率，则：

$$\frac{r_2}{r_1}=\left(\frac{c'_A}{c_A}\right)^\alpha \qquad \alpha=\lg\frac{r_2}{r_1}/\lg\frac{c'_A}{c_A} \tag{11}$$

同理可求出 β、γ：

$$\beta=\lg\frac{r_3}{r_1}/\lg\frac{c'_{H^+}}{c_{H^+}} \qquad \gamma=\lg\frac{r_4}{r_1}/\lg\frac{c'_{I_2}}{c_{I_2}} \tag{12}$$

三、仪器与试剂

1. 仪器　DFZ800-D3B 紫外-可见分光光度计 1 台；带保温套的样品池 1 只；超级恒温槽 1 台；秒表 1 块；容量瓶（100mL）1 个；棕色容量瓶（100mL）2 个；容量瓶（50mL）1 个；移液管（10mL）3 支。

2. 试剂　丙酮（分析纯）；HCl（分析纯）；KIO_3（分析纯）；KI（分析纯）；丙酮溶液（2.000mol/L）；HCl 溶液（2.000mol/L），用 $Na_2B_4O_7 \cdot 10H_2O$ 准确标定；碘溶液（0.100mol/L）。

四、实验步骤

1. 实验准备

（1）恒温水浴的调节。将带保温套的样品池放入暗箱中，接通超级恒温槽输出的恒温水，并调节超级恒温槽至（25.0 ± 0.1）℃。

（2）将分光光度计接通电源，开机，同时开启仪器左侧的钨灯光源（不需要用氘灯时请不要打开右侧的氘灯开关）。开机后仪器显示 800-3，表示主机进入预热状态，预热 10min。分光光度计的构造、原理及详细使用方法参见第 13 章 13.3.2。

预热完毕后，显示器将显示 HELLO，表示仪器可以进入工作状态。（在预热过程中，如果想直接进入工作状态，可以按 STOP 键就进入 HELLO 工作状态）

2. 基准调整

（1）将狭缝宽度选择在 2（或 1）的位置，并将挡光杆放在样品池中，选择光径长为 1cm 的比色皿，装入 2/3 的蒸馏水，打开样品室盖，放入恒温样品池中。将波长调节在 562nm 处。

（2）在控制面板上，按透光率键"T"，将作为参比的比色皿（本实验采用蒸馏水）推入光路，按"100％T"键，仪器将显示 100.0；然后将挡光杆推入光路（或将样品池盖打开）挡光，按下"Clear"键，仪器显示 0000；再将参比推如光路，再按"100％T"键，仪器将再次显示 100.0，则调整完毕。

3. 测定 εl 值

在 50mL 棕色容量瓶中配置 0.01mol/L 碘溶液，放入恒温槽恒温 10min，用少量溶液清洗比色皿 2～3 次，然后装入溶液并放入样品池，将其推入光路，按 Enter 键，仪器所显示的数值即为被测溶液的透光率。按上述操作步骤，重复测定两次，取其平均值，即可求得 εl 值。

4. 测定丙酮碘化反应的速率系数

在洗净的 50mL 容量瓶中，移入 5mL（2.00mol/L）的丙酮溶液，加入约 10mL 蒸馏水；取另一只 50mL 棕色容量瓶，移入 5mL（0.100mol/L）的碘溶液，再用另一移液管移入 6mL（2.00mol/L）的 HCl 溶液，加入少量蒸馏水；再取另一只 100mL 容量瓶注入 50mL 左右的蒸馏水，将上述三只装有溶液的容量瓶放入（25.0 ± 0.1）℃的恒温槽中，恒温 10～15min。

恒温后取出容量瓶，小心将丙酮溶液倒入盛有盐酸和碘混合液的容量瓶中，当丙酮溶液转移到一半时开始计时，同时用恒温蒸馏水荡洗 2～3 次，洗涤液均倒入盛有混合液的容量瓶中，然后，用恒温蒸馏水将混合液稀释至刻度（50mL），摇匀后倒入干净恒温的比色皿中，用擦镜纸擦干，置于样品池中。按实验步骤2的方法进行基准调整，然后按数字6键（设定扫描速度），再按"TS"键进行扫描，仪器将自动显示即时的透光率数值，随着时间的延续，透光率数值将不断增大。

测定不同时间的透光率，每间隔2min测定透光率一次，直到读数接近100.0为止。测定过程中可连续进行透光率的测定，不再进行基准调整（或在每次测定透光率前先进行基准调整后，再进行测量）。

5. 测定各反应物的反应级数

各反应物的用量可参照表4-8。

表 4-8　测定反应级数时各反应物用量表

编号	丙酮溶液 (2.000mol/L)/mL	盐酸溶液 (2.000mol/L)/mL	碘溶液 (0.100mol/L)/mL
2	10	5	5
3	5	10	5
4	5	5	2.5

实验温度为（25.0±0.1）℃，按上述实验步骤4的测定方法进行测定。

6. 测定不同温度下丙酮碘化反应的速率系数

调节超级恒温槽，使温度在（35.0±0.1）℃，重新配制溶液，并重复上述测定，同时数据测定时间改为每1min记录一次。

五、注意事项

1. 温度影响反应速率系数，实验时体系始终要保持恒温。

2. 在配置碘和盐酸的混合溶液时，必须先加入碘后加入盐酸，顺序不能颠倒。

3. 混合反应溶液时操作必须迅速准确，且必须将丙酮溶液倒入酸和碘的混合溶液中，反之则不行。

4. 丙酮和盐酸溶液混合后不应放置过久，应立即加入碘溶液。

5. 实验操作时，比色皿的位置最好不要调换，以免造成错误操作。

6. 如果只测定速率系数和活化能，则可略去实验步骤（5）。

六、数据记录与处理

1. 将所得实验数据列表。

2. 将 $\lg T$ 对 t 作图，得一直线，从直线的斜率，可求出反应的速率系数。

3. 利用25.0℃及35.0℃时的 k 值求丙酮碘化反应的活化能。

4. 由实验步骤4、5中测得的数据，分别以 $\lg T$ 对作图，得到4条直线，求出各直线斜率，即为不同起始浓度时的反应速率，代入式（11）和式（12）即可求出 α、β、γ 值。

七、实验讨论与启示

1. 在碘浓度较高时，丙酮会发生多元取代反应，因此处理数据时，应采用反应开始一段时间后的数据计算反应速率，这样可减小实验误差。

2. 虽然在反应（1）和反应（2）中，从表观上看除 I_2 外，没有其他物质吸收可见光，但实际上反应体系中还存在着一个次要反应，即在溶液中存在着 I_2、I^- 和 I_3^- 的平衡：

$$I_2 + I^- \rightleftharpoons I_3^- \tag{13}$$

式中，I_2 和 I_3^- 都吸收可见光。因此反应体系的吸光度不仅取决于 I_2 的浓度，而且与 I_3^- 的浓度也有关。根据朗伯-比尔定律知，在含有 I_2 和 I_3^- 的溶液的总吸光度 A 可以表示为 I_2 和 I_3^- 两部分吸光度之和：

$$A = A_{I_2} + A_{I_3^-} = \varepsilon_{I_2} l c_{I_2} + \varepsilon_{I_3^-} l c_{I_3^-} \tag{14}$$

而摩尔吸光系数 ε_{I_2} 和 $\varepsilon_{I_3^-}$ 是入射光波长的函数。在特定条件下（波长 $\lambda = 562nm$），$\varepsilon_{I_2} = \varepsilon_{I_3^-}$，则式（14）变为：

$$A = \varepsilon_{I_2} l (c_{I_2} + c_{I_3^-}) \tag{15}$$

由此可知，在这一特定的波长条件下，溶液的吸光度与总碘量（$I_2 + I_3^-$）成正比。因此常数 εl 就可以由测定已知浓度碘溶液的总吸光度 A（或总透光率 T）求出。

八、思考题

1. 本实验中应怎样计时？开始时间怎样最好？过早或过晚有何问题？
2. 实验中所用容量瓶、移液管及样品池应该怎样处理？
3. 影响本实验结果的主要因素是什么？

九、参考文献

[1] 复旦大学等. 物理化学实验. 第 2 版. 北京：高等教育出版社，1993：132-136.
[2] 北京大学化学系物理化学教研室. 物理化学实验. 第 4 版. 北京：北京大学出版社，2002.
[3] 顾月姝. 基础化学实验（Ⅲ）——物理化学实验. 北京：化学工业出版社，2004.
[4] 唐林，孟阿兰，刘红天. 物理化学实验. 北京：化学工业出版社，2009.
[5] 李同树，吴本湘. 丙酮碘化实验改进. 化学通报，1987，(2)：45.
[6] 宗清文. 丙酮碘化反应实验的改进. 化学教育. 2000，(5)：35.
[7] 刘马林，麻英. 丙酮碘化实验改进的思考. 实验技术与管理，2006，23（4）：36.

实验 17　B-Z 化学振荡反应动力学

一、目的要求

1. 了解 B-Z 振荡（Belousov-Zhabotinski）反应的基本原理及研究化学振荡反应的方法。
2. 掌握在硫酸介质中以金属铈离子做催化剂时，丙二酸被溴酸钾氧化过程的基本原理。
3. 了解化学振荡反应的电势测定方法。
4. 测定振荡反应的诱导期与振荡周期及有关反应的表观活化能。

二、实验原理

化学振荡是一种周期性的化学现象，即反应系统中某些物理量（如组分的浓度）随时间做周期性的变化。最著名的化学振荡反应于 1959 年首先由苏联科学家贝洛索夫（Belousov）观察发现，后经恰鲍廷斯基（Zhabotinski）进一步研究，他们报道在金属铈离子催化下，柠檬酸被溴酸氧化可呈现化学振荡现象：溶液在无色和淡黄色两种状态间进行着规则的周期振荡。后来，人们发现了一大批可呈现化学振荡现象的含溴酸盐的反应系统。另外，生命系统中存在从分子、细胞到机体、群体的不同水平上的时间振荡现象。人们统称这类反应为 B-Z 振荡反应。

化学振荡属非平衡态热力学，在动力学上属非线性动力学，是化学混沌的一种现象。1969 年，现代动力学奠基人普里戈金（Prigogine）提出耗散结构理论，人们才清楚地认识到振荡反应产生的原因：当体系远离平衡态时，即在非平衡非线性区，无序的均匀态并不总是稳定的。在特定的动力学条件下，无序的均匀定态可以失去稳定性，产生时空有序的状态，这种状态称之为耗散结构。例如浓度随时间有序的变化（化学振荡），浓度随时间和空间有序的变化（化学波）等。耗散结构理论的建立为振荡反应提供了理论基础，从此，振荡反应赢得了重视，它的研究得到了迅速发展。

化学振荡是一类机理非常复杂的化学过程，目前公认的机理是弗尔德（Field）、克罗斯

（Koros）、诺伊斯（Noyes）提出的俄勒冈（FKN）模型，可用来解释并描述 B-Z 振荡反应的很多性质。他们认为反应由三个主要过程组成。

过程 A：① $BrO_3^- + Br^- + 2H^+ \longrightarrow HBrO_2 + HBrO$

　　　　② $HBrO_2 + Br^- + H^+ \longrightarrow 2HBrO$

过程 B：③ $BrO_3^- + HBrO_2 + H^+ \longrightarrow 2BrO_2^{\cdot} + H_2O$

　　　　④ $BrO_2 \cdot + Ce^{3+} + H^+ \longrightarrow HBrO_2 + Ce^{4+}$

　　　　⑤ $2HBrO_2 \longrightarrow BrO_3^- + HBrO + H^+$

过程 C：⑥ $4Ce^{4+} + BrCH(COOH)_2 + H_2O + HBrO \longrightarrow 2Br^- + 4Ce^{3+} + 3CO_2 + 6H^+$

过程 A 中消耗 Br^-，产生能进一步反应的 $HBrO_2$，反应中产生的 HBrO 能进一步反应，它是一个中间产物。

过程 B 是一个自催化过程。所谓自催化过程是指反应产物也能够对该反应起催化作用的过程。在 Br^- 消耗到一定程度后，$HBrO_2$ 才按式③、④进行反应，并使反应不断加速，与此同时，催化剂 Ce^{3+} 被氧化为 Ce^{4+}。$HBrO_2$ 的累积还受到式⑤的制约。

过程 C 为丙二酸被溴化为 $BrCH(COOH)_2$，使 Ce^{4+} 还原为 Ce^{3+}，并产生 Br^- 和其他产物。过程 C 对化学振荡非常重要，如果只有 A 和 B 过程，就是一般的自催化反应，进行一次就完成了，正是由于过程 C，以有机物的消耗为代价，重新得到 Br^- 和 Ce^{3+}，反应得以再次发生，形成周期性的振荡。在此振荡反应中，Br^- 是控制离子。

大量实验研究表明，产生化学振荡需满足三个条件。

① 反应必须远离平衡态。化学振荡只有在远离平衡态，具有很大的不可逆程度时才产生。在封闭体系中振荡是衰减的，在敞开体系中，可以长期持续振荡。

② 反应历程中应包含有自催化的步骤。产物之所以能加速反应，因为是自催化反应，如过程 A 中的产物 $HBrO_2$ 同时又是反应物。

③ 体系必须有两个稳态存在，即具有双稳定性，体系可以在两个稳定态之间来回振荡。

化学振荡体系的振荡现象可以通过多种方法进行观察，如观察溶液颜色的变化，测定吸光度随时间的变化，测定电势随时间的变化等。

描述振荡反应通常有以下四个参数。

① 振荡诱导期（t_u）　指从反应开始到出现振荡的时间，又称诱导时间。

② 振荡周期（t_p）　完成一次振荡循环所需的时间。

③ 振荡寿命（t_s）　从开始振荡到体系振荡结束所需的时间。

④ 振幅（ΔE）　每次振荡循环的最高点与最低点的电势之差。

本实验以硫酸铈为催化剂，讨论丙二酸被溴酸钾氧化的振荡反应，总反应为：

$$2H^+ + 2BrO_3^- + 3CH_2(COOH)_2 \xrightarrow{Ce^{3+}, Br^-} 2BrCH(COOH)_2 + 3CO_2 + 4H_2O$$

体系中有两种离子（Br^- 和 Ce^{3+}）的浓度都随时间发生周期性的变化，其变化的过程实际上均为氧化还原反应，所以可以设计成电极反应，而电极电势的大小与产生氧化还原物质的浓度有关。本实验通过测定氧化还原电极的电极电势随时间变化的曲线来观察 B-Z 反应的振荡现象。采用饱和甘汞电极为参比电极，铂电极为导电电极，与溶液中的 Ce^{3+}/Ce^{4+} 构成氧化还原电极，此时：

$$E_{Ce^{3+}/Ce^{4+}} = E^{\ominus} - \frac{RT}{ZF} \ln \frac{[Ce^{3+}]}{[Ce^{4+}]} \tag{1}$$

所构成电池的电动势为：　　　　　　$E = E_{Ce^{3+}/Ce^{4+}} - E_{甘汞}$　　　　　　　　　　　（2）

记录电池电动势（E）随时间（t）变化的 E-t 曲线，观察 B-Z 振荡反应。同时测定不同温度对振荡反应的影响，得到诱导时间 t_u 和振荡周期 t_p。诱导时间 t_u 和振荡周期 t_p 与其相应的活化能之间存在如下关系：

$$\ln \frac{1}{t_u} = -\frac{E_u}{RT} + C \qquad (3)$$

$$\ln \frac{1}{t_p} = -\frac{E_p}{RT} + C \qquad (4)$$

分别以 $\ln \dfrac{1}{t_u}$、$\ln \dfrac{1}{t_p}$ 对 $\dfrac{1}{T}$ 作图可得直线，由直线斜率可求得诱导活化能 E_u 和振荡活化能 E_p。

三、仪器与试剂

1. 仪器　恒温反应器 50mL 1 只；超级恒温槽 1 台；磁力搅拌器 1 台；记录仪 1 台（或计算机采集系统 1 套；或电化学分析仪 1 台）；铂电极；参比电极（硫酸钾作参比液）；25mL 移液管 4 支。

2. 试剂　丙二酸（0.4mol/L）；溴酸钾（0.2mol/L，现配）；硫酸铈（0.004mol/L；必须在 0.2mol/L H_2SO_4 中配制）；硫酸（3mol/L 和 1mol/L）；果糖（0.02mol/L 和 0.04mol/L）均为分析纯。

四、实验步骤

1. 配制浓度为 0.2mol/L 的溴酸钾溶液 1000mL。

2. 连接好振荡反应装置，如图 4-5 所示。打开超级恒温槽，将温度调节到（25.0 ± 0.1）℃。

3. 启动计算机，依次启动程序，根据仪器上的标号选择适当 COM 接口，设置好坐标，一般可选择 0.4～1.2V 的扫描范围，时间间隔选择为 15min 即可。

4. 洗净并干燥反应器，打开磁力搅拌器实验装置的电源，在恒温反应器中依次加入

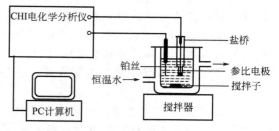

图 4-5　振荡反应测量装置

已配好的 0.4mol/L 丙二酸、3mol/L 硫酸、0.2mol/L 溴酸钾各 15mL，打开搅拌器，同时将装有 0.004mol/L 碳酸铈铵溶液的试剂瓶放入超级恒温水浴中，恒温 10min。

5. 先在放置甘汞电极的液接管中加入少量 1mol/L 的 H_2SO_4 溶液（确保电极浸入溶液中），然后将甘汞电极插入，同时取下电极侧面的胶帽。

6. 恒温结束后，按下 B-Z 振荡实验装置的"采零"键，然后将电极线的正极接在铂电极上，负极接在甘汞电极上，点击计算机上"数据处理"菜单中的"开始绘图"，然后加入硫酸铈铵盐 15mL。观察反应过程中溶液的变化。

7. 计算机自动记录电势（E）-时间（t）关系曲线。待出现在 3～4 个峰时，点击"数据处理"菜单中的"结束绘图"，然后存盘。点击"清屏"，准备进行下一步操作。

8. 改变恒温槽温度为 30℃、35℃、40℃、45℃、50℃，重复以上实验操作。

9. 在上述的恒温器反应液中，分别加入一定量的果糖，使果糖的浓度分别为 0.02mol/L 和 0.04mol/L。在 25℃下，按上述步骤（4）～（7）进行操作，测定其 E-t 关系曲线。

五、注意事项

1. 实验所用试剂需用不含 Cl^- 的去离子水配制，而且参比电极不能直接使用甘汞电极。

若用 217 型甘汞电极时，要用 $1mol/L\ H_2SO_4$ 作液接。也可用硫酸亚汞参比电极，或采用双盐桥甘汞电极，外面夹套中充饱和 KNO_3 溶液，因为其中所含 Cl^- 会抑制振荡的发生和持续。

2. 配制 $4 \times 10^{-3}mol/L$ 的硫酸铈铵溶液时，一定在 $0.20mol/L$ 硫酸介质中配制，防止发生水解呈浑浊。

3. 实验中溴酸钾试剂纯度要求高，最好使用优级纯的试剂。所使用的反应容器一定要冲洗干净，磁力搅拌器中转子位置及速度都必须加以控制。

4. 实验结束后，将甘汞电极旁的胶帽扣好，然后将电极放在饱和 KCl 溶液中。在反应器中加入去离子水，放入铂电极。

5. 加样顺序对体系的振荡周期有影响，故实验过程中加样顺序要保持一致。

六、数据记录与处理

1. 从不含果糖的反应液的 E-t 曲线中，得到振荡诱导期 t_u 和第一、第二振荡周期 t_p，以及振荡寿命 t_s 和振幅 ΔE。

2. 根据 t_u、t_p 与 T 的数据，以 $\ln(1/t_u)$ 对 $1/T$ 和以 $\ln(1/t_p)$ 对 $1/T$ 作图，由直线的斜率求出反应的表观活化能 E_u、E_p。

3. 分别从含 $0.02mol/L$ 和 $0.04mol/L$ 果糖的反应液的 E-t 曲线，得到对应的诱导期 t_u 和振荡周期 t_p，以及振荡寿命 t_s 和振幅 ΔE。根据加入果糖后 t_u、t_p、t_s、ΔE 的变化，分析还原性物质及其浓度对振荡反应的影响。

七、实验讨论与启示

1. 本实验是在一个封闭体系中进行的，所以振荡波逐渐衰减。若把实验放在敞开体系中进行，则振荡波可以持续不断地进行，并且周期和振幅保持不变。

2. 本实验也可以通过替换体系中的成分来实现，如将丙二酸换成焦性没食子酸、各种氨基酸等有机酸；如用碘酸盐、氯酸盐；又如用锰离子、邻菲啰啉铁离子或铬离子代换铈离子等来进行实验，都可以发生振荡现象，但振荡波形、诱导期、振荡周期、振幅等会发生变化。

3. 振荡体系有许多类型，除化学振荡还有液膜振荡、生物振荡、萃取振荡等。表面活性剂在穿越油水界面自发扩散时，经常伴随有液膜（界面）物理性质的周期变化，这种周期变化称为液膜振荡。另外在溶剂萃取体系中也发现了振荡现象。生物振荡现象在生物中很常见，如在新陈代谢过程中占重要的糖酵解中，许多中间化合物和酶的浓度是随时间周期性变化的。生物振荡也包括微生物振荡。

八、思考题

1. 本实验记录的电势主要代表什么含义？与能斯特方程求得的电势有什么不同？
2. 影响诱导期和振荡周期的主要因素有哪些？
3. 本实验中铈离子的作用是什么？

九、参考文献

[1] 刘勇健，白同春. 物理化学实验. 南京：南京大学出版社，2009.
[2] 顾月姝. 基础化学实验（Ⅲ）——物理化学实验. 北京：化学工业出版社，2004.
[3] Field R J，Noyes R M. J Chem Phys，1974，60：1877.
[4] Field R J，Försterling H D. J Phys Chem，1986，90：5400.
[5] 李如生. 非平衡态热力学和耗散结构. 北京：清华大学出版社，1986.
[6] 李和兴，许海涵. B-Z 类化学振荡反应研究的非催化化学振荡反应. 化学世界，1989，8：378.

十、实例分析

实验所得振荡反应原始数据记录见表 4-9。

表 4-9　振荡反应原始数据记录

0.02mol/L 果糖反应液		0.04mol/L 果糖反应液		不含果糖反应液	
时间 t/min	电极 E/V	时间 t/min	电极 E/V	时间 t/min	电极 E/V
0	1.1792	0	1.1595	0	1.1069
60	1.1493	60	1.1225	60	1.0729
120	1.1273	120	1.0888	120	1.0518
…	…	…	…	…	…

用 Origin6.0 软件绘制化学振荡的电势-时间图，以添加 0.04mol/L 果糖为例。

（1）打开 Origin6.0 软件，在出现的 Data1 中输入以时间 t/s 为 X 轴、以电压 U/V 为 Y 轴的全部实验数据。

（2）右击 Graph1 右上角的数字 1，选择 Layer Properties→Size/Speed，在 Width 处输入 120，点击 Apply→OK。

（3）选定全部数据，在 Plot 中选择 Line＋Symbol，分别双击 "X Axis Title" 和 "Y Axis Title"，分别输入 t/s 和 U/V。

（4）双击刻度，点击 Scale，在 Horizontal 中输入 From 0 To 1700，在 Vertical 中输入 From 0.95 To 1.2，最后点击确定。

（5）双击边框，点击 Title&Format，在 "Selection" 中选择 "Top" 和 "Right"，选取 "Show Axis & Tic"，在 major 都选择 none。随后点击 Grid Lines，在 Horizontal 和 Vertical 处都选择 Major Grid 和 Minor Grid，最后点击确定。

（6）点击 Text Tool 即 "T" 功能键，分别在边框端命为 "0.04mol/L 果糖"。即可得到化学振荡的电势-时间图（图 4-6）。

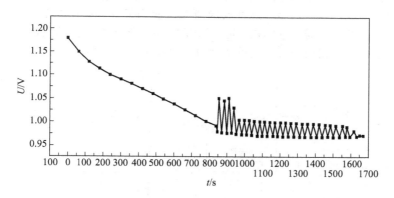

图 4-6　加入果糖的 E-t 曲线

实验 18　催化剂的制备及其活性和选择性的测定

一、目的要求

1. 熟悉催化作用的基本概念以及催化剂活性和选择性的表示。
2. 掌握钯催化剂和镍催化剂的制备方法。
3. 学习脉冲色谱法测量催化剂活性和选择性的实验方法。

二、实验原理

催化剂是一类与制备工艺具有极大相关性的物质。由不同的原材料、不同的制备工艺条件、不同的分散方式、甚至不同的外形等获得的同一种类的催化剂，用经典的化学分析方法常常不能加以区分，但它们的催化活性却可能相差悬殊，这往往与它们的活性表面结构有关。表征催化剂活性的方法很多，但所谓催化剂的活性是指在某一确定条件下所进行的具体反应而言，离开了具体的反应体系和条件，任何定量的活性比较都是毫无意义的。严格地说，催化剂的活性大小表现在催化剂存在时反应速率增加的程度，一般用单位表面积催化剂上的反应速率系数来表示。在生产中还常用单位时间、单位体积的催化剂上所得产物的质量或反应物的转化率和产物的收率表示。

石油烃蒸汽裂解过程产生的裂解气中往往含有少量乙炔、丙炔和丙二烯等杂质，它们的存在会不同程度地影响后续工段中均相聚合和共聚过程所使用的高效聚乙烯和聚丙烯催化剂。现代的乙烯工厂大多采用催化选择加氢法脱除乙炔，所采用的催化剂多为贵金属催化剂，除要求具有高的活性外，还要求有高的选择性，即只能促使乙炔加氢而不使乙烯加氢，也不促使产生其他副反应。镍催化剂具有高的加氢活性，但选择性很差。钯催化剂具有很高的加氢活性，如在其中添加适量的铅，使之部分中毒后，可降低其对乙烯加氢的活性，但仍保留其对乙炔加氢的活性。

目前，催化剂的制备还属于一种技艺，因此需要对不同的制备条件所得产品进行筛选，以便从中选出最好的产品，这就要求能快速地对催化剂活性和选择性进行测定。近年来，微型反应器与色谱联合使用，能及时进行产物的分析，操作简单快速，对大量催化剂的评选特别适用。

微型反应器有两种操作方式，即流动反应器和脉冲反应器。在流动反应器中，反应物连续通过反应器（通常是填有催化剂的小管），借助于色谱进样阀间歇地从反应后的尾气中取样进行色谱分析，这种操作方式又称为尾气技术，其流程如图4-7（a）所示。脉冲反应器是非稳态操作，反应物脉冲进样由连续流动的载气带进催化床中，然后进入紧接的色谱柱对产物进行色谱分析，其流程如图4-7（b）所示。脉冲反应所需反应物很少，操作简单，很快能得到结果，适合于大量筛选催化剂。但需注意的是，除一级反应外，脉冲法与流动法的结果不完全一致。但即便如此，对于评选催化剂来说，仍可达到对活性和选择性的半定量比较的目的。

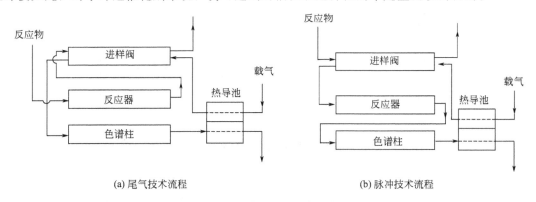

　　(a)尾气技术流程　　　　　　　　　　　　　　　　(b)脉冲技术流程

图 4-7　微型反应器的两种操作方式

三、仪器与试剂

1. 仪器　气相色谱仪（具热导池鉴定器）；微型反应器1个；管式电炉1台。

2. 试剂　色谱硅胶（60～80目）；硅藻土载体（红色载体40～60目）；氯化钯；醋酸铅（分析纯）；硫酸镍；电石；无水乙醇（分析纯）；活性氧化铝；氢氧化钾（分析纯）。

四、实验步骤

1. 硅胶柱和色谱条件　取60～80目色谱硅胶装入直径4mm、长3m的不锈钢柱中，在200℃通载气活化2h即可使用。若采用SP-2305气相色谱仪时，可用下列色谱条件：柱温

70℃；载气 H₂ 70mL/min；电桥电流 180mA；检测室温度 70℃。

2. **乙炔的制备** 用电石发生乙炔，经 KOH 溶液洗涤后用排水法收集在集气瓶中。

3. **乙烯的制备** 使乙醇蒸气通过装有活性氧化铝催化剂的反应管，在 400～450℃ 脱水即得乙烯。从反应管出来的气体先经冰水冷却除去未反应的乙醇，然后用排水法收集在集气瓶中。

4. **催化剂的制备** 取 40～60 目红色硅藻土载体各 1g 分别置于 3 个磁坩埚中，一个用硝酸镍溶液浸渍，另两个用氯化钯溶液浸渍。计算好溶液的用量，使镍催化剂中含镍为 5%，钯催化剂中含钯 0.1%。经烘干后，在电炉中 500℃ 焙烧 2h。然后在微型反应器中塞入玻璃棉，取 0.5g 催化剂装入反应管中，通氢气，在 250℃ 还原 15min 到 1h 即可使用。在还原过程中，可将反应管下部螺帽打开，避免还原产物进入色谱柱。取一份已还原的钯催化剂再用醋酸铅溶液浸渍，使催化剂含铅量达 0.1%～1%，经烘干、500℃ 焙烧、氢气还原，即得部分中毒钯催化剂。

5. **催化剂活性和选择性的测定** 微型反应器用内径 6mm 的不锈钢管作成。两端有螺帽压紧的硅橡皮垫，可用注射器由此注入反应气体，也便于由此装卸催化剂。反应管和进气预热管均铸于铝锭中，以利温度的恒定。铝锭钻有两排共 12 个直径 10mm、深 60mm 的圆孔，其中装入 12 支 25W 的电烙铁芯子。靠近反应管有热电偶插入孔。铝锭温度用控温器控制（装置流程如图 4-8）。催化剂还原以后，把反应管下端螺帽上好，调整色谱仪使正常工作。同时使铝锭停止加热，让其缓慢自然冷却，过程中每隔 10～20℃ 从反应管上端注入 0.2～0.4mL 乙炔，记录乙烷、乙烯和乙炔的色谱峰高（出峰顺序是：乙烷、乙烯、乙炔）。然后从色谱仪进样器或反应管下端进入乙炔和乙烯的标准样，记录它们的保留时间和峰高，从而计算乙炔的转化率和乙烯的收率。做完一个催化剂样后，关闭色谱仪电桥电流，打开反应管上下端螺帽，捅出催化剂，重新升温，还原，同法进行实验。

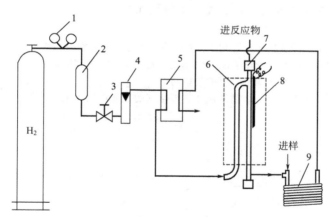

图 4-8 微型反应器-色谱联用流程

1—减压阀；2—干燥管；3—稳压阀；4—流量计；5—热导池；
6—铝锭恒温块；7—微型反应器；8—热电偶；9—色谱柱

五、注意事项

1. 使用色谱仪时，必须严格按操作规程进行。

2. 将催化剂装入反应管后，在通氢气进行还原前，需将反应管下部螺帽打开。

六、数据记录与处理

实验数据按表 4-10 格式记录，用实验测得的结果比较三种催化剂的活性和对乙炔加氢的选择性。

表 4-10 乙炔催化加氢实验条件的记录

1. 催化剂制备

载体	活性物质	焙烧温度	焙烧时间	还原温度	还原时间

2. 色谱条件

色谱吸附剂	柱长	柱径	柱温	载气及流量	电桥电流	检测室温度

3. 催化剂活性及选择性

温度	催化剂及用量	反应物及用量	乙烷峰高	乙烯峰高		乙炔峰高		乙炔转化率	乙烯收率
				反应后	标准样	反应后	标准样		

七、实验讨论与启示

1. 微型反应器的特点是所用催化剂很少，催化层也很短，相应所用反应物的量也很少，因而反应的热效应将很小，可使反应床温度基本保持不变。由于这种反应器通常都与色谱联合使用，能及时进行产物的分析，因而操作简单快速，对大量催化剂的评选特别适用。

2. 目前对催化剂性能和动力学参数尚难于预测，都需要通过实验测定。因此选择适当的反应器和实验条件，以保证获得有意义的结果，是非常重要的。在筛选催化剂时，用脉冲微型反应器进行活性和选择性的比较及催化剂中毒研究，可以在消耗极少的条件下，于短时间内获得大量数据。但需要注意这种方法的非稳态特性，其结果可能与稳态流动法不一致，因此最终还须用流动法进行检验。

八、思考题

1. 本实验是否可用氮气作载气，可否用氢火焰作鉴定器？
2. 本实验用色谱峰高定量是否准确？如何验证？

九、参考文献

[1] 傅献彩，沈文霞，姚天扬. 物理化学. 第 5 版. 北京：高等教育出版社，2005.
[2] 罗澄源，向明礼等. 物理化学实验. 第 4 版. 北京：高等教育出版社，2004.
[3] 张东平，王功华. 乙炔加氢反应器的模拟与分析. 石油化工，2003，32（5）：414.
[4] 肖江，赵育榕，车春霞等. 新型乙炔加氢催化剂的工业应用. 工业催化，2008，16（9）：57.

第5章 电 化 学

5.1 电化学实验方法概述

5.1.1 电化学基本原理

电化学是研究化学现象与电现象之间的相互关系以及化学能与电能相互转化规律的学科。电化学的主要研究内容包括两个方面：一是电解质的研究——电解质的导电性质、离子的传输特性、参与反应的离子的平衡性质；二是电极过程的研究——包括电极界面的平衡性质和非平衡性质、电化学界面结构、电化学界面上的电化学行为及其动力学。因此现代电化学被定义为研究电子导体和离子导体界面现象及各种效应的一门科学。

5.1.1.1 离子的电迁移

离子在外电场的作用下发生定向运动称为离子的电迁移。当通电于电解质溶液后，溶液中承担导电任务的阴、阳离子分别向阳、阴两极移动，并在相应的两电极界面上发生氧化或还原作用，从而两极旁溶液的浓度也发生变化。

由于正、负离子移动的速率不同，所带电荷不等，因此它们在迁移电荷量时所分担的份额也不同。把离子 B 所运载的电流与总电流之比称为离子 B 的迁移数，以 t_B 表示，即：

$$t_B = \frac{I_B}{I} \tag{5-1}$$

5.1.1.2 电解质溶液的电导

（1）电导 G　电导是电阻的倒数，即：

$$G = \frac{1}{R} = \frac{1}{\rho}\frac{A}{l} \tag{5-2}$$

电导的单位为 S（西门子），其物理意义是：当导体两端的电势差为 1V 时，电导在数值上等于每秒通过电解质溶液的电量。电导的数值除了与电解质溶液的本性有关外，还与离子浓度、电极大小、电极距离有关。

（2）电导率 κ　电导率是电阻率的倒数，即：

$$\kappa = \frac{1}{\rho} = G \cdot \frac{l}{A} \tag{5-3}$$

电导率的单位为 S/m，其物理意义是：当电极面积 $A = 1m^2$，电极距离 $l = 1m$ 时电解质溶液的电导。也可看成是单位体积（$1m^3$）电解质溶液的电导。

（3）摩尔电导率 Λ_m　摩尔电导率是指在相距为单位距离的两个平行电极之间，充入含 1mol 电解质的溶液时所具有的电导，单位为 S·m²/mol。

$$\Lambda_m = \frac{\kappa}{c} \tag{5-4}$$

（4）离子独立移动定律　离子独立移动定律指出：在无限稀释时，所有电解质都全部电离，而且离子间一切相互作用均可忽略，因此离子在一定电场作用下的迁移速率只取决于该种离子的本性而与共存的其他离子的性质无关。对 1-1 价电解质用公式表示为：

$$\Lambda_m^\infty = \lambda_{m,+}^\infty + \lambda_{m,-}^\infty \tag{5-5}$$

式中，$\lambda_{m,+}^\infty$ 和 $\lambda_{m,-}^\infty$ 分别是正、负离子在无限稀释时摩尔电导率的极限值，简称离子电导率。

5.1.1.3　电解质的平均活度和平均活度因子

强电解质的离子平均活度 $a_\pm$、离子平均活度因子 $\gamma_\pm$ 和离子平均质量摩尔浓度 $m_\pm$ 分别定义为：

$$a_\pm = (a_+^{\nu_+} a_-^{\nu_-})^{1/(\nu_+ + \nu_-)} \tag{5-6a}$$

$$\gamma_\pm = (\gamma_+^{\nu_+} \gamma_-^{\nu_-})^{1/(\nu_+ + \nu_-)} \tag{5-6b}$$

$$m_\pm = (m_+^{\nu_+} m_-^{\nu_-})^{1/(\nu_+ + \nu_-)} \tag{5-6c}$$

根据以上定义，对强电解质 $M_{\nu_+} A_{\nu_-}$ 有如下关系：

$$a_B = a_\pm^{(\nu_+ + \nu_-)}, \quad a_\pm = \gamma_\pm \cdot \frac{m_\pm}{m^\ominus} \tag{5-7}$$

有多种实验方法可以测定电解质溶液中的离子平均活度因子，其中蒸气压法、冰点降低法与电动势法比较常用。

5.1.1.4　可逆电池与可逆电极

可逆电池是能应用热力学可逆原理来研究的电池。可逆电池必须具备两个条件，缺一不可。首先，电极上的化学反应可向正、反两个方向进行；其次，电池所通过的电流为无限小，在接近平衡状态下工作。

构成可逆电池的电极，其本身也必须是可逆的。可逆电极主要有三种类型：第一类电极主要包括金属电极和气体电极，如 $Zn(s)|Zn^{2+}(a)$、$Na(Hg)(a)|Na^+(a_+)$、$Pt(s)|H_2(p)|H^+(a)$、$Pt(s)|O_2(p)|OH^-(a)$、$Pt(s)|Cl_2(p)|Cl^-(a)$ 等。第二类电极主要包括难溶盐电极和难溶氧化物电极，如甘汞电极 $Hg(l)|Hg_2Cl_2(s)|KCl(a)$、银-氯化银电极 $Ag(s)|AgCl(s)|Cl^-(a_-)$、氧化银电极 $Ag(s)|Ag_2O(s)|H^+(a_+)$ 等。第三类电极是氧化还原电极，如 $Pt(s)|Fe^{2+}(a_1), Fe^{3+}(a_2)$、$Pt(s)|Sn^{2+}(a_1), Sn^{4+}(a_2)$ 等。

5.1.1.5　电池电动势和电极电势

电化学中，将平衡电化学体系中各个相界面处的电势差之和称为电池电动势（以 E 表示）。即在电池中没有电流通过时，原电池两个终端相之间的电势差。

如果将化学反应安排在等温等压的可逆电池中进行，最大非体积功就是可逆电池对外所做的最大电功：

$$\Delta_r G_m = -nFE \tag{5-8}$$

它表明在电化学系统中可以通过可逆电池的电动势 E 求出化学反应的吉布斯自由能变化 $\Delta_r G_m$，或者知道电池反应的 $\Delta_r G_m$ 而求出可逆电池的电动势。

当电池反应各物质均处于标准状态时，该可逆电池的电动势以 $E^\ominus$ 表示，称之为标准电动势。

$$\Delta_r G_m^\ominus = -nFE^\ominus \tag{5-9}$$

电池电动势的能斯特（Nernst）公式表明可逆电池的电动势 E 与参加电池反应各物质活度 a_B 之间的关系为：

$$E = E^\ominus - \frac{RT}{nF} \ln \Pi a_B^{\nu_B} \tag{5-10}$$

将指定电极作为正极与作为负极的标准氢电极组合成原电池

$$（-）标准氢电极 \parallel 待测电极（+）$$

液接电势已消除，规定该原电池的电动势就是指定电极的电极电势（以 φ 表示），它是以标准氢电极为参照电极的相对值。

一般而言，任一电极其电极反应用下列通式表示：

$$\nu_{Ox}[氧化态]+ze^- \longrightarrow \nu_{Red}[还原态]$$

其电极电势的通式为：

$$\varphi(\nu_{Ox}[氧化态]+ze^- \longrightarrow \nu_{Red}[还原态]) = \varphi^{\ominus}(\nu_{Ox}[氧化态]+ze^-$$
$$\longrightarrow \nu_{Red}[还原态]) - \frac{RT}{zF}\ln\left(\frac{[还原态]^{\nu_{Ox}}}{[氧化态]^{\nu_{Red}}}\right) \tag{5-11}$$

式（5-11）称为电极电势的 Nernst 公式。该式说明标准电极电势 $\varphi^{\ominus}$ 仅与电极的本性及温度有关，与参加电极反应的各物质的活度无关；而电极电势 φ 除了与电极的本性、温度有关外，还与参加电极反应的各物质的活度有关。

按照电极电势的规定，电池电动势与电极电势的关系是：

$$E = \varphi_{+(右)} - \varphi_{-(左)} \tag{5-12}$$

若 $\varphi_{右} > \varphi_{左}$，这时电池电动势为正值，$\Delta_r G_m$ 为负值，表明该电池的正向反应能自发进行，并做有效电功。若 $\varphi_{右} < \varphi_{左}$，所得电池电动势为负值，则 $\Delta_r G_m$ 为正值，表明该电池的正向反应不能自发进行。

同理，可使用标准电极电势 $\varphi^{\ominus}$ 计算电池的标准电动势 $E^{\ominus}$：

$$E^{\ominus} = \varphi_+^{\ominus} - \varphi_-^{\ominus} \tag{5-13}$$

5.1.1.6　极化作用

实际的原电池或电解池在工作时，均有一定量的电流通过，此时电极上就有极化作用发生，该过程就是不可逆过程。随着电极上电流密度的增加，电极反应的不可逆程度越来越大，其电势值 $\varphi_{不可逆}$ 对可逆电势值 $\varphi_{可逆}$ 的偏离也越来越大。在有电流通过电极时，电极电势偏离于可逆值的现象称为电极的极化。为了明确地表示出电极极化的状况，常把某一电流密度下的电势与可逆电势之间的差值称为超电势。为了使超电势都是正值，把阴极和阳极的超电势分别定义为：

$$\eta_{阴} = (\varphi_{可逆} - \varphi_{不可逆})_{阴} \tag{5-14a}$$

$$\eta_{阳} = (\varphi_{不可逆} - \varphi_{可逆})_{阳} \tag{5-14b}$$

将描述电流密度与电极电势之间关系的曲线称为极化曲线。图 5-1 给出了由实验得到的电解池和原电池中两电极的极化曲线。可以看出，电极极化遵循一定的规律，即不论电化学反应的方向如何，只要是在不可逆情况下，阴极极化的电极电势总是向负（减小）的方向移动；而阳极极化的电极电势总是向正（增加）的方向移动。

电极发生极化的原因，是因为当有电流流过电极时，在电极上发生一系列的过程，并以一定的速率进行，而每一步都或多或少地存在着阻力。要克服这些阻力，相应地各需要一定的推动力，表现在电极电势上就出现这样那样的偏离。根据极化产生的不同原因，通常可简单地把极化分为两类：电化学极化和浓差极化。电化学极化是指由于电化学反应步骤的阻力而引起的极化。浓差极化是由于离子扩散出现浓度差异而引起的极化。除了上述两种主要的原因之外，还有一种原因是由于电解过程中在电极表面上生成一层氧化物的薄膜或其他物质，从而对电流的通过产生阻力而引起的极化，称为电阻极化。

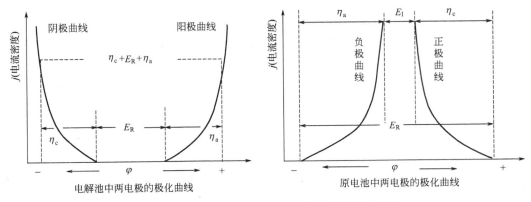

图 5-1　电解池和原电池充电、放电时的极化曲线

5.1.2　电化学实验的基本范畴

电化学是研究电化学平衡和电化学速率的科学，因此电化学实验内容有属于平衡实验性质的，也有属于化学动力学实验性质的。电化学测量是应用电化学仪器给研究系统施加一定的激励，并检测其响应信号，对实验数据进行分析，从而达到研究系统的热力学和动力学规律的目的。

电化学实验的基本范畴包括四个方面，第一个是电解质溶液的导电性和机制，即离子迁移数、淌度和电导的测量；第二个是原电池电动势的测量，包括电极电势的测量、电解质溶液中活度及活度因子的测量。由于电动势是平衡实验方法之一，因此电动势测量主要是为了获取氧化还原体系的热力学数据；第三个方面是电极过程动力学测量，也包括电极与溶液界面性质和结构的测量，电极过程动力学实验主要测量电极过程中的动力学参数，从而推测电极反应历程，并阐明电极与溶液界面状况对电极过程动力学的影响；第四个方面是电池及其材料电化学容量充放电性能测定，其中包括电池容量、充放电曲线的测定，这是研究电池的重要手段。

5.1.3　电化学实验方法

5.1.3.1　电解质溶液电导和离子迁移数的测量方法

电导（或电阻）的测量是研究物质特性的重要手段，也常用于化学分析中。这种测量体系（如电解质溶液、熔盐及固体电解质等）含有带电粒子（离子），因而其电导（或电阻）的大小就成为一定状态下体系应具有的特性。

溶液电导的测量方法有交流电桥法、直流电压降法（双电极法或四电极法）和高电压（强电场）或高频率法。最常用的是 Wheatstone 交流电桥法。直流电压降法用在电极反应可逆性较好的场合，对于导电性较差的多相体系的电导测量，以及准确度要求不很高的溶液电导测量也可应用直流压降法。高电压或高频率法只用于特殊的电导研究，如离子气氛对离子导电的影响等。溶液电导的测量及应用详见第 12 章 12.1。

离子迁移数在工业电解质中具有重要意义，由迁移数的大小可以判断某种离子传导电量的多少及电极附近浓度变化的情况，进而控制电解条件。测定离子迁移数的常见方法有希托夫（Hittorf）法、界面移动法和电动势法。希托夫法是根据电解后两极区电解质数量变化来推算离子迁移数的。电解质溶液中通电电极附近浓度变化的原因是电极反应和离子的迁移，因此如果用分析的方法知道了电极附近部分电解质浓度的变化，再用库仑计测定电解过程中通过的总电量，就可以从物料平衡算出迁移离子的数量和迁移数。界面移动法测离子迁移数，是将含有一种共同离子的两种电解质溶液小心放入一根较小的垂直玻璃管中，使两溶液间成明显的分界面，通电后测量分界面移动的距离，然后计算出迁移数。由界面法测定迁移数是较准确的。对于有液体接界的浓差电池，常用电动势法测定离子迁移数，通过测定有液体接界浓差电池的电动势，并且知道电解质溶液的活度，即可根据公式求得离子的迁移数。

5.1.3.2　电池电动势和电极电势的测量方法

在进行电池电动势测量时，除了要求原电池本身的电池反应可逆和传质可逆外，还要求电池几乎不通过电流，这样才能使原电池在接近热力学可逆条件下进行。为了满足以上条件，需采用电位差计测量，而不能用伏特计直接测量。因为当把伏特计与电池接通后，由于电池放电，不断发生化学变化，电池中溶液的浓度将不断改变，因而电动势值也会发生变化。另一方面，电池本身存在内电阻，所以伏特计所量出的只是两极上的电势降，而不是电池的电动势。电位差计是可以利用对消法原理进行电势差测量的仪器，即能在电池无电流（或极小电流）通过时测得其两极的电势差，这时的电势差就是电池的电动势。对消法的基本原理和电位差计的使用详见第 12 章 12.2。

在电化学中，电极电势的绝对值至今无法测定。在实际测量中是以某一电极的电极电势作为零标准，通常将氢电极在氢气压力为 100kPa，溶液中氢离子活度为 1 时的电极电势规定为零伏，称为标准氢电极。将标准氢电极与被测电极组成电池，标准氢电极为负极，被测电极为正极，这样测得的电动势即为该被测电极的电极电势。由于标准氢电极条件要求苛刻，难于实现，在实际测定时常用一些制备简单、电势稳定的可逆电极作为参比电极来代替，如甘汞电极、银-氯化银电极等。参比电极的选择和使用详见第 12 章 12.2。

5.1.3.3　电极过程动力学实验方法

电极过程动力学主要研究电极与电解质溶液接触形成的界面的基本物理化学性质，特别是通过电流时这一界面上发生的过程——电极过程。研究电极过程动力学的主要目的是在于弄清影响电极反应速率的基本因素，从而有效地按照人们的主观愿望去影响电极反应的进行方向与进行速率。

电极过程动力学实验主要是通过在不同的测试条件下，对电极电势和电流分别进行控制和测量，并对其相互关系进行分析，得到电极反应的动力学参数，确定电极反应历程。电极过程动力学的实验方法很多，如恒电流极化曲线法、恒电势极化曲线法、旋转电极法、循环伏安法、计时电势法、计时电流法和交流阻抗法等。

（1）恒电流和恒电势极化曲线法　稳态技术是研究稳态电极系统的实验方法和实验数据分析的技术。如果在指定时间范围内，电化学系统的参量（如电势、电流、阻抗、浓度分布、电极表面状态等）变化甚微，基本可认为不变，这种状态可以称为电化学稳态。稳态电极系统的电极电势和电流与时间无关。稳态技术主要是测量电流与电极电势的关系——稳态极化曲线，常采用两种方式：恒电流法和恒电势法。

恒电流法就是控制电流密度使其分别恒定在不同的数值，然后测定相应的电极电势，把测得的一系列不同电流密度下的电势画成曲线，即得恒电流法极化曲线。在实际测量时，当给定电流后，由于扩散等许多原因，电极往往不能马上达到稳定状态，即电极电势将随时间发生变化。不同的电极体系，电势趋于稳定所需时间不同。恒电流法易于控制，应用比较普遍，可广泛用于一些不受扩散控制的电极过程和电极表面状态不发生很大变化的电化学反应，但恒电流法不能用来测量如钝化曲线等出现负斜率（即超电势增加时极化电流反而减小）的极化曲线。

恒电势法测量极化曲线时，是将研究电极的电势恒定地维持在所需值，然后测定相应的电流密度。把测得的一系列不同电势下的电流密度画成曲线，即得恒电势法极化曲线，它表示电流密度是电极电势的函数。恒电势法一般用来研究一些快速电化学反应和一些电极表面在电极反应过程中发生很大变化的电极反应。由于电极表面在未建立稳定状态之前，电流会随时间而改变，故一般又可将恒电势法分为静态法和动态法（或稳态法和暂态法）。静态法是将电极电势长时间恒定为某一定值，同时测量电流随时间的变化，直至电流值基本达到稳定值，如此逐点测量每个电极电势下相应稳定的电流值，最终得到完整可靠的极化曲线。动态法是控制电极电势以一定的速率连续地变化，并测量对应电势下的瞬时电流值，将瞬时电流与对应的电极电势作图，可以获得完整的极化曲线。静态法和动态法在实际上都广泛应用，前者的测定结果更接近于实际情况，但因其测量耗时太长，除非所需，在实际工作中，动态法则更为常用。

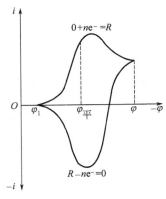

图 5-2 线性电势正、反向
扫描时电流随电极
电势变化曲线

（2）线性电位扫描伏安法 线性电位扫描伏安法是电化学研究中最基本的实验方法之一，常用的线性电位扫描有单程伏安法和循环伏安法。

所谓单程伏安法就是恒电位仪处在控制电势状态下，选择某初始电势，使电极电势按指定的方向和速度随时间线性变化到某一指定的电势并记录极化电流和极化电势的相互关系。所谓循环伏安法就是使恒电位仪处在控制电势状态下，选择某一初始电势，然后使电极电势按指定的方向和速度随时间线性变化，达到某一指定电势后又自动地以同样的速度逆回到初始电势，同时记录极化电流和极化电势的关系（图 5-2）。若这种过程只进行一次，称单循环伏安法；若这种过程重复多次，直至相对稳定后才记录伏安曲线，称为重复循环伏安法。

循环伏安法采用三角波电势扫描，可用来初步研究电极系统可能发生的电化学反应，在扫描电势范围内，若在某一电势出现电流峰，就表明该电势下发生了电极反应，每一电流峰对应一个电极反应。在循环伏安法中，若正向扫描时的电极反应产物足够稳定并且能在电极表面发生电极反应，那么在逆向扫描电势范围内将出现与正向电流峰相对应的逆向电流峰，若无相应的电流峰，说明这正向电极反应是完全不可逆的，或者电极反应产物完全不稳定。根据每一峰值电流所对应的峰值电势，从标准电极电势表，pH-电势图和已掌握的知识可以推测出在所研究的电势范围内可能会发生哪些电极反应。因此伏安曲线图被认为是电化学电位谱图，对于开展研究工作、掌握研究体系性质是十分重要的。

（3）旋转圆盘和旋转环盘电极法 在电化学技术中，若电极相对于电解质溶液保持静止不动，称静止电极技术；若电极和电解质溶液相对运动，称流体动力学技术。旋转圆盘电极（或称转盘电极）和旋转环盘电极是常用的两种流体动力学技术。

旋转圆盘电极如图 5-3 所示。实验装置的关键设备是旋转电极，其他部分与一般的恒流极化曲线测量装置类似。实际使用的电极系底部表面朝下的圆盘状电极，整个电极绕垂直于盘面的中心轴旋转时，电极下方的流体沿中心轴上升，上升液体被旋转的电极表面抛向圆盘周边。旋转环盘电极（如图 5-4 所示）则在圆盘外围设置一个圆环，盘与环之间只有很小的间隙，圆盘或环盘围绕中心轴旋转，转速由一个旋转系统调节和测量。

旋转圆盘电极比静止电极有以下优点：浓差极化稳定，极化曲线稳定性好，可以测量比较迅速的电化学反应。所以测量旋转圆盘电极的极化曲线，尤其在测定扩散系数、反应得失电子数、反应物浓度、电镀添加剂的整平作用和电极反应动力学参数等方面有广泛的应用。在旋转环盘电极稳态技术中，测量圆盘电极极化曲线的同时，控制圆环电极于一固定的电势，可用以检测圆盘电极上产生的反应中间物，这是检测反应中间物和研究电极反应机理的重要工具之一。

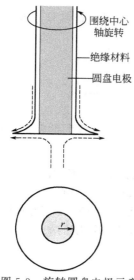

图 5-3　旋转圆盘电极示意

r 为圆盘电极半径，虚线表示溶液
由于旋转引起的流线

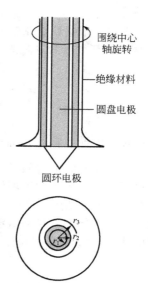

图 5-4　旋转环盘电极示意

r_1 为圆盘电极半径；r_2 为圆环
电极内半径；r_3 为圆环电极外半径

　　（4）计时电势法和计时电流法　暂态技术是研究暂态电极系统的实验方法和实验数据分析的技术。扰动处于平衡态的电极系统的暂态技术称为松弛方法。表征电极系统的参量（电极电势、电流、浓度分布、电极表面状态等）明显变化的阶段所处的状态称为暂态。常用的暂态技术是控制电极电势或电极电流按一定规律变化，同时直接测量电流或电势对时间的变化，或间接测量它们对于有关的物理量（如正弦波角频率）的变化。

　　计时电势法和计时电流法都是暂态法。计时电势法是在某一固定电流下，测量电解过程中电极电势与时间之间的关系。计时电流法是以恒定的电势脉冲信号施加于研究电极上，然后测量通过电解池的电流与时间的关系。恒电势脉冲信号电源由恒电势仪提供，它能保持研究电极在电解过程中的电势不变。恒电势电解过程中电流随时间的变化关系用示波器或快速记录仪器记录下来，得电流-时间关系曲线。

　　暂态技术提供了比稳态技术更多的信息，用来研究电极过程动力学，测定电极反应动力学参数和确定电极反应机理，而且还可将测量迁越反应速率常数的上限提高 2～3 个数量级，有可能研究大量快速的电化学反应。暂态技术对于研究中间态和吸附态存在的电极反应也特别有利。暂态技术中测得的一些参量，例如双电层电容、欧姆电阻、由迁越反应速率常数决定的迁越电阻等，在化学电源、电镀、腐蚀等领域也有指导意义。

5.2　电化学实验

实验 19　溶液电导的测定及其应用

一、目的要求

1. 理解溶液电导、电导率和摩尔电导的基本概念。

2. 掌握电导率仪的原理及使用方法。

3. 学会电导法测定弱电解质的电离常数和难溶盐的溶度积。

二、实验原理

电解质溶液中，带电粒子在外电场的作用下，发生迁移而导电，其导电能力的大小，通常用电导 G 表示，其数值为电阻的倒数，即：

$$G = \frac{1}{R} = \frac{1}{\rho}\frac{A}{l} \tag{1}$$

则

$$\kappa = \frac{1}{\rho} = G \cdot \frac{l}{A} \tag{2}$$

式中，$\frac{l}{A}$ 称为电导池常数 K_{cell}；A 为两电极的面积；l 为两电极间的距离；κ 为电导率，即单位长度、单位面积时电解质溶液的电导，单位为 S/m。

由上式可以看出，如果测出溶液的电导 G 及电导常数 K_{cell}，即可求出溶液电导率 κ。

K_{cell} 是通过测定已知电导率的电解质溶液（如 KCl 标准溶液）来确定的。

电解质溶液的电导率不仅与溶液的性质有关，还与溶液的浓度有关。为确切地表示电解质溶液的导电能力，常使用摩尔电导这一物理量，它与电导率和浓度的关系为：

$$\Lambda_m = \frac{\kappa}{c} \tag{3}$$

式中，Λ_m 为摩尔电导率，单位为 $S \cdot m^2/mol$；c 为摩尔浓度，单位为 mol/m^3。

1. 弱电解质电离常数的测定

对于强电解质稀溶液（如 KCl、NaAc），摩尔电导与浓度有如下经验公式系：

$$\Lambda_m = \Lambda_m^\infty (1 - \beta\sqrt{c}) \tag{4}$$

式中，β 为常数；Λ_m^∞ 为无限稀释摩尔电导率。以 Λ_m 对 $\sqrt{c}$ 作图，在 c 很小时应为一条直线，外推至 $\sqrt{c} = 0$ 即可求得强电解质的 Λ_m^∞ 值。

对于弱电解质（如 HAc）则不遵从上述关系，不能采用外推法求得弱电解质的 Λ_m^∞ 值。但是在无限稀释的溶液中，因为弱电解质溶液中离子浓度很小，离子间的相互作用很弱，所以粒子的移动几乎互不影响，可认为是全部电离。弱电解质的稀溶液遵从 Kohlrausch 离子独立运动定律：

$$\Lambda_m^\infty = \lambda_{m,+}^\infty + \lambda_{m,-}^\infty \tag{5}$$

式中，$\lambda_{m,+}^\infty$ 和 $\lambda_{m,-}^\infty$ 分别为正、负离子在无限稀释时摩尔电导率的极限值，简称离子电导率。

由式（5）可以看出，可以用强电解质的无限稀释摩尔电导率，采用代数和的办法，求出弱电解质的无限稀释摩尔电导，例如：

$$\Lambda_{m,HAc}^\infty = \lambda_{m,H^+}^\infty + \lambda_{m,Ac^-}^\infty = \Lambda_{m,HCl}^\infty + \Lambda_{m,NaAc}^\infty - \Lambda_{m,NaCl}^\infty$$

弱电解质在溶液中是部分电离的，离子和未解离的分子之间存在动态平衡。对于 AB 型弱电解质，在水溶液中达到电离平衡时，当溶液中离子强度很小时，其电离平衡常数 K_c 与浓度 c 和电离度 α 有如下关系：

$$K_c = \frac{c\alpha^2}{1 - \alpha} \tag{6}$$

在一定温度下 K_c 是常数，与溶液组成无关，因此可以通过测定不同浓度时的 α 值，代入式（6）求出 K_c 值。弱电解质是部分电离，而对电导有贡献的仅仅是已电离的部分，溶液中离子浓度很低，可以认为：

$$\alpha = \frac{\Lambda_m}{\Lambda_m^\infty} \tag{7}$$

将式（7）代入式（6）可得：

$$K_c = \frac{c\Lambda_m^2}{\Lambda_m^\infty (\Lambda_m^\infty - \Lambda_m)} \tag{8}$$

或
$$c\Lambda_m = K_c (\Lambda_m^\infty)^2 \frac{1}{\Lambda_m} - K_c \Lambda_m^\infty \qquad (9)$$

由此可见，测得一定浓度下弱电解质溶液的摩尔电导率 Λ_m，并以 $c\Lambda_m$ 对 $\frac{1}{\Lambda_m}$ 作图，其直线的斜率为 $K_c(\Lambda_m^\infty)^2$，再从离子的无限稀释摩尔电导率计算得到 Λ_m^∞，即可求出电离常数 K_c。

2. 难溶盐溶度积的测定

难溶盐在水中的溶解度很小，用普通的滴定方法很难测得，而采用电导法，通过测定难溶盐饱和溶液的电导率，即可求出难溶盐的溶度积。

$BaSO_4$ 溶解平衡可表示为

$$BaSO_4 \Longrightarrow Ba^{2+} + SO_4^{2-}$$

$$K_{sp} = c_{Ba^{2+}} \, c_{SO_4^{2-}} = c^2 \qquad (10)$$

由于 $BaSO_4$ 溶解度很小，饱和溶液的浓度很低，所以溶液的 Λ_m 可以用 Λ_m^∞ 替代。$BaSO_4$ 饱和溶液的溶解度 c 与无限稀释摩尔电导率 Λ_m^∞ 有以下关系：

$$c = \frac{\kappa_{BaSO_4}}{\Lambda_{m,BaSO_4}^\infty} \qquad (11)$$

由于实验中所测得的饱和溶液的电导率数值是难溶盐和水的电导率之和，即：

$$\kappa_{sol} = \kappa_{BaSO_4} + \kappa_{H_2O} \qquad (12)$$

所以必须将水的电导率扣除，才是 $BaSO_4$ 饱和溶液的电导率。

实验中，只要测出 $BaSO_4$ 饱和溶液的电导率 κ_{BaSO_4} 和水的电导率 κ_{H_2O}，利用式（12）可以求出 κ_{sol}，再由式（11）计算出 $BaSO_4$ 水中的溶解度 c，即可由式（10）求出 $BaSO_4$ 饱和溶液的溶度积 K_{sp}。

三、仪器与试剂

1. 仪器　DDSJ-308A 型电导率仪 1 台；恒温槽 1 套；电导电极 1 支；容量瓶（100mL）5 个；锥形瓶（100mL）6 个；酸式滴定管（50mL）1 支。

2. 试剂　0.10mol/L HAc 溶液；Ba（Ac）$_2$（分析纯）；H$_2$SO$_4$（分析纯）。

四、实验步骤

1. 溶液的配制

（1）用酸式滴定管量取（0.10mol/L）HAc 溶液，在 100mL 容量瓶中依次配成浓度为 0.05mol/L、0.02mol/L、0.01mol/L、0.005mol/L 和 0.002mol/L 的 HAc 溶液。

（2）调节恒温槽温度为（25.0±0.1）℃（调节方法请参阅实验1）。

（3）打开电导仪开关，预热 20min，并将电极导线与电导率仪接好。（DDSJ-308A 型电导率仪的使用方法参阅第 14 章仪器 3）

2. 测定 HAc 溶液的电离平衡常数

取一锥形瓶，用 HAc 溶液（0.002mol/L）荡洗三次后，装入 2/3 体积的该溶液，将电导电极洗净并用滤纸吸干，插入锥形瓶中，溶液的用量应以浸没电极铂片为准。将锥形瓶放入恒温槽恒温 10min 左右，然后从稀到浓依次测定上述溶液的电导率值。每个溶液重复测量 3 次，取平均值。

3. 测定 BaSO$_4$ 饱和溶液的溶度积

（1）BaSO$_4$ 饱和溶液的配制：取约 1g 固体 BaSO$_4$ 放入 200mL 锥形瓶中，加入约 100mL 蒸馏水，摇动并加热至沸腾。倒掉清液，以除去可溶性杂质，同法，再加入 100mL

蒸馏水,加热至沸腾,使之充分溶解。然后放在恒温槽中进行恒温,使固体沉淀于下层。澄清后倾去清液并保留,待测定时用。

(2) 将澄清好的上层液恒温后,测定其电导率,然后更换另一份澄清液,再测其电导率值,直到两次测出的澄清液电导率值基本不变为止。取最后3次测定的平均值。

4. 测定所用蒸馏水的电导率

将电极彻底洗净,取所用蒸馏水恒温后,测量电导率3次,取平均值。

五、注意事项

1. 要保证被测体系的温度恒定,每次测量都要恒温10min以上再进行测量。

2. 做此实验时,要使用纯度较高的水,应使用重蒸水或电导水。

3. 取沉淀液时一定要取上部的澄清液,否则影响测定结果。

4. 数据处理前应将所测溶液的电导率值扣除水的电导率,以减小测量误差。

六、数据记录与处理

1. 由实验所得的各不同浓度 HAc 溶液的电导率 κ,根据式(3)求出相应的摩尔电导率 Λ_m,并填入表格中。

2. 查出 HCl、NaCl、NaAc、$BaSO_4$ 的 Λ_m^{∞} 数值(见附表 14),并计算出 HAc 的 Λ_m^{∞} 值。

3. 根据式(7)求出 HAc 的电离度 α,并根据式(8)计算出各浓度下的电离常数 K_c,然后计算出平均值。

4. 在表格中列出 $c\Lambda_m$ 和 $\dfrac{1}{\Lambda_m}$ 的数值,并以 $c\Lambda_m$ 对 $\dfrac{1}{\Lambda_m}$ 作图,其直线的斜率为 $K_c(\Lambda_m^{\infty})^2$,据上述计算(或查表)得到的 Λ_m^{∞},求出电离常数 K_c。

5. 据式(11)求出 $BaSO_4$ 的溶解度,再根据式(10)计算 $BaSO_4$ 溶度积 K_{sp}。

6. 比较两种不同方法所得 K_c 的大小和精度。

七、实验讨论与启示

普通蒸馏水是电的不良导体,但由于含有杂质,如氨、二氧化碳等,其电导率变化很大,以致在精密研究中影响测量结果,当测量稀溶液或弱电解质时,会引起较大误差,所以必须使用电导水。电导水的电导率通常为 10^{-4}S/m 或更小。

八、思考题

1. 随着溶液的稀释,弱电解质的电离度、电导率和摩尔电导率如何变化?各与哪些因素有关?

2. 强电解质水溶液是全部电离的,为什么摩尔电导随浓度增加而减小?请设计实验方案,测定 KCl 溶液不同浓度的摩尔电导率,并验证与浓度的关系。

3. 测电导率时为什么要恒温?实验中进行电导池常数校正与测电导率时温度是否要一致?

九、参考文献

[1] 苏育志. 基础化学实验(Ⅲ)——物理化学实验. 北京:化学工业出版社,2010.

[2] 袁誉洪. 物理化学实验. 北京:科学出版社,2008.

[3] 雷群芳. 中级化学实验. 北京:科学出版社,2005.

[4] 张洪林,杜敏,魏西莲. 物理化学实验. 青岛:中国海洋大学出版社,2009.

文献参考值

298.15K 时, $\qquad \Lambda_{m,HAc}^{\infty} = 3.9071 \times 10^{-2}$ S $\cdot$ m^2/mol

$$K_{c,HAc} = 1.76 \times 10^{-5} \text{mol/L}$$

$$\Lambda_{\mathrm{m},\mathrm{BaSO_4}}^{\infty}=2.87\times10^{-2}\,\mathrm{S\cdot m^2/mol}$$

$$K_{\mathrm{sp},\mathrm{BaSO_4}}=1.1\times10^{-5}\,\mathrm{mol^2/L^2}$$

实验 20　离子迁移数的测定

当电解质溶液通电时，两极发生化学变化，在溶液中发生离子迁移现象。溶液中正离子和负离子分别向阴极和阳极迁移，正负离子同时担负着导电任务。如果两种离子的迁移速率不同，那么它们各自分担的导电百分数不同，在阴阳极区的浓度变化也不同。

某种离子所迁移的电量（Q_+ 或 Q_-）与通过溶液的总电量（Q）之比称为离子的迁移数。

正离子的迁移数为　　　$t_+ = Q_+ / Q$。

负离子的迁移数为　　　$t_- = Q_- / Q$。

离子迁移数与浓度、温度、溶剂的性质有关。在包含数种离子的混合电解质溶液中，一般增加某种离子浓度，则该离子传递电量的百分数增加，其迁移数也相应增加。对仅含一种电解质的溶液，浓度改变会使离子间的静电引力改变，离子迁移数也会改变，但变化的大小因不同物质而异。温度改变，迁移数也会发生变化，一般温度升高时，正负离子的迁移数差别较小。同一种离子在不同电解质中迁移数是不同的。测定离子迁移数的常见方法有希托夫法、界面移动法和电动势法。

实验 20.1　希托夫法测定离子迁移数

一、目的要求

1. 掌握希托夫法测定电解质溶液中离子迁移数的基本原理和操作方法。
2. 明确迁移数的概念。
3. 了解电量计的使用原理及方法。

二、实验原理

希托夫法测定迁移数至少提出两个假定：①电的输送者只是电解质的离子，溶剂（水）不导电。这种假定与实际情况较接近；②离子不水化。否则离子带水一起运动，而正负离子带水不一定相同，则阴阳极上浓度改变，部分是由水分子迁移所致。

希托夫法是根据电解后两极区电解质数量变化来推算离子迁移数的。如果用分析的方法知道了电极附近部分电解质浓度的变化，再用库仑计测定电解过程中通过的总电量，就可以从物料平衡算出迁移离子的数量和迁移数。

希托夫法测定离子迁移数的示意图如图 5-5 所示。将已知浓度的硫酸溶液装入迁移管中，若有 Q 库仑电量通过体系，在阴极和阳极上分别发生如下反应。

阳极：　　$2OH^- \longrightarrow H_2O + \dfrac{1}{2}O_2 + 2e^-$

阴极：　　$2H^+ + 2e^- \longrightarrow H_2$

此时溶液中 H^+ 离子向阴极方向迁移，SO_4^{2-} 向阳极方向迁移。电极反应与离子迁移引起的总结果是阴极区的 H_2SO_4 浓度减小，阳极区的 H_2SO_4 浓度增加，且增加与减小的浓度数值相等，中间区 H_2SO_4 含量不变。测量通电后阳极区或阴极区 H_2SO_4 物质的量的变化，可计算正负离子的迁移数：

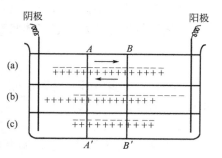

图 5-5　希托夫法示意

$$t_{SO_4^{2-}} = \frac{\text{阴极区}\left(\frac{1}{2}H_2SO_4\right)\text{减少的量(mol)}\times F}{Q}$$

$$= \frac{\text{阳极区}\left(\frac{1}{2}H_2SO_4\right)\text{增加的量(mol)}\times F}{Q} \tag{1}$$

$$t_{H^+} = 1 - t_{SO_4^{2-}}$$

式中，F 为法拉第常数；Q 为总电量。

希托夫法测定离子迁移数的实验装置如图 5-6 所示，电极远离中间区，中间区的连接处又很细，能有效地阻止扩散，保证了中间区浓度不变。

式(1) 中阴极液通电前后 $\frac{1}{2}H_2SO_4$ 减少的量 n 可通过式(2) 计算：

$$n = \frac{(c_0 - c)V}{1000} \tag{2}$$

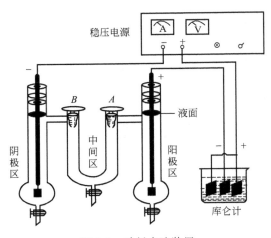

图 5-6 希托夫法装置

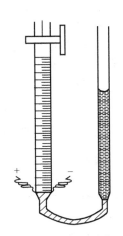

图 5-7 气体电量计装置

式中，c_0 为 $\frac{1}{2}H_2SO_4$ 原始浓度；c 为通电后 $\frac{1}{2}H_2SO_4$ 浓度；V 为阴极液体积（cm³），由 $V = W/\rho$ 求算，其中 W 为阴极液的质量，ρ 为阴极液的密度（20℃时 0.1mol/L H_2SO_4 的 $\rho = 1.002g/cm^3$）。

通过溶液的总电量可用气体电量计测定（图 5-7），其准确度可达 ±0.1%，它的原理实际上就是电解水（为减小电阻，水中加入几滴浓 H_2SO_4）。

根据法拉第定律及理想气体状态方程，并由 H_2 和 O_2 的体积可求算总电量：

$$Q = \frac{4(p - p_w)VF}{3RT} \tag{3}$$

式中，p 为实验时大气压；p_w 为温度 T 时水的饱和蒸气压；V 为 H_2 和 O_2 混合气体的体积；F 为法拉第常数。

三、仪器与试剂

1. 仪器　迁移数管 1 套；铂电极 2 支；气体电量计 1 套；精密稳流电源 1 台；分析天平 1 台；碱式滴定管（25mL）3 支；三角瓶（100mL）3 只；移液管（10mL）3 支；烧杯（50mL）3 只；容量瓶（250mL）1 只。

2. 试剂　H_2SO_4（分析纯）；NaOH（0.1mol/L）

四、实验步骤

1. 配制 $c\left(\dfrac{1}{2}H_2SO_4\right)$ 为 0.1mol/L 的 H_2SO_4 溶液 250mL，并用标准 NaOH 溶液标定其浓度。然后用该 H_2SO_4 溶液冲洗迁移管后，装满迁移管。

2. 打开气体电量计活塞，移动水准管，使量气管内液面升到起始刻度，关闭活塞，比平后记下液面起始刻度。

3. 按图 5-6 接好线路，将稳流电源的"调压旋钮"旋至最小处。经教师检查后，接通开关，打开电源开关，旋转"调压旋钮"使电流强度为 10～15mA，通电约 1.5h 后，立即夹紧两个连接处的夹子，并关闭电源。

4. 将阴极液（或阳极液）放入一个已称重的洁净干燥的烧杯中，并用少量原始 H_2SO_4 溶液冲洗阴极管（或阳极管）一并放入烧杯中，然后称重。中间液放入另一洁净干燥的烧杯中。

5. 取 10mL 阴极液（或阳极液）放入三角瓶内，用标准 NaOH 溶液标定。再取 10mL 中间液标定，检查中间液浓度是否变化。

6. 轻弹气量管，待气体电量计气泡全部逸出、比平后记录液面刻度。

五、注意事项

1. 电量计使用前应检查是否漏气。

2. 实验过程中凡是能引起溶液扩散、搅动等因素必须避免。

3. 中间管与阴极管、阳极管连接处不能有气泡，两极上的电流密度不能太大。

4. 阴极管、阳极管上端的塞子不能塞紧。

六、数据记录与处理

1. 记录室温、大气压及饱和水蒸气压，将所测数据列表。

2. 计算通过溶液的总电量 Q。

3. 计算阴极液通电前后 $\dfrac{1}{2}H_2SO_4$ 减少的量 n。

4. 计算离子迁移数 t_{H^+} 及 $t_{SO_4^{2-}}$。

七、实验讨论与启示

1. 为了使结果可靠，必须做到中间区浓度在通电前后完全不变。影响中间区浓度改变的主要原因是溶液的扩散。引起扩散的原因有两方面：①电解后，阳极区浓度减少，它们都要向中间区扩散。为了减少扩散现象，通常将迁移管中阳极放在较低位置，而阴极放在较高位置；②通电的电流过大或通电的时间过长，都会引起扩散现象而使中间区浓度改变。

2. 由于离子的水化作用，离子在电场作用下是带着水化壳层一起迁移的，而本实验中计算时未考虑该因素。这种不考虑水化作用测得的迁移数通常称为希托夫迁移数，或称为表观迁移数。

八、思考题

1. 如何保证电量计中测得的气体体积是在实验大气压下的体积？

2. 若通电前后中间区溶液浓度改变，为什么要重做实验？

3. 为什么不用蒸馏水而用原始溶液冲洗电极？

实验 20.2　界面移动法测定离子迁移数

一、目的要求

1. 掌握界面移动法测定离子迁移数的原理和方法。

2. 加深理解迁移数的概念。

3. 测定盐酸水溶液中离子的迁移数。

二、实验原理

利用界面移动法测离子迁移数的实验可分为两类：一类是使用两种指示离子，造成两个界面；另一类是只用一种指示离子，有一个界面。近年来后一类方法已经代替了第一类方法，其原理介绍如下。

实验在图 5-8 所示的迁移管中进行。设 M^{z+} 为欲测的阳离子，M'^{z+} 为指示阳离子。为了保持界面清晰，防止由于重力而产生搅动作用，应将密度大的溶液放在下面。当有电流通过溶液时，阳离子向阴极迁移，原来的界面 aa' 逐渐上移，经过一定时间 t 到达 bb'。设 aa' 和 bb' 间的体积为 V，$t_{M^{z+}}$ 为 M^{z+} 的迁移数。据定义有：

$$t_{M^{z+}} = \frac{VFc}{Q} \tag{1}$$

式中，F 为法拉第常数；c 为 $\left(\frac{1}{Z}M^{z+}\right)$ 的量浓度；Q 为通过溶液的总电量；V 为界面移动的体积，可用称量充满 aa' 和 bb' 间的水的质量校正。

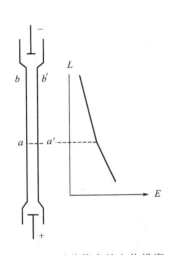

图 5-8 迁移管中的电位梯度

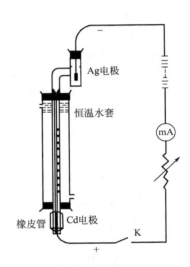

图 5-9 界面移动法测离子迁移数装置示意

本实验用 Cd^{2+} 作为指示离子，测定 0.1mol/L HCl 中 H^+ 的迁移数。在如图 5-9 的实验装置中，迁移管是一只有刻度的玻璃管，下端放 Cd 棒作阳极，上端放 Pt 丝作阴极，HCl 溶液中加有甲基紫可以形成清晰的界面。因为 Cd^{2+} 淌度较小，通电时，H^+ 向上迁移，Cl^- 向下迁移，在 Cd 阳极上 Cd 氧化，进入溶液生成 $CdCl_2$，逐渐顶替 HCl 溶液，在管中形成界面。由于溶液要保持电中性，且任一截面都不会中断传递电流，H^+ 迁移走后的区域，Cd^{2+} 紧紧地跟上，离子的移动速度是相等的，因此有：

$$U_{Cd^{2+}}\frac{dE'}{dL} = U_{H^+}\frac{dE}{dL} \tag{2}$$

如图 5-8 所示，在 $CdCl_2$ 溶液中电位梯度是较大的，因此若 H^+ 因扩散作用落入 $CdCl_2$ 溶液层，它就不仅比 Cd^{2+} 迁移得快，而且比界面上的 H^+ 也要快，能赶回到 HCl 层。同样若任何 Cd^{2+} 进入低电位梯度的 HCl 溶液，它就要减速，一直到它们又落后于 H^+ 为止，这样界面在通电过程中保持清晰。

三、仪器与试剂

1. 仪器　精密稳流电源 1 台；滑线变阻器 1 只；毫安表 1 只；烧杯（25mL）1 只。
2. 试剂　HCl（0.1mol/L）；甲基紫（或甲基橙）指示剂。

四、实验步骤

1. 在小烧杯中倒入约 10mL 0.1mol/L HCl，加入甲基紫，使溶液呈深蓝色。并用少许该溶液洗涤迁移管后，将溶液装满迁移管，插入 Pt 电极。
2. 按图 5-9 接好线路，按通开关与电源相通，调节电位器保持电流在 5～7mA 之间。
3. 当迁移管内蓝紫色界面达到起始刻度时，立即开动秒表，此时要随时调节电位器，使电流保持定值。当蓝紫色界面迁移 1mL 后，再按秒表，并关闭电源开关。

五、注意事项

1. 通电后由于 $CdCl_2$ 层的形成电阻加大，电流会逐渐变小，因此应不断调节电流使其保持不变。
2. 通电过程中，迁移管应避免振动。
3. 甲基紫不能加得太多，否则会影响 HCl 溶液浓度。

六、数据记录与处理

按式（4）计算 t_{H^+} 及 t_{Cl^-}。

七、思考题

1. 迁移数有哪些测定方法？各有什么特点？
2. 迁移数与哪些因素有关？本实验关键何在？应注意什么？
3. 测量某一电解质离子迁移数时，指示离子和指示剂应如何选择？

八、参考文献

［1］傅献彩，沈文霞，姚天扬. 物理化学. 第 5 版. 北京：高等教育出版社，2005.
［2］复旦大学等. 物理化学实验. 第 3 版. 北京：高等教育出版社，2004.
［3］顾月姝. 基础化学实验（Ⅲ）——物理化学实验. 北京：化学工业出版社，2004.

实验 21　原电池电动势的测定及其应用

一、目的要求

1. 掌握对消法测定电池电动势的原理和方法。
2. 学会一些电极的制备和处理方法。
3. 测定 Zn-Cu 电池的电动势和 Cu、Zn 电极的电极电势。
4. 了解数字式电位差计的测量原理和使用方法。

二、实验原理

原电池是由两个"半电池"即正、负电极，以及能与电极建立电化学反应平衡的相应电解质组成。电池在放电过程中，正极上发生还原反应，负极则发生氧化反应，电池反应是电池中所有反应的总和。

在恒温、恒压、可逆条件下，电池反应有以下关系：

$$\Delta_r G_m = -nFE \tag{1}$$

式中，$\Delta_r G_m$ 是电池反应的吉布斯自由能增量；n 为电极反应中电子得失数；F 为法拉第常数；E 为电池的电动势。若实验测得电池电动势 E，便可求得 $\Delta_r G_m$，进而可求得其他热力学参数。

只有可逆电池的电动势才有热力学上的价值。可逆电池应满足：①电池反应本身应是可逆的，即电池的电极反应可逆，并且不存在不可逆的液接界；②电池必须在可逆条件下工作，即充、放电过程都必须在准平衡状态下进行，并且只允许有无限小的电流通过电池。因此，在电化学测量过程中，所设计的电池应尽量避免出现液接界，在精确度要求不高的测量中，常用"盐桥"来减小液体接界电势。为了使电池反应在接近热力学可逆条件下进行，一般均采用电位差计测量电池的电动势。

原电池电动势等于组成该电池的两个半电池的电极电势的代数和。如能分别测定出两个电极的电势，就可计算得到由它们组成的电池电动势。由式（1）可推导出电池电动势以及电极电势的表达式。下面以锌-铜电池为例进行分析。

电池的书写习惯是左边为负极，右边为正极。如果电池反应是自发的，则电池电动势为正。

电池表示式为： $Zn(s)|ZnSO_4(m_1)\|CuSO_4(m_2)|Cu(s)$

式中，符号"$|$"为固相（Zn 或 Cu）与液相（$ZnSO_4$ 或 $CuSO_4$）的两相界面；"$\|$"为连通两个液相的"盐桥"；m_1 和 m_2 分别为 $ZnSO_4$ 和 $CuSO_4$ 的质量摩尔浓度。

当电池放电时：

负极发生氧化反应 $Zn(s)\longrightarrow Zn^{2+}(a_{Zn^{2+}})+2e^-$

正极发生还原反应 $Cu^{2+}(a_{Cu^{2+}})+2e^-\longrightarrow Cu(s)$

电池总反应为 $Zn(s)+Cu^{2+}(a_{Cu^{2+}})\longrightarrow Zn^{2+}(a_{Zn^{2+}})+Cu(s)$

对于任一电池，其电动势等于两个电极电势之差值，其计算式为：

$$E=\varphi_{+(右)}-\varphi_{-(左)} \tag{2}$$

对铜-锌电池有：

$$\varphi_+=\varphi_{Cu^{2+}|Cu}^{\ominus}-\frac{RT}{2F}\ln\frac{1}{a_{Cu^{2+}}} \tag{3}$$

$$\varphi_-=\varphi_{Zn^{2+}|Zn}^{\ominus}-\frac{RT}{2F}\ln\frac{1}{a_{Zn^{2+}}} \tag{4}$$

式中，$\varphi_{Cu^{2+}|Cu}^{\ominus}$ 和 $\varphi_{Zn^{2+}|Zn}^{\ominus}$ 是当 $a_{Cu^{2+}}=a_{Zn^{2+}}=1$ 时，铜电极和锌电极的标准电极电势。

原电池电动势

$$E=(\varphi_{Cu^{2+}|Cu}^{\ominus}-\varphi_{Zn^{2+}|Zn}^{\ominus})-\frac{RT}{2F}\ln\frac{a_{Zn^{2+}}}{a_{Cu^{2+}}}=E^{\ominus}-\frac{RT}{2F}\ln\frac{a_{Zn^{2+}}}{a_{Cu^{2+}}} \tag{5}$$

对于单个离子，其活度是无法测定的，但强电解质正、负离子的平均活度 $a_\pm$ 与物质的平均质量摩尔浓度和平均活度因子之间有以下关系：

$$a_\pm=\gamma_\pm\frac{m_\pm}{m^{\ominus}} \tag{6}$$

式中，$m_\pm$ 为平均质量摩尔浓度；$\gamma_\pm$ 为离子平均活度因子，其数值大小与物质浓度、离子的种类、实验温度等因素有关。

上述讨论的电池是在电池总反应中发生了化学反应，因而被称为化学电池。还有一类电池，其电池总反应的净结果只是一种物质从高浓度（或高压力）状态向低浓度（或低压力）状态转移，从而产生电动势，这种电池称为浓差电池，其电池的标准电动势 $E^{\ominus}$ 等于零。

例如电池：$Cu|CuSO_4(0.0100mol/L)\|CuSO_4(0.1000mol/L)|Cu$

电池的电动势为

$$E=\frac{RT}{2F}\ln\frac{a_{Cu^{2+}}(2)}{a_{Cu^{2+}}(1)}=\frac{RT}{2F}\ln\frac{\gamma_\pm m_2}{\gamma_\pm m_1} \tag{7}$$

式中，（1）表示第一种 $CuSO_4$ 溶液（0.0100mol/L）；（2）表示第二种 $CuSO_4$ 溶液（0.1000mol/L）。

电池电动势的测量必须在电池处于可逆条件下进行，根据对消法原理设计而成的电位差计，可以满足测量的要求。随着电子技术的发展，数字电位差计已经广泛应用（详见第 14 章仪器 4）。

电极电势的大小，不仅与电极种类、电解质活度有关，而且与温度有关。在附表 11 中列出的数据，是在 298K 时，以水为溶剂的各种电极的标准电极电势。本实验是在实验温度下测得电极电势 φ_T。为了方便起见，可采用式（8）求出 298K 时的标准电极电势 $\varphi_{298}^{\ominus}$：

$$\varphi_T^{\ominus} = \varphi_{298}^{\ominus} + \alpha(T-298) + \frac{1}{2}\beta(T-298)^2 \tag{8}$$

式中，α、β 为电池电极的温度系数；$T(K)$ 为实验温度。对 Zn-Cu 电池来说：

铜电极 　　$(Cu^{2+}|Cu)$，$\alpha = -0.000016V/K$，$\beta = 0$

锌电极 　　$[Zn^{2+}|Zn(Hg)]$，$\alpha = -0.0001V/K$，$\beta = 0.0001V/K^2$

三、仪器与试剂

1. 仪器　数字电位差综合测试仪 1 台；饱和甘汞电极 1 支；锌电极 1 支；铜电极 1 支；容量瓶（100mL）2 个；烧杯（50mL）6 个、（100mL）2 个；电极管 5 支；毫安表 1 块。

2. 试剂　$ZnSO_4$ 溶液（0.100mol/L）；$CuSO_4$ 溶液（0.100mol/L）；镀铜液；饱和 KCl 溶液；HNO_3 溶液（3mol/L）；H_2SO_4 溶液（6mol/L）；$Hg_2(NO_3)_2$ 溶液（0.5mol/L）。

四、实验步骤

1. 电极制备

（1）锌电极　将 Zn 电极用 6mol/L H_2SO_4 溶液浸洗（2～5min），除去表面氧化物，取出用蒸馏水淋洗，然后将其浸入 0.5mol/L $Hg_2(NO_3)_2$ 溶液中 10～20s，取出后用滤纸轻轻擦拭电极，使其表面形成一层均匀的锌汞齐，用蒸馏水淋洗干净，再用 $ZnSO_4$（0.1mol/L）溶液冲洗。[注意：$Hg_2(NO_3)_2$ 有剧毒，擦过电极的滤纸不要乱扔，投入指定的有盖的广口瓶中，瓶中应有水淹没滤纸]

把处理好的锌电极插入清洁的电极管内并塞紧，将电极管的虹吸管管口插入盛有 0.1mol/L $ZnSO_4$ 溶液的小烧杯中，用针筒或吸气球自支管抽气，将溶液吸入电极管至高出电极约 1cm 左右（液面不要超过虹吸管弯管处），停止抽气，旋紧螺旋夹。电极装好后，虹吸管内（包括管口）不能有气泡存在，更不能有漏液现象。

（2）铜电极　将铜电极用 3mol/L HNO_3 浸洗，除去铜电极表面的氧化层，取出用蒸馏水淋洗。将铜电极置于放有电镀液的烧杯中作为阴极，另取一片纯铜片（棒）作为阳极，在镀铜液内进行电镀，其装置图如图 5-10 所示。电镀时，电流密度控制在 10mA/cm² 左右为宜，电镀时间约 20～30min，使铜电极表面形成一层均匀的新铜再取出，装配铜电极的方法与锌电极相同。由于铜表面极易氧化，须在测量前进行电镀，且尽量不要在空气中暴露时间过长，应尽快进行测量。

（3）甘汞电极　将甘汞电极上的橡胶塞拔下，检查电极管中饱和 KCl 溶液是否装满（没过汞面），若不满可用滴管从侧孔处加入饱和 KCl 溶液，然后放入盛有饱和 KCl 溶液的烧杯中备用。

2. 电动势的测定

将饱和 KCl 溶液注入 50mL 的小烧杯内作为盐桥，将准备好的电极按图 5-11 所示的方式，彼此两两组合，然后接好电动势的测量线路，进行测量（数字电位差综合测试仪的使用方法请参见第 14 章仪器 4）。

分别测出下列五个电池的电动势：

$$Zn\,|\,ZnSO_4(0.1000mol/L)\,\|\,KCl(饱和)\,|\,Hg_2Cl_2\,|\,Hg$$
$$Hg\,|\,Hg_2Cl_2\,|\,KCl(饱和)\,\|\,CuSO_4(0.1000mol/L)\,|\,Cu$$
$$Zn\,|\,ZnSO_4(0.1000mol/L)\,\|\,CuSO_4(0.1000mol/L)\,|\,Cu$$
$$Cu\,|\,CuSO_4(0.1000mol/L)\,\|\,CuSO_4(0.1000mol/L)\,|\,Cu$$
$$Zn\,|\,ZnSO_4(0.0100mol/L)\,\|\,ZnSO_4(0.1000mol/L)\,|\,Zn$$

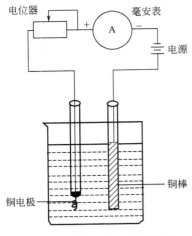

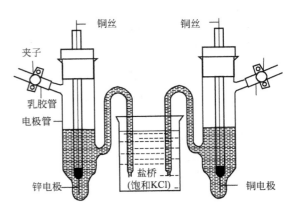

图 5-10　制备电极的电镀装置　　　　　图 5-11　电池装置示意

五、注意事项

1. 甘汞电极内必须充满 KCl 饱和溶液，并注意在电极槽内应有固体 KCl 存在，以保证在所测温度下为饱和溶液。甘汞电极使用时，应该取下侧面加液孔的塞子，使其与大气连通，以免引起误差。

.2 电极处理好以后，要尽快测量，如测量过程中，出现较大测量误差（与估算值比较），则应重新处理电极后，再进行测量。

3. 组装好的电极应固定在电极架上，不要手握电极管，否则影响测量精度。

4. 在测量浓差电池前，一定要反复荡洗电极，并用溶液多次荡洗电极管，然后再进行组装，否则将会引起较大测量误差。

六、数据记录与处理

1. 根据饱和甘汞电极的电极电势温度校正公式，计算实验温度下的电极电势：

$$\varphi_{SCE}/V = 0.2415 - 7.61 \times 10^{-4}(T/K - 298) \tag{9}$$

2. 根据测定的各电池的电动势，分别计算铜、锌电极的电极电势。

3. 计算上述 5 个电池电动势的理论值，与实验值进行比较，计算出相对误差，并将所有数据列表。

七、实验讨论与启示

1. 电动势测量方法在物理化学实验中占有重要的地位，应用非常广泛。平衡常数、电解质活度及活度因子、解离常数、溶度积、配合常数、酸碱度以及某些热力学函数的改变量等，均可以通过电池电动势的测定来求得。举例如下。

① 测定热力学函数　通过测定不同温度下原电池的电动势，得到电池电动势的温度系数 $(\partial E/\partial T)_p$，由此可求出许多热力学函数，如计算电池反应的摩尔反应吉布斯自由变化 $\Delta_r G_m = -nFE$，摩尔反应焓 $\Delta_r H_m = -nFE + nFT\left(\dfrac{\partial E}{\partial T}\right)_p$ 及摩尔反应熵 $\Delta_r S_m = nF\left(\dfrac{\partial E}{\partial T}\right)_p$ 等。

利用对消法可以很准确的测量出原电池的电动势，因此用电化学方法求出的化学反应的热力学函数 $\Delta_r G_m$、$\Delta_r H_m$、$\Delta_r S_m$，比用量热法或化学平衡常数法求得的热力学数据更为准确可靠。（具体实验方法请参阅实验 25）

② 求难溶盐的溶度积　在纯水中 AgCl 的溶解度极小，所以活度积 K_a 就等于溶度积 K_{sp}。对于电池

$$Ag(s), AgCl(s) | KCl(0.1000mol/kg) \| AgNO_3(0.1000mol/kg) | Ag(s)$$

电池电动势为：

$$E = E^{\ominus} - \frac{RT}{F} \ln \frac{1}{a_{Ag^+} a_{Cl^-}} \tag{10}$$

又

$$\Delta_r G_m^{\ominus} = -nFE^{\ominus} \tag{11}$$

式中，n 为电极反应中电子的计量系数，对于该电池 $n=1$。在纯水中 AgCl 的溶解度极小，所以活度积 K_a 就等于溶度积 K_{sp}，则有：

$$E^{\ominus} = \frac{RT}{F} \ln \frac{1}{K_{sp}} \tag{12}$$

将式（12）代入式（10）得：

$$\ln K_{sp} = \ln(a_{Ag^+} \cdot a_{Cl^-}) - \frac{EF}{RT} \tag{13}$$

测得电池电动势，即可求出 AgCl 的溶度积。

2. 电动势的测量方法属于平衡测量，在测量过程中尽可能做到在可逆条件下进行。为此应注意以下几点。

① 测量前可根据电化学基本知识初步估算一下被测电池的电动势大小，以便在测量时能迅速找到平衡点，这样可避免电极极化。

② 要选择最佳实验条件使电极处于平衡状态。制备锌电极要锌汞齐化，成为 Zn（Hg），而不直接用锌片。因为锌片中不可避免地会含有其他金属杂质，在溶液中本身会成为微电池，锌电极电势较低（标准电极电势为 -0.7627V），在溶液中，氢离子会在锌的杂质（金属）上放电，且锌是较活泼的金属，易被氧化。如果直接用锌片做电极，将严重影响测量结果的准确度。锌汞齐化能使锌溶解于汞中，或者说锌原子扩散在惰性金属汞中，处于饱和的平衡状态，此时锌的活度近似为 1，氢在汞上的超电势较大，在该实验条件下，不会释放出氢气。所以汞齐化后，锌电极易建立平衡。制备铜电极也应注意，电镀前，铜电极基材表面要求平整清洁，电镀时，电流密度不宜过大，一般控制在 10mA/cm^2 左右，以保证镀层致密。电镀后，为防止镀层氧化，应尽快洗净，置于电极管中，用溶液浸没，并尽快进行测量。

③ 为了判断所测量的电动势是否为平衡电势，一般应在 15min 左右的时间内，等间隔地测量 7～8 个数据。若这些数据是在平均值附近摆动，偏差小于 ±0.5mV，则可认为已达平衡，并取相近的三个数据的平均值作为该电池的电动势。

④ 电池必须在可逆的情况下工作。但严格说来，本实验测定的并不是可逆电池。因为当电池工作时，除了在负极进行氧化和在正极上进行还原反应以外，在 ZnSO$_4$ 和 CuSO$_4$ 溶液交界外还要发生 Zn^{2+} 向 CuSO$_4$ 溶液中扩散过程。而且当有外电流反向流入电池中时，电极反应虽然可以逆向进行，但是在两溶液交界处离子的扩散与原来不同，是 Cu^{2+} 向 ZnSO$_4$ 溶液中迁移。因此整个电池的反应实际上是不可逆的。但是由于在组装电池时，溶液之间插入了"盐桥"，则可近似地当作可逆电池来处理。

八、思考题

1. 参比电极应具备什么条件？它有什么作用？

2. 盐桥有什么作用？选择"盐桥"液应注意什么问题？

3. 为什么在测量原电池电动势时，要采用对消法进行测量而不能使用伏特计？

4. 用 Zn（Hg）与 Cu 组成电池时，有人认为锌表面有汞，因而铜应为负极，汞为正极。请分析此结论是否正确？

九、参考文献

[1] 苏育志. 基础化学实验（Ⅲ）——物理化学实验. 北京：化学工业出版社，2010.

[2] 袁誉洪. 物理化学实验. 北京: 科学出版社, 2008.

[3] 复旦大学等. 物理化学实验. 北京: 高等教育出版社, 2004.

[4] 马志广, 庞秀言. 基础化学实验 4 物性参数与测定. 北京: 化学工业出版社, 2009.

[5] 孙尔康, 张剑荣. 物理化学实验. 南京: 南京大学出版社, 2009.

[6] 施巧芳, 张国林, 张小兴. 原电池电动势测定实验的改进. 化学教育, 2006, 12: 49.

实验 22　电解质溶液活度因子的测定

一、目的要求

1. 掌握用电动势法测定电解质溶液离子平均活度因子的基本原理和方法。

2. 通过实验加深对活度、活度因子、平均活度、平均活度因子等概念的理解。

3. 学会应用外推法处理实验数据。

二、实验原理

活度因子 γ 是用于表示真实溶液与理想溶液中任一组分浓度的偏差而引入的一个校正因子，它与活度 a，质量摩尔浓度 m 之间的关系为：

$$a = \gamma \cdot \frac{m}{m^{\ominus}} \tag{1}$$

在理想溶液中各电解质的活度因子为 1，在稀溶液中活度因子近似为 1。对于电解质溶液，由于溶液是电中性的，所以单个离子的活度和活度因子是不可测量，无法得到的。通过实验只能测量离子的平均活度因子 $\gamma_{\pm}$，它与平均活度 $a_{\pm}$，平均质量摩尔浓度 $m_{\pm}$ 之间的关系为：

$$a_{\pm} = \gamma_{\pm} \cdot \frac{m_{\pm}}{m^{\ominus}} \tag{2}$$

平均活度和平均活度因子的测量方法主要有气液相色谱法、动力学法、稀溶液依数性法、电动势法等。本实验采用电动势法测定 $ZnCl_2$ 溶液的平均活度因子。其原理如下：

用 $ZnCl_2$ 溶液构成如下单液化学电池：$Zn(s) \mid ZnCl_2(a) \mid AgCl(s), Ag(s)$

该电池反应为：　　　$Zn + 2AgCl \rightleftharpoons 2Ag + Zn^{2+}(a_{Zn^{2+}}) + 2Cl^{-}(a_{Cl^{-}})$

其电动势为：

$$E = \varphi^{\ominus}_{AgCl/Ag} - \varphi^{\ominus}_{Zn^{2+}/Zn} - \frac{RT}{2F}\ln(a_{Zn^{2+}})(a_{Cl^{-}})^2 \tag{3}$$

$$= \varphi^{\ominus}_{AgCl/Ag} - \varphi^{\ominus}_{Zn^{2+}/Zn} - \frac{RT}{2F}\ln(a_{\pm})^3 \tag{4}$$

根据

$$m_{\pm} = (m_{+}^{v^{+}} m_{-}^{v^{-}})^{1/v} \tag{5}$$

$$a_{\pm} = (a_{+}^{v^{+}} a_{-}^{v^{-}})^{1/v} \tag{6}$$

$$\gamma_{\pm} = (\gamma_{+}^{v^{+}} \gamma_{-}^{v^{-}})^{1/v} \tag{7}$$

得

$$E = E^{\ominus} - \frac{RT}{2F}\ln(m_{Zn^{2+}})(m_{Cl^{-}})^2 - \frac{RT}{2F}\ln(\gamma_{\pm})^3 \tag{8}$$

式中，$E^{\ominus} = \varphi^{\ominus}_{AgCl/Ag} - \varphi^{\ominus}_{Zn^{2+}/Zn}$，称为电池的标准电动势。可见，当电解质的浓度 m 为已知值时，在一定温度下，只要测得 E 值，再由标准电极电势表的数据求得 $E^{\ominus}$，即可得 $\gamma_{\pm}$。

$E^{\ominus}$ 值还可以根据实验结果用外推法得到，其具体方法如下。

将 $m_{Zn^{2+}} = m$，$m_{Cl^{-}} = 2m$ 代入式(8)，可得：

$$E + \frac{RT}{2F}\ln 4m^3 = E^{\ominus} - \frac{RT}{2F}\ln(\gamma_{\pm})^3 \tag{9}$$

将 Debye-Hückel 极限公式：$\ln\gamma_\pm = -A\sqrt{I}$ 和离子强度的定义：$I = \frac{1}{2}\sum m_i Z_i{}^2 = 3m$ 代入到式(9)，可得：

$$E + \frac{RT}{2F}\ln 4m^3 = E^\ominus + \frac{3\sqrt{3}ART}{2F}\sqrt{m} \tag{10}$$

可见，$E^\ominus$ 可由 $E + \frac{RT}{2F}\ln 4m^3 - \sqrt{m}$ 图外推至 $m\to 0$ 时得到。因而，只要由实验测出用不同浓度的 ZnCl$_2$ 溶液构成单液化学电池的相应电动势 E 值，作图得到一条 $E + \frac{RT}{2F}\ln 4m^3$ $E - \sqrt{m}$ 曲线，再将此曲线外推至 $m=0$，纵坐标上所得到的截距即为 $E^\ominus$。

三、仪器与试剂

1. 仪器　LK2005A 型电化学工作站（天津兰力科化学电子公司）；恒温装置 1 套；标准电池 1 个；100mL 容量瓶 6 个；5mL 和 10mL 移液管各 1 支；250mL 和 400mL 烧杯各 1 只；Ag|AgCl 电极；细砂纸。

2. 试剂　ZnCl$_2$（分析纯）；锌片。

四、实验步骤

1. 溶液的配制：用二次蒸馏水准确配制浓度为 1.0mol/L 的 ZnCl$_2$ 溶液 250mL。用此标准浓度的 ZnCl$_2$ 溶液配制 0.005mol/L、0.01mol/L、0.02mol/L、0.05mol/L、0.1mol/L 和 0.2mol/L 标准溶液各 100mL。

2. 控制恒温浴温度为 (25.0±0.1)℃。

3. 将锌电极用细砂纸打磨至光亮，用乙醇、丙酮等除去电极表面的油，再用稀酸浸泡片刻，以除去表面的氧化物。取出用蒸馏水冲洗干净，备用。

4. 电动势的测定：将配制的 ZnCl$_2$ 标准溶液，按由稀到浓的次序分别装入电解池恒温。将锌电极和 Ag|AgCl 电极分别插入装有 ZnCl$_2$ 溶液的电池管中，用电化学工作站分别测定各个浓度时电池的电动势。

5. 实验结束后，将电池、电极等洗净备用。

五、注意事项

1. 测定电动势时注意电池的正负极不能接错。

2. 锌电极要仔细打磨，处理干净方可使用，否则会影响实验结果。

3. Ag|AgCl 电极要避光保存，若表面的氯化银层脱落，须重新电镀后再使用。

4. 在配制 ZnCl$_2$ 溶液时，若出现浑浊可加入少量的稀硫酸溶解。

六、数据记录和处理

1. 将实验数据及计算结果填入表 5-1 中。

实验温度：　　　　大气压：

表 5-1　电解质溶液活度因子的测定实验数据

ZnCl$_2$ 浓度/m	E/V	$E + \frac{RT}{2F}\ln 4m^3$	$\sqrt{m}$	$\gamma_\pm$	$a_\pm$	$a(\mathrm{ZnCl_2})$

2. 以 $E + \frac{RT}{2F}\ln 4m^3$ 为纵坐标，$\sqrt{m}$ 为横坐标作图，并用外推法求出 $E^\ominus$。

3. 通过查表计算出 $E^\ominus$ 的理论值，并求其相对误差。

4. 应用式(9)计算上列不同浓度 ZnCl$_2$ 溶液的离子平均活度因子 $\gamma_\pm$，然后再计算相应溶液的离子平均活度 $a_\pm$ 和 ZnCl$_2$ 的活度，并填入表 5-1 中。

七、实验讨论与启示

离子平均活度因子的测定方法很多，如溶解度法、蒸气压降低法、蒸气压平衡法（等压法）、沸点升高法、凝固点降低法、电动势法、紫外分光光度法、膜电势法、电导法和气相色谱法等。其中较为常用的是电动势法，它能直接得到对于电极是可逆的离子组成的溶质的活度因子。溶解度法主要用来测定难溶电解质在其他可溶电解质存在的情况下离子的平均活度因子。溶液总蒸气压法实验是在一套高真空装置中测定气液平衡数据。在恒温条件下，测定不同组成溶液的总蒸气压，由此推算平衡气相组成并进一步计算组分的活度因子。通过沸点升高实验可测得不同组成溶液的沸点和蒸气压的关系，并由热力学原理推算气相组成，由此计算组分的活度因子。用膜电势法测定电解质溶液的离子平均活度因子仅适用于膜两边的溶液中含有同种正离子（或负离子）的情况。

八、思考题

1. 为何可用电动势法测定 $ZnCl_2$ 溶液的离子平均活度因子？
2. 配制溶液所用蒸馏水中若含有氯离子，对测定的 E 值有何影响？
3. 影响本实验测定结果的主要因素有哪些？分析 $E^{\ominus}$ 的理论值和实验值出现误差的原因。

九、参考文献

[1] 傅献彩，沈文霞，姚天扬. 物理化学. 第 5 版. 北京：高等教育出版社，2005.
[2] 孙尔康，张剑荣. 物理化学实验. 南京：南京大学出版社，2009.
[3] 胡瑶村. 水溶液中电解质活度系数的测定. 太原理工大学学报，1983，3：47.
[4] 阚锦晴，刁国旺. 电解质活度系数测定装置的改进. 大学化学，1993，8（4）：44.

实验 23 电势-pH 曲线的测定及应用

一、目的要求

1. 掌握电极电势、电池电动势和 pH 的测量原理和方法。
2. 了解电势-pH 曲线的意义及应用。
3. 测定 Fe^{3+}/Fe^{2+}-EDTA 络合体系在不同 pH 条件下的电极电势，绘制电势-pH 曲线。

二、实验原理

许多氧化还原反应的发生，都与溶液的 pH 有关，此时电极电势不仅随溶液的浓度和离子强度变化，还与溶液的 pH 不同而改变。对此类反应体系，保持氧化还原物质的浓度不变，改变溶液的酸碱度，则电极电势将随着溶液的 pH 变化而改变。以电极电势对溶液的 pH 作图，可绘制出体系的电势-pH 曲线。

本实验研究 Fe^{3+}/Fe^{2+}-EDTA 体系的电势-pH 曲线，该体系在不同的 pH 范围内，络合产物不同。EDTA 为多元酸，在不同的酸度条件下，其存在形式在分析化学中已有详细的讨论。以 Y^{4-} 表示 EDTA 酸根离子，与 Fe^{3+}/Fe^{2+} 络合状态可从三个不同的 pH 区间来进行讨论。

1. 在 pH 较高时，溶液的络合物为 $Fe(OH)Y^{2-}$ 和 FeY^{2-}，电极反应为：
$$Fe(OH)Y^{2-} + e^- \Longrightarrow FeY^{2-} + OH^-$$

根据能斯特方程，溶液的电极电势为：
$$\varphi = \varphi^{\ominus} - \frac{RT}{F} \ln \frac{a(FeY^{2-})a(OH^-)}{a[Fe(OH^-)Y^-]} \tag{1}$$

式中，$\varphi^{\ominus}$ 为标准电极电势；a 为活度。

根据活度与质量摩尔浓度的关系：
$$a = \gamma m / m^{\ominus} \tag{2}$$

同时考虑到在稀溶液中可用水的离子积代替水的活度积，可推得：

$$\varphi = \varphi^{\ominus} - \frac{RT}{F}\ln\frac{\gamma(FeY^{2-})\cdot K_W}{\gamma[Fe(OH)Y^{2-}]} - \frac{RT}{F}\ln\frac{m(FeY^{2-})}{m[Fe(OH)Y^{2-}]} - \frac{2.303RT}{F}pH$$

$$= (\varphi^{\ominus} - b_1) - \frac{RT}{F}\ln\frac{m(FeY^{2-})}{m[Fe(OH)Y^{2-}]} - \frac{2.303RT}{F}pH \qquad (3)$$

其中 $b_1 = \frac{RT}{F}\ln\frac{\gamma(FeY^{2-})\cdot K_W}{\gamma[Fe(OH)Y^{2-}]}$，在溶液离子强度和温度一定时，$b_1$ 为常数。

当 EDTA 过量时，生成的络合物的浓度可近似地看作为配制溶液时铁离子的浓度，即 $m(FeY^{2-}) \approx m(Fe^{2+})$，$m[Fe(OH)Y^{2-}] \approx m(Fe^{3+})$。当 $m(Fe^{3+})$ 和 $m(Fe^{2+})$ 比例一定时，φ 与 pH 呈线性关系，即图 5-12 中 ab 段。

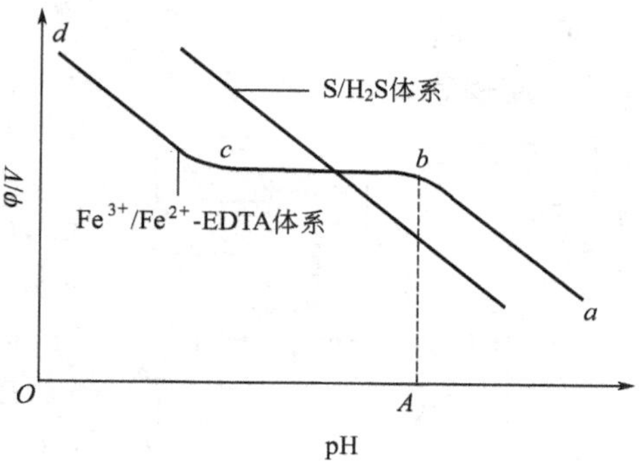

2. 在特定的 pH 范围内，Fe^{2+} 和 Fe^{3+} 能与 EDTA 生成稳定的络合物 FeY^{2-} 和 FeY^{-}，其电极反应为：

$$FeY^- + e^- \Longrightarrow FeY^{2-}$$

体系的电极电势为：

$$\varphi = \varphi^{\ominus} - \frac{RT}{F}\ln\frac{a(FeY^{2-})}{a(FeY^{-})}$$

$$= \varphi^{\ominus} - \frac{RT}{F}\ln\frac{\gamma(FeY^{2-})}{\gamma(FeY^{-})} - \frac{RT}{F}\ln\frac{m(FeY^{2-})}{m(FeY^{-})} \qquad (4)$$

$$= (\varphi^{\ominus} - b_2) - \frac{RT}{F}\ln\frac{m(FeY^{2-})}{m(FeY^{-})}$$

式中，$b_2 = \frac{RT}{F}\ln\frac{\gamma(FeY^{2-})}{\gamma(FeY^{-})}$，当溶液的离子强度和温度一定时，$b_2$ 为常数。在此 pH 范围内，体系的电极电势只与 $m(FeY^{2-})/m(FeY^{-})$ 的比值有关，体系的电极电势不随 pH 的变化而变化，在电势-pH 曲线上出现平台，如图 5-12 中 bc 段所示。

3. 在 pH 较低时，体系的电极反应为：

$$FeY^- + H^+ + e^- \Longrightarrow FeHY^-$$

可推得：

$$\varphi = \varphi^{\ominus} - \frac{RT}{F}\ln\frac{a(FeHY^-)}{a(FeY^-)a(H^+)}$$

$$= \varphi^{\ominus} - \frac{RT}{F}\ln\frac{\gamma(FeHY^-)}{\gamma(FeY^-)} - \frac{RT}{F}\ln\frac{m(FeHY^-)}{m(FeY^-)} - \frac{2.303RT}{F}pH$$

$$= (\varphi^{\ominus} - b_3) - \frac{RT}{F}\ln\frac{m(FeHY^-)}{m(FeY^-)} - \frac{2.303RT}{F}pH \qquad (5)$$

同样，当溶液的离子强度和温度一定时，b_3 为常数。且当 EDTA 过量时，有 $m(FeHY^-) \approx m(Fe^{2+})$，$m(FeY^-) \approx m(Fe^{3+})$。当 Fe^{3+} 和 Fe^{2+} 的浓度不变时，溶液的氧化还原反应电极电势与溶液 pH 呈线性关系，如图 5-12 中 cd 段所示。

因此，用惰性金属电极与参比电极组成电池，监测测定体系的电极电势，同时用酸碱溶液调节溶液的酸度，并用酸度计监测 pH，可绘制出电势-pH 曲线。

图 5-12 Fe^{3+}/Fe^{2+}-EDTA 体系与 S/H_2S 体系的电势-pH 曲线

三、仪器与试剂

1. 仪器 pH-3V 酸度电势测定仪；SYC-15B 超级恒温水浴；磁力搅拌器；铂电极；甘汞电极；复合电极；氮气钢瓶；恒温反应瓶。

2. 试剂 $(NH_4)_2Fe(SO_4)_2 \cdot 6H_2O$；$NH_4Fe(SO_4)_2 \cdot 12H_2O$；EDTA（二钠盐）；NaOH 固体；HCl 溶液（4mol/L）；NaOH 溶液（2mol/L）。

四、实验步骤

1. 连接装置

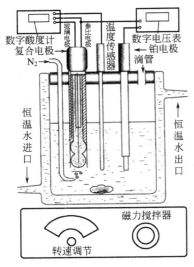

图 5-13 电势－pH 测定装置

按图 5-13 连接实验装置。

2. 溶液配制

预先分别配置 0.1mol/L $NH_4Fe(SO_4)_2$，0.1mol/L $(NH_4)_2Fe(SO_4)_2$（配置前需加两滴 4mol/L HCl），0.5mol/L EDTA（配置时需加 1.5g NaOH）各 50mL。然后按下列次序将试剂加入五颈瓶中：30mL 0.1mol/L $NH_4Fe(SO_4)_2$；30mL 0.1mol/L $(NH_4)_2Fe(SO_4)_2$；40mL 0.5mol/L EDTA；50mL 蒸馏水，并迅速通入氮气。

3. 复合电极的校正

采用两点法利用标准缓冲溶液校正酸度计。具体步骤参见第 14 章仪器 5。

4. 电极电势和 pH 的测定

打开电磁搅拌器，待搅拌子旋转稳定后，再插入玻璃电极，然后用 2mol/L NaOH 调节溶液的 pH 至 7.5～8.0 之间。从酸度电势测定仪读取并记录电动势和相应的 pH。用滴管滴加 4mol/L HCl 溶液调节 pH，在每改变 0.2 个 pH 单位时读取一组数据，直到溶液的 pH 为 3 左右。

按上述方法用 2mol/L NaOH 调节溶液的 pH 至 8 左右，并记录有关数据。

测定完毕后，取出电极，清洗干净并妥善保存，关闭恒温槽，拆解实验装置，洗净反应瓶。

五、注意事项

1. 反应瓶盖上连接的装置较多，操作时要注意安全。

2. 在用 NaOH 调节溶液的 pH 值时，要缓慢加入，并适当提高搅拌速度，以免产生氢氧化铁沉淀。

六、数据记录与处理

本实验记录一组溶液 pH-电动势数据。

将实验数据输入计算机，根据测得的电池电动势值和饱和甘汞电极的电极电势计算 Fe^{3+}/Fe^{2+}-EDTA 体系的电极电势，其中饱和甘汞电极的电极电势以下式进行温度校正：

$$\varphi/V = 0.2412 - 6.61 \times 10^{-4}(t-25) - 1.75 \times 10^{-6}(t-25)^2 - 9 \times 10^{-10}(t-25)^3$$

用绘图软件绘制电势-pH 曲线，由曲线确定 FeY^- 和 FeY^{2-} 稳定存在时的 pH 范围。

七、实验讨论与启示

利用电势-pH 曲线可以对溶液体系中的一些平衡问题进行研究，本实验所讨论的 Fe^{3+}/Fe^{2+}-EDTA 体系可用于消除天然气中的 H_2S 气体。将天然气通入 Fe^{3+}-EDTA 溶液，可将其中的 H_2S 气体氧化为元素硫而过滤除去，溶液中的 Fe^{3+}-EDTA 络合物被还原为 Fe^{2+}-ETDA。再通入空气，将 Fe^{2+}-ETDA 氧化为 Fe^{3+}-EDTA，使溶液得到再生而循环利用。

电势-pH 曲线可以用于选择合适的脱硫 pH 条件。例如，低硫天然气中的 H_2S 含量约

为 $0.1 \sim 0.6\text{g/m}^3$，在 25℃时相应的 H_2S 分压为 $7.29 \sim 43.56\text{Pa}$。根据电极反应：

$$S + 2H^+ + 2e^- \Longrightarrow H_2S(g)$$

在 25℃时，其电极电势为：

$$\varphi(V) = -0.072 - 0.0296\lg p_{H_2S} - 0.0591\text{pH}$$

将该电极电势与 pH 的关系及 Fe^{3+}/Fe^{2+}-EDTA 体系的电势-pH 曲线绘制在同一坐标中，如图 5-12 所示。从图中可以看出，在曲线平台区，对于具有一定浓度的脱硫液，其电极电势与反应 $S + 2H^+ + 2e^- \Longrightarrow H_2S(g)$ 的电极电势之差随着 pH 的增大而增大，到平台区的 pH 上限时，两电极电势的差值最大，超过此 pH 值，两电极电势的差值不再增大而为定值。由此可知，对指定浓度的脱硫液，脱硫的热力学趋势在它的电极电势平台区 pH 上限为最大，超过此 pH 值，脱硫趋势不再随着 pH 的增大而增大。图中大于或等于 A 点的 pH，是该体系脱硫的合适条件。当然，脱硫液的 pH 不能太大，否则可能会产生氢氧化铁沉淀。

八、思考题

1. 写出 Fe^{3+}/Fe^{2+}-EDTA 体系在电势平台区、低 pH 和高 pH 时，体系的基本电极反应及其所对应的电极电势公式的具体形式，并指出各项的物理意义。

2. 如果改变溶液中 Fe^{3+} 和 Fe^{2+} 的用量，则电势-pH 曲线将会发生什么样的变化？

九、参考文献

[1] 复旦大学等. 物理化学实验. 第 3 版. 北京：高等教育出版社，2004.
[2] 北京大学化学系物理化学教研室. 物理化学实验. 第 4 版. 北京：北京大学出版社，2002.
[3] 华南平，王苹. 大学化学实验电势-pH 曲线测定探讨. 大学化学，2007，22（1）：56.

实验 24   镍在硫酸溶液中的钝化行为与极化曲线的测定

一、目的要求

1. 了解金属钝化行为的原理和测量方法。
2. 掌握用恒电势法测定镍在硫酸溶液中的阳极极化曲线和钝化行为。
3. 测定 Cl^- 浓度对 Ni 钝化的影响。

二、实验原理

1. 金属的钝化

在金属的阳极溶解过程中，其反应式为：

$$M \longrightarrow M^{n+} + ne^-$$

在金属的阳极溶解过程中，其电极电势必须正于其平衡电势，电极过程才能发生，这种电极电势偏离其平衡电势的现象称为极化。当阳极极化不太大时，阳极过程的溶解速度随着电势变正而逐渐增大，这是金属的正常阳极溶解。但当电极电势正到某一数值时，其溶解速度达到最大，此后阳极溶解速度随着电位变正反而大幅度地降低，这种现象称为金属钝化。

金属之所以由活化状态转变为钝化状态，目前对此问题有着不同看法。

（1）氧化膜理论　在钝化状态下，溶解速度的剧烈下降，是由于在金属表面上形成了具有保护性的致密氧化物膜的缘故。

（2）吸附理论　这是由于表面吸附了氧，形成氧吸附层或含氧化物吸附层，因而抑制了腐蚀的进行。

（3）连续模型理论　开始是氧的吸附，随后金属从基底迁移至氧吸附膜中，然后发展为无定形的金属-氧基结构。

各种金属在不同介质或相同介质中的钝化原因不尽相同，因此很难简单地用单一理论予以概括。

2. 影响金属钝化过程的几个因素

(1) 溶液的组成 溶液中存在的 H^+、卤素离子以及某些具有氧化性的阴离子对金属钝化现象起着显著的影响。在中性溶液中，金属一般是比较容易钝化的；而在酸性或某些碱性溶液中要困难得多，这与阳极产物的溶解度有关。卤素离子特别是 Cl^- 的存在，则明显地阻止金属的钝化过程，且已经钝化了的金属也容易被它破坏（活化），这是因为 Cl^- 的存在破坏了金属表面钝化膜的完整性。溶液中如果存在具有氧化性的阴离子（如 CrO_4^{2-}），则可以促进金属的钝化。溶液中的溶解氧则可以减少金属上钝化膜遭受破坏的危险。

(2) 金属的化学组成和结构 各种纯金属的钝化能力均不相同，以 Fe、Ni、Cr 金属为例，易钝化的顺序 Cr＞Ni＞Fe。因此，在合金中添加一些易钝化的金属，则可以提高合金的钝化能力和钝态的稳定性。不锈钢就是典型的例子。

(3) 外界因素 当温度升高或加剧搅拌，都可以推迟或防止钝化过程的发生。这显然是与离子的扩散有关。在进行测量前，对研究电极活化处理的方式及其程度也将影响金属的钝化过程。

3. 极化曲线的测定方法

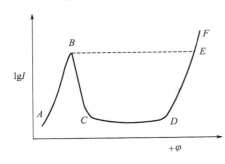

图 5-14 Ni 的钝化曲线示意

为了探索电极过程机理及影响电极过程的各种因素，必须对电极过程进行研究，其中极化曲线的测定是重要方法之一。极化曲线（如图 5-14 所示）可以描述电流密度与电极电势之间关系，该曲线的测定方法通常有恒电流法和恒电势法。

(1) 恒电流法 恒电流法就是控制研究电极上的电流密度依次恒定在不同的数值下，同时测定相应的稳定电极电势值，得到极化曲线。恒电流法所得到的阳极极化曲线只能近似地估计被测电极的临界钝化电势和高价金属及氧的析出电势，作不出图 5-14 中的 $BCDE$ 段，只能测得 $ABEF$ 线，所以需要用恒电势法测定可钝化金属完整的阳极极化曲线。

(2) 恒电势法 恒电势法就是将研究电极电势依次恒定在不同的数值上，然后测量对应于各电势下的电流。极化曲线的测量应尽可能接近体系稳态。稳态体系指被研究体系的极化电流、电极电势、电极表面状态等基本上不随时间而改变。由于恒电势法能测得完整的阳极极化曲线，因此，在金属钝化研究中比恒电流法更能反映电极的实际过程。用恒电势法测量金属钝化有静态法和动态法。

图 5-14 所示的钝化曲线表明，AB 段为活性溶解区，此时金属进行正常的阳极溶解，阳极电流随电势的改变而增大，服从半对数关系。BC 段为过渡钝化区，随着电极电势达到 B 点之后，金属开始发生钝化，随着电势的正移金属溶解速度不断降低，并过渡到钝化状态，对应 B 点电极电势称为临界钝化电势（$E_{钝}$），对应的电流密度称为临界钝化电流（$i_{钝}$）。CD 段对应于稳定的钝化区，在此区域内金属的溶解速度降低到最小数值，并且基本上不随电势的变化而改变，此时的电流密度称为钝态金属的稳定溶解电流密度。DE 为过钝化区，此时阳极电流又重新随电势的正移而增大，电流增大的原因可能是高价金属离子的产生，也可能是 O_2 的析出，也可能是两者同时出现。

本实验采用静态法利用恒电位仪按照一定的规律改变阳极的电势，同时测定相应的电流值，从而通过作图得到镍在硫酸介质中的阳极钝化曲线图以及氯离子对镍在硫酸介质中的阳极钝化曲线行为的影响。

三、仪器与试剂

1. 仪器 HDY-I 恒电位仪 1 台（图 5-15、图 5-16）；研究电极 1 支；饱和甘汞电极（参比电极）1 支；辅助电极 1 支；三电极电解池；金相砂纸。

2. 试剂　H_2SO_4（分析纯）；KCl（分析纯）；蒸馏水。

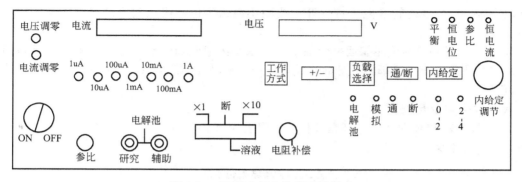

图 5-15　HDY-I 恒电位仪面板示意

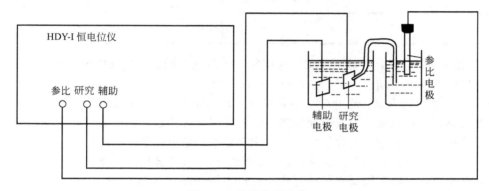

图 5-16　仪器装置示意

四、实验步骤

1. 电极处理：用金相砂纸将研究电极擦至镜面光亮，然后将其浸入 0.01mol/L H_2SO_4 中约 1min，取出用蒸馏水洗干净。

2. 打开恒电位仪电源，并将电流量程至于 1mA；内给定旋钮左旋到底，预热 10min。

3. 电解池中倒入 0.01mol/L H_2SO_4，按图 5-16 连接好线路（蓝线接研究电极，红线接辅助电极，有小盒的红线接参比电极），注意打磨好的电极做研究电极，静止 8min。

4. 通过"工作方式"按键选择"参比"；"负载"选择"电解池"；"通/断"选择"通"，此时显示的是研究电极相对于参比电极的平衡电势（0.25V 左右）。

5. 按"通/断"键，选择"断"；工作方式选择为"恒电位"，"负载"选择为"模拟"，再按"通/断"按键为"通"，调节内给定旋钮（微调），使电压显示与平衡电势值相同。

6. 将"负载"选择"电解池"，调节内给定电压，使研究电极电势向小的改变，间隔 40 毫伏。（注意当调到"0V"时，微调内给定旋钮，使得有少许电压值显示，按"$\boxed{+/-}$"使显示为"－"值）。稳定 1min，待电流稳定后，读取相应的恒电势和电流值。如此反复，直至研究电极电势到 －1.55V 时为止。

7. 在原有的溶液中分别添加氯化钾溶液配置成 0.01mol/L H_2SO_4 ＋ 0.004mol/L KCl 的溶液，重复上述步骤进行测量。

8. 按"通/断"调到"断"，将内给定旋钮左旋到底，关闭电源，将电极取出清洗干净。

五、注意事项

1. 每次测量前，工作电极必须用金相砂纸打磨和清洗干净。

2. 保证电极接触良好，更换或处理电极必须停止外加电位。

3. 在实验中，若电压或电流值超出量程溢出，相应的数码管各位全零"00000"闪烁显示，以示警示，应及时转换电流量程开关或减小内给定值，避免电流过载可能导致的仪器损坏。

4. 工作电极必须尽可能靠近鲁金毛细管以减小溶液欧姆降对测量的影响，但管口离电极表面的距离不能小于毛细管本身的直径，且每次测定时工作电极与鲁金毛细管之间的距离应保持一致。

六、数据记录与处理

1. 绘制电势-电流曲线，分别在极化曲线图上找出 $E_钝$、$i_钝$ 及钝化区间，并将数据记录到表中（可参考表5-2）。

表 5-2 实验结果记录表

溶液组成	开路电势/V	初始电势/V	钝化电势 $E_钝$/V	钝化电流 $i_钝$/mA	钝化稳定区间/CD	钝化稳定区电流 $i_钝$/mA

2. 讨论两条阳极极化曲线的意义，说明氯离子对镍的阳极极化曲线的影响。

七、实验讨论与启示

1. 电化学稳态的含义 电化学稳态是指在指定的时间内，被研究的电化学系统的参量，包括电极电势，极化电流，电极表面状态，电极周围反应物和产物的浓度分布等，随时间变化甚微，该状态通常被称为电化学稳态。电化学稳态不是电化学平衡态。实际上，真正的稳态并不存在，稳态只具有相对的含义。到达稳态之前的状态被称为暂态。在稳态极化曲线的测试中，由于要达到稳态需要很长的时间，而且不同的测试者对稳态的认定标准也不相同，因此人们通常人为界定电极电势的恒定时间或扫描速度，此法尤其适用于考察不同因素对极化曲线的影响。

2. 三电极体系 极化曲线描述的是电极电势与电流密度之间的关系。被研究电极过程的电极称为研究电极或工作电极。与工作电极构成电流回路，以形成对研究电极极化的电极称为辅助电极，也叫对电极，其面积通常要较研究电极为大，以降低该电极上的极化。参比电极是测量研究电极电势的比较标准，与研究电极组成测量电池。参比电极应是一个电极电势已知且稳定的可逆电极，该电极的稳定性和重现性要好。为减少电极电势测试过程中的溶液电位降，通常两者之间以鲁金毛细管相连。鲁金毛细管应尽量但也不能无限制靠近研究电极表面，以防对研究电极表面的电力线分布造成屏蔽效应。当研究电极的电极电势比其自然电势（开路电势，此处为仪器"参比"所显示的电势）正时，为阳极极化，（此处仪器规定的参比电极电势相对于研究电极，因此阳极极化是向电势减小的方向改变）；反之，发生阴极极化。

3. 处于钝化状态的金属溶解速率是很小的。在金属的防腐蚀以及作为电镀的不溶性阳极时，金属的钝化正是人们所需要的。例如，将待保护的金属作阳极，先使其在致钝电流密度下表面处于钝化状态，然后用很小的维钝电流密度使金属保持在钝化状态，从而使其腐蚀速度大大降低，达到保护金属的目的。但是，在化学电源、电冶金和电镀中作为可溶性阳极时，金属的钝化就非常有害。

八、思考题

1. 比较恒电流法和恒电位法测定极化曲线有何异同，并说明原因。

2. 做好本实验的关键有哪些？

3. 如要对某种体系进行阳极保护，首先必须明确哪些参数？

九、参考文献

[1] 复旦大学等. 物理化学实验. 第 3 版. 北京：高等教育出版社，2004.

[2] 苏育志. 基础化学实验（Ⅲ）——物理化学实验. 北京：化学工业出版社，2010.

[3] 张春烨，赵谦. 物理化学实验. 南京：南京大学出版社，2003.

[4] 武汉大学化学与科学学院. 物理化学实验. 武汉：武汉大学出版社，2000.

十、实例分析

1. 打开 Origin 软件，在 worksheet 的列表中输入电势 E（V）为 X 轴，以电流密度 i（mA/cm²）为 Y 轴 A 组（镍在 0.01mol/L H_2SO_4 中）的全部实验数据。

2. 在 File 菜单中选择 New 再选择 New Worksheet。在新的数据表内输入 B 组（镍在 0.01mol/L H_2SO_4 +0.004mol/ L KCl）的实验数据。

3. 选择样品 A 的数据表，在 Plot 菜单下选 Scatter，就可以得到样品 A 的散点图。

4. 为了在图上增加样品 B 的数据，在 graph1 中右击选择 layer contents，在出现的 Layer1 对话框中将 Data2B（B 组数据）选中，按 OK 就可以同时得到两组的数据图。

5. 在 graph1 中分别选中 A，B 两组数据点，右击选择 "change plot to" 然后点击 line + symbol。双击边框，点击 Title & Format，在左侧的 "Selection" 中，

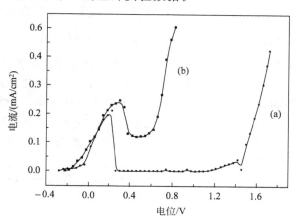

图 5-17 Ni 的阳极极化曲线
(a) Ni 在 0.01mol/L H_2SO_4 中的极化曲线；
(b) Ni 在 0.01mol/L H_2SO_4 +0.004mol/ LKCl 中的极化曲线

选择 "Show Axis & Tic" "left" 和 "bottom"，在 "major" 中和 "minor" 中都选择 in；选择 "Top" 和 "Right"，在 "major" 中和 "minor" 中，都选择 None，然后点击确定，即可得图 5-17。由图 5-17 可以看出，KCl 的加入消除了原先只有硫酸时所产生的极化现象。

实验 25　电动势法测定化学反应的热力学函数

一、目的要求

1. 掌握用电动势法测定化学反应热力学函数的原理和方法。

2. 学会 Ag-AgCl 电极和甘汞电极的制备。

3. 测定化学电池在不同温度下的电动势，并计算电池反应的热效应及热力学函数变化值 $\Delta_r G_m$、$\Delta_r S_m$、$\Delta_r H_m$ 和 Q_R。

二、实验原理

凡是能使化学能转变为电能的装置都称为原电池（简称电池）。电池除可用作电源外，还可以用来研究构成电池的化学反应的热力学函数。由电化学原理可知，在等温、等压条件下，可逆电池反应的摩尔吉布斯（Gibbs）自由能的变化 $\Delta_r G_m$ 与电池电动势 E 有如下关系：

$$\Delta_r G_m = -nEF \tag{1}$$

这是原电池热力学的基本式。由热力学第一定律与第二定律联合公式 $dG = -SdT + Vdp$ 及式（1）可得：

$$\Delta_r S_m = -\left(\frac{\partial \Delta G}{\partial T}\right)_p = nF\left(\frac{\partial E}{\partial T}\right)_p \tag{2}$$

根据吉布斯-亥姆霍兹（Gibbs-Helmholtz）公式得：

$$\Delta_r H_m = \Delta_r G_m + T\Delta_r S_m = -nFE + nFT\left(\frac{\partial E}{\partial T}\right)_p = nF\left[T\left(\frac{\partial E}{\partial T}\right)_p\right] - E \tag{3}$$

又因为电池反应是在等温可逆条件下进行的，$Q_R = T\Delta_r S_m$，故有：

$$Q_R = nFT\left(\frac{\partial E}{\partial T}\right)_p \tag{4}$$

由上述各式可见，只要在恒压下，用对消法测定出不同温度下电池的电动势 E，即可根据式(1)求得电池反应的 $\Delta_r G_m$，并可根据不同温度时的电动势值求得温度系数 $\left(\frac{\partial E}{\partial T}\right)_p$，再根据式(2) ～式 (4) 可分别求得该电池反应的热力学函数的变化值 $\Delta_r S_m$、$\Delta_r H_m$ 及 Q_R。

若电池反应中各物质的活度均为 1，且电动势与电解质溶液浓度无关，则所得热力学函数即为其标准状态数据。若温度为 298.15K，所得值即为 $E^\ominus$、$\Delta_r G_m^\ominus$、$\Delta_r S_m^\ominus$、$\Delta_r H_m^\ominus$。

如本实验所用的可逆电池是：Ag(s)｜AgCl(s)‖KCl(饱和)｜Hg_2Cl_2(s)｜Hg(l)

该电池中负极为银-氯化银，正极为甘汞电极，其电极反应如下。

负极反应为：

$$Ag(s) + Cl^-(a_{Cl^-}) \longrightarrow AgCl(s) + e^-$$

电极电势为：

$$\varphi^- = \varphi^\ominus_{AgCl,Cl^-|Ag} - \frac{RT}{F}\ln a_{Cl^-} \tag{5}$$

正极反应为：

$$\frac{1}{2}Hg_2Cl_2(s) + e^- \longrightarrow Hg(l) + Cl^-(a_{Cl^-})$$

其正极的电极电势为：

$$\varphi_+ = \varphi^\ominus_{Hg_2Cl_2,Cl^-|Hg} - \frac{RT}{F}\ln a_{Cl^-} \tag{6}$$

电池的总反应为：

$$\frac{1}{2}Hg_2Cl_2(s) + Ag(s) \longrightarrow AgCl(s) + Hg(l)$$

其电动势为：

$$E = \varphi_+ - \varphi_- = \varphi^\ominus_{Hg_2Cl_2,Cl^-|Hg} - \varphi^\ominus_{AgCl,Cl^-|Ag} = E^\ominus \tag{7}$$

也可通过上述测量方法求得反应的平衡常数：

$$K^\ominus = \exp(nFE^\ominus/RT) \tag{8}$$

化学反应的热效应可以用量热计直接度量，也可用化学方法来测定。但由于电池的电动势可以测定得很准，所得数据较其他方法更可靠。

三、仪器与试剂

1. 仪器　数字电位差综合测试仪 1 台；超级恒温器 1 台；带恒温夹层的电极管（或套杯）3 个；甘汞电极（自制）1 支；Ag-AgCl 电极（自制）1 支；电镀装置（自制）1 套。

2. 试剂　饱和 KCl 溶液；镀银电镀液；KCl（0.1mol/kg）；浓硝酸（分析纯）。

四、实验步骤

1. 银-氯化银电极的制备

将直径为 1～1.5mm 的高纯（99.99%）银丝一端封装在玻璃管内，且外露 1.5～2.5cm，在丙酮中除油后，用浓硝酸浸泡清洗 1min，再用蒸馏水清洗干净。然后置于

0.1mol/dm³ 的 HCl 溶液中，在 5mA/cm² 电流密度下阳极氧化 60min，用蒸馏水清洗干净后装好电极管，吸入用 AgCl 饱和过的饱和 KCl 溶液，置于暗处静置待用。

2. 甘汞电极的制备

在电极管底部注入适量的汞（约 1mL），将接有导线且顶端外露约 5mm 铂丝的玻璃管洗净后插入汞中，上部吸入饱和 KCl 溶液后，与另一支铂电极一起插入 KCl 溶液中，将待制作的电极作为阳极进行电解，控制电流密度在 100mA/cm² 左右，直至汞面全部被生成的灰白色 Hg_2Cl_2 覆盖为止。用针筒对电极管压气，将 KCl 电解液徐徐压出，再吸入指定浓度的 KCl 溶液，静置备用。注意抽吸时的速度要慢，千万不要搅动汞面上的 Hg_2Cl_2 层，避免振动。

3. 电池的组装

（1）将制备好的 Ag-AgCl 电极和甘汞电极同时插入盛有饱和 KCl 溶液的可以恒温的玻璃电极管（或套杯）中组成电池：

$$Ag(s) \mid AgCl(s) \parallel KCl(饱和) \mid Hg_2Cl_2(s) \mid Hg(l)$$

（2）打开数字电位差综合测试仪，预热 20min。接好测量电路，并将组装好的原电池与超级恒温器接好，恒温 10～15min。

4. 电动势的测量

（1）测定 20℃时的电池电动势，每隔 3min 测量一次，重复测定 6 次，记录电动势及对应温度值，并取其平均测量值。

（2）调节超级恒温器温度，每次升温 3℃，恒温 15min 后按上述步骤进行测定，共测定 6～8 个温度下的电池电动势数据。

五、注意事项

1. 因为 KCl 对 AgCl 有较大的溶解度，因此，制作 Ag-AgCl 电极的 KCl 溶液一定要用 AgCl 预先饱和，否则电极表面的 AgCl 将会很快被溶解而失去作用。

2. 制作甘汞电极时，要注意保持阳极氧化时所形成的甘汞的状态，才能确保甘汞电极有较好的重现性。

六、数据记录与处理

1. 根据所测不同温度下电池的电动势，绘制 E-T 曲线，从曲线斜率求出温度为 23℃、25℃和 35℃下的温度系数 $(\partial E/\partial T)_p$。

2. 由式（1）、式（2）、式（3）和式（4），分别求温度为 23℃、25℃和 35℃下电池反应的热力学函数 $\Delta_r G_m^\ominus$、$\Delta_r S_m^\ominus$、$\Delta_r H_m^\ominus$ 和 Q_R。

七、实验讨论与启示

1. 在数据处理时，可以利用多项式：$E = a_0 + a_1 T + a_2 T^2 + a_3 T^3 + a_4 T^4$ 进行多元线性最小二乘法拟合，求出多项式的各个系数，根据此函数可分别求出不同温度下的电动势 E 和温度系数 $(\partial E/\partial T)_p$。还可利用计算机软件进行数据处理，详见第 2 章 2.3。

2. G、H、S 是状态函数，反应无论是在可逆电池中，还是在通常的化学反应中，$\Delta_r G_m$、$\Delta_r H_m$、$\Delta_r S_m$ 数值相同，与反应是否做电功无关，而它们的大小与化学方程式写法有关。热力学所研究的过程，大多都是平衡状态下进行的过程，即可逆过程。在应用热力学原理分析电池的性质时，必须首先明确电池的可逆性。在计算中可根据电池的电动势计算电池内发生的化学反应的热力学数据；反之也可利用热力学数据计算电池的电动势。

衡量电池性能高低的特征量是 E，而原电池中总的效应是发生了电池反应。欲求得某个化学反应的一些热力学函数变化值，可以将该化学反应设计成在可逆电池中进行，设计时一定要遵守可逆电池的两个条件。另外如果电池中有两种溶液接触，必须使用盐桥以降低液接界电势。

八、思考题

1. 本实验所用电池的电动势与 KCl 溶液的浓度是否有关？为什么？

2. 试设计一个电池，能够用来测量水的离子积 K_w。

3. 反应在电池中进行时，要产生电功，此时为什么还可以用来求热力学函数的变化值？

九、参考文献

［1］马志广，庞秀言. 基础化学实验 4——物性参数与测定. 北京：化学工业出版社，2009.

［2］苏育志. 基础化学实验（Ⅲ）——物理化学实验. 北京：化学工业出版社，2010.

［3］袁誉洪. 物理化学实验. 北京：科学出版社，2008.

［4］复旦大学等. 物理化学实验. 第 3 版. 北京：高等教育出版社，2004.

［5］孙尔康，张剑荣. 物理化学实验. 南京：南京大学出版社，2009.

［6］北京大学化学学院物理化学实验教学组. 物理化学实验. 北京：北京大学出版社，2002.

第6章　表面与胶体化学

6.1　表面与胶体化学实验方法概述

胶体化学是研究分散体系的制备、性能及应用的一门科学。所谓分散体系，是指一种物质以细微质粒的形式分散于一个连续介质中所形成的体系。胶体化学所研究的体系是分散相质粒的直径在 $10^{-9} \sim 10^{-6}$m 之间的体系。胶体化学研究的内容包括三个方面：界面或表面现象和表面或界面层的性质；溶胶、乳状液和悬浮液，分散体系的形成条件及其影响因素，分散体系的稳定性与分散相粒子之间的相互作用等问题；大分子溶液。

胶体体系的重要特点之一，是具有很大的界面或表面。而在任何两相界面上都可以发生复杂的物理现象或化学现象，总称为表面现象。表面化学就是研究表面现象的一门学科。

6.1.1　表面与胶体化学基本原理

6.1.1.1　表面自由能与表面张力

（1）界面和表面　密切接触的两相之间过渡区称为界面，"表面"原指一物质对真空或与其自身的蒸气相接触的面。在胶体科学中，两相中有一相为气相的界面则可称表面。

（2）比表面　比表面通常用来表示物质分散的程度，有两种常用的表示方法：一种是单位质量的固体（或液体）所具有的表面积；另一种是单位体积的固体（或液体）所具有的表面积，即：

$$A_m = A/m \quad 或 \quad A_V = A/V \tag{6-1}$$

式中，m 和 V 分别为固体（或液体）的质量和体积；A 为其表面积。

（3）表面自由能　在一定的温度与压力下，对一定的液体来说，扩展表面所消耗的表面功 δW 应与增加的表面积 dA 成正比，则：

$$\delta W = \sigma dA$$

根据热力学原理，在等温等压可逆的条件下：

$$\delta W = (dG)_{T,P}$$

由以上两式可得：

$$\sigma = \left(\frac{\partial G}{\partial A}\right)_{T,p} \tag{6-2}$$

式中，σ 称为表面 Gibbs 自由能，简称表面能。它是指在温度、压力和组成一定的条件下，增加单位表面时所引起系统 Gibbs 自由能的变化，其单位为 J/m^2。

（4）表面张力　因为 J/m^2 是能量单位，而 $J/m^2 = N/m$ 这是力的单位，所以 σ 的单位也可以用 N/m 来表示，此时 σ 称为表面张力。其物理意义为：表面层的分子垂直作用在单位长度的线段或边界上且与表面平行或相切的收缩力，称之为比表面张力，简称表面张力。它与表面自由能的概念不同，但量纲相一致。

6.1.1.2　表面活性物质与临界胶束浓度

（1）表面活性物质　能使水的表面张力降低的溶质称为表面活性物质，也称表面活性剂。这种物质通常含有亲水的极性基团和憎水的非极性碳链或碳环有机化合物。亲水基团进入水中，憎水基团企图离开水而指向空气，在界面定向排列。表面活性物质的表面浓度大于本体浓度，增加单位面积所需的功比纯水小。非极性成分越大，表面活性也越强。

（2）胶束　表面活性剂是两亲分子，溶解在水中达一定浓度时，其非极性部分会自相结合，形成聚集体，使憎水基向里、亲水基向外，这种分子聚集体称为胶束。

（3）临界胶束浓度　表面活性剂在水中随着浓度增大，表面上聚集的活性剂分子形成定向排列的紧密单分子层，多余的分子在体相内部也三三两两地以憎水基相互靠拢，聚集在一起形成胶束。这种开始形成胶束的最低浓度称为临界胶束浓度，通常称为 CMC。

6.1.1.3　吸附等温式与吸附热

（1）吸附等温线　保持温度不变，显示吸附量与比压之间关系的曲线称为吸附等温线。

（2）Langmuir 吸附等温式　Langmuir 吸附等温式如下：

$$\theta = \frac{ap}{1+ap} \tag{6-3}$$

式中，a 称为吸附系数，它的大小代表了固体表面吸附气体能力的强弱程度。

Langmuir 吸附公式的另一表示形式为：

$$\frac{p}{V} = \frac{1}{V_m a} + \frac{p}{V_m} \tag{6-4}$$

式中，a 是吸附系数；V_m 是铺满单分子层时的气体体积。用实验数据，以 p/V-p 作图得一直线，从斜率和截距求出吸附系数 a 和铺满单分子层的气体体积 V_m。

（3）BET 吸附等温式　由实验测得的许多吸附等温线表明，当吸附质的温度接近于正常沸点时，将会发生多分子层吸附，从而提出了多分子层吸附理论，简称 BET 吸附理论。其等温式为：

$$\frac{p}{V(p_s-p)} = \frac{1}{V_m C} + \frac{C-1}{V_m C}\frac{p}{p_s} \tag{6-5}$$

式中，V 为吸附气体的体积；p 为吸附气体的压力；p_s 为实验温度下液体的饱和蒸汽压；V_m 为在固体表面上铺满单分子层时所需气体的体积；C 为与吸附热有关的常数。

BET 吸附等温式主要应用于测定固体的比表面。实验结果表明，大多数吸附系统的 $\frac{p}{p_s}$ 在 0.05～0.35 范围内，$\frac{p}{V(p_s-p)}$ 对 $\frac{p}{p_s}$ 作图都是直线，其斜率为 $\frac{C-1}{V_m C}$，截距为 $\frac{1}{V_m C}$，这样从斜率和截距可求的单分子层吸附量：

$$V_m = 1/(斜率 + 截距)$$

假定吸附分子是密堆积，已知一个分子的截面积为 A_m，就可用式（6-6）算出固体的比表面：

$$S = \frac{V_m L}{22400}\frac{A_m}{m} \tag{6-6}$$

式中，S 为吸附剂的总表面积；m 为固体吸附剂的质量；L 为阿伏伽德罗常数。

（4）吸附热　当发生固体表面吸附后，气体分子从原来的三维空间运动被限制为二维平面运动。因此，无论是物理吸附还是化学吸附，吸附过程都伴随着熵的减少（$\Delta S < 0$）。由于吸附是自发过程（$\Delta G < 0$），所以固体对气体的吸附过程通常都伴随着放热（$\Delta H = \Delta G + T\Delta S < 0$）。

在吸附量 q（或表面覆盖度 θ）恒定时，吸附气体的平衡压力 p 与被吸附温度 T 之间应满足 Clausius-Clapeyron 方程，即：

$$\left(\frac{\partial \ln p}{\partial T}\right)_q = \frac{Q_q}{RT^2} \tag{6-7}$$

式中，Q_q 为等量吸附热；它是在吸附量一定时，平均每摩尔吸附质由气相变成被吸附相时所放出的热量。

除等量吸附热 Q_q 之外，还有微分吸附热 Q_d 和积分吸附热 Q_i。实际吸附过程中，吸附热是与吸附量和表面覆盖度有关的物理量，它反映了吸附作用的强弱。

6.1.1.4 渗透压

溶液由溶质分子与溶剂分子混合组成，每一个分子皆有 $2/3kT$ 的动能。对于溶质分子运动，可以观察其扩散现象；如研究溶剂分子运动的情况，就是观察渗透现象。半透膜能够阻止溶质分子通过，只让溶剂分子透过，当半透膜两边溶液的浓度不相等时，溶剂有从较稀溶液进入较浓一方的趋势。结果形成一个压差，到达平衡时的压差就称渗透压。它在依数性质中，是比较灵敏、比较实用的一种测定相对分子质量的方法。利用渗透压计算高分子化合物数均相对分子质量的计算式如下：

$$\frac{\Pi}{c}=\frac{RT}{M_n}+RTA_2c \tag{6-8}$$

式中，A_2 叫第二维利（Virial）系数，它描述了溶质与溶剂的相互作用关系，表示高分子链段在溶剂中疏松的程度。较好的溶液 A_2 值较高，当接近于沉淀点时 $A_2=0$。式（8）为直线方程，以 $\frac{\Pi}{c}$ 对 c 作图，当 $c\rightarrow0$ 时，由截距可求得 $\overline{M_n}$，由斜率可得 A_2。所测相对分子质量的范围约 $3\times10^4\sim1.5\times10^6$。

6.1.2 表面与胶体化学实验的研究范畴及意义

6.1.2.1 表面与胶体化学实验的研究范畴

表面化学及胶体化学的研究范畴很广，所采用的物理化学实验研究方法也很多。表面化学实验的研究范畴有气-液表面体系；气-固表面体系；液-液界面体系；液-固界面体系；固-固界面体系及气-液-固多界面体系。

对于气-固表面体系，以前表面化学实验主要是研究气-固吸附平衡和测量其表面积，以推断固体表面的状态。随着电子技术与高真空技术的发展，对于气-固表面进行精细的结构、外貌的观察和测量，以及进行原子（或分子）水平的微观结构的实验研究，已成为现实。

在气-液界面体系中，表面化学实验主要是测量表面张力和进行单分子膜的研究，研究分子膜的表面压，推断表面膜的结构等。

对于液-固界面体系和液-液界面体系，表面化学实验一方面是测量吸附平衡，另一方面是研究界面双电层结构、性质和测量 ξ 电位等。

胶体化学主要研究对象是溶胶（也称憎液胶体）和高分子真溶液（也称亲液胶体），此外还有缔合胶体。在胶体化学中，人们不仅要研究这些体系本身的许多基本性质，而且还要研究与这些基本性质相联系的许多实际问题，即分散体系的形成、破坏以及它们的物理化学性质（特别是界面性质）等问题。此外，表面化学和胶体化学也开展一些物质鉴定和分离技术方面的研究。

6.1.2.2 表面及胶体化学实验研究的意义

表面与胶体化学实验和技术，为其科学理论的建立提供了很好的实验基础，如化学动力学中的多相反应速率理论、多相催化理论；电极过程动力学中的双电层理论；胶体化学中胶体稳定性理论等。

表面与胶体化学实验对其理论的验证也起到了十分重要的作用。如 Langmuir 理论、BET 理论及 Gibbs 吸附等温方程式的正确性就被多方面的表面化学实验所验证。

表面化学中的许多数据，如吸附平衡常数、固体的表面积、液体的表面张力、接触角、电位等也都是通过表面化学实验所测得的。

6.1.3 表面与胶体化学实验方法

6.1.3.1 表面与胶体化学的表面参数测定

（1）液体表面张力的测定方法 液体的表面张力 σ 是个强度因子，是物质的重要特性之一，在恒温恒压的条件下有一定的数值。测定液体表面张力的方法较多，常采用的方法如下。

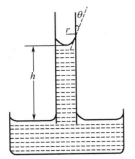

① 毛细管上升法 毛细管上升现象如图 6-1 所示。当半径为 r 的毛细管浸入密度为 ρ 的液体中时，液面呈凹形，液体在毛细管内上升。达平衡时，毛细管内高度为 h 的液柱重量与表面张力有如下关系：

$$2\pi r\sigma \cdot \cos\theta = \pi r^2 g\rho h \tag{6-9}$$

若溶液润湿毛细管壁良好，接触角 $\theta = 0$。则：

$$\sigma = \frac{g\rho hr}{2} \tag{6-10}$$

② 最大泡压法 此法是常用的方法之一，其装置简单、操作方便，最重要的是此法不必测定接触角和液体密度。（详细内容参见实验 26）

图 6-1 毛细管
上升法示意

③ 圆环法（拉脱法） 圆环法是应用相当广泛的方法，它可以测定纯液体及溶液的表面张力。将一个金属环（如铂丝环）放在液面（或界面）上与润湿该金属环的液体相接触，则把金属环从该液体中拉出所需的拉力是由液体表面张力、环的内径及环的外径所决定的。当与液体浸湿的金属环由液面提升时，由于液体表面张力的作用形成一个内径为 R'，外径为 $R' + 2r$ 的环形液柱，这时向上的总拉力 W 将与此环形液柱重量相等，也与内外两边的表面张力乘上脱离表面的周长相等：

$$W = mg = 2\pi rR'\sigma + 2\pi(R' + 2r)\sigma$$

因为环的平均半径为 $R = R' + r'$，则 $W = 4\pi\sigma R$，

所以：

$$\sigma = \frac{W}{4\pi R} \tag{6-11}$$

④ 滴体积法（滴重法） 这是一种既简便又准确的方法。装置见图 6-2。

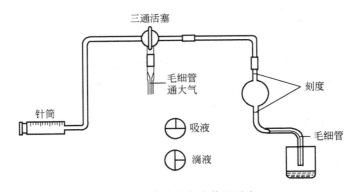

图 6-2 滴重法实验装置示意

转动三通活塞，用针筒抽气，可使毛细管吸取待测液体，当超过刻度后，再转动三通，使预先接好的毛细管与滴液管相通，液滴慢慢滴下，至刻度时记录滴完一定体积的滴数和该滴的总质量。滴重法求表面张力的公式如下：

$$\sigma = \frac{W}{2\pi r f} = \frac{W}{r} F \qquad (6\text{-}12)$$

式中，r 为毛细管管口的外半径；f 为校正系数；$F = \dfrac{1}{2\pi f}$ 为校正因子；校正因子与液滴未能完全离开管口有关，具体数值可查阅相关数据表。

一般在实验室中，用滴体积法求表面张力更为方便，公式如下：

$$\sigma = \frac{V\rho g}{r} F \qquad (6\text{-}13)$$

式中，V 为每滴液滴的平均体积；ρ 为液体密度；g 为重力加速度常数。由液滴体积 V 的数据，即可求出表面张力。

⑤ 悬滴法（滴外形法）　悬滴法与滴重法有本质区别。此法适用于在界面上吸附较慢的溶液，常用来测定熔融金属以及界面张力较低（$< 10^{-4}\,\text{N/m}$）的体系。它是通过测定在玻璃管端形成液滴的形状来求得表面张力的。

（2）固体表面的测定方法

研究固体的界面性质一般是研究它的比表面和吸附。目前常用的测定固体表面积的方法有气相法和液相法。气相法分为静态法（BET）和动态法（色谱法、流动法）两大类。静态法又分为容量法和重量法。

① 气相（静态）法

a. 容量法　此法是在液氮温度下，通过测定被吸附气体的容积与其平衡蒸气压的变化关系获得等温线，利用等温线求出固体的比表面。这种方法精确度较高，可测定比表面为 $0.1 \sim 1500\,\text{m}^2/\text{g}$ 任何物质。

b. 重量法　在不同平衡压力下，吸附量可以通过石英弹簧秤长度的变化来直接测定。此法可用于低温下（或室温下），以有机蒸气分子为吸附质，测定比表面大于 $50\,\text{m}^2/\text{g}$ 的物质，精度稍差于容量法。

② 气相（动态）法　动态法是在一定温度和压力下使气体通过吸附剂床，不断测定其重量，直至不再增加为止。若改变压力重复测量即可得出吸附量与压力的关系。

a. 流动吸附法　此测量方法是通过载气来调节吸附质分压，用天平称量不同分压下的吸附量，进一步计算比表面。此法可测定比表面大于 $200\,\text{m}^2/\text{g}$ 的物质。

b. 色谱法　色谱法的特点是不需要高真空设备，方法简单、迅速，精确度较高。它是根据色谱流出曲线的脱附峰面积来求得不同吸附平衡压力下的吸附量。此法也可按 BET 公式计算比表面。

c. 溶液法　将吸附剂放在一定浓度的溶液中，待吸附剂对吸附质达到单分子饱和吸附平衡后，测定溶液浓度的变化，从而求出饱和吸附量。在已知吸附质分子的横截面积的条件下，即可求出吸附剂的比表面。

6.1.3.2　表面与胶体化学的电化学性质测定

因胶粒带电，而溶胶是电中性的，则介质带有与胶粒相反的电荷。由于相同电荷的互相排斥，使其在一定时间内保持稳定而不聚结或絮凝。

（1）电动现象　当固体与液体接触时，由于吸附、解离、摩擦或晶格取代等原因，在界面上会形成一个双电层。在电场作用下，两相沿着这个双电层作相对的移动。与此相反，如用外力使两相做相对移动，在其两端也会出现电位差。固、液之间发生相对移动时，固相及溶剂化层与溶液之间的电势称为电动电势或 ξ 电位。

电动现象的具体行为可分为四种：在外加电场作用下，体系中固相粒子定向移动的现象称为电泳；液相的定向移动称为电渗。在外力作用下，使液体在毛细管或多孔体中运动产生的电势差叫流动电势；若使分散相在介质中迅速沉降，所产生的电势差叫沉降电势。其中对电泳、电渗的研究较多。

（2）电泳法　电泳的实验方法可分为宏观法和微观法。宏观法是观察胶体与导电液体（介质）的宏观界面在电场中的移动速率；而微观法则是直接观察单个胶粒在电场中的移动速率。对高分散度或过浓的胶体不易观察个别胶粒粒子的运动，因此只能采用宏观法；而对分散度较低或很稀的、粒子较大的胶体则可用微观法。宏观电泳法测ξ电位的方法及装置请参见实验 27。

微观电泳法测量时是通过显微镜观察，选择视场中的某个粒子为测量对象，在恒温条件下利用显微镜中的读数标尺，测量出粒子在一定时间内所走过的距离，结合电场强度、黏度和介电常数等数据即可求得ξ电位。

（3）电渗法　电渗法测量ξ电位的实验方法，原则上是设法将要研究的分散相质点固定成为一紧密结合层，然后在外加电场的作用下，使分散介质从分散相质点层渗透，测出单位时间内分散介质的流出量和相应的电流值，结合分散介质特性常数，即可根据电渗公式求得ξ电位。

6.2　表面与胶体化学实验

实验 26　最大泡压法测定溶液的表面张力

一、目的要求

1. 掌握最大泡压法测定溶液表面张力的原理和实验技术。
2. 测定不同浓度乙醇水溶液的表面张力，计算表面吸附量和乙醇分子的横截面积。
3. 加深理解表面张力的性质，表面自由能的意义以及表面张力和吸附的关系。

二、实验原理

热力学观点认为，液体表面缩小是一个自发过程，这是使体系总的吉布斯（Gibbs）自由能减小的过程。如欲使液体产生新的表面 ΔA，则需对其做功。功的大小应与 ΔA 成正比：

$$-W = \sigma \Delta A$$

式中，σ 为液体的表面自由能，亦称表面张力（单位为 J/m^2）。它表示了液体表面自动缩小趋势的大小，其量值与液体的成分、溶质的浓度、温度及表面气氛等因素有关。

纯物质表面层的组成与内部的组成相同，因此纯液体降低表面自由能的唯一途径是尽可能缩小其表面积，在定温下纯液体的表面张力为定值。当加入溶质形成溶液时，表面张力发生变化是自发过程，其变化的大小取决于溶质的性质和加入量的多少，因此可以通过调节溶质在表面层的浓度来降低表面自由能。

当加入溶质时溶剂的表面张力可能升高，也可能降低。根据能量最低原则，当表面层溶质的浓度比溶液内部大时，溶质能降低溶剂的表面张力；反之，溶质使溶剂的表面张力升高时，表面层中溶质的浓度比内部的低。这种表面浓度与溶液内部浓度不同的现象叫做溶液的表面吸附。

在指定的温度和压力下，溶质的吸附量与溶液的表面张力及溶液的浓度之间的关系遵守吉布斯（Gibbs）吸附方程：

$$\Gamma = -\frac{c}{RT}\left(\frac{\mathrm{d}\sigma}{\mathrm{d}c}\right)_T \tag{1}$$

式中，Γ 为表面吸附量，mol/m^2；σ 为表面张力，J/m^2；T 为热力学温度，K；c 为吸

附达平衡时溶质在介质中的浓度，mol/L；R 为气体常数。

若 $\left(\dfrac{d\sigma}{dc}\right)_T < 0$，则 $\Gamma > 0$，即随着溶液浓度的增加，溶液表面张力是降低的，这时吸附量为正，称为正吸附。

若 $\left(\dfrac{d\sigma}{dc}\right)_T > 0$，则 $\Gamma < 0$，即随着溶液浓度的增加，溶液表面张力是增加的，这时吸附量为负，称为负吸附。本实验研究乙醇在水溶液表面上的吸附属于正吸附的情况。

从式（1）可以看出，通过测定溶液的表面张力随浓度的变化关系，就可求的不同浓度下溶液的表面吸附量。

对于表面活性物质来说，能使溶剂的表面张力显著降低，它们在水溶液表面排列的情况随其浓度不同而异，分子在界面上的排列如图 6-3 所示。浓度小时，分子近于平躺在表面上，图 6-3（a）；浓度增大时，分子的极性基团取向溶液内部，而非极性基团基本上取向空间，图 6-3（b）；当浓度增至一定程度，溶质分子占据了所有表面，就形成饱和吸附层，图 6-3（c）。

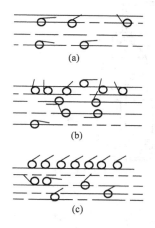

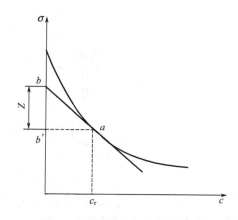

图 6-3　表面活性物质分子在溶液表面的排列　　　　图 6-4　表面张力与浓度的关系

以表面张力 σ 对浓度 c 作图，可得到 σ-c 曲线（表面张力等温线），如图 6-4 所示。从图中可以看出，开始时表面张力随浓度增加而迅速下降，随后的变化逐渐缓慢，以致变化很小。

通过作图法或非线性方程拟合方法求得 $\left(\dfrac{d\sigma}{dc}\right)$，由式（1）可求得不同浓度下的吸附量 Γ。

利用作图法进行计算的方法是在曲线上取一点 a，经过 a 点作曲线的切线和平行横坐标的直线，交纵轴于 b' 点。令 $\overline{bb'} = Z$，则 $Z = -c\left(\dfrac{d\sigma}{dc}\right)_T$，故：

$$\Gamma = -\frac{c}{RT}\left(\frac{d\sigma}{dc}\right)_T = \frac{Z}{RT} \tag{2}$$

等温下吸附量 Γ 与浓度 c 之间的关系，可用朗格谬尔（Langmuir）吸附等温式表示：

$$\Gamma = \Gamma_\infty \frac{Kc}{1 + Kc} \tag{3}$$

式中，Γ_∞ 为饱和吸附量；c 为溶液的浓度；K 为吸附常数。

将式（3）两边取倒数，可得：

$$\frac{c}{\Gamma}=\frac{c}{\Gamma_{\infty}}+\frac{1}{K\Gamma_{\infty}} \tag{4}$$

由上式可见，以 $\frac{c}{\Gamma}$ 对 c 作图得一直线，其斜率的倒数即为 Γ_{∞}。饱和吸附量 Γ_{∞} 表示单位平方米表面吸附满一层表面活性剂物质的量。

如果以 N 表示 $1m^2$ 表面上的分子数，则有：

$$N=\Gamma_{\infty}L \tag{5}$$

式中，L 为阿伏伽德罗常数，故每个溶质分子的截面积 A_m 为：

$$A_m=\frac{1}{N}=\frac{1}{\Gamma_{\infty}L} \tag{6}$$

因此，若测得不同浓度溶液的表面张力，从 $\sigma\text{-}c$ 曲线上求出不同浓度的吸附量 Γ，再从 $c/\Gamma\text{-}c$ 直线上求出 Γ_{∞}，便可计算出溶质分子的横截面积 A_m。

测定表面张力的方法很多（参见第 6 章 6.1.3）。本实验采用最大泡压法测定乙醇水溶液的表面张力，实验装置如图 6-5 所示。

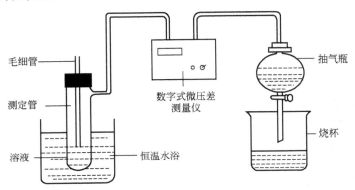

图 6-5　测定表面张力实验装置

当毛细管下端面与被测液体液面相切时，液体沿毛细管上升。打开抽气瓶（滴液漏斗）的活塞，使瓶中水缓慢滴下，放水抽气，此时测定管中的压力 p_r 逐渐减小，毛细管中的大气压力 p_0 就会将管中液面压至管口，并形成气泡。其曲率半径恰好等于毛细管半径 r 时，根据拉普拉斯（Laplace）公式，此时能承受的压力差为最大：

$$\Delta p_{\max}=p_0-p_r=\frac{2\sigma}{r}=k\sigma \tag{7}$$

在实验中，对与同一支毛细管和压差计，k 值为一常数，称为仪器常数。

如果用已知表面张力的液体做标准，并由实验测得 $\Delta p_{\max}$，即可求出 k 值。然后测定其他液体的 $\Delta p_{\max}$ 值，根据式（7）即可求得各种浓度液体的表面张力。本实验采用已知表面张力的蒸馏水作标准，由实验测得 $\Delta p_{\max}$ 值，就能求出 k 值。

三、仪器与试剂

1. 仪器　表面张力测定仪 1 套；阿贝折射仪 1 台；超级恒温水浴 1 台；烧杯（500mL）1 个；容量瓶（50mL）8 个；滴管若干。

2. 试剂　无水乙醇（分析纯）。

四、实验步骤

1. 工作曲线的测定

（1）按表 6-1 中的比例配制浓度为：5%，10%，15%，20%，25%，30%，35%，40%的乙醇溶液各 50mL 待用。

表 6-1　乙醇溶液的配制

样品编号	1	2	3	4	5	6	7	8
V/%	5	10	15	20	25	30	35	40
$V_{乙醇}$/mL	2.5	5	7.5	10	12.5	15	17.5	20
n_D^t								

按上表将乙醇加入 50mL 容量瓶中，并定容至刻度。

（2）调节超级恒温水浴至（25.0±0.1）℃［或（30.0±0.1）℃］，恒温 10min。

（3）测定各组分溶液的折射率（阿贝折射仪的使用方法，详见第 13 章 13.2.2），并将数据填入表 6-2 中。

表 6-2　待测样品数据表

样品编号	1	2	3	4	5	6	7	8
c/(V/%)	5	10	15	20	25	30	35	40
n_D^t								
Δp_{max}/kPa								
$\sigma \times 10^2$/(N/m)								

2. 仪器常数的测定

将玻璃仪器洗净，按图 6-5 接好测量系统。在测定管中注入蒸馏水，并使管内液面刚好与毛细管口恰好相切，毛细管须保持垂直位置。然后慢慢打开抽气瓶活塞，注意气泡形成的速率，调整滴速并保持均匀稳定的气泡，毛细管端约 5～10s 鼓出一个气泡为宜，读出精密数字压力计的数值（瞬间最大压差），相同条件下读数 3 次，取平均值。

3. 乙醇溶液表面张力的测定

按表 6-1 的体积比例，粗略配制 10 个不同浓度的乙醇溶液，然后按实验步骤 2 分别测量不同浓度乙醇溶液的 Δp_{max} 值。从稀到浓依次进行，每次测量前必须用少量被测液洗涤测定管，尤其是毛细管部分，确保毛细管内外溶液的浓度一致。将测量值填入表 6-2 中。

4. 乙醇溶液折射率的测定

用阿贝折射仪分别测定不同浓度乙醇溶液的折射率 n_D^t，并将 n_D^t 数值填入表 6-2 中。

五、注意事项

1. 测量系统在使用前先进行检漏。

2. 实验过程中必须保持毛细管状态的稳定，不能沾污，更不能碰破，必须干净、干燥。在更换待测溶液时一定要小心，尽量不让毛细管与别的物品接触。

3. 读取数据时，应读取单个气泡的最大压力差。

4. 用滴管往折射仪上滴加样品时，注意管尖不要与棱镜接触，以防划损玻璃棱镜。小心操作，切忌碰碎滴管。

六、数据记录与处理

1. 由纯水的表面张力及实验步骤 3 所测定的 Δp_{max} 值，据式（7）计算出 k 值。

纯水的表面张力参见附录中附表 9。

2. 据实验步骤 1 所测数据，作折射率-浓度（n_D^t-c）的工作曲线。

3. 据式（7）分别计算各浓度溶液的表面张力 σ。

4. 在 σ-c 曲线上取 10 个点，分别作出切线，求出相应的斜率。

5. 将 Δp_{max}、σ、n_D^t、c 数据列于表 6-2。

6. 根据方程式（1）求算各浓度的吸附量，绘制 $\dfrac{c}{\Gamma}$-c 图，由直线斜率求出 Γ_∞ 值，并计算 A_m 值。（也可利用 Origin 软件进行数据处理求得 Γ_∞ 值，具体方法见实例分析）

七、实验讨论与启示

1. 液体表面张力的测定，对于了解物质体系的性质、液体的表面结构、分子间相互作用，尤其是表面分子间的相互作用，提供了一种很好的方法，它还可以用来了解湿润、去污、悬浮力等问题。

2. 表面活性剂在工业和日常生活中被广泛用作去污剂、乳化剂、润湿剂以及起泡剂等。它们的主要作用发生在界面上，所以研究这些物质的表面效应是具有现实意义的，对于离子型表面活性剂，式(1) 不再适用。

3. 每次测定时，毛细管应保持垂直，其端部应平整；因溶液恒温后，体积略有改变，要认真调节液面，使其正好与毛细管口相切，否则由于毛细管浸入液体而产生附加的静液压，影响测量的准确性。

八、思考题

1. 为什么毛细管口不能插入液体内部，只能与液面相切？否则对实验有何影响？做好本实验要注意哪些问题？

2. 实验中测定表面张力时，为什么必须读取最大压力差？如果气泡逸出过快或几个气泡一起逸出，对实验结果会有什么影响？

3. 为什么保持仪器和药品的清洁是本实验的关键？若毛细管不清洁，是否会影响测定结果？

九、参考文献

[1] 复旦大学等. 物理化学实验. 第 3 版. 北京：高等教育出版社，2004.
[2] 刘廷岳，王岩. 物理化学实验. 北京：中国纺织出版社，2006.
[3] 苏育志. 基础化学实验（Ⅲ）——物理化学实验. 北京：化学工业出版社，2010.
[4] 唐林，孟阿兰，刘红天. 物理化学实验. 北京：化学工业出版社，2009.

十、实例分析

1. 乙醇水溶液折射率的测定及工作曲线的绘制

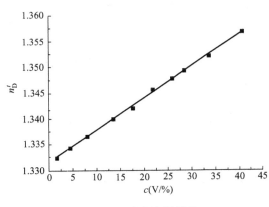

图 6-6　乙醇溶液折射率-
浓度的关系

（1）打开 Origin 软件，在 "Datal" 的列表中输入以浓度（c）为 X 轴、以折射率（n_D^t）为 Y 轴的全部实验数据。

（2）选中全部数据，在主菜单 Plot 命令中选择 Symbol，然后在 "Analysis" 菜单下点击 "Fitting" 下的 "Fit linear"。

（3）分别双击 "X Axis Title" 和 "Y Axies Title"，分别输入浓度（c）和折射率（n_D^t），即得图 6-6。

2. 待测液体的表面张力

（1）常数 k 的表面张力　蒸馏水的表面张力 $\sigma = 71.18 \times 10^{-3} \text{N/m}$　$T = 30℃$

通过实验测定蒸馏水的 $\Delta p_{max} = 605.67 \text{Pa}$

由 $\sigma_{蒸馏水} = k\Delta p$ 可得

$$k = \frac{\sigma_{蒸馏水}}{\Delta p} = \frac{71.18 \times 10^{-3} \text{N/m}}{605.67 \text{Pa}} = 1.1752 \times 10^{-4} \text{N/m} \cdot \text{Pa}$$

（2）由折射率 n 查出待测样品对应的浓度，然后根据公式 $\sigma_测 = k\Delta p_{max,测}$，即可求出待测样品的相应的表面张力 σ。

（3）作 σ-c 曲线，求出各浓度下的吸附量

① 打开 Origin 软件，在 "Data1" 的列表中输入浓度（c）和压力差 ΔP_{max} 的全部数据。

② 右键点击 Insert 添加新列 C 列，选定 C 列，右键点击 set column values 将该列数值设为 $Col(C) = Col(B) * 1.1752 \times 10^{-4}$。

③ 选定 A、C 两列，点击作散点图。然后进行一阶指数衰减式拟合：在 "Analysis" 菜单下点击 "Fit Exponential" 即得到拟合曲线（图 6-7）。

在 "Analysis" 菜单下，点击 Origin 工具栏中的 Analysis Mathematics→differentiate，出现求导对话框 Mathematics：differentiate，点击 OK。origin 将自动计算出拟合曲线各点的微分值，并存放于 FitexpCurves1 工作表的最后一列（Derivative Y1）即为 $\dfrac{d\sigma}{dc}$ 值（缺省状态下可得到 100 个值）。

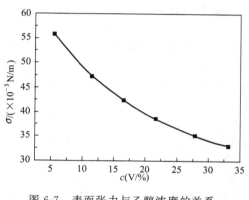

图 6-7　表面张力与乙醇浓度的关系

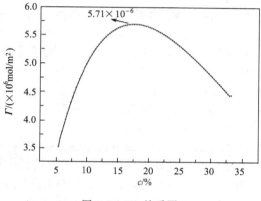

图 6-8　Γ-c 关系图

④ 求表面吸附量　打开 FitexpCurves1 工作表，Derivative 列即为微分值 $\dfrac{d\sigma}{dc}$，添加新一列并右击其顶部，右击在快捷菜单中点击 "Set Column Values"，在文本框中输入相应的 Γ 计算式(1)，点击 OK，即把 Γ 值填入该列。然后选中浓度 c 和吸附量 Γ 列数据，作点线图即得 Γ-c 曲线，如图 6-8 所示。从曲线可知：其最高峰对应 Γ_∞ 值。

从图中可知 $\Gamma_\infty = 5.71 \times 10^{-6}$ mol/m^2

（4）利用 $A_m = \dfrac{1}{\Gamma_\infty L}$，可求得乙醇分子的近似横截面积 A_m（m^2）

$$A_m = \frac{1}{5.71 \times 10^{-6} \times 6.02 \times 10^{23}} = 2.91 \times 10^{-19} (\text{m}^2)$$

实验 27　电泳法测定胶体的电动势

一、目的要求

1. 了解电泳法测定溶胶的 ξ 电势的原理和方法。

2. 掌握溶胶的制备及渗析法纯化胶体的实验技术。

3. 观察胶体的电泳现象，测定 $Fe(OH)_3$ 溶胶的 ξ 电势。

二、实验原理

1. 胶体和扩散双电层结构

胶体溶液（溶胶）是一个多相体系，其分散相胶粒的大小在 1~100nm 之间。在胶体的

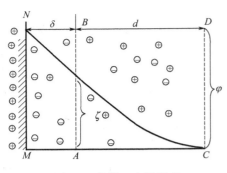

图 6-9　扩散双电层示意

分散体系中，由于胶粒本身的电离或胶粒向分散介质选择地吸附一定量的离子，以及胶粒与分散质之间相互摩擦，使得胶粒表面都带有一定量的电荷。而整个溶胶分散体系是呈电中性的，因此在静电引力作用下，胶粒周围将会形成一个带相反电荷的离子层，即在胶粒周围分布着反离子（与胶体表面离子带相反电荷的离子），使得分散相胶粒和分散介质带有数量相等而符号相反的电荷，这样胶粒表面的电荷与其周围的离子就构成了双电层。如图 6-9 所示。

双电层理论认为：由于离子的热运动，反离子并不是全部整齐地排列在一个面上，而是随着距界面的远近，有一定的浓度分布。从图 6-9 可以看出，靠近粒子表面的一层，负离子有较大的浓度，随着与界面距离的增大，过剩的负离子浓度逐渐减小，直到距界面为 D 处，过剩负离子的浓度等于零，即正负离子的浓度相等。

双电层由两部分所构成，一部分是紧靠固体表面的不流动层，称为紧密层。即从固体表面至虚线 AB 处，其中包括被吸附的离子和部分过剩的异电离子；另一部分是从 AB 到 CD 的范围，是可以流动层，称为扩散层。其中过剩的反离子逐渐减少而至零。由这两部分所形成的双电层，称为扩散双电层（简称双电层）。

2. 电泳法和 ξ 电势原理

在外电场作用下，带电的胶粒携带周围一定厚度的紧密层向带相反电荷的电极运动，在荷电胶粒紧密层的外界面（AB 处）与介质之间相对运动的边界处（CD 处），相对于均匀介质内部产生一个电势差，即指 AB 与 CD 间的电势差，称为电动电势，又称 ξ 电势。ξ 电势的大小与胶粒的大小、浓度、介质的性质、pH 值及温度等因素有关。ξ 电势的正负则根据吸附离子的电荷符号来决定，胶粒表面吸附正离子，则 ξ 电势为正；表面吸附负离子，则 ξ 电势为负。

ξ 电势和胶体的稳定性密切相关，$|\xi|$ 值越大，表明胶粒荷电越多，胶粒之间的斥力越大，胶体越稳定；反之，由于外加电解质或光照、加热等因素，将使 $|\xi|$ 值变小，则胶体不稳定，甚至发生聚沉现象。因此 ξ 电势是表征胶粒特性的重要参数。测定 ξ 电势的方法有电泳、电渗、流动电势及沉降电势等，实际应用中电泳法最为方便、广泛。

在外加电场的作用下，荷电胶粒与分散介质间会发生相对运动，若分散介质不动，胶粒向正极或负极（视胶粒所带电荷的正负而定）移动的现象，称为电泳。电泳法又分为宏观法和微观法。宏观法是观察胶体与另一不含胶粒的辅助导电液的界面在电场中的移动速率；微观法则是直接观察单个胶粒在电场中的泳动速率。对高分散的溶胶[如 $Fe(OH)_3$ 溶胶或 As_2S_3 溶胶]或过浓的溶胶，不宜观察个别粒子的运动，只能用宏观法。对于颜色太浅或浓度过稀的溶胶，则可采用微观法。本实验采用宏观法。

当带电胶粒在外电场作用下迁移时，胶粒电荷为 q，两极间的电视梯度为 H，胶粒受到的静电力为：

$$f_1 = qH$$

胶粒在介质中受到的阻力为：

$$f_2 = k\pi\eta r u$$

式中，r 为胶粒的半径；k 为与胶粒形状有关的常数[胶粒呈球状 $k=6$，呈棒状 $k=4$，$Fe(OH)_3$ 胶粒呈棒状]；η 为液体介质的黏度[不同温度对应的 η（Pa·s）值可查表得出]。

若胶粒运动速率 u 恒定，则 $f_1 = f_2$ 即 $qH = k\pi\eta r u$，根据静电学原理有：

$$\xi = \frac{q}{\varepsilon r}$$

式中，ε 为分散介质的相对介电常数 [水的 ε 可按 $\varepsilon = 80 - 0.4\,(T - 293)$（$T$ 的单位为 K）计算]，则有：

$$u = \frac{\xi \varepsilon H}{k \pi \eta} \tag{1}$$

将 $H = \dfrac{E}{l}$，$u = \dfrac{s}{t}$ 代入式(1)，并整理后得：

$$s = \frac{\xi \varepsilon E}{k \pi \eta l} t \tag{2}$$

或写为

$$\xi = \frac{k \pi \eta s l}{\varepsilon E t}（静电单位） \tag{3}$$

也可写为

$$\xi = \frac{k \pi \eta s l}{\varepsilon E t} \times 300^2（V） \tag{4}$$

式中，300 为电压的 SI 单位"伏特"换算为静电单位的转换系数。

利用界面移动法测出时间 t 时胶体移动的距离 S，两铂电极间的电位差 E 和电极间的距离 l，测出胶体溶液的温度并查出 η 值，代入式(3) 或式(4)，可以直接算出胶体的 ξ 电势，或按式(2) 以 s 对 t 作图，由斜率和已知的 ε 和 η，可求 ξ 电势。

通过电泳实验，不仅可以测定 ξ 电势的大小，还可以通过胶粒运动方向确定溶胶的所带的电荷。

三、仪器与试剂

1. 仪器　电泳仪 1 台；电泳管（配铂电极）2 支；电导率仪（附铂黑电极 1 支）1 台；秒表 1 块；磁力加热搅拌器 1 台；电吹风 1 把。

锥形瓶 500mL 1 个；烧杯 800mL、250mL 各 1 个；量筒 10mL、100mL 各 1 个。

2. 试剂　$FeCl_3$（10%）溶液；HCl 溶液 NaCl（或 KCl）；火棉胶（6%）；$AgNO_3$（1%）溶液；KCNS（1%）溶液。

四、实验步骤

1. $Fe(OH)_3$ 溶胶的制备与纯化

（1）水解法制备 $Fe(OH)_3$ 溶胶　在 250mL 的烧杯中加 100mL 的蒸馏水，加热至沸腾，慢慢地滴入 10% 的 $FeCl_3$ 溶液 5～10mL，并不断搅拌，加完后再继续沸腾 5min，即可得到红棕色 $Fe(OH)_3$ 溶胶。在溶胶中存在过量的 H^+、Cl^- 等离子需要除去。

（2）半透膜的制备　取一个 250mL 洁净、干燥及内壁光滑的锥形瓶，在通风橱中向瓶内倒入约 20mL 的火棉胶溶液，小心转动锥形瓶，使火棉胶黏附在瓶内壁，并形成一层均匀薄膜，倾出多余的火棉胶与回收瓶中。将锥形瓶倒置并不断转动，待剩余火棉胶流尽，然后用吹风机吹干，先冷风后热风，使乙醚挥发完全，至闻不出气味为止，继续用冷风吹 5min 即可。此时如果用手指轻轻触及胶膜，应无黏着感。将锥形瓶中灌满蒸馏水，浸泡 10min，将水倒出，用小刀沿瓶口划开，然后将蒸馏水慢慢注入胶膜与瓶壁之间，使膜与瓶壁脱离，小心地取出胶膜袋，再注入蒸馏水检查其是否有漏洞，将制好的半透膜保存于蒸馏水中待用。

3. 热渗析法纯化 $Fe(OH)_3$ 溶胶　将水解法制得的 $Fe(OH)_3$ 溶胶置于火棉胶半透膜内，用线拴紧袋口，置于装有约 300mL、60～70℃蒸馏水的大烧杯中，进行热渗析，每 20min 换一次水，4 次后取出少量渗析水，用 $AgNO_3$（1%）溶液和 KCNS（1%）溶液对 Cl^- 和 Fe^{3+} 进行检查，如仍有上述离子存在，应继续换水，直到烧杯中的水检测不出 Cl^- 和 Fe^{3+} 为止。将纯化后的 $Fe(OH)_3$ 溶胶置于清洁的锥形瓶中放置一段时间进行老化，最后供实验使用。

2. 辅助液的制备

调节恒温槽温度为 (25.0 ± 0.1)℃，用电导率仪测出老化后的 $Fe(OH)_3$ 溶胶在 25℃ 的电导率，并配制与其电导率相同的 HCl 溶液作为参比液。具体方法：根据 25℃ 时 HCl 电导率-浓度关系，用内插法求出该电导率所对应的 HCl 浓度，在 100mL 容量瓶中配制该溶液（本实验也可用 NaCl 或 KCl 溶液做辅助液）。

3. 电泳法测定 ξ 电势

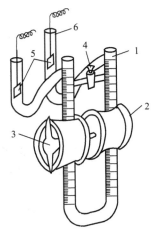

图 6-10　电泳管示意
1—U 形管；2，3，4—旋塞；
5—铂电极；6—支管

（1）实验装置的安装　将电泳管（图 6-10）垂直固定，并将电泳管与电泳仪按要求连接好。

（2）溶胶和辅助液的灌装　将洁净的电泳管用吹风机吹干，用净化好的溶胶洗 2-3 次，然后注入 $Fe(OH)_3$ 溶胶，使液面高于两活塞（2、3）开关后，关闭两活塞，倒出多余的溶液，用蒸馏水洗净 2、3 旋塞上部的管壁。打开旋塞 4，用配好的 HCl 溶液冲洗 1～2 次后，再加至旋塞 4 以上，使液面保持水平，然后关闭旋塞 4。

（3）放置电极　在两支管处插入铂电极（注意不要动电极端头的铂片，以免断裂），电极的插入深度要适中，距支管底部 1～2cm 的高度。

（4）测量　开启电泳仪（或直流稳压电源），调节输出电压在 100～150V 之间，小心开启电泳管旋塞 2、3，同时按下秒表计时，并记下界面原始位置的刻度。观察界面移动的方向，判断胶粒的电性。记录界面移动速率，即界面每移动一个大刻度（$s=1cm$）所用的时间 t，记录三次取平均值。

（5）记录数据　用细线绳按电泳管的形状，沿管壁中心线量出两铂电极之间的距离 l，从伏特计上读取电压 E，用水银温度计量出胶体溶液的温度。

（6）后处理　实验结束后，拆去电源，洗净电泳管和电极，然后在电泳管中加入蒸馏水，电极浸泡于蒸馏水中待用。

五、注意事项

1. 在制备半透膜时，一定要使整个锥形瓶的内壁上均匀地附着一层火棉胶液，在取出半透膜时，一定要借助水的浮力将膜托出。

2. 制备 $Fe(OH)_3$ 溶胶时，$FeCl_3$ 一定要逐滴加入，并且要不断搅拌。

3. 纯化 $Fe(OH)_3$ 溶胶时，换水后要渗析一段时间再检查 Fe^{3+} 和 Cl^- 的存在。

4. 测定速率时待界面升至活塞上部后，能很清晰观察时再开始记录。

六、数据记录与处理

1. 根据胶粒在电场中移动的方向确定胶粒的电性

2. 将电泳过程中的原始数据记录列于表 6-3 中。

表 6-3　$Fe(OH)_3$ 溶胶电泳的测量数据表

测定次数	输出电压 E/V	界面移动距离 s/cm	通电时间 t/s
1			
2			
3			

3. 将以上各数据代入式（4）算出胶体的 ξ 电势，或按式（2）以 s 对 t 作图，由斜率和已知的 ε 和 η，求出 ξ 电势。

七、实验讨论与启示

1. 根据氢氧化铁溶胶的制备过程以及胶团结构式书写的两个原则（胶核优先吸附与其具有相同组成的离子及胶团呈电中性原则），$Fe(OH)_3$ 溶胶的胶团结构可以写为：

$$\{[Fe(OH)_3]_m \cdot nFeO^+ \cdot (n-x)\ Cl^-\}^{x+} \cdot xCl^-$$

2. 半透膜在制作时，要求半透膜渗出水的量每小时不小于 4mL，若太薄则强度不够易损坏，过厚则渗析效果不明显。

3. 因为铂电极较昂贵，且容易损坏，所以本实验还可以使用铜电极，只需在支管底部注入 $CuSO_4$（10%）溶液 5ml 左右，并与辅助液之间保持明显的界面，即可进行电泳测量。

八、思考题

1. 电泳速率的大小与哪些因素有关？
2. 本实验为何要求辅助液与待测溶胶电导率相同？
3. 为什么要使溶胶充满活塞孔，若电泳仪旋塞的管壁上方有残留的微量电解质，对电泳测量结果有何影响？
4. 在电泳测定中如果不用辅助液体，将两电极直接插入溶胶中会发生什么现象？

九、参考文献

[1] 唐林，孟阿兰，刘红天. 物理化学实验. 北京：化学工业出版社，2009.
[2] 袁誉洪. 物理化学实验. 北京：科学出版社，2008.
[3] 苏育志. 基础化学实验（Ⅲ）——物理化学实验. 北京：化学工业出版社，2010.
[4] 傅献彩，沈文霞，姚天扬等. 物理化学（下册）第 5 版. 北京：高等教育出版社，2006.

实验 28　黏度法测定高聚物的相对分子质量

一、目的要求

1. 测定聚乙烯醇的平均相对分子质量。
2. 掌握用乌氏黏度计测定高聚物分子质量的基本原理。
3. 了解溶剂、浓度和温度对黏度的影响。

二、实验原理

1. 黏度的定义

黏度是指液体对流动所表现的阻力，这种阻力反抗液体中相邻部分的相对移动，可看作由液体内部分子间的内摩擦而产生。图 6-11 是液体流动示意图。相距为 ds 的两液层以不同速率（v 和 dv）移动时，产生的流速梯度为 $\dfrac{dv}{ds}$。建立平稳流动时，维持一定流速所需的力 f' 与液层接触面积 A 以及流速梯度 $\dfrac{dv}{ds}$ 成正比：

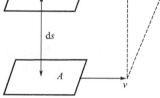

图 6-11　液体流动示意

$$f' = \eta \cdot A \cdot \left(\frac{dv}{ds}\right) \tag{1}$$

单位面积液体的黏滞阻力用 f 表示，$f = f'/A$，则：

$$f = \eta \cdot \left(\frac{dv}{ds}\right) \tag{2}$$

式（2）称为牛顿黏度定律表示式，比例常数 η 称为黏度系数，简称黏度，单位为 $Pa \cdot s$。

2. 黏度的几种表示方法

高聚物稀溶液在流动过程中的内摩擦主要包括溶剂分子之间的内摩擦、高聚物分子与溶剂分子之间的内摩擦以及高聚物分子之间的内摩擦。三种内摩擦的总和称为高聚物溶液的黏度，记作 η。其中溶剂分子之间内摩擦又称为纯溶剂的黏度，记作 η_0。在同一温度下，高聚物溶液的黏度一般要比纯溶剂的黏度大，即 $\eta > \eta_0$。

(1) 相对黏度 溶液黏度与纯溶剂黏度的比值称为相对黏度，记作 η_r，即：

$$\eta_r = \frac{\eta}{\eta_0} \tag{3}$$

(2) 增比黏度 相对于纯溶剂，其溶液黏度增加的分数，称为增比黏度，记作 η_{sp}，即：

$$\eta_{sp} = \frac{\eta - \eta_0}{\eta_0} = \frac{\eta}{\eta_0} - 1 = \eta_r - 1 \tag{4}$$

η_r 表示整个溶液的黏度行为，η_{sp} 则意味着已扣除了溶剂分子之间的内摩擦效应。

(3) 比浓黏度 对于高分子溶液，增比黏度 η_{sp} 往往随溶液的浓度 c 的增加而增加。为了便于比较，将单位浓度下所显示出的增比黏度，即 $\frac{\eta_{sp}}{c}$ 称为比浓黏度；$\frac{\ln\eta_r}{c}$ 称为比浓对数黏度。增比黏度与相对黏度均为无量纲量。

(4) 特性黏度 为了进一步消除高聚物分子之间的内摩擦效应，必须将溶液浓度无限稀释，使得每个高聚物分子彼此远离，其相互干扰可以忽略不计。这时溶液所呈现出的黏度行为最能反映高聚物分子与溶剂分子之间的内摩擦。因而这一理论上定义的极限黏度称为特性黏度，记作 $[\eta]$。

$$\lim_{c \to 0} \frac{\eta_{sp}}{c} = \lim_{c \to 0} \frac{\ln\eta_r}{c} = [\eta] \tag{5}$$

式中，$[\eta]$ 为特性黏度，其值与浓度无关；c 为溶液浓度（每 100mL 溶液中所含溶质的质量，g）。

3. 高聚物溶液黏度的测定方法

液体黏度的测定方法有三类：落球法、转筒法和毛细管法。前两种适用于高、中黏度的测定，毛细管法适用于较低黏度的测定。本实验采用毛细管法，用乌氏黏度计（图 6-13）进行测定。当液体在重力作用下流经毛细管时，遵守 Poiseuille 定律：

$$\frac{\eta}{\rho} = \frac{\pi h g r^4 t}{8LV} - m \frac{V}{8\pi Lt} \tag{6}$$

式中，η 为液体的黏度；ρ 为液体的密度；L 为毛细管的长度；r 为毛细管的半径；t 为流出的时间；h 为流过毛细管液体的平均液柱高度；V 为流经毛细管的液体体积；m 为毛细管末端校正的参数（一般在 $r/L \ll 1$ 时，可以取 $m = 1$）。

对于某一只指定的黏度计而言，令 $A = \frac{\pi g h r^4}{8LV}$，$B = m \frac{V}{8\pi L}$，则式 (6) 可以写成：

$$\frac{\eta}{\rho} = At - \frac{B}{t} \tag{7}$$

式中，$B < 1$，当流出的时间 t 大于 100s 时，该项可以忽略。如果测定的溶液是稀溶液（$c < 1 \times 10^{-2}$ g/cm³），溶液的密度 ρ 和溶剂的密度 ρ_0 可看作近似相等，因此可将 η_r 写成：

$$\eta_r = \frac{\eta}{\eta_0} = \frac{t}{t_0} \tag{8}$$

式中，t 为溶液的流出时间；t_0 为纯溶剂的流出时间。所以通过溶剂和溶液在毛细管中的流出时间，从式 (8) 中即可求得 η_r，进而可计算得到 η_{sp}，$\frac{\eta_{sp}}{c}$ 和 $\frac{\ln\eta_r}{c}$ 值。

根据实验在足够稀的高聚物溶液中有：

$$\frac{\eta_{sp}}{c} = [\eta] + \kappa' [\eta]^2 c \tag{9}$$

$$\frac{\ln\eta_r}{c} = [\eta] - \beta[\eta]^2 c \tag{10}$$

式中 κ' 和 β 分别称为 Huggins 和 Kramer 常数。这是两个直线方程，通过 $\dfrac{\eta_{sp}}{c}$ 对 c、$\dfrac{\ln\eta_r}{c}$ 对 c 作图，外推至 $c \rightarrow 0$ 时所得的截距即为 $[\eta]$。显然，对于同一高聚物，由以上两个线性方程作图外推所得截距应交于同一点，如图 6-12 所示。

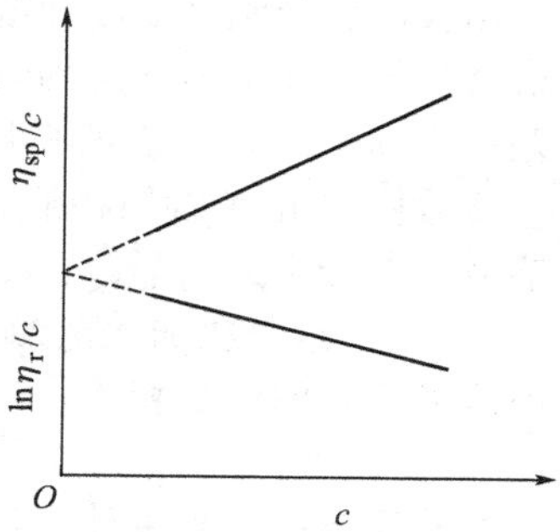

4. 高聚物平均摩尔质量的计算

实验证明，当聚合物、溶剂与温度确定以后，$[\eta]$ 的数值只与高聚物的平均摩尔质量 M 有关，它们之间的关系可用 Mark Houwink 半经验方程表示：

$$[\eta] = K\overline{M}^\alpha \tag{11}$$

图 6-12　外推法求特性黏度

式中，$\overline{M}$ 为相对平均分子量；K 为比例常数；α 是与分子形状有关的经验参数。K 和 α 值与温度、聚合物、溶剂性质有关，在一定的相对分子质量范围内与分子质量无关，其中 K 值受温度的影响较明显。K 与 α 的数值可通过其他绝对方法确定，例如渗透压法、光散射法等。

三、仪器与试剂

1. 仪器　恒温槽 1 套；超声波清洗机 1 台；乌氏黏度计 1 只；移液管（10mL）2 支；移液管（5mL）1 支；秒表 1 块；容量瓶（100mL）2 个；螺旋夹 2 块；注射器（50mL）（1 支）；烧杯（100mL）1 个。

2. 试剂　聚乙烯醇（分析纯）；正丁醇（分析纯）。

四、实验步骤

1. 高聚物溶液的配置

图 6-13　乌氏黏度计示意

称取 2g 聚乙烯醇放入 100mL 烧杯中，注入约 60mL 的蒸馏水，稍加热使之溶解。待冷至室温，加入 2 滴正丁醇（去泡剂），并移入 100mL 容量瓶中，加水至刻度。然后用 3 号砂芯漏斗过滤后待用。过滤不能用滤纸，以免纤维混入。

2. 黏度计的洗涤

先将黏度计放于存有蒸馏水的超声波清洗机中，让蒸馏水灌满黏度计，打开电源清洗 5min；拿出后用热的蒸馏水冲洗，同时用水泵抽滤毛细管使蒸馏水反复流过毛细管部分。容量瓶、移液管也都应仔细清洗。

3. 溶剂流出时间 t_0 的测定

（1）开启恒温水浴和搅拌器电源，调节恒温槽温度至（25.0±0.1）℃，先在黏度计（图 6-13）的 B 管和 C 管上都套上橡胶管，然后将其垂直放入恒温槽，使水面完全浸没 G 球，调节恒温槽的搅拌速度使之不产生振动，同时将盛有蒸馏水和聚乙烯醇溶液的容量瓶置于恒温槽中恒温。

（2）用移液管准确移取已恒温的蒸馏水 10mL，由 A 管注入黏度计中。夹紧 C 管上方的橡皮管，将 B 管上的橡胶管连上注射器，慢慢抽气使液面至 G 球一半，打开 C 管上的橡胶管，G 球液面开始下降，当液面流经 a 刻度时，立即按停表开始记时间，当液面降至 b 刻度时，再按停表，测得刻度 a、b 之间的液体流经毛细管所需时间，重复 3 次，每次测量相差不超过 0.2s，取其平均值，即为 t_0。

4. 溶液流出时间的测定

用移液管分别吸取已知浓度的聚乙烯醇溶液 5mL，由 A 管注入黏度计中，在 C 管处用注射器打气，使溶液混合均匀，浓度记为 c_1，按上述方法进行测定。重复测定三次，数据相差小于 0.2s，取三次的平均值即为 t_1。

然后依次由 A 管用移液管加入 5mL、5mL、5mL、10mL，10mL 蒸馏水，将溶液稀释，使溶液浓度分别为 c_2、c_3、c_4、c_5、c_6，用同法测定每份溶液流经毛细管的时间 t_2、t_3、t_4、t_5、t_6。应注意每次加入蒸馏水后，要充分混合均匀，并冲洗黏度计的 E 球和 G 球，使黏度计内溶液各处的浓度相等。

5. 后处理

实验完毕后，黏度计一定要清洗干净（尤其是毛细管部分，若有残留的高聚物溶液，特别容易堵塞），然后用洁净的蒸馏水浸泡或倒置使其晾干。

五、注意事项

1. 黏度计必须洁净，高聚物溶液中若有絮状物不能将它移入黏度计中。

2. 本实验溶液的稀释是直接在黏度计中进行的，因此每加入一次溶剂进行稀释时必须混合均匀，并冲洗 E 球和 G 球，否则会产生很大的误差。

3. 实验过程中恒温槽的温度要恒定，溶液每次稀释恒温后才能测量。

4. 黏度计要垂直放置。实验过程中不要振动黏度计，否则影响实验结果。

六、数据记录与处理

1. 将所测的实验数据及计算结果填入表 6-4 中。

表 6-4　黏度测定数据表

原始溶液浓度 c_0 _____ （g/100mL）恒温温度 _____ ℃

被测溶液		流出时间 t/s			η_r	$\ln\eta_r$	η_{sp}	$\dfrac{\eta_{sp}}{c}$	$\dfrac{\ln\eta_r}{c}$
		1	2	3	平均				
溶剂 c_0					t_0					
溶液	c_1				t_1					
	c_2				t_2					
	c_3				t_3					
	c_4				t_4					
	c_5				t_5					
	c_6				t_6					

2. 作 $\dfrac{\eta_{sp}}{c}$ - c 及 $\dfrac{\ln\eta_r}{c}$ - c 图，并外推到 $c \rightarrow 0$ 由截距求出 $[\eta]$。

3. 将 $[\eta]$ 代入公式（11），计算聚乙烯醇的相对分子量。

4. 文献值

聚乙烯醇水溶液相关参数，25℃：$K = 2 \times 10^{-2}$ cm^3/g，$\alpha = 0.76$；30℃：$K = 6.66 \times 10^{-2}$ cm^3/g，$\alpha = 0.64$。

七、实验讨论与启示

1. 溶液的黏度与浓度的关系　图 6-12 中两条直线中式（9）$\dfrac{\eta_{sp}}{c} = [\eta] + \kappa'[\eta]^2 c$ 是线性方

程，大多数聚合物在较稀的浓度范围内都符合此式。而式(10) $\dfrac{\ln\eta_r}{c}=[\eta]-\beta[\eta]^2c$ 则基本上是数学运算式，是由式(9)推导而来，推导过程如下。

因为 $\eta_r=\eta_{sp}+1$ 则有：

$$\ln\eta_r=\ln(\eta_{sp}+1)=\eta_{sp}-\frac{1}{2}\eta_{sp}^2+\frac{1}{3}\eta_{sp}^3\cdots \tag{12}$$

省略高次项，两边同除以 c 再将式(9)代入有：

$$\frac{\ln\eta_r}{c}=[\eta]-\left(\frac{1}{2}-k'\right)[\eta]^2c+\left(\frac{1}{3}-k'\right)[\eta]^3c^2\cdots \tag{13}$$

对于式(13)可包括三种情况。

① 若 $k'=1/3$，且令 $\beta=1/2-k'$ 则可得式(10) $\dfrac{\ln\eta_r}{c}=[\eta]-\beta[\eta]^2c$，以 $\dfrac{\eta_{sp}}{c}$ 对 c、$\dfrac{\ln\eta_r}{c}$ 对 c 作图可得图 6-12。

② 若 $k'>1/3$，$\dfrac{\ln\eta_r}{c}-c$ 不呈直线。当浓度较高时，曲线向下弯曲，切线斜率 $b>1/2-k'$。切线与 $\dfrac{\eta_{sp}}{c}-c$ 线在 $c>0$ 处相交于 A 点，两者截距不等，如图 6-14 所示。

③ 当 $k'<1/3$ 时，$\dfrac{\ln\eta_r}{c}-c$ 也不呈直线，但情况与式(2)不同。如图 6-15 所示。

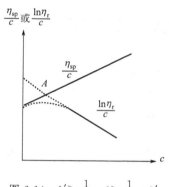

图 6-14　$k'>\dfrac{1}{3}$　$b>\dfrac{1}{2}-k'$

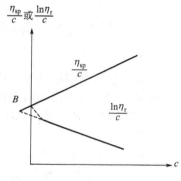

图 6-15　$k'<\dfrac{1}{3}$　$b<\dfrac{1}{2}-k'$

如果出现(2)和(3)这两种情况，而溶液不太稀的情况下，可取 $\dfrac{\eta_{sp}}{c}=[\eta]+\kappa'[\eta]^2c$ 的截距作为特性黏度 $[\eta]$。如果溶液浓度太高，图的线性不好，外推不可靠；如果浓度太稀，测得的 t 和 t_0 很接近，则 η_{sp} 的相对误差比较大。恰当的浓度是使 η_r 在 1.2～2.0 之间。

2. 在高聚物中，分子量大多是不均一的，所以高聚物分子量是指统计的平均分子量。对线型高聚物分子量的测定方法有下列几种，其适用的分子量范围如下：

端基分析 $M<3\times10^4$；沸点升高，凝固点降低，等温蒸馏 $M<3\times10^4$；渗透压 $M=10^4-10^6$；光散射 $M=10^4-10^7$；超速离心沉降速度法 $M=10^4-10^7$；超速离心沉降平衡法 $M=10^4-10^7$。

此外还有本实验中所用的黏度法。黏度法是利用高聚物分子溶液的黏度和分子量间的某种经验方程来计算分子量，适用于各种分子量的范围，只是不同的分子量范围要用不同的经验方程。上述方法除端基分析外，都需要较复杂的仪器设备和操作技术。而黏度法设备简单，测定技术容易掌握，实验结果亦有相当高的准确度，因此，用溶液黏度法测高聚物相对分子质量是目前应用较广泛的方法。但黏度法不是测相对分子质量的绝对方法，因为此法中所用的特性黏度与相对分子质量的经验方程式要用其它方法来确定的。高聚物不同，溶剂不同，相对分子质量范围不同，就要用不同的经验方程式。

　　3. 在实际工作中，为了简化实验操作，快速得到产品的分子量，可采用"一点法"。所谓一点法，即只需在一个浓度下，测定一个黏度数值便可算出聚合物相对分子质量的方法。由式（9）和式（10）可得到一点法求 $[\eta]$ 的方程：

$$[\eta]=\frac{\sqrt{2(\eta_{sp}-\ln\eta_r)}}{c}$$

八、思考题

1. 乌氏黏度计中支管 C 有何作用？除去支管 C 是否可测定黏度？
2. 黏度计的毛管太粗或太细有什么缺点？
3. 乌氏黏度计为什么一定要垂直？

九、参考文献

［1］复旦大学等. 物理化学实验. 第 3 版. 北京：高等教育出版社，2004.
［2］北京大学化学学院物理化学实验教学组. 物理化学实验. 第 4 版. 北京：北京大学出版社，2002.
［3］苏育志. 基础化学实验（Ⅲ）——物理化学实验. 北京：化学工业出版社，2010.
［4］唐林，孟阿兰，刘红天. 物理化学实验. 北京：化学工业出版社，2008.

实验 29　溶液吸附法测定固体比表面积

一、目的要求

1. 掌握用亚甲基蓝水溶液吸附法测定活性炭比表面积的实验方法。
2. 了解朗格缪尔单分子层吸附理论及溶液吸附法测定比表面积的基本原理。
3. 了解 722S 型分光光度计的基本原理并掌握使用方法。

二、实验原理

比表面积是指单位质量（或单位体积）的物质所具有的表面积。它是粉末多孔性物质的一个重要特征参数，其数值与分散粒子大小有关。

　　测定固体比表面积的方法很多，常用的有 BET 低温吸附法、电子显微镜法和气相色谱法。然而这些方法都需要复杂的仪器装置或较长的实验时间，而溶液吸附法则仪器简单，操作方便，可以同时测定多个样品，因此常被采用，但溶液吸附法的测定结果有一定误差。

　　本实验利用亚甲基蓝水溶液吸附法测定活性炭的比表面积。在所有染料中，亚甲基蓝是具有最大吸附倾向的水溶性染料，可被大多数固体物质所吸附。研究表明，在一定浓度范围内，大多数固体对亚甲基蓝的吸附是单分子层吸附，符合朗格缪尔吸附理论。

　　朗格缪尔吸附理论的基本假定是：吸附是单分子层吸附，吸附剂一旦被吸附质覆盖就不能再发生吸附，吸附质之间的相互作用可以忽略；吸附平衡为动态平衡，即单位时间单位表面上吸附的吸附质分子数和脱附的分子数相等，吸附量维持不变；固体表面是均匀的；固体表面各个吸附位完全等价，吸附速率与未被吸附表面积（空白面积）成正比，脱附速率与表面覆盖率成正比。

　　当亚甲基蓝与活性炭达到饱和吸附后，比表面积可按下式计算：

$$S=\frac{(c_0-c)G}{m}\times2.45\times10^6 \tag{1}$$

式中，S 为比表面积；c_0 为原始溶液的浓度；c 为平衡溶液的浓度；G 为溶液的加入量，kg；m 为吸附剂试样的质量，kg；2.45×10^6 为 1kg 亚甲基蓝可覆盖活性炭样品的面积，m^2/kg。

本实验溶液浓度的测定可以通过分光光度计来间接测得。根据朗伯-比耳定律：当入射光为一定波长的单色光且溶液为稀溶液时，某溶液的吸光度与溶液中有色物质的浓度及溶液层的厚度成正比，即：

$$A = \lg \frac{I_0}{I} = \varepsilon l c \tag{2}$$

式中，A 为吸光度；I_0 为入射光强度；I 为透射光强度；ε 为吸光系数，l 为液层厚度；c 为溶液浓度。

亚甲基蓝在可见光区有两个吸收峰：445nm 和 665nm，但在 445nm 处活性炭吸附对吸收峰有很大干扰，故本实验选用的工作波长为 665nm，并用 722S 型分光光度计进行测量。

实验首先测定一系列已知浓度的亚甲基蓝溶液的吸光度，绘出 A-c 工作曲线，然后测定亚甲基蓝原始溶液及平衡溶液的吸光度。再在 A-c 曲线上查得 A 所对应的浓度值，代入式(1) 即可求出活性炭的比表面积。

三、仪器与试剂

1. **仪器**　722S 型分光光度计 1 台；康氏振荡器 1 台；电子天平 1 台；台秤（0.1g）1 台；离心机 1 台；具塞锥形瓶（100mL）5 个；容量瓶（100mL）5 个；容量瓶（500mL）5 个。

2. **试剂**　亚甲基蓝原始溶液（2.00g/L）；亚甲基蓝标准溶液（0.10g/L）；非石墨型活性炭颗粒。

四、实验步骤

1. **样品活化**

将颗粒活性炭置于瓷坩埚中，放入 500℃马弗炉中活化 1h（或在真空箱中于 300℃活化 1h），然后置于干燥器中备用。

2. **溶液吸附**

取 5 个干燥的具塞锥形瓶，编号并分别放入精确称量的活性炭约 0.1g，再加入 40g 浓度为 2g/L 的亚甲基蓝原始溶液，塞上塞子，放在振荡器上振荡 3h。样品振荡达到平衡后，将锥形瓶取下，用砂芯漏斗过滤，得到吸附平衡后的滤液。

3. **配制亚甲基蓝标准溶液**

取 5 个 100mL 容量瓶，用移液管分别量取 4.00mL、6.00mL、8.00mL、10.00mL、12.00mL 浓度为 0.1g/L 的亚甲基蓝标准溶液，置于 5 个容量瓶中，并用蒸馏水稀释至刻度，即得到浓度分别为 4mg/L、6mg/L、8mg/L、10mg/L、12mg/L 的标准溶液。

4. **原始溶液的稀释**

用移液管量取浓度为（2.00g/L）的亚甲基蓝原始溶液 2.50mL，置于 500mL 容量瓶中，稀释至刻度。

5. **平衡溶液的处理**

样品振荡 3h 后，取平衡液 5mL 放入平衡管中，用离心机分离 10min。量取上层平衡溶液 2.50mL 放入 500mL 容量瓶中，并用蒸馏水稀释至刻度。

6. **选择工作波长**

选用 6mg/L 的标准溶液和 0.5cm 的比色皿，以蒸馏水为空白液，在 500～700nm 范围内测量吸光度，并选择最大吸收波长作为工作波长。（722S 型分光光度计的使用方法，参阅第 13 章 13.3.2。）

7. **测量吸光度**

在最大吸收波长下，依次分别测定上述 5 个不同浓度的标准溶液的吸光度，以及稀释以后的原始溶液及平衡溶液的吸光度。

五、注意事项

1. 标准溶液的浓度要准确配制。
2. 活性炭颗粒要均匀并干燥，且每份称重应尽量接近。
3. 振荡时间要充足，以达到饱和吸附，一般不少于 3h。
4. 测定溶液吸光度时要按从稀到浓的顺序测量，每个溶液要测三次，取平均值。

六、数据记录与处理

1. 将所得实验数据列表表示。
2. 以亚甲基蓝标准溶液的吸光度对浓度（A-c）作工作曲线。
3. 从 A-c 工作曲线上查得各初始溶液和平衡溶液的浓度 c_0 和 c，注意稀释倍数。
4. 计算比表面积，求平均值。

七、实验讨论与启示

1. 在测定过程中，当原始溶液浓度较高时，会出现多分子层吸附，而如果吸附平衡后溶液的浓度过低，则吸附又不能达到饱和，因此，原始溶液的浓度以及吸附平衡后的溶液浓度都应选在适当的范围内。
2. 溶液吸附法测定结果误差较大，主要原因在于：吸附时非球型吸附层在各种吸附剂的表面取向并不一致，每个吸附分子的投影面积可以相差很远，所以，溶液吸附法测得的数值应以其他方法进行校正。然而，溶液吸附法常用来测定大量同类样品的相对值。

八、思考题

1. 为什么亚甲基蓝原始溶液浓度要选在 0.2% 左右，吸附后的亚甲基蓝溶液浓度要在 0.1% 左右？若吸附后溶液浓度太低，在实验操作方面应如何改动？
2. 测定亚甲基蓝原始溶液和平衡溶液时，为什么要将溶液稀释才能进行测定？
3. 如何才能加快吸附平衡的速度？溶液发生吸附时如何判断其达到平衡？
4. 吸附作用与哪些因素有关？

九、参考文献

[1] 唐林，孟阿兰，刘红天. 物理化学实验. 北京：化学工业出版社，2009.
[2] 北京大学化学学院物理化学实验教学组. 物理化学实验. 北京：北京大学出版社，2002.
[3] 袁誉洪. 物理化学实验. 北京：科学出版社，2008.
[4] 马志广，庞秀言. 基础化学实验 4　物性参数与测定. 北京：化学工业出版社，2009.
[5] 傅献彩，沈文霞，姚天扬等. 物理化学（下册）. 北京：高等教育出版社，2006.

实验 30　电导法测定表面活性剂的临界胶束浓度

一、目的要求

1. 了解表面活性剂的特性及胶束形成原理。
2. 用电导法测定十二烷基硫酸钠的临界胶束浓度。
3. 掌握电导法测定表面活性剂临界胶束浓度的方法。

二、实验原理

1. 表面活性剂的特性及胶束形成原理

具有明显"两亲"性质的分子，既含有亲油的足够长的（大于 10～12 个碳原子）烃基，又含有亲水的极性基团（通常是离子化的），由这一类分子组成的物质称为表面活性剂。

表面活性剂分子都是由极性基团和非极性基团组成。若按离子的类型可分为三大类：阴

离子型表面活性剂、阳离子型表面活性剂和非离子型表面活性剂。十二烷基硫酸钠属于阴离子型表面活性剂

　　表面活性剂为了能够成为溶液中的稳定分子，可能采取两种途径：一是当它们以低浓度存在于某一体系时，把亲水基留在水中，亲油基向着油相或空气，使表面活性剂分子吸附在界面上，形成定向排列的单分子膜，其结果是降低表面自由能。二是当溶液浓度增大到一定值时，它们不仅在表面形成单分子层，而且在溶液本体内部，亲油基团相互靠拢在一起，以减少亲油基与水的接触面积。当溶液浓度加大到一定程度时，许多表面活性物质的分子立刻结合成很大的集团，形成"胶束"，如图 6-16 所示。以胶束形式存在于水中的表面活性物质是比较稳定的，由于胶束的亲水基方向朝外，与水分子相互吸引，使表面活性剂能稳定地溶入水中。

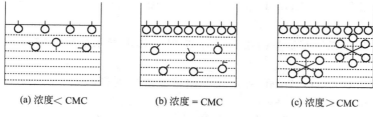

(a) 浓度＜ CMC　　　　(b) 浓度 ＝ CMC　　　　(c) 浓度＞ CMC

图 6-16　胶束形成过程示意

　　表面活性物质在水中形成胶束所需的最低浓度称为临界胶束浓度（Critical Micelle Concentration），以 CMC 表示。随着表面活性剂在溶液中浓度的增长，球形胶束可能转变成棒状胶束，乃至层状胶束，如图 6-17 所示。层状胶束可制作液晶，具有各向异性的性质。

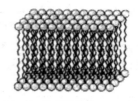

(a) 球形结构剖面图　　　　　　(b) 层状结构

图 6-17　胶束的球形结构和层状结构示意

　　在 CMC 点上，由于溶液的结构改变，导致其在物理及化学性质（如表面张力、蒸汽压、渗透压、电导率、浊度、光学性质等）与浓度的关系曲线上出现明显的转折，如图 6-18 和图 6-19 所示。这一现象是测定 CMC 的实验依据，也是表面活性剂的一个重要特征。

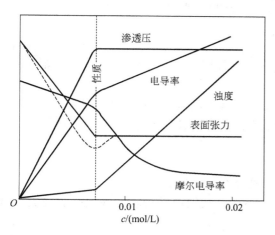

图 6-18　十二烷基硫酸钠水溶液的物理
性质与浓度的关系（25℃）

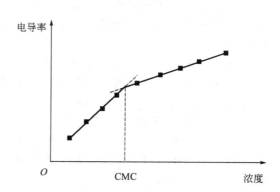

图 6-19　十二烷基硫酸钠溶液
电导率与浓度的关系

2. 表面活性剂临界胶束浓度的测定原理

测定 CMC 的方法很多，原则上溶液的物理化学性质随着表面活性剂浓度的变化，在 CMC 点能发生突变的，都可用来测定其临界胶束浓度。常用的测定方法有：表面张力法、电导法、比色（染料吸附）法、浊度（增容）法等。本实验采用电导法，使用 DDSJ-308A 型电导率仪测定不同浓度的十二烷基硫酸钠水溶液的电导率（或摩尔电导率），并作电导率对浓度的关系图，从图中的转折点即可求得临界胶束浓度（图 6-18）。

三、仪器与试剂

1. 仪器　DDSJ-308A 型电导率仪 1 台；恒温水浴 1 台；电导电极 1 支；

容量瓶（1000mL）1 个；容量瓶（100mL）12 个；试管 14 支。

2. 试剂　氯化钾（0.01mol/L）；十二烷基硫酸钠（0.05mol/L）；电导水或重蒸水。

四、实验步骤

1. 提前将适量十二烷基硫酸钠在 80℃干燥 3h。用电导水准确配制 0.050mol/L 的原始溶液。

2. 溶液配制　取 12 个 100mL 容量瓶，用移液管分别量取 0.050mol/L 原始溶液 4mL、6mL、8mL、12mL、14mL、16mL、18mL、20mL、24mL、28mL、32mL、36mL 并稀释至刻度。（各溶液的浓度分别为 0.004mol/L、0.006mol/L、0.008mol/L、0.012mol/L、0.014mol/L、 0.016mol/L、 0.018mol/L、 0.020mol/L、 0.024mol/L、 0.028mol/L、0.032mol/L、0.036mol/L）。

3. 电导率仪校正　调节恒温水浴使温度恒定至（25.0±0.1）℃。开启电导率仪电源开关，预热约 20min 后，对电导率仪进行校准。（DDSJ-308A 型电导率仪使用方法请参见第 14 章仪器 3）

4. 电导池常数测定　用蒸馏水洗净试管和电导电极，在恒温条件下，用 0.01mol/L 的 KCl 标准溶液标定电导池常数。（请参阅实验 19）。

（5）溶液电导率的测定　用电导率仪从稀到浓分别测定上述各溶液的电导率。测量前先用少量蒸馏水荡洗电导电极和容器两次，再用适量待测溶液荡洗电导电极和容器三次。各待测溶液必须恒温 10min 以上才能开始测量，每隔 3min 测量 1 次，共测定三次，取平均值。

（6）调节恒温水浴温度至（40.0±0.1）℃。重复上述步骤（3）～（5），测定该温度下各溶液的电导率。

（7）测量结束后用蒸馏水荡洗电导电极和容器，并测量所用蒸馏水的电导率。

五、注意事项

1. 配制溶液时表面活性剂要完全溶解。

2. 测量时被测体系一定要保持较好的恒温条件，且恒温时间不要过短，否则将影响测量数据的准确性。

3. 电导电极每次清洗后，用滤纸将表面的水轻轻吸干，但不能擦拭电极的铂片。

4. 当电极插入被测液时，铂片必须完全浸没在溶液中，轻轻摇动被测液，然后静置 2～3min 后再进行测定。

六、数据记录与处理

1. 将所测得数据列表，记录各溶液的电导率或摩尔电导率。

2. 绘制电导率（或摩尔电导率）与浓度的关系图，从图中转折点处找出临界胶束浓度 CMC，并计算相对误差。

七、实验讨论与启示

1. 十二烷基硫酸钠（SDS）的文献值：

25℃时，$C_{12}H_{25}SO_4Na$ 的 CMC$=8.2\times10^{-3}$mol/L。

40℃时，$C_{12}H_{25}SO_4Na$ 的 CMC$=8.7\times10^{-3}$mol/L。

2. CMC 是表面活性剂表面活性的一个重要参量，因为 CMC 越小，则表示该表面活性剂形成胶束所需浓度越低，达到表面（界面）饱和吸附的浓度也越低。只有溶液浓度高于 CMC 时，才能充分发挥表面活性剂的作用，如渗透、润湿、乳化、去污、分散、增溶和起泡作用等，因此表面活性剂的大量研究工作都与各种体系中的 CMC 测定有关。目前，表面活性剂被广泛应用于石油、煤炭、机械、化学、冶金材料及轻工业、农业生产中。

3. 在测定 CMC 的方法中，表面张力法和电导法比较简便准确。表面张力法除了可求得 CMC 之外，还可以求出表面吸附等温线。此法还有一优点，就是无论对于高表面活性还是低表面活性的表面活性剂，其 CMC 的测定都具有相似的灵敏度，此法不受无机盐的干扰，也适合于非离子型表面活性剂的测定。电导法是个经典方法，简便可靠，但只限于离子型表面活性剂。此法对于有较高活性的表面活性剂准确性较高，但过量无机盐存在会降低测定灵敏度，因此配制溶液应该用电导水。

八、思考题

1. 如果要知道所测得的临界胶束浓度是否准确，可用什么实验方法验证？

2. 非离子型表面活性剂能否用电导法测定临界胶束浓度？为什么？如果不能，则可用哪种方法测定？

3. 试说出电导法测定临界胶束浓度的原理。

4. 改变恒温槽温度可得到不同温度下的 CMC 值，据所获得的数据，能够间接获得哪些热力学函数值，并简述方法。

九、参考文献

[1] 复旦大学等. 物理化学实验. 第 3 版. 北京：高等教育出版社，2004.

[2] 袁誉洪. 物理化学实验. 北京：科学出版社，2008.

[3] 苏育志. 基础化学实验（Ⅲ）——物理化学实验. 北京：化学工业出版社，2010.

[4] 张洪林，杜敏，魏西莲. 物理化学实验. 青岛：中国海洋大学出版社，2009.

第7章 物质结构

7.1 分子结构测定及量子化学计算概述

7.1.1 物质结构的主要内容及研究途径

"物质结构"主要研究原子、分子及晶体的结构以及它们和性质间的关系。这里的所谓结构就是指他们是由哪些更基本的质点构成的？怎样构成的？这些质点的运动及相互作用的情况如何？所以，实际上就是指它们的几何结构和电子结构。当然，这两者是密切联系在一起的，有怎样的几何结构，特别是其对称性如何，就决定有怎样的电子运动状态和能级，而后者则决定了何种几何结构为最稳定。

当物质的内部结构处于稳定状态时，它将不随时间而变化，称之为静态结构。如果我们要进而研究物质的化学反应是如何发生的，由怎样的微观状态，经过哪一条途径变成另一种微观状态，那就要研究反应物分子如何因相互作用使其原来的静态结构转变为另一种新的静态结构。而在这个过程中所产生的过渡态、中间产物等称之为动态结构。

研究物质结构有两种主要途径：一是演绎法，即从微观质点的本性及其运动普遍规律，即量子力学规律出发，通过逻辑思维和数学方法处理，弄清楚存在于原子内的电子和核之间的各种复杂的相互作用，并由此推论原子的性质和电子结构的关系。在此基础上进一步研究两个或多个原子（或离子）又是如何组成分子或晶体的，由此探讨化学键的本质。二是归纳法，借助一些物理测试手段，如原子光谱、分子光谱、磁共振谱、光电子能谱、X射线结构分析，来了解物质内部原子排列及其中电子运动状态。

7.1.2 分子结构测定方法及原理

实验上可以利用原子光谱、分子光谱、光电子能谱、X射线衍射分析等测定原子、分子和晶体的微观结构；另外还可以利用古埃磁天平法测定磁化率、溶液法测定极性分子的偶极矩等物理性质。

原子光谱是由原子中的电子在能量变化时所发射或吸收的一系列光所组成的光谱。根据试样光谱中特征谱线的出现可以判断该元素的存在，这是定性分析的根据。而谱线的强度与试样中的元素的含量有一定关系，这是光谱定量分析的依据。

分子光谱是把由分子发射出来的光或被分子所吸收的光进行分光得到的光谱，是测定和鉴别分子结构的重要实验手段，是分子轨道理论发展的实验基础。分子光谱与分子内部运动密切相关。能够产生分子光谱的运动有分子的转动、分子中原子间的振动和电子跃迁三种运动方式。当分子由一种转动状态跃迁至另外一种转动状态时，就要吸收或发射和上述能级差（$10^{-4} \sim 0.05 \text{eV}$）相应的光。这种光的波长处于远红外或微波区，称为远红外光谱或微波谱。由分子振动能级改变（$0.05 \sim 1 \text{eV}$）所产生的光谱称为振动光谱，分子的振动能级发生跃迁时总是伴有转动能级的跃迁，所得的振动-转动光谱出现在红外波段，因此分子的振动-转动光谱称为红外光谱。电子光谱是分子中的电子由一种分子轨道跃迁至另一分子轨道时吸收或发射光所产生的光谱，由于电子运动的能级差（$1 \sim 20 \text{eV}$）大，所以实际观察到的是电子-振动-转动兼有的谱带，这种光谱位于紫外光和可见光范围，因而称为紫外可见光谱。显然，分子光谱不是简单的线状光谱，而是带状光谱。

光电子能谱是利用光电效应的原理测量单色辐射从样品上打出来的光电子的动能（并由此测定其结合能）、光电子强度和这些电子的角分布，并应用这些信息来研究原子、分子、凝聚相，尤其是固体表面的电子结构的技术。

X 射线衍射分析是利用晶体形成的 X 射线衍射，对物质进行内部原子在空间分布状况的结构分析方法。将具有一定波长的 X 射线照射到结晶性物质上时，X 射线因在结晶内遇到规则排列的原子或离子而发生散射，散射的 X 射线在某些方向上相位得到加强，从而显示与结晶结构相对应的特有的衍射现象。衍射 X 射线满足布拉格（W. L. Bragg）方程：$2d\sin\theta = n\lambda$，式中，λ 是 X 射线的波长；θ 是衍射角；d 是结晶面间隔；n 是整数。波长 λ 可用已知的 X 射线衍射角测定，进而求得面间隔，即结晶内原子或离子的规则排列状态。根据求出的衍射 X 射线强度和面间隔即可确定试样结晶的物质结构，此即定性分析。从衍射 X 射线强度的比较，可进行定量分析。

偶极矩是表示分子中电荷分布情况的物理量。分子是由带正电的原子核和带负电的电子所组成。分子中正、负电荷的数量相等，整体呈现电中性。非极性分子的正、负电荷中心是重合的，而极性分子的正、负电荷中心是分离的，其分离程度的大小与分子极性大小有关，可用"偶极矩"这一物理量来描述。偶极矩为正、负电荷中心所带的电荷量与正、负电荷中心之间的距离的乘积。偶极矩为矢量，其方向规定为从正电荷中心到负电荷中心，量纲为 C·m。通过偶极矩的测定可以了解分子结构中有关电子云的分布和分子的对称性等情况，还可以用来判别几何异构体和分子的立体结构等。

磁性是普遍存在的物理属性，任何一种物质材料都有磁性，只不过表现形式和程度有所不同。物质的磁性常用磁化率 χ 来表示。磁化率是在外磁场中物质磁化强度与磁场强度的比值。磁化率的测定可采用共振法或天平法。

7.1.3 量子化学计算方法简介

量子化学计算是应用量子化学理论研究原子、分子体系，根据原子核和电子的相互作用及其运动规律，建立并求解体系的薛定谔方程，得到体系的本征值和本征向量，从而探讨原子、分子体系的组成、结构和性质等化学规律。由于计算过程非常繁杂，人们根据所研究的课题，不得不引入适当的物理模型和相应的数学处理方法。常用的量子化学计算方法有量子化学从头算和密度泛函理论方法等。

7.1.3.1 量子化学从头算方法（Ab initio calculation）

量子化学的从头算方法，是求解多电子体系薛定谔方程问题的重要理论方法。Ab initio 在分子轨道理论基础上，从三个基本近似出发，不借助任何经验参数，计算全部电子的分子积分，采用自洽迭代的方法求解薛定谔方程。理论上的严格性和计算结果的可靠性，使得以 Gaussian 98 为代表的从头算方法和量子化学程序包，不仅仅成为理论化学必不可少的重要组成部分，同时广泛地应用于化学的各个分支学科，并渗透到生物学、医药学和固体物理等领域，成为应用量子化学的重要理论工具。

求解分子体系的 Hartree-Fock（HF）方法的基础是 Schrödinger 方程：

$$\left\{ -\frac{1}{2}\sum_i \nabla_i^2 - \frac{1}{2}\sum_A \nabla_A^2 - \sum_i \sum_A \frac{Z_A}{r_{iA}} + \sum_{A>B} \frac{Z_A Z_B}{r_{AB}} + \sum_{i>j} \frac{1}{r_{ij}} \right\}\Psi = E\Psi \tag{7-1}$$

$$\hat{H}\Psi = E\Psi \tag{7-2}$$

式中，$\hat{H}$ 是 Hamilton 算符，包含电子动能、核动能、电子间排斥能、电子与核吸引能和核间排斥能等算符；Ψ 是分子波函数，依赖于电子与核的坐标；E 是体系的总能量；i、j

和 A、B 分别代表电子和核，Z_A、Z_B 是 A 核和 B 核的电荷。根据量子力学理论，上述 Schrödinger 方程的建立本身包括两点近似：①非相对论近似，认为电子质量等于其静止质量，光速接近无穷大；②Born-Oppenheimer 近似，假设核的运动不影响分子的电子状态。通过求解 Schrödinger 方程可以获得一个体系的能量和相关电子结构性质。

对于上述的 Schrödinger 方程，只有类氢原子能够得到精确解，而对于其他体系必须做一定的近似才能求解。最基本的近似方法有变分法和微扰法。所谓从头算方法是建立在 Hartree-Fock 近似基础上的变分方法，同时引入了"轨道近似"，即体系的波函数 Ψ，由单电子波函数即分子轨道乘积的线性组合构成。

Hartree-Fock（HF）方法的基本近似模型是：认为电子是在其他电子的平均势场中运动，考虑到电子的全同性和费米子，电子波函数是反对称的，体系波函数采用行列式波函数。在此基础上，可导出 n 电子体系的 Hartree-Fock 方程：

$$\hat{f}_i \varphi_i = \varepsilon_i \varphi_i \quad (i = 1, 2, \cdots, n) \tag{7-3}$$

式中，$\hat{f}_i$ 称为 Fock 算符，它是形式的单电子算符，ε_i、φ_i 为第 i 个电子的 Fock 算符的本征值、本征函数。Fock 算符的形式为：

$$\hat{f}_i = -\frac{1}{2} \nabla_i^2 - \sum_A \frac{Z_A}{r_{iA}} + \nu^{HF}(i) \tag{7-4}$$

其中，$\nu^{HF}(i) = \sum_j \left\{ \int \varphi_j^*(2) \varphi_j(2) \frac{1}{r_{12}} d\tau_2 - \delta[m_s(i), m_s(j)] \int \frac{\varphi_j^*(2) \varphi_i(2) \varphi_j(1)}{\varphi_i(1)} \frac{1}{r_{12}} d\tau_2 \right\}$

考虑闭壳层分子体系，引入基函数 $\{\chi_\mu\}$，轨道 φ_i 由基函数线性组合构成：

$$\varphi_i = \sum_\mu c_{\mu i} \chi_\mu \tag{7-5}$$

代入 Hatree-Fock 方程式后，导出体系电子总能量 E，引入 Lagrange 待定因子，并在轨道 $\{\varphi_i\}$ 正交归一的条件限定下，对能量极小化，导出了 Roothann 方程：

$$\sum_\nu (F_{\mu\nu} - \varepsilon_i S_{\mu\nu}) = 0 \quad (\varepsilon = 1, \cdots, m; i = 1, \cdots, m) \tag{7-6}$$

写成矩阵形式：

$$\boldsymbol{Fc = Sc\varepsilon} \tag{7-7}$$

求解 Hatree-Fock-Roothann（HFR）方程，是一个迭代自洽的过程，因此 HF 方法也称为 SCF（self consistent field）自洽场方法。在求解 HFR 方程过程中，不引入任何经验参数，直接计算各类电子积分，称为从头算方法。

HF 方法包括闭壳层限制性 HF 方法——RHF、非限制的 HF 方法——UHF 和限制的开壳层 HF 方法——ROHF 等，由于这些方法计算简单，计算时间较少，因此得到了普遍的应用。

HF 方法的主要缺陷在于它采用平均势场模型而忽略了电子对的瞬时相互作用（特别是自旋相反的电子间的相关作用），它不能正确描述电子运动时相互间的相关问题。因此应用 HF 方法进行几何构型优化的结果与实验值存在一定的误差，计算精度较低。

7.1.3.2 密度泛函理论（Density Functional Theory，DFT）方法

密度泛函理论（DFT）的指导思想是要用密度函数来描述和确定体系的性质而不求助

于体系波函数。

1964 年 Hohenberg 和 Kohn 证明了：非简并基态分子的能量及其他所有分子的电子性质，由其概率密度 $\rho_0(x,y,z)$ 确定，即有：

$$E_0 = E_0(\rho_0) \tag{7-8}$$

分子体系的哈密顿算符为：

$$\hat{H} = -\frac{1}{2}\sum_i \nabla_i^2 + \sum_i \upsilon(i) + \sum_{i<j}\frac{1}{r_{ij}} \tag{7-9}$$

式中，$\upsilon(i) = -\sum_\alpha \frac{Z_\alpha}{r_{\alpha i}}$，称为外部势（external potential）。

Hohenberg-Kohn 还提出了密度泛函的变分理论：

$$E_V(\rho_V) \geqslant E_0(\rho)$$

即任何试探密度函数 ρ_V 所确定的体系能量都要大于等于真实的基态能量。

为了近似求解体系能量，1965 年 Kohn-Sham 提出 KS-DFT 方法。首先引入不显含电子相互作用的参考体系哈密顿算符：

$$\hat{H}_s = \sum_i -\frac{1}{2}\nabla_i^2 + \upsilon_s(i) = \sum_i \hat{h}_i^{KS} \tag{7-10}$$

式中，$\hat{h}_i^{KS}$ 称为 Kohn-Sham Hamiltonian。

引入参考体系波函数：

$$\psi_{s,0} = |u_1 u_2 \cdots u_n| \tag{7-11}$$

其中 $u_i = \theta_i^{KS}(\vec{r}) \cdot \sigma_i$，这里 θ_i^{KS} 为 Kohn-Sham 单电子函数，称为 KS 轨道。

根据以上公式可导出体系基态的总能量为：

$$E_0 = -\sum_\alpha Z_\alpha \int \frac{\rho(\vec{r})}{r_{1\alpha}}d\vec{r}_1 - \frac{1}{2}\sum_i^n \langle \theta_i^{KS}(1)|\nabla_1^2|\theta_i^{KS}(1)\rangle + \frac{1}{2}\iint \frac{\rho(\vec{r}_1)\rho(\vec{r}_2)}{r_{12}}d\vec{r}_1 d\vec{r}_2 + E_{XC}(\rho) \tag{7-12}$$

其中 $\rho = \rho_s = \sum_i^n |\theta_i^{KS}|^2$，$E_{xc}(\rho)$ 称为交换相关能，它包含了电子交换及电子相关能。

根据 Hohenberg-Kohn 变分原理，通过改变 KS 轨道获得能量的极小化：

$$\hat{h}^{KS}(1)\theta_i^{KS}(1) = \varepsilon_i^{KS}\theta_i^{KS}(1) \tag{7-13}$$

式中，

$$\hat{h}^{KS}(1) = -\frac{1}{2}\nabla_1^2 - \sum_\alpha \frac{Z_\alpha}{r_{1\alpha}} + \int \frac{\rho(\vec{r}_2)}{r_{12}}d\vec{r}_2 + \upsilon_{XC}(\vec{r})$$

$$\upsilon_{XC}(\vec{r}) = \frac{\delta E_{XC}[\rho(\vec{r})]}{\delta\rho(\vec{r})}$$

给定一组初始的 KS 参考轨道，通过求解上述方程组，求得一组 $\{\theta_i^{KS}\}$，并由其得到 $\rho(\vec{r})$ 函数和交换相关能 $E_{xc}(\rho)$，再由它们得到新的一组 $\{\theta_i^{KS}\}$，…，迭代计算直至达到自洽。最终得到体系基态的最低能量。

$E_{xc}(\rho)$ 尚不能精确地计算，目前只能借助一些近似方案，如 B3LYP 近似方案就是 DFT 方法的一种较通用的方案：

令　$E_{xc}=(1-a_0-a_x)E_x^{LDA}+a_0E_x^{HF}+a_xE_x^{B88}+(1-a_c)E_c^{VWN}+a_cE_c^{LYP}$

式中，a_0, a_x, a_c 为参数（分别为 0.20，0.72，0.81）。

近年来，由于 DFT 理论能够较好地说明分子间的多种相互作用，因此人们常把 DFT 方法用于分子间相互作用问题的研究。DFT 的计算量只随电子数的 3 次方增长，故可用于较大分子的计算。另外相对于 HF 方法，DFT 方法更多地考虑了电子相关，因而计算的精度较好，计算速度却比 MP2 方法快近一个数量级，特别对于大分子，这种差别更大。因此，近年来越来越多的研究者开始应用密度泛函方法来研究化学和生物问题，内容涉及无机和有机小分子及它们的复合物。对于分子间相互作用力较强的体系来讲，DFT 方法取得了很大成功。

7.2　结构化学实验

实验 31　极化分子偶极矩和摩尔折射率的测定

一、目的要求

1. 用溶液法测定氯仿的偶极矩，了解偶极矩与分子电性质的关系。

2. 测定某些化合物的折射率和密度，求算化合物、基团和原子的摩尔折射率，判断化合物的分子结构。

3. 了解 Clausius-Mosotti-Debye 方程的意义及公式的使用范围。

二、实验原理

1. 偶极矩与极化度

分子是由带正电的原子核和带负电的电子所组成。分子中正、负电荷的数量相等，整体呈现电中性。非极性分子的正、负电荷中心是重合的，而极性分子的正、负电荷中心是分离的，其分离程度的大小与分子极性大小有关，可用"偶极矩"这一物理量来描述。偶极矩的定义为：

$$\mu=qd \tag{1}$$

式中，q 代表正、负电荷中心所带的电荷量；d 代表正、负电荷中心之间的距离，μ 为矢量，其方向规定为从正电荷中心到负电荷中心，量纲为 C·m。通过偶极矩的测定可以了解分子结构中有关电子云的分布和分子的对称性等情况，还可以用来判别几何异构体和分子的立体结构等。

在外电场作用下，分子产生诱导极化（又称变形极化），它包括电子云对分子骨架的相对移动产生的电子极化和分子骨架变形产生的原子极化，诱导极化可用摩尔诱导极化度 $P_{诱导}$ 来衡量。极性分子还会在电场中按一定取向有规则排列以降低其势能，这种现象称为分子的转向极化，可以用摩尔转向极化度 $P_{转向}$ 来衡量。所以，对极性分子而言，分子的摩尔极化度 P 由三部分组成，即：

$$P=P_{转向}+P_{电子}+P_{原子} \tag{2}$$

当处在交变电场中，根据交变电场的频率不同，极性分子的摩尔极化度 P 可有以下三种不同情况。

① 低频下（$<10^{10}\,s^{-1}$）或静电场中，$P = P_{转向} + P_{电子} + P_{原子}$。

② 中频下（$10^{12} \sim 10^{14}\,s^{-1}$）即红外频率下，极性分子的转向运动跟不上电场的变化，此时 $P_{转向} = 0$，$P = P_{原子} + P_{电子}$。

③ 高频下（$>10^{15}\,s^{-1}$）即紫外频率和可见光频率下，极性分子的转向运动和分子骨架变形都跟不上电场的变化，此时 $P_{转向} = 0$，$P_{原子} = 0$，$P = P_{电子}$。

因此，只要在低频电场下测得 P，在红外频率下测得 $P_{诱导}$，两者相减即可得到 $P_{转向}$，理论上有：

$$P_{转向} = \frac{4}{9}\pi L \frac{\mu^2}{kT} \tag{3}$$

式中，L 为阿伏伽德罗常数；k 为玻耳兹曼常数；T 为热力学温度。由式（3）即可求出极性分子的永久偶极矩 μ，从而了解分子结构的有关信息。

2. 极化度的测定

摩尔极化度与物质的介电常数 ε 有关，它们的关系可用克劳修斯-莫索蒂-德拜（Clausius-Mosotti-Debye）方程表示：

$$P = \frac{\varepsilon - 1}{\varepsilon + 2} \cdot \frac{M}{\rho} \tag{4}$$

式中，M 为被测物质的摩尔质量；ρ 为密度。

式（4）仅适用于分子间相互作用可以忽略的气态样品。但一般情况下，所研究的物质并不一定以气体状态存在，或者在加热气化时早已分解。因此后来提出了一种溶液法来解决这一困难。溶液法的基本思想是：在无限稀释的非极性溶剂的溶液中，溶质分子所处的状态和气相时接近，此时分子的摩尔极化度 P 成为无限稀释溶液中溶质的摩尔极化度 P_2^∞。根据溶液的加和性可推导出溶液无限稀释时溶质摩尔极化度的公式：

$$P = P_2^\infty = \lim_{x_2 \to 0} P_2 = \frac{3\alpha\varepsilon_1}{(\varepsilon_1 + 2)^2} \cdot \frac{M_1}{\rho_1} + \frac{\varepsilon_1 - 1}{\varepsilon_1 + 2} \cdot \frac{M_2 - \beta M_1}{\rho_1} \tag{5}$$

式中，ε_1、ρ_1、M_1、M_2、x_2 分别为溶剂的介电常数、密度、摩尔质量、溶质的摩尔质量和摩尔分数，α、β 满足下列稀溶液的近似公式：

$$\varepsilon_溶 = \varepsilon_1(1 + \alpha x_2) \tag{6}$$

$$\rho_溶 = \rho_1(1 + \beta x_2) \tag{7}$$

式中，$\varepsilon_溶$、$\rho_溶$ 分别为溶液的介电常数和密度。

由于在红外频率下测 $P_{诱导}$ 较困难，所以一般是在高频电场中测 $P_{电子}$（此时 $P_{取向} = 0$，$P_{原子} = 0$，极性分子的摩尔极化度 $P = P_{原子}$）。根据光的电磁理论，在同一频率的高频电场作用下，透明物质的介电常数 ε 和折射率 n 的关系为：

$$\varepsilon = n^2 \tag{8}$$

一般地，用摩尔折射率 R_2 来表示高频区测得的摩尔极化度，即：

$$P_{电子} = R_2 = \frac{\varepsilon - 1}{\varepsilon + 2} \cdot \frac{M}{\rho} = \frac{n^2 - 1}{n^2 + 2} \cdot \frac{M}{\rho} \tag{9}$$

同样，可以推导出溶液无限稀释时溶质摩尔折射率的公式：

$$P_{电子} = R_2^\infty = \lim_{x_2 \to 0} R_2 = \frac{n^2 - 1}{n_1^2 + 2} \cdot \frac{M_2 - \beta M_1}{\rho_1} + \frac{6 n_1^2 M_1 \gamma}{(n_1^2 + 2)^2 \rho_1} \tag{10}$$

其中 γ 满足稀溶液的近似公式：

$$n_溶 = n_1(1 + \gamma x_2) \tag{11}$$

式中：$n_溶$、n_1 分别为溶液、溶剂的折射率。

α、β、γ 值分别可由 $\varepsilon_溶$-x_2、$\rho_溶$-x_2 和 $n_溶$-x_2 直线斜率求得。

3. 偶极矩的测定

通常情况下，$P_原子$ 只有 $P_电子$ 的 $5\% \sim 10\%$，而且 $P_转向 \geqslant P_电子$，所以常忽略 $P_原子$，从式（2）、式（3）、式（5）和式（10）可得：

$$P_转向 = P_2^\infty - R_2^\infty = \frac{4}{9}\pi L \frac{\mu^2}{kT} \tag{12}$$

式（12）的意义在于其将物质分子的微观性质偶极矩与它的宏观性质介电常数、密度和折射率联系起来了，极性分子的永久偶极矩就可用下列简化式计算：

$$\mu = 0.04274 \times 10^{-30}\sqrt{(P_2^\infty - R_2^\infty)T} \quad (\text{C} \cdot \text{m}) \tag{13}$$

上述测求极性分子偶极矩的方法称为溶液法。溶液法测得的溶质偶极矩与气相测得的真实值间存在偏差，造成这种现象的原因是非极性溶剂与极性溶质分子相互间的作用——"溶剂化"作用，这种偏差现象称为溶液法测量偶极矩的"溶剂效应"。

4. 介电常数的测定

介电常数是通过测量电容后计算而得到的。任何物质的介电常数 ε 可借助于一个电容器的电容值来表示，即：

$$\varepsilon = \frac{C}{C_0} \tag{14}$$

式中，C 为某电容器以该物质为介质时的电容值；C_0 为同一电容器在真空中的电容值。通常空气的介电常数接近于 1，故介电常数近似地写成：

$$\varepsilon = \frac{C}{C_空} \tag{15}$$

由于 $C_空$ 可近似看作与真空电容 C_0 相等，因此介电常数的测定就变为电容的测定了。测量电容的方法一般有电桥法、拍频法和谐振法。本实验采用电桥法，小电容测量仪测电容时，除两电极间电容外，整个测试系统还有分布电容 $C_分$ 的存在，所以实测电容为：

$$C'_样 = C_样 + C_分 \tag{16}$$

对于给定的电容池，必须先测出其分布电容。可以先测出以空气为介质时的电容 $C'_空$，再用一种已知介电常数 $\varepsilon_标$ 的标准物质，测得其电容，则有：

$$C'_空 = C_空 + C_分 \tag{17}$$

$$C'_标 = C_标 + C_分 \tag{18}$$

又因为：

$$\varepsilon_标 = \frac{C_标}{C_0} \approx \frac{C_标}{C_空} \tag{19}$$

由式（17）～式（19）可得：

$$C_分 = C'_空 - \frac{C'_标 - C'_空}{\varepsilon_标 - 1} \tag{20}$$

$$C_0 = \frac{C'_标 - C'_空}{\varepsilon_标 - 1} \tag{21}$$

测出以不同浓度溶液为介质时的电容 $C'_样$，按式（16）计算 $C_样$，按式（14）计算不同浓度溶液的介电常数。

三、仪器与试剂

1. 仪器　数字阿贝折射仪 1 台；数字小电容测量仪 1 台；电容池 1 个；超级恒温槽 1台；密度管 1 支；电吹风 1 个；容量瓶（50mL）5 个；针筒 1 支。

2. 试剂　氯仿（分析纯）；环己烷（分析纯）。

四、实验步骤

1. 溶液的配制

用称量法配制 4 个浓度的氯仿-环己烷溶液于 50mL 容量瓶中，各溶液浓度分别控制在氯仿摩尔分数为 0.01，0.05，0.10，0.15 左右。将溶液连同另一个装纯环己烷的 50mL 容量瓶一起放入恒温槽中恒温。

2. 介电常数的测定

用电吹风将电容池两极间的间隙吹干，将电容池与小电容测量仪相连接，接通恒温水浴，使电容池恒温在 (25.0±0.1)℃。在量程选择键全部弹起状态下，开启电容测定仪工作电源，预热 10min，用调零旋钮调零，然后按下（20pF）键，待数显稳定后，记下数据，此即 $C'_空$。重复测量 2 次，取平均值。

打开电容池盖，用滴管将纯环己烷加入到电容池中的聚四氟乙烯白色小杯至杯内的刻度线，盖好电容池盖，恒温 10min 后，同上法测量电容值。然后打开电容池盖，取出聚四氟乙烯白色小杯，将杯中的纯环己烷倒出并回收，用无水乙醇淌洗小杯并吹干后重新装样再次测量电容值。取两次测量的平均值即为 $C'_标$。

介电常数与温度有关，记录测定电容时的室温，环己烷的介电常数与温度的关系式为：

$$\varepsilon_环 = 2.023 - 0.0016\left(\frac{T}{K} - 293\right) \tag{22}$$

用同法两次测定氯仿-环己烷溶液的电容，取平均值为 $C'_样$。

3. 折射率的测定

用数字阿贝折射仪测定纯环己烷及上述 4 种溶液的折射率。注意各样品需加样 3 次，读取 3 次数据后取平均值。阿贝折射仪的构造、测量原理及操作方法见 13.2.2。

4. 溶液密度的测定

将奥斯瓦尔德-斯普林格（Ostwald-Sprengel）密度管（图 7-1）洗净、干燥后称重为 w_1，然后取下磨口小帽，用针筒从 a 支管的管口注入蒸馏水，至蒸馏水充满 b 端小球，盖上两个小帽，用不锈钢丝 c 将密度管吊在恒温水浴中，在 (25.0±0.1)℃ 下恒温 10～15min，然后取下两个小帽，将密度管的 b 端略向上仰，用滤纸从 a 支管管口吸取管内多余的蒸馏水，以调节 b 支管的液面到刻度 d。从恒温槽中取出密度管，将磨口小帽先套 a 端口，后套 b 端口，并用滤纸吸干管外所沾的水，挂在天平上称量得 w_2。

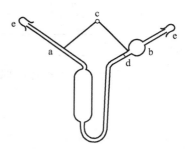

图 7-1　密度管
a—支管；b—带小球与刻度线的支管；
c—不锈钢丝；d—刻度线；e—小帽

同上法，对环己烷及所配制的溶液分别进行测定，在天平上称量为 w_3，则温度为 T 时环己烷和各溶液的密度为：

$$\rho'_样 = \frac{w_3 - w_1}{w_2 - w_1} \cdot \rho'_水 \tag{23}$$

五、注意事项

1. 每次测定前要用冷风将电容池吹干，并重测 $C'_空$，与原来的 $C'_空$ 值相差应小于 0.02pF。严禁用热风吹样品室。

2. 测 $C'_样$ 时，操作应迅速，池盖要盖紧，防止样品挥发和吸收空气中极性较大的水汽。装样品的滴瓶也要随时盖严。

3. 每次装入量严格相同，样品过多会腐蚀密封材料渗入恒温腔，实验无法正常进行。

4. 要反复练习差动电容器旋钮、灵敏度旋钮和损耗旋钮的配合使用和调节，在能够正确寻找电桥平衡位置后，再开始测定样品的电容。

六、数据记录与处理

1. 将所测数据列表。

室温：

溶液编号		1	2	3	4	纯 C_6H_{12}
w_{CHCl_3}/g						
$w_{C_6H_{12}}/g$						
折射率 $n_样$	1					
	2					
	3					
	平均					
电容 $C'_空/pF$	1					
	2					
	平均					
$C'_标/pF$	1					
	2					
	平均					
$C'_样/pF$	1					
	2					
	平均					
w_1/g						
w_2/g						
w_3/g						

2. 根据称得的氯仿和环己烷的质量精确计算出各溶液中氯仿的摩尔分数 x_2。

3. 由式（22）、式（21）、式（20）、式（16）、式（14）分别计算室温下的 $\varepsilon_标$ 及 C_0、$C_分$、$C_样$、$\varepsilon_样$。

4. 由 $\rho_水^{/℃} = 1.01699 - \dfrac{14.290}{940-9t}$ 计算 25℃下水的密度，并由式（23）计算 25℃下环己烷和各溶液的密度 $\rho_样$。

5. 作 $\varepsilon_样$-x_2、$\rho_样$-x_2 和 $n_样$-x_2 图，分别计算 α、β、γ 值。

6. 将有关数据代入式（5）和式（10）求出 P_2^∞ 和 R_2^∞。

7. 将 P_2^∞ 和 R_2^∞ 代入式（13）求出氯仿分子的偶极矩，并与文献值对照。

8. 求算所测化合物的密度，结合折射率，由式（9）求其摩尔折射率。

七、思考题

1. 本实验测定偶极矩时做了哪些近似处理？

2. 准确测定溶质的摩尔极化度和摩尔折射率时，为何要外推到无限稀释？

3. 试分析实验中误差的主要来源，如何改进？

八、参考文献

[1] 徐光宪，王祥云. 物质结构. 第 2 版. 北京：高等教育出版社，1987.

[2] 北京大学化学系物理化学教研室. 物理化学实验. 第 4 版. 北京：北京大学出版社，2002.

[3] 孙尔康，张剑荣等．物理化学实验．南京：南京大学出版社，2009.

[4] 复旦大学等．物理化学实验．第 3 版．北京：高等教育出版社，2004.

[5] 顾月姝．基础化学实验（Ⅲ）——物理化学实验．北京：化学工业出版社，2004.

实验 32　配合物磁化率的测定

一、目的要求

1. 掌握古埃（Gouy）法测定磁化率的实验原理和技术，熟练掌握磁天平的使用方法。

2. 用古埃法测定几种络合物的磁化率，计算未成对电子数并判断分子配键类型。

3. 通过实验，巩固物质磁性特别是分子磁性的知识。

二、实验原理

1. 物质的磁性和磁化率

物质在磁场中会被磁化，产生一个附加磁场。所谓物质的磁性是指物质在磁场中所表现出的性质。在外磁场作用下，物质的磁感应强度为：

$$B = B_0 + B' = \mu_0 H + \mu_0 \kappa H \tag{1}$$

式中，B_0 为外磁场的磁感应强度；B' 为物质磁化产生的附加磁感应强度；H 为外磁场强度；μ_0 为真空磁导率，其数值等于 $4\pi \times 10^{-7} \text{N/A}^2$；$\kappa$ 为物质的体积磁化率，是物质的一种宏观磁学性质。

磁学中常用单位质量磁化率 χ_m 或摩尔磁化率 χ_M 来表示物质的磁性质，它们的定义为：

$$\chi_m = \frac{\kappa}{\rho} \tag{2}$$

$$\chi_M = M\chi_m = \frac{M\kappa}{\rho} \tag{3}$$

式中，ρ、M 分别为物质的密度和摩尔质量；χ_m、χ_M 的单位分别为 m^3/kg，m^3/mol。

根据 κ 的特点可把物质分成三类：① $\kappa > 0$ 的物质称为顺磁性物质；② $\kappa < 0$ 的物质称为反磁性物质；③ 另有少数物质，其 κ 值与外磁场 H 有关，它随外磁场强度的增加而急剧增加，并且往往还有剩磁现象，这类物质称为铁磁性物质，如铁、钴、镍等。物质的磁性与组成它的原子、离子或分子的微观结构有关，凡是原子、分子中具有自旋未配对电子的物质都是顺磁性物质；凡是原子或分子中电子自旋已经配对的物质，一般都是反磁性物质。大部分的物质都是反磁性物质。

顺磁性物质的磁化率 χ_M 除了分子磁矩定向排列所产生的磁化率 $\chi_{顺}$ 之外，还同时包含了感应所产生的反磁化率 $\chi_{反}$，即：

$$\chi_M = \chi_{顺} + \chi_{反} \tag{4}$$

由于 $\chi_{顺}$ 比 $\chi_{反}$ 大 2～3 个数量级左右，故这类物质总表现出顺磁性。在不是很精确的计算中，可以近似地把 $\chi_{顺}$ 当成 χ_M。

顺磁化率与分子永久磁矩的关系服从居里定律：

$$\chi_{顺} = \frac{N_A \mu_m^2 \mu_0}{3kT} \tag{5}$$

式中，N_A 为阿伏伽德罗常数；k 为玻耳兹曼常数；T 为热力学温度；μ_m 为分子永久磁矩。

由式（5）可得：

$$\mu_{\mathrm{m}}=\sqrt{\frac{3kT}{N_{\mathrm{A}}\mu_0}\chi_{\mathrm{M}}}=7.3972\times10^{-21}\sqrt{\frac{\chi_{\text{顺}}}{\mathrm{m^3/mol}}\left(\frac{T}{\mathrm{K}}\right)}(\mathrm{J/T})=797.7\sqrt{\frac{\chi_{\text{顺}}}{\mathrm{m^3/mol}}\left(\frac{T}{\mathrm{K}}\right)}\mu_{\mathrm{B}} \qquad (6)$$

其中 μ_{B}（$1\mu_{\mathrm{B}}=9.274078\times10^{-24}\mathrm{J/T}$）为玻尔磁子，是单个自由电子自旋所产生的磁矩。

顺磁性物质的 μ_{m} 与未成对电子数 n 的关系为：

$$\mu_{\mathrm{m}}=\sqrt{n(n+2)}\mu_{\mathrm{B}} \qquad (7)$$

式（6）将物质的宏观性质（χ_{M}）与物质的微观性质（μ_{m}）联系起来。因此可通过实验测定的 χ_{M} 来计算物质分子的永久磁矩 μ_{m}，进而计算未成对电子数 n。这些结果可用于研究原子或离子的电子结构，判断配合物分子的配键类型。

例如 Cr^{3+}，其外层电子构型 $3d^3$，由实验测得其磁矩 $\mu_{\mathrm{m}}=3.77\mu_{\mathrm{B}}$，则式（7）可算得 $n\approx3$，即表明有 3 个未成对电子。又如，测得黄血盐 $K_4[Fe(CN)_6]$ 的 $\mu_{\mathrm{m}}=0$，则 $n=0$，可见黄血盐中 Fe^{2+} 的 $3d^6$ 电子不是如图 7-2（a）的排布，而是如图 7-2（b）的排布，即强场低自旋态。

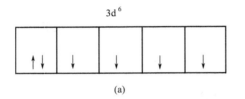
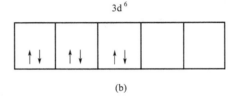

图 7-2 Fe^{2+} 外层电子排布

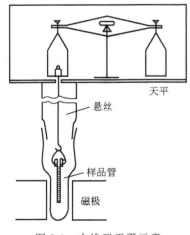

图 7-3 古埃磁天平示意

2. 磁化率的测定

磁化率的测定可采用共振法或天平法。本实验采用古埃天平法，测定原理见图 7-3 所示。

将装有样品的圆柱玻璃管悬挂在两极中间，使样品管的底部处于两极中心连线上，即磁场强度 H 最强的区域，样品的顶部则处于上部磁场强度 H_0 几乎为零的区域。这样样品管就处于不均匀的磁场中。当一个截面积为 A 的圆柱体置于一个非均匀的磁场中，物体的一个小体积元 AdZ 在磁场梯度 $\dfrac{\mathrm{d}H}{\mathrm{d}Z}$ 方向上受到一个作用力 $\mathrm{d}F$ 为：

$$\mathrm{d}F=B'\frac{\mathrm{d}H}{\mathrm{d}Z}A\mathrm{d}Z=(\kappa-\kappa_0)\mu_0HA\mathrm{d}H \qquad (8)$$

式中，B' 为一个磁子的附加磁感应强度；κ 为被测物质的磁化率；κ_0 为周围介质的磁化率（一般为空气，κ_0 值很小，可以忽略不计）。

样品管中所有样品受的力为：

$$F=\int_H^{H_0=0}(\kappa-\kappa_0)\mu_0HA\mathrm{d}H=-\frac{1}{2}\kappa\mu_0AH^2 \qquad (9)$$

可以通过样品在有磁场和无磁场的两次称量来测出 F，设 Δm 为施加磁场前后样品的质量差，则：

$$-F = \frac{1}{2}\kappa\mu_0 AH^2 = g(\Delta m_{空管+样品} - \Delta m_{空管}) \tag{10}$$

将式（3）代入式（10），并考虑 $\rho = \dfrac{m}{hA}$，整理得：

$$\chi_M = \frac{2(\Delta m_{空管+样品} - \Delta m_{空管})ghM}{\mu_0 mH^2} \tag{11}$$

若考虑到空气的磁化率就有式（12）：

$$\chi_M = \frac{2(\Delta m_{空管+样品} - \Delta_{m空管})ghM}{\mu_0 mH^2} + \frac{M}{\rho}\chi_{空} \tag{12}$$

式中，h 为样品高度；m 为样品质量；g 为重力加速度；ρ 为样品的密度；H 为磁场强度。H 可直接测量，也可以用已知单位质量磁化率（χ_m）的莫尔氏盐来间接标定，本实验就是用莫尔氏盐来间接标定 H 的。莫尔氏盐的 χ_m 与温度的关系为：

$$\chi_m = \frac{9500}{T+1} \times 4\pi \times 10^{-9}(\text{m}^3/\text{kg}) \tag{13}$$

三、仪器与试剂

1. 仪器　古埃磁天平 1 台；软质玻璃样品管 4 支；装样品工具 1 套（包括研钵、小漏斗、玻璃棒、角匙、直尺）。

2. 试剂　$CuSO_4 \cdot 5H_2O$（分析纯）；$K_4[Fe(CN)_6] \cdot 3H_2O$（分析纯）；$FeSO_4 \cdot 7H_2O$（分析纯）；莫尔氏盐 $(NH_4)_2SO_4 \cdot FeSO_4 \cdot 6H_2O$（分析纯）。

四、实验步骤

1. 方法一

1. 将特斯拉计的探头放入磁铁的中心架上，套上保护套，调节特斯拉的数字显示为"0"。

2. 除下保护套，把探头平面垂直置于磁场两极中心，打开电源，调节"励磁电流调节"示值，把探头位置调节至显示值为最大的位置，此乃探头最佳位置，用探头灯此位置的垂直线，测定离磁铁中心多高处 $H_0 = 0$，这也就是样品管内装样品的高度。关闭电源前应调节"励磁电流调节"旋钮使特斯拉数字显示为零。

3. 用莫尔氏盐标定磁场强度，取一只清洁的干燥的空样品管悬挂磁天平的挂钩上，使样品管正好与磁极中心线平齐。（样品管不可与磁极接触，屏与探头有合适的距离。）

① 准确称取空样品管质量（$H=0$ 时），得 $m_1(H_0)$。

② 调节"励磁电流调节"旋钮，使特斯拉计数显为"300"mT（H_1），称量得 $m_1(H_1)$。

③ 逐渐增大电流，使特斯拉计数显为"350"mT（H_2），称量得 $m_1(H_2)$。

④ 然后略微增大电流，接着退至"350"mT（H_2），称量得 $m_2(H_2)$。

⑤ 将电流降至数显为"300"mT（H_1）时，再称量得 $m_2(H_1)$。

⑥ 再缓慢降至数显为"000.0"mT（H_0），又称取空管质量得 $m_2(H_0)$。

这样调节电流由小到大，再由大到小的测定方法是为了抵消实验时磁场处于剩磁现象的影响。

$$\Delta m_{空管}(H_1) = \frac{1}{2}[\Delta m_1(H_1) + \Delta m_{2空管}(H_1)]。$$

$$\Delta m_{空管}(H_2) = \frac{1}{2}[\Delta m_1(H_2) + \Delta m_2(H_2)]。$$

式中，　　$\Delta m_1(H_1) = m_1(H_1) - m_1(H_0)$；　$\Delta m_2(H_1) = m_2(H_1) - m_2(H_0)$；

$\Delta m_1(H_2) = m_1(H_2) - m_1(H_0)$；　$\Delta m_2(H_2) = m_2(H_2) - m_2(H_0)$

4. 取下样品管，用小漏斗装事先研细并干燥过的莫尔氏盐，并不断将样品管底部在软垫上轻轻碰击，使样品均匀填实，直至所要求的高度，（用尺准确测量），按前述方法装有莫尔氏盐的样品管置于磁天平称量，重复称空管时的步骤，得：

$m_{1空管+样品}(H_0)$，$m_{1空管+样品}(H_1)$，$m_{1空管+样品}(H_2)$，$m_{2空管+样品}(H_2)$，$m_{2空管+样品}(H_1)$，$m_{2空管+样品}(H_0)$。

可求出 $m_{空管+样品}(H_1)$ 和 $m_{空管+样品}(H_2)$。

（5）同一样品管中，同法分别测定 $FeSO_4 \cdot 7H_2O$，$CuSO_4 \cdot 5H_2O$ 和 $K_4[Fe(CN)_6] \cdot 3H_2O$ 的 $m_{空管+样品}(H_1)$ 和 $m_{空管+样品}(H_2)$。

2. 方法二

1. 步骤（1）同第一种方法。

2. 步骤（2）同第一种方法。

3. 用莫尔氏盐标定磁场强度，取一只清洁的干燥的空样品管悬挂在磁天平的挂钩上，使样品管正好与磁极中心线平齐，（样品管不可与磁极接触，并与探头有合适的距离。）

① 准确称取空样品管质量（$H=0$ 时），得 $m_{空管}H_0$；重复两次取平均值。

② 取下样品管，用小漏斗装事先研细并干燥过的莫尔氏盐，并不断将样品管底部在软垫上轻轻碰击，使样品均匀填实，直至所要求的高度，（用尺准确测量），将样品管放入磁天平中称量，重复称空管时的步骤，得 $m_{空管+样品}(H_0)$；重复两次取平均值。

③ 然后调节"励磁电流调节"旋钮，使特斯拉计数显为"300"$mT(H_1)$迅速称量，得 $m_{空管+样品}(H_1)$；重复两次取平均值。

④ 取出样品管，倒掉样品，洗净并烘干，重新放入磁天平中称量。得 $m_{空管}H_1$，则样品的质量为 $m_{样品}(H_0) = m_{空管+样品}(H_0) - m_{空管}(H_0)$。

样品在加与未加磁场前后质量变化为：

$$\Delta m_{样品} = [m_{空管+样品}(H_1) - m_{空管+样品}(H_0)] - [m_{空管}(H_1) - m_{空管}(H_0)]$$

4. 同一样品管中，同法分别测定 $FeSO_4 \cdot 7H_2O$，$CuSO_4 \cdot 5H_2O$ 和 $K_4[Fe(CN)_6] \cdot 3H_2O$ 的 Δm。

五、注意事项

1. 所测样品应研细并保存在干燥器中。

2. 样品管一定要干燥洁净。如果空管在磁场中增重，表明样品管不干净，应更换。

3. 天平称量时，必须关上磁极箱外面的玻璃门，以免空气流动产生对称量的影响。

4. 装在样品管内的样品要均匀紧密、端面平整，高度测量准确。

5. 称量时，样品管应正好处于两磁极之间，其底部与磁极中心线齐平，悬挂样品管的悬线勿与任何物件接触。

6. 励磁电流的变化应平稳、缓慢，调节电流时不宜用力过大。加上或去掉磁场时，勿改变永磁体在磁极架上的高低位置及磁极间距，使样品管处于两磁极的中心位置，磁场强度前后一致。切莫使样品管触碰磁铁，使称量产生过失偏差。

六、数据记录与处理

1. 数据记录于表中

励磁电流：$I=$＿＿＿＿＿A　磁场强度：$H=$＿＿＿＿＿mT　室温：＿＿＿＿℃

样品	摩尔质量 $M/$ (g/mol)	样品高度 h/cm	空管质量 m/g			空管＋样品质量 m/g			样品质量 m/g
			无磁场 $m_{空}$	加磁场 $m'_{空}$	平均值 $\Delta m_{空}$	无磁场 $m_{空+样}$	加磁场 $m'_{空+样}$	平均值 $\Delta m_{空+样}$	
莫尔盐 $(NH_4)_2SO_4 \cdot FeSO_4 \cdot 6H_2O$	392.12								
$FeSO_4 \cdot 7H_2O$	278.00								
$CuSO_4 \cdot 5H_2O$	249.67								
三水黄血盐 $K_4[Fe(CN)_6] \cdot 3H_2O$	422.38								

2. 数据处理（以下公式均采用 SI 单位进行计算）

1. 由莫尔盐的摩尔磁化率 χ_M，计算 3A 励磁电流下的磁场强度 H 值及摩尔磁化率 χ_M、永久磁矩 χ_m。

2. 由样品的测定数据，计算它的 χ_M、n。

① 据 $FeSO_4 \cdot 7H_2O$ 的测定数据 H、m、$\Delta m_{空管}$、$\Delta m_{空管+样品}$、h，计算 χ_M。

② 据 T、χ_M，计算 μ_m。

③ 据 μ_m，计算 n。

3. 同上法，由 $CuSO_4 \cdot 5H_2O$ 和 $K_4[Fe(CN)_6] \cdot 3H_2O$ 的测定数据，分别计算它们的 χ_M、μ_m、及 n。

4. 分别计算 $FeSO_4 \cdot 7H_2O$，$CuSO_4 \cdot 5H_2O$ 和 $K_4[Fe(CN)_6] \cdot 3H_2O$ 的 χ_M 的相对误差。

七、实验讨论与启示

1. 有机化合物绝大多数分子都是由反平行自旋电子对而形成的价键，因此其总自旋磁矩等于零，是反磁性的。Pascol 分析了大量有机化合物的摩尔磁化率的数据，总结得到分子的摩尔反磁化率具有加和性。此结论可以用于研究有机物分子的结构。

2. 对物质磁性的测量还可以得到一系列的其他信息。例如测定磁化率对温度和磁场强度的依赖性可以定性判断是顺磁性、反磁性还是铁磁性的；对合金磁化率的测定可以得到合金的组成；还可以根据磁性质研究生物体系中血液的成分等。

3. 文献值如下：

$FeSO_4 \cdot 7H_2O$，$\chi_M = 1.120 \times 10^{-2}$ cm^3/mol，$n=4$；$CuSO_4 \cdot 5H_2O$，$\chi_M = 1.460 \times 10^{-3}$ cm^3/mol，$n=1$；$K_4[Fe(CN)_6] \cdot 3H_2O$，$\chi_M = -1.723 \times 10^{-4}$ cm^3/mol，$n=0$；可以根据实验结果和文献值讨论实验的相对误差，并分析误差来源。

4. 样品管装样不实、高度不一致，会导致莫尔氏盐标定的磁场与样品实际感受的磁场不一致而产生误差。

八、思考题

1. 试根据公式分析引起 χ_M 误差的因素有哪些？

2. 根据实验结果，画出 $K_4[Fe(CN)_6] \cdot 3H_2O$ 及 $FeSO_4 \cdot 7H_2O$ 中 Fe^{2+} 的外层电子结

构图。

3. 在不同磁场强度下，测得的样品的摩尔磁化率是否相同？为什么？

4. 为什么实验测得各样品的 μ_m 值比理论计算值稍大些？

九、参考文献

[1] 北京大学化学系物理化学教研室. 物理化学实验. 第 3 版. 北京：北京大学出版社，1995.

[2] 夏海涛主编. 物理化学实验. 哈尔滨：哈尔滨工业大学出版社，2003.

[3] 复旦大学等. 物理化学实验. 第 3 版——物理化学实验. 北京：化学工业出版社，2004.

[4] 顾月姝主编. 基础化学实验（Ⅲ）——物理化学实验. 北京：化学工业出版社，2004.

[5] 高全昌，张国鼎. 法定计量单位在磁化率测定实验中的应用. 西北大学学报：自然科学版，1995，25（5）：560.

[6] 阚锦晴，刘正铭，张国林. 磁天平稳流电源的改进. 实验室研究与探索，1997，6：85.

实验 33   红外光谱法测定气态分子的结构参数

一、目的要求

1. 了解分子振动-转动光谱的基本原理，掌握刚性转子和非谐振子模型结构参数的计算。

2. 熟悉红外光谱的实验方法，了解红外分光光度计的结构、使用等知识。

3. 测量异核双原子分子的振转光谱，通过谱图分析，计算电子离解能、零点振动能、弹力常数和核间距等一系列结构参数。

二、实验原理

当用一束红外光照射一物质时，该物质的分子就会吸收一部分光能。如果以波长或波数为横坐标，以百分吸收率或透光率为纵坐标，把物质分子对红外光的吸收情况记录下来，就得到了该物质的红外吸收光谱图。

分子的运动可分为平动（t）、转动（r）、振动（v）和电子跃迁（e）等四种运动方式，每个运动状态都具有一定的能级，因此分子的总能量为：

$$E = E_t + E_r + E_v + E_e \tag{1}$$

分子的平动不产生光谱，因此能够产生光谱的运动是分子的转动、振动和电子运动。分子的振动能级发生跃迁总是伴有转动能级的跃迁，所得的振动-转动光谱出现在红外波段，因此分子的振动-转动光谱称为红外光谱。显然，红外光谱不是简单的线状光谱，而是在振动带上出现一系列转动结构的带状光谱。

在讨论双原子分子的红外光谱时，作为一种近似，可把分子转动用刚性转子模型、分子振动用非谐振子模型来处理。

刚性转子的转动能级为：

$$E_r = J(J+1)\frac{h^2}{8\pi^2 I} \tag{2}$$

式中，$J = 0，1，2，\cdots$ 为转动量子数；I 为转动惯量。

非谐振子的振动能级为：

$$E_v = \left(V + \frac{1}{2}\right)h\nu - \left(V + \frac{1}{2}\right)^2 \chi_e h\nu \tag{3}$$

式中，$V = 0，1，2，\cdots$ 为振动量子数；χ_e 为非谐振性校正系数；下标 e 表示平衡态的相应值；ν 为特征振动频率，其数值由下式计算：

$$\nu = \frac{1}{2\pi}\left(\frac{K_e}{\mu}\right)^{\frac{1}{2}}$$

式中，K_e 为化学键力常数；μ 为分子的折合质量。

因此，分子的振转能量若以波数表示，则：

$$\tilde{\nu} = \frac{E_{V,r}}{hc} = \frac{E_V + E_r}{hc} = \left[(V+\frac{1}{2})\omega_e - (V+\frac{1}{2})^2 \chi_e \omega_e\right] + BJ(J+1) \tag{4}$$

式中，$\omega_e = \dfrac{\nu}{c}$ 称为特征波数；$B = \dfrac{h^2}{8\pi^2 Ic}$（$cm^{-1}$）为振动和转动相互作用后的转动常数。

分子中振动能级的跃迁不是随意两个能级都能发生，它遵循一定的规律，即光谱选律。对红外光谱来说，其选律为：

$$\Delta V = \pm 1, \pm 2, \cdots; \quad \Delta J = \pm 1$$

当 ΔV 不为 ± 1 时，其谱带强度随 ΔV 的绝对值加大而迅速减弱。若从基态出发，$\Delta V = +1$ 的谱带称为基频谱带；$\Delta V = +2$ 的谱带称为倍频谱带。

当分子的振转能级由 E''（其振动能级为基态）升高到 E'（其振动能级为第一激发态）时，吸收的辐射波数为：

$$\begin{aligned}
\tilde{\nu} &= \frac{E'_{V,r} - E''_{V,r}}{hc} = \frac{E'_V - E''_V}{hc} + \frac{E'_r - E''_r}{hc} = \tilde{\nu}_1 + \frac{E'_r - E''_r}{hc} \\
&= \tilde{\nu}_1 + B'J'(J'+1) - B''J''(J''+1)
\end{aligned} \tag{5}$$

式中，B'' 和 B' 分别为振动基态和第一激发态的转动常数；$\tilde{\nu}_1$ 为纯振动跃迁产生的谱线的波数，亦即基态振动频率（以 cm^{-1} 为单位）。

当 $\Delta J = J' - J'' = -1$ 时，谱带为 P 支谱线，代入式（5）整理后得：

$$\tilde{\nu}_P = \tilde{\nu}_1 - (B' + B'')J'' + (B' - B'')J''^2$$

令 $m = -J'' = -1, -2, -3, \cdots$，则有：

$$\tilde{\nu}_P = \tilde{\nu}_1 + (B' + B'')m + (B' - B'')m^2 \tag{6}$$

当 $\Delta J = J' - J'' = +1$ 时为 R 支谱线，代入式（5）整理后得：

$$\tilde{\nu}_R = \tilde{\nu}_1 + (B' + B'')(J'' + 1) + (B' - B'')(J'' + 1)^2$$

令 $m = J'' + 1 = 1, 2, 3, \cdots$，则有：

$$\tilde{\nu}_R = \tilde{\nu}_1 + (B' + B'')m + (B' - B'')m^2 \tag{7}$$

合并式（6）和式（7），得谱线公式为

$$\tilde{\nu} = \tilde{\nu}_1 + (B' + B'')m + (B' - B'')m^2 \tag{8}$$

式中，$m = 1, 2, 3, \cdots$ 时为 R 支；$m = -1, -2, -3, \cdots$ 时为 P 支。

此外，由实验谱图的谱线可得经验公式：

$$\tilde{\nu} = c + dm + em^2 \tag{9}$$

对比式（8）和式（9）可求得基态振动频率 ν_1，振动基态和第一激发态的转动常数 B''，B'，并由此可进一步计算出双原子分子的一系列结构参数。方法如下。

1. 由 B'' 可求双原子分子的基态键长 R_e：

$$R_e = \sqrt{\frac{I}{\mu}} = \sqrt{\frac{h^2}{8\pi^2 B'' c} \frac{1}{\mu}} \tag{10}$$

（2）由 $\tilde{\nu}_1$ 及 $\tilde{\nu}_2$（$\tilde{\nu}_2 = 5668.0 cm^{-1}$ 为 HCl 基态到第二激发态纯振动跃迁产生的谱线的波数）可求得特征波数 ω_e、非谐振性校正系数 χ_e，并进一步求得表征化学键强弱的力常数 K_e：

$$\tilde{\nu}_1 = (1 - 2\chi_e)\omega_e$$

$$\tilde{\nu}_2 = (1 - 3\chi_e)2\omega_e$$

$$\nu = c\omega_e = \frac{1}{2\pi}\sqrt{\frac{K_e}{\mu}} \tag{11}$$

3. 求基态平衡离解能 D_e、摩尔离解能 D_0。D_e 即为振动量子数 V 趋向无穷大时的振动能量 $E_{V_{max}}$，利用 $E_{V_{max}} = E_{(V_{max}-1)}$，可求得 $V_{max} \approx \frac{1}{2\chi_e}$。

因此

$$D_e = E_{V_{max}} = \left(V_{max} + \frac{1}{2}\right)hc\omega_e - \left(V_{max} + \frac{1}{2}\right)hc\omega_e\chi_e$$

$$= V_{max}hc\omega_e - V_{max}^2 hc\omega_e\chi_e = \frac{1}{4\chi_e}hc\omega_e \tag{12}$$

$$D_0 = D_e - E_0 \approx \frac{1}{4\chi_e}hc\omega_e - \frac{1}{2}hc\omega_e \tag{13}$$

三、仪器与试剂

1. 仪器　红外分光光度计 1 台；计算机 1 台；气体池（程长 10cm）1 只；真空泵 1 台；气体制备装置 1 套。

2. 试剂　NaCl（分析纯）；浓 H_2SO_4（分析纯）。

四、实验步骤

1. 气体制备

气体制备装置如图 7-4 所示。

（1）将浓 H_2SO_4 滴入 NaCl 中制得 HCl 气体，经浓硫酸干燥后，存入储气瓶中备用。

（2）将气体池减压，然后连接储气瓶，吸入 HCl 气体。气体池选用氯化钠单晶为窗口。

2. 测定谱图

（1）按照红外分光光度计操作步骤开启仪器。选择扫描范围为 $4000\sim600cm^{-1}$。

（2）将装有样品的气体池放入样品光路气体池托架上。

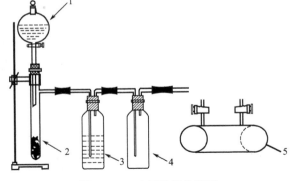

图 7-4　HCl 气体发生装置

1—装有浓 H_2SO_4 的分液漏斗；2—装有 NaCl 晶体；3—装有浓 H_2SO_4 的洗气瓶；4—储气瓶；5—气体池

（3）在 $4000\sim600cm^{-1}$ 波数范围内进行扫描。观察并绘制缩小 1 倍的谱图。

（4）选取 $3200\sim2500cm^{-1}$ 波数范围内横坐标扩展 2 倍，据谱图尺寸进行纵坐标扩展，绘制谱图。

3. 后处理

用氮气冲洗气体池以保护氯化钠窗口，关上气体池活塞，将其置于干燥器中。

五、注意事项

1. 实验时，必须在教师指导下严格按操作规程使用红外光谱仪。

2. 氯化钠窗口切勿沾水，也不要直接用手拿。实验完后一定要将样品池内样品抽空，用氮气冲洗干净。

3. 排出的气体要引向室外。

六、数据记录与处理

1. 从 $3200\sim2500cm^{-1}$ 波数范围中读出测得的 24 条谱线的波数（P 支及 R 支各 12 条）。

2. 进行下列各项计算。

① 用最小二乘法确定式（9）中 c，d，e 值。

② 据式（8）、式（10）分别计算出基态转动常数 B'' 和平衡核间距 R_e。

③ 计算分子的特征波数 ω_e、据式（11）计算非谐振性校正系数 χ_e 和化学键的力常数 K_e。

④ 据式（12）、式（13）分别计算出平衡离解能 D_e、摩尔离解能 D_0 和零点振动能 E_0。

3. 将所得结果与文献值比较。

七、实验讨论与启示

红外光谱在有机官能团鉴定、化学结构分析和表面化学、催化、电化学等研究方面得到广泛的应用，如红外光谱法对催化剂表面配合物的研究，红外光谱法跟踪研究催化，原位红外光谱研究表面吸附和表面反应，红外光谱法测定分子筛的硅铝比等等，已有大量的研究成果报道。红外光谱实验技术已成为化学研究工作者必不可少的基本功。

八、思考题

1. 试比较分子光谱与原子光谱的异同。

2. 哪些双原子分子有红外活性？HCl 有无红外活性？

3. 试解释 HCl 谱线强度分布，为什么 HCl 的相邻谱线间隔随 m 的增加而减小？

九、参考文献

[1] 徐光宪，王祥云. 物质结构. 第 2 版. 北京：高等教育出版社，1987.

[2] 郑一善. 分子光谱导论. 上海：上海科学技术出版社，1963.

[3] 杨文治. 物理化学实验技术. 北京：北京大学出版社，1992.

[4] 复旦大学等. 物理化学实验. 第 3 版. 北京：高等教育出版社，2004.

[5] 顾月姝. 基础化学实验（Ⅲ）——物理化学实验. 北京：化学工业出版社，2004.

7.3　计算量子化学实验

实验 34　分子结构模型的构建及优化计算

一、目的要求

1. 掌握 Gaussian 和 GaussVIEW 程序的使用。

2. 掌握分子内坐标输入方法，为目标分子设定计算坐标。

3. 能够正确解读计算结果，采集有用的结果数据。

二、实验原理

量子化学是运用量子力学原理研究原子、分子和晶体的电子层结构、化学键理论、分子间作用力、化学反应理论、各种光谱、波谱和电子能谱的理论，以及无机、有机化合物、生物大分子和各种功能材料的结构和性能关系的科学。

Gaussian 程序是目前最普及的计算量子化学程序，它可以计算得到分子和化学反应的许多性质，如分子的结构和能量、电荷密度分布、热力学性质、光谱性质、过渡态的能量和结构等等。GaussVIEW 是一个专门设计的与 Gaussian 配套使用的软件，其主要用途有两个：构建 Gaussian 的输入文件；以图的形式显示 Gaussian 计算的结果。本实验主要是借助于 GaussVIEW 程序构建 Gaussian 的输入文件，利用 Gaussian 程序对分子的稳定结构和性质进行计算和分析。

三、软件与仪器

1. 软件：Gaussian、GaussVIEW 计算软件，Uedit 编辑软件。

2. 仪器：计算机 1 台。

四、实验步骤

1. 利用 GaussVIEW 程序构建 Gaussian 的输入文件

打开 GaussVIEW 程序，如图 7-5 所示，在 GaussVIEW 软件中利用建模工具（View→ Builder→ 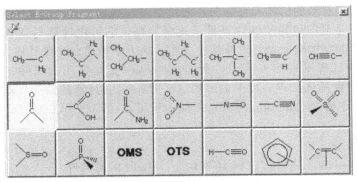），如图 7-6 所示，在程序界面元素周期表的位置处找到所需的元素，单击即可调入该元素与氢元素的化合物。

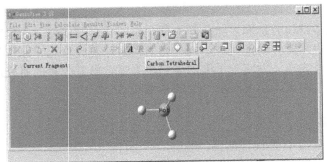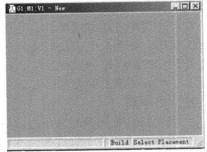

图 7-5　Gauss VIEW 打开时的界面

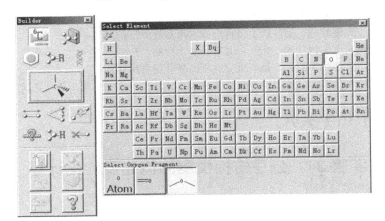

图 7-6　点击 Buider 及双击图标 ⁶C 后出现的元素周期表窗口图

若要构建像乙烷这样的链状分子，需要先点击工具栏中的按钮 R，常见的链状分子就显示在新打开的窗口中，如图 7-7 所示。

图 7-7　常见链状官能团窗口图

若要构建像苯、萘等常见环状结构的分子结构，需要双击工具栏中的 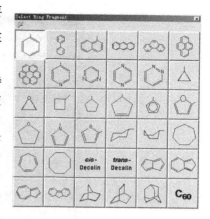 按钮，常见的环状有机分子就显示在新打开的窗口中，如图 7-8 所示。

进行分子的基本构型搭建后，再进行元素及键型、特殊基团的选择，重新构建分子直至构建为所需分子。选定要编辑的原子后，再对原子之间的键长、键角或者二面角进行选定，输入所需要的键长、键角或二面角值。要求学生练习构建 H_2O、CH_4、顺式-乙烯醇、反式-乙烯醇和乙醛等分子的构型。

绘制出分子的结构式后，把图形保存成 gjf 文件（File→Save，取名为 *.gjf，注意文件名和路径都不能包含中文字符）。

图 7-8　常见环状官能团窗口图

构建分子成功后，可以利用 GaussVIEW 查看分子的对称性和坐标。从 Edit-point group 路径可以查看所构建的分子点群；从 Edit-atom list 路径可以查看所构建的分子内坐标和直角坐标。

2. 数据文件的修改

使用 Uedit 软件打开刚才保存的 gjf 文件，在 Route Section 行中输入计算构型及能量所需的方法，所用方法及关键词为 ♯HF/6-31G（d）opt（maxcycle＝300）freq，即可提交 Gaussian 程序进行分子优化及频率计算，得到该分子的最稳定结构。对计算得到的稳定构型，关键词为 ♯HF/6-31G（d）pop＝full 即可得到分子的性质。

3. 分子结构的几何优化及振动频率的计算

采用 Gaussian 03 程序包进行几何优化及频率计算。双击桌面上的 g03w. exe 图标，此时出现如图 7-9 所示的窗口，打开计算数据文件，File→Open→指定文件，此时出现如图 7-10 所示的窗口，点击 ![run] 开始运算。各分子结构的计算结果文件保存为相应的 out 文件。计算过程中，主程序窗口不断显示计算进程，当"Run progress"栏内显示"Processing Complete"时，计算已完成，此时在本窗口底部可以看到"Normal termination of Gaussian…"字段。完成计算后，关闭 Gaussian 软件窗口。

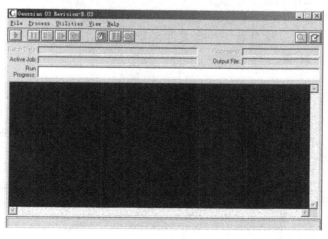

图 7-9　Gaussian03 计算窗口

4. 展示优化的稳定分子结构

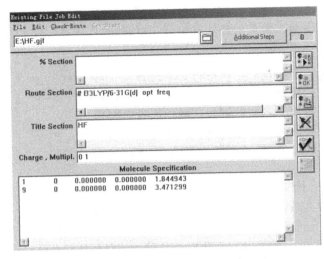

图 7-10　Gaussian03 文件执行窗口

　　采用 GaussVIEW 软件可观测分子的构型。用 GaussVIEW 程序打开计算得到的数据文件 *.out，利用主窗口中的"Modify Bond"、"Modify Angle"和"Modify Dihdral"工具，借助鼠标即可显示分子中特定键长、键角和二面角的几何参数。记录各分子优化后的结构参数，其中键长保留三位小数，单位为埃（Å）；键角和二面角保留一位小数，单位为度（°）。

　　GaussVIEW 可采用不同的形式展示分子三维结构，如球键模型、球棍模型等。通过分子模型的旋转、平移和缩放带来生动的立体效果，通过控制鼠标来从不同角度观察分子在空间的形状。将鼠标放在分子上，按左键左右或前后移动，可以调节分子的角度。按住 Ctrl键，将鼠标放在分子上，前后移动，可以将分子放大或缩小，左右移动，可以将分子旋转。Shift＋鼠标左键组合可以在窗口内平移分子。当工作窗口内有多个分子时，可以用 Shift＋Alt＋鼠标左键组合移动想要移动的分子，以调节各个分子间的距离，可以用 Ctrl＋Alt＋鼠标左键组合，调节其中一个分子的角度，以调节各个分子间的角度。

五、注意事项

　　1. 利用 GaussVIEW 搭建分子模型后，一定要注意检查分子的对称性，体系的对称性直接影响着下面的计算。

　　2. 图形文件保存成 gjf 文件时，注意文件名和路径都不能包含中文字符。

六、数据记录与处理

　　1. 优化构型

　　使用 Uedit 软件依次打开各 *.out 文件，在"Search"菜单下点击"Find"，搜寻各文件中"Optimization completed"字段。鉴于优化构型为分子势能面上的极低点，故以表 7-1 所示的四项"Convergence Criteria"均达"yes"为构型优化收敛的判据。利用鼠标向前翻页可以看到构型优化过程的自洽迭代细节。

表 7-1　HF/6-31G(d) 水平下优化水分子构型收敛细节

Item	Value	Threshold	Converged?
Maximum Force		0.000450	YES
RMS Force		0.000300	YES
Maximum Displacement		0.001800	YES
RMS Displacement		0.001200	YES

使用 Uedit 软件依次查看各 ＊.out 文件中 "Optimization completed" 字段之后的 "Standard orientation"，记录各分子的优化构型（直角坐标数据）。

2. 分子能量及前线轨道分析

使用 Uedit 软件依次查看各 ＊.out 文件中分子的总能量 $E_{总}$、电子动能 KE、电子与核的吸引能 PE、电子排斥能 EE、核排斥能 NN（单位为 Hartree，有效位数取至小数点后五位）；前线轨道能级和前线分子构成。

计算方法要求定性的说明关键词［如：HF/6-31G(d)opt(maxcycle=300)freq］，计算结果要求记录各分子的优化后的结构参数，其中键长保留三位小数，单位为埃（Å）；键角和二面角保留一位小数，单位为度（°）；分子的总能量、电子动能 KE、电子与核的吸引能 PE、电子排斥能 EE、核排斥能 NN 程序中保留五位小数，单位为 Hartree(1 Hartree＝627.51kcal/mol＝2625.50kJ/mol)；前线轨道能级和前线分子构成（表 7-2）。

表 7-2 分子的结构、能量和轨道性质

分　　子	H_2O	CH_4	C_6H_6
键长			
键角			
二面角			
$E_{总}$			
KE			
PE			
EE			
NN			
E_{HOMO}			
E_{LUMO}			
HOMO 轨道构成			
LUMO 轨道构成			

七、实验讨论与启示

1. 量子化学理论计算精度决定于计算所用的方法和基组的类型。分子体系的总能量及结构参数会随着计算所用的方法和基组的不同而略有变化。

2. 对程序初学者，运行程序时往往会产生非正常中断的情况，根据自己的经验总结程序非正常中断的原因及其处理方法。

八、思考题

1. 以 CH_4 为例，说明对称性降低会对计算结构产生怎样的影响。

2. 体系的总能量 $E_{总}$ 与电子动能 KE、电子与核的吸引能 PE、电子排斥能 EE、核排斥能 NN 之间为何种关系。

3. Gaussian 程序的输入文件有几部分构成？常用的关键词有哪些？输出文件主要包括

哪些内容？

九、参考文献

［1］李奇，黄元河，陈光巨．结构化学．北京：北京师范大学出版社，2008.

［2］孙尔康，张剑荣．物理化学实验．南京：南京大学出版社，2009.

［3］潘道皑，赵成大，郑载兴．物质结构．第 2 版．北京：高等教育出版社，1989.

［4］Frisch M J，Trucks G W，Schlegel H B，et al. Gaussian 03，Revision D. 01. Wallingford CT：Gaussian Inc.，2004.

实验 35　多原子分子振动光谱的理论研究

一、目的要求

1. 熟悉使用 Gaussian 计算软件和 Uedit 编辑软件。

2. 掌握多原子分子光谱指认和简正振动模式的分析方法。

3. 明确振动方式与 IR（红外）以及 Raman（拉曼）活性的关系。

二、实验原理

分子光谱是把由分子发射出来的光或被分子所吸收的光进行分光得到的光谱，是测定和鉴别分子结构的重要实验手段，是分子轨道理论发展的实验基础。分子光谱和分子内部运动密切相关，它既包括分子中电子的运动，也包括各原子核的运动。一般所指的分子光谱，其涉及的分子运动的方式主要为分子的转动、分子中原子间的振动、分子中电子的跃迁运动等。

一个由 n 个原子组成的分子，其自由度为 $3n$。对于非线性多原子分子，有 3 个平动及 3 个转动自由度，剩下 $3n-6$ 个振动自由度。例如，H_2O 分子，其振动自由度有 $3 \times 3 - 6 = 3$ 个。线性多原子分子只有两个转动自由度，其振动自由度有 $3 \times n - 5$ 个。如 CO_2 分子，振动自由度有 4 个。每个振动自由度都有一种基本振动方式，当分子按这种方式振动时，所有的原子都同位相且有相同频率，即简正振动。简正振动可以分为两大类：第一类只是键长有变化而键角不变，称伸缩振动；第二类是键长不变而键角改变的振动，称为弯曲振动。分子的各种振动不论怎样复杂都可表示成这些简正振动方式的叠加。

分子的红外光谱起源于分子的振动基态与振动激发态之间的跃迁。只有在跃迁的过程中有偶极矩变化的跃迁，才称为红外活性。每一个红外活性的简正振动都有一个特征频率，反映在红外光谱上就可能出现一个吸收峰。在振动过程中，偶极矩改变大者，其红外吸收带就强；偶极矩不改变者，就不出现红外吸收，为非红外活性。

在比较一系列化合物的光谱后，发现在不同化合物中同一化学键或官能团近似地有一共同频率，称为该化学键或基团的特征振动频率。分析各个谱带所在的频率范围，即可用以鉴定基团和化学键。化学键和基团虽有相对稳定的特征吸收频率，但受到各种因素的影响，在不同的化学环境中，将会有所变化，使用时需仔细分析。

Raman（拉曼）光谱和吸收光谱不同，Raman 光谱研究被样品散射的光，而不是吸收或发射的光。Raman 光谱的选律是分子具有各向异性的极化率。如 H_2 分子，当其电子在电场作用下沿键轴方向变形大于垂直于键轴方向，就会出现诱导偶极矩变化，出现 Raman 光谱活性。Raman 光谱和红外光谱可以起到相互补充的作用，而 Raman 光谱相当于把分子的振动-转动能级从红外区搬到紫外可见区来研究。

量子化学计算中，密度泛函理论计算通常能给出较好的构型优化及频率计算结果，其中最广泛使用的是 B3LYP 方法。Gaussian 软件利用分子能量对坐标的二阶导数计算分子的振动频率，可以完成基态、中间体、过渡态以及激发态的振动光谱计算。除了可以计算振动频率及其强度外，可同时给出振动零点能、焓、Gibbs 自由能和熵等热力学参量。

频率的计算是以优化构型为前提的，只有对势能面上的稳定点作频率计算才有意义。势能面上的稳定点（优化构型）是利用分子能量对坐标的一阶导数获得的，它可能是基态分子的优化构型，也可能是过渡态的优化结构。频率计算有助于确证势能面上的稳定点的类型，基态分子不能有虚频，过渡态则有且仅有一个虚频。

三、软件与仪器

1. 软件 Gaussian、GaussView 计算软件，Uedit 编辑软件。

2. 仪器 微机 1 台。

四、实验步骤

1. 通过 GaussVIEW 程序搭建分子构型；

2. 采用 Gaussian-03 程序包的密度泛函方法（B3LYP），6-311＋＋G** 基组优化所讨论分子的几何构型；

3. 取优化好的构型数据，采用步骤 2 的方法和基组进行频率计算；

4. 用 GaussVIEW 程序打开步骤 3 得到的数据文件，读取振动模式以及红外和拉曼光谱数据。

五、数据记录与处理

1. 记录所讨论 HOCl、HCN、顺式和反式 N_2F_2 分子的 IR 光谱和 Raman 光谱，分别列于表中。

表 7-3 分子的 IR 光谱和 Raman 光谱

Molecule	Mode	Symmetry	Frequency	IR	Raman

2. 通过 GaussVIEW 程序，模拟出 HOCl、HCN、顺式和反式 N_2F_2 分子的红外光谱和拉曼光谱，列出相应的光谱图。

3. 通过 GaussVIEW 程序，观察 HOCl、HCN、顺式和反式 N_2F_2 分子的各个简正振动简正模式，列于图中。

六、实验讨论与启示

1. 有对称中心的分子，其简正振动模式，对 IR 和 Raman 之一有活性，则另一非活性；无对称中心的分子，其简正振动模式，对红外和拉曼都是活性的。

2. 影响计算精度的若干因素。

本实验中计算对象为气相分子，故理论计算获得的红外光谱与实验结果存在一定的差异，误差与计算所用的方法和基组有关。一般说来，密度泛函理论通常可以获得比从头算方法更好的计算结果，因而得到广泛应用。

七、思考题

对于顺式和反式 N_2F_2 分子，如何通过 IR 和 Raman 测定，将顺式和反式 N_2F_2 异构体分辨出来？

八、参考文献

[1] 周公度，段连运. 结构化学基础. 第 3 版. 北京：北京大学出版社，2002.

[2] 徐光宪，王祥云. 物质结构. 第 2 版. 北京：高等教育出版社，1987.

[3] 孙尔康，张剑荣. 物理化学实验. 南京：南京大学出版社，2009.

［4］刘晓东，胡宗球. Gaussview 在化学教学中的一些应用. 大学化学，2006，21（5）：34.

［5］梁雪，王一波. 用 Gaussian /GaussVIEW 辅助结构化学实验教学. 贵州大学学报（自然科学版），2008，25（3）：328.

实验 36　双原子分子及阳离子、阴离子共价键结构比较

一、目的要求

1. 学习量子化学计算中对物质进行单点计算的方法；

2. 熟悉使用 AIM2000 程序的基本使用方法；

3. 加深对同核和异核双原子分子及其阳离子、阴离子的共价键结构的认识。

二、实验原理

根据 Bader 等人提出的"分子中的原子"的电子密度拓扑分析理论，一个分子的电子密度分布的拓扑性质取决于电子密度的梯度矢量场 $\nabla\rho(r)$ 和 Laplacian 量 $\nabla^2\rho(r)$。电子密度的 Laplacian 量 $\nabla^2\rho(r_c)$ 是 $\rho(r_c)$ 的二阶导数，并且有 $\nabla^2\rho(r_c)=\lambda_1+\lambda_2+\lambda_3$，此处 λ_i 为键鞍点处电荷密度的 Hessian 矩阵本征值。如果 Hessian 矩阵的三个本征值为一正两负，记作 $(3,-1)$ 关键点，称为键鞍点（BCP），表明两原子间成键。一般来讲，键鞍点处的电荷密度 $\rho(r_c)$ 越大，该化学键的强度越强。

三、软件与仪器

1. 软件　Gaussian-03 程序包，AIM 2000 程序，Uedit 编辑软件。

2. 仪器　微机 1 台。

四、实验步骤

1. 采用 Gaussian-03 程序包的密度泛函方法（B3LYP），6-311＋＋G** 基组优化所讨论分子的几何构型。

2. 用 GaussVIEW 程序量取所优化构型的键长。

3. 取优化好的构型数据，采用 Gaussian-03 程序包的 B3LYP/6-311＋＋G** 方法，进行单点计算，得到 WFN 文件。

4. 采用 AIM2000 程序对各分子及离子的 WFN 文件进行电子密度拓扑分析，得到各分子和离子键鞍点处的电子密度值。

5. 采用 AIM2000 程序绘制所讨论分子、离子的电子密度图形。

五、数据记录与处理

1. 将优化得到的分子和离子的键长及电荷密度列于表 7-4 中。

表 7-4　双原子分子、离子的价电子组态、键长及键鞍点处电荷密度

物　　种	价电子组态	键长/pm	电荷密度/(e/a_0^3)
C_2			
C_2^+			
C_2^-			
N_2			
N_2^+			
N_2^-			
O_2			
O_2^+			
O_2^-			
CN			

续表

物　　种	价电子组态	键长/pm	电荷密度/(e/a_0^3)
CN^+			
CN^-			
CO			
CO^+			
CO^-			
NO			
NO^+			
NO^-			

2. 绘制得到的 C_2，N_2，O_2 及其阴离子、阳离子的电子密度图形。

3. 绘制得到的 CN，CO，NO 及其阴离子、阳离子的电子密度图形。

六、实验讨论与启示

对比 N_2，N_2^+ 和 N_2^-，键鞍点处的电子密度 N_2^+ 和 N_2^- 比 N_2 都要小一些，与电子密度图形中两原子核间的电荷密度 N_2^+ 和 N_2^- 比 N_2 都要低一些是一致的。说明对于 N_2 分子，失去一个电子和得到一个电子后 N—N 化学键都会变弱一些，这是因为失去的电子是从成键 $2\sigma_g$ 分子轨道失去的，得到的电子填充在反键的 $1\pi_g$ 分子轨道上。

对比 O_2，O_2^+ 和 O_2^-，键鞍点处的电子密度 O_2^+ 比 O_2 明显要大，O_2^- 比 O_2 明显要小，与电子密度图形中两原子核间的电子密度 O_2^+ 比 O_2 明显要高，O_2^- 比 O_2 明显要低是一致的。说明对于 O_2 分子，失去一个电子 O—O 化学键会变强，得到一个电子化学键会减弱，这是因为失去的电子是从反键的 $1\pi_g$ 分子轨道失去的，得到的电子填充在反键的 $1\pi_g$ 分子轨道上。

七、思考题

1. 第二周期同核双原子分子中，哪些失去电子后化学键会减弱？哪些失去电子后化学键会增强？

2. 第二周期同核双原子分子中，哪些得到电子后化学键会减弱？哪些得到电子后化学键会增强？

八、参考文献

[1] 周公度，段连运.结构化学基础.第 3 版.北京：北京大学出版社，2002.

[2] 徐光宪，王祥云.物质结构.第 2 版.北京：高等教育出版社，1987.

[3] 麦松威，周公度，李伟基.高等无机结构化学.北京：北京大学出版社；香港：香港中文大学出版社.2001.

[4] Biegler-König F. AIM 2000，version 1.0；University of Applied Science：Bielefeld，Germany，2000.

[5] Bader R F W. Chem Rev，1991，91（5）：893.

[6] 曾艳丽，李晓艳，孟令鹏，郑世钧.大学化学，2005，20（3）：56.

[7] 曾艳丽，李晓艳，孟令鹏，郑世钧.大学化学，2008，23（1）：58.

实验 37　应用 Chemwindow6.0 分析分子的对称性

一、目的要求

1. 掌握 Chemwindow6.0 程序的使用。

2. 掌握分子对称点群的判据，能够借助 Chemwindow6.0 和 GaussVIEW 程序判断分子所属点群。

3. 深入理解分子对称性对分子性质的影响。

二、实验原理

1. 对称元素和对称操作

对称操作：每一次操作都能够产生一个和原来图形等价的图形，经过一次或连续几次操作能使图形完全复原。

对称元素：对分子图形进行对称操作时，所依赖的几何要素（点、线、面及其组合）称为对称元素。

2. 群和分子点群

群的定义：一个集合 G 含有 A、B、C、D、…元素，在这些元素间定义一种运算（通常称为"乘法"），如满足封闭性、缔合性、有单位元素和有逆元素四个条件，称集合 G 为群。

分子点群：分子中所有的对称元素仅相交于一点，所有的对称操作集合称为分子点群。

3. 分子点群的确定

确定分子点群的流程简图：

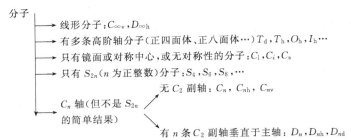

三、软件与仪器

1. 软件　Chemwindow6.0 软件。

2. 仪器　微机 1 台。

四、实验步骤

1. Chemwindow6.0 软件中自带的分子点群示例

Chemwindow6.0 软件中有 Bin，Chemwin，Chromkeeper，IRkeeper，SymApps 共五个文件夹。其中 SymApps 文件夹下有一个 Point Group Samples 文件夹，里面给出了各种点群的几个典型例子，在教学中可以展示。使用方法：双击 SymApps 文件夹下的 SymApps 快捷方式，打开 SymApps 程序。点击 File 菜单下 Open 按钮，打开 Point Group Samples 文件夹，可看到在该文件夹下，有如 C_2、C_{2h}、C_{nv}、C_s、D_{nd}、D_{nh}、I_h、T_d 等各点群的例子，双击即可打开。如打开 Td（2）.sma，即可打开 CH_4 分子，点击 C_n 按钮可显示旋转轴（如图 7-11 所示），同理，点击 S_n、i、σ 按钮可依次显示象转轴、对称中心和对称面，且鼠标放在哪个对称元素上，鼠标就可以显示该对称元素的种类。

2. Chemwindow6.0 软件中没有的分子点群示例

Chemwindow6.0 软件除自带的 Point Group Samples 以外，

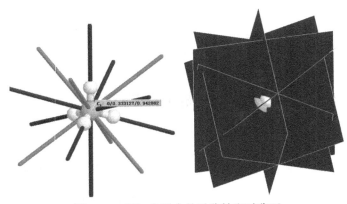

图 7-11　CH_4 分子中的对称轴和对称面

还可以对任意的分子进行点群计算，进而判断点群。该功能需借助 Hyperchem 或 Gauss VIEW 建立分子模型，首先利用 Gauss VIEW 程序搭建分子模型，将搭建好的模型保存为后缀 *.mol 格式；然后用 Chemwindow6.0 软件中 SymApps 程序打开，用 compute 菜单下 point groups 计算点群，即可计算出该分子的点群，对称元素及对称操作；单击对称元素按钮，即可显示相应的对称元素。

以丙二烯为例，丙二烯分子的结构如图 7-12 所示：三个 C 原子在一条直线上，三个 C 原子与左边两个氢原子及右边两个氢原子分别构成两个平面，这两个平面互相垂直，我们先利用 GaussVIEW 程序搭建分子模型保存为 $C_3H_4.mol$，然后 SymApps 程序打开，计算得到该分子属于 D_{2d} 点群，对称元素有 E、$2C_2$、S_4（与第三个 C_2 重合，不重复显示，所以在对称元素中只列出 $2C_2$）、2σ，相应的对称操作有 E、2σ、$3C_2$、$2S_4$。图 7-13 为丙二烯分子所有的对称元素，通过 SymApps 中的旋转按钮可以清楚地看出丙二烯分子中的三个二重旋转轴互相垂直，两个对称面包含一个 C_2 轴且平分另外相邻两个 C_2 的夹角，这两个对称面为 σ_d 对称面，综上所述，丙二烯分子中存在三个 C_2 轴，其中一个为主轴，另外两个 C_2 轴与主轴垂直，还有两个 σ_d 对称面，因此丙二烯分子分子属于 D_{2d} 点群。

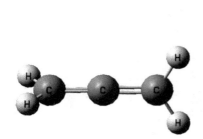

图 7-12　丙二烯分子的结构图

图 7-13　丙二烯分子中的所有对称元素

3. 计算练习

确定重叠式 $Fe(C_5H_5)_2$、交错式 $Fe(C_5H_5)_2$、交错式 $Fe(C_5H_4Cl)_2$、$Ni(CO)_4$、环丙烷 C_3H_6、B_2H_6、CH_4、CH_3F、CH_2F_2、$(C_6H_6)Cr(CO)_3$、$CH_2{=}C{=}CH_2$、$CH_2{=}C{=}C{=}CH_2$ 等分子中的主要特征元素和分子点群，并讨论这些分子是否具有旋光性和偶极矩。

五、注意事项

1. Chemwindow6.0 中部分体系中象转轴与对称轴重叠。

2. GaussVIEW 程序中图形文件保存成 *.mol 文件时，注意文件名和路径都不能包含中文字符。

六、数据记录与处理（见表 7-5）

表 7-5　分子的对称性及其物理性质

分子	特征对称元素	分子点群	旋光性(是/否)	偶极矩(是/否)
重叠式 $Fe(C_5H_5)_2$				
交错式 $Fe(C_5H_5)_2$				
……				

七、思考题

1. 分子对称性,对称元素可分为哪几种?

2. 对称元素和对称操作有何对应关系?

八、参考文献

[1] 薛峰,吴锦屏. 大学化学,1996,1:36.

[2] 邓崇海. 化学教育,2003,9:32.

[3] 刘银,孟海燕. 大学化学,2003,6:10.

[4] 周公度,段连运. 结构化学基础. 第3版. 北京:北京大学出版社,2002.

[5] 李奇,黄元河,陈光巨. 结构化学. 北京:北京师范大学出版社,2008.

第二篇 综合与设计性实验

第8章 综合性实验

实验38 差热-热重分析

一、实验目的

（1）掌握差热-热重分析的原理，学会用微机处理差热和热重数据。

（2）了解 ZRY-2P 综合热分析仪的工作原理，并学会使用方法。

（3）用综合热分析仪测定样品的差热-热重曲线，并依据差热-热重曲线分析其结果。

二、实验原理

许多物质在加热或冷却的过程中，会发生物理或化学变化，如相变、脱水、分解、化合吸附或脱附等。在此过程中，必然伴随有的热效应的产生，即吸热或放热现象。当把这种物质与热稳定性的参比物（指在整个变温过程中无热效应产生的物质）同时加热（或冷却）时，则样品和参比物之间就会产生温度差，通过测定温差可了解物质的变化规律及一些重要的物理化学性质。差热分析（DTA）就是在程序控制温度下，测量物质与参比物之间温度差与温度（或时间）关系的一种技术。差热分析的实验原理和方法请参阅（第3章 3.1.2.3 和实验12）。

物质受热时，发生化学反应，质量也就随之改变。热重分析（TG）是在程序控制温度下，测量物质质量与温度（或时间）关系的一种技术。所记录的是试样在程序控制温度下质量变化的曲线，它是以质量为纵坐标、温度（或时间）为横坐标，称为热重曲线（TG曲线）。

热重法的主要特点是定量性强，能准确地测量物质的变化及变化的速率。热重法的实验结果与实验条件有关。但在相同的实验条件下，同种样品的热重数据具有较好的重现性。

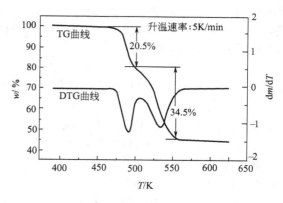

图 8-1 热重曲线

从热重法派生出微商热重法（DTG），即 TG 曲线对温度（或时间）的一阶导数。实验时可同时得到 DTG 曲线和 TG 曲线，如图 8-1 所示。DTG 曲线能精确地反映出起始反应温度、达到最大反应速率的温度和反应终止的温度。在 TG 曲线上，对应于整个变化过程中，各阶段的变化互相衔接而不易区分开，而同样的变化过程，在 DTG 曲线上则能呈现出明显的最大值。故 DTG 能很好地显示出重叠反应，区分各个反应阶段，这是 DTG 的最可取之处。另外，DTG 曲线峰的面积精确地对应着变化了的质量，因而 DTG 能精确地进行定量分析。有些材料由于某些原因不能用 DTA 来分析，却可以用 DTG 来分析。

在程序控制温度下，将样品与参比物一起置于可按设定速率升温的电炉中。在炉温上升过程中分别记录参比物的温度、样品与参比物间的温度差以及物质质量的变化，即可得到差热曲线（DTA 曲线）和热重曲线（TG 曲线）。

ZRY-2P 综合热分析仪是具有微机处理系统的差热-热重联用的综合热分析仪，见图 8-2。它是在程序温度（等速升降温、恒温和循环）控制下，测量物质热化学性质的分析仪器。常用于测定物质在熔融、相变、分解、化合、凝固、脱水、蒸发、升华等特定温度下发生的热量和质量变化，是研究不同温度下物质物理化学性质的重要手段和测试方法。

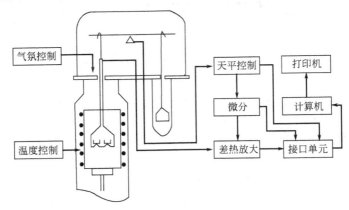

图 8-2　ZRY-2P 综合热分析仪原理

仪器的天平测量系统采用电子称量，在试验过程中，微机不断采集试样质量，就可获得一条试样质量随温度变化的热重曲线 TG。质量信号输入微分电路后，微分电路输出端便会得到热重的一次微分曲线 DTG。

差热信号的测量时，将参比物与试样分别放在两个坩埚内，加热炉以一定速率升温，若试样没有热反应，则它与参比物的温差为零；若试样在某一温度范围有吸热（或放热）反应，则试样温度将停止（或加快）上升，与参比物间产生温差。把温差的热电势放大后经微机实时采集，可得差热曲线。

ZRY-2P 综合热分析仪由热天平、加热炉、冷却风扇、微机控温单元、天平放大单元、微分单元、差热单元、接口单元、气氛控制单元和 PC 微机等组成。

三、仪器与试剂

1. 仪器　综合热分析仪 1 套；氮气钢瓶及减压阀 1 套。
2. 试剂　$CaC_2O_4 \cdot H_2O$（分析纯）或 $CuSO_4 \cdot 5H_2O$（分析纯）。

四、实验步骤

1. 开机、设定仪器基本参数

接通仪器的各个控制单元电源，仪器需预热 30min。开启计算机，进入操作程序。检查计算机与仪器连接与否，设置串口通信参数、基本测量参数（选择仪器的 TG 和 DTG 量程及倍率、DTA 的量程及斜率等）以及各基线的起始位置。若需气氛，接通气路，调节气体流量。

2. 样品称重

用镊子轻轻取出一个空的样品坩埚，称重并调零。坩埚中加入试样，并在桌子上轻墩几下，再次称重。打开炉体，放入样品坩埚（参比物坩埚可不更换）。

3. 温控编程及采样

在计算机中或温控单元编制采样的起始温度、终止温度、升温速率及保留时间等参数，并相应输入样品名称、编号、重量、操作人及气氛等其他操作参数于计算机中。单击"确认", 系统进入数据采集状态。

4. 数据处理和关机

（1）待计算机数据采集结束后, 输入文件名, 保存数据。

（2）用计算机作数据处理。调出文件谱图, 对要分析的曲线找出谱峰的起始位置并标出, 作 DTA 分析、计算, 然后将处理后的文件保存。

（3）数据处理结束后, 关闭计算机和综合热处理仪各单元的电源开关, 关闭电炉电源开关。待炉体冷却后关闭气源。

五、实验说明

1. 坩埚中样品加入量要适当, 试样量一般不超过坩埚容积的 4/5, 在 1/3～2/3 为宜。

2. 选择适当的参数。不同的样品, 因其性质不同, 操作参数和温控程序的参数设置应作相应调整。本实验参数设定为:

① DTA 量程 $100\mu V$; 斜率 5。

② TG 单元量程 2mg; 倍率 10。

③ DTG 单元量程 ×0.5。

④ 气氛单元氮气钢瓶输出压力为 0.2MPa, 流量 20～30mL/min。

⑤ 温控程序参数: $CaC_2O_4 \cdot H_2O$: 起始温度 0℃; 终止温度 1000℃; 升温速率 10℃/min; 1000℃保持 50min。

$CuSO_4 \cdot 5H_2O$: 起始温度 0℃; 终止温度 350℃; 升温速率 10℃/min。

3. 样品取量要适当, 样品量太大, 会使 TG 曲线偏离。

4. 若使用温度在 500℃以上, 一定要使用气氛, 以减少天平误差。实验过程中, 气流要保持稳定。

5. 坩埚要轻拿轻放, 以减少天平摆动。

六、结果与讨论

1. 调入所存文件, 分别作热重数据处理和差热数据处理。选定每个台阶或峰的起止位置, 求算出各个反应阶段的 TG 失重百分率、失重始温、终温、失重速率最大点温度; 峰起始点温度、外推起始点温度、峰顶温度、终点温度、DTA 的峰面积、热焓等。

2. 依据失重百分比, 推断反应方程式。

七、思考题

1. 为什么要控制升温速率? 升温过快或过慢对测量结果有何影响?

2. 各个参数对曲线分别有什么影响?

八、前景展望

1. 随着热分析方法的不断发展, 差热-热重的应用领域也不断扩大。可以确定物质的热稳定性、使用寿命以及热分解温度和热分解产物; 用于物质升华过程和蒸气压测定; 研究一些含水物质的脱水过程及其相关的动力学; 研究物质对气体的吸附过程; 对已知混合物的各组分的含量做定量分析。另外差热-热重分析还可以用于矿物、土壤、煤炭、建筑材料等行业。

2. 综合热分析仪还可以对差热曲线和热重曲线作动力学的数据处理。如作 Freeman 法动力学计算和 Ozawa 法动力学计算。

九、参考文献

[1] 张洪林, 杜敏, 魏西莲. 物理化学实验. 青岛: 中国海洋大学出版社, 2009.

[2] 唐林, 孟阿兰, 刘红天. 物理化学实验. 北京: 化学工业出版社, 2009.

[3] 袁誉洪. 物理化学实验. 北京: 科学出版社, 2008.

实验 39   氨基甲酸铵分解反应平衡常数的测定

一、实验目的

1. 熟悉用等压法测定固体分解反应的平衡压力，了解温度对反应平衡常数的影响。

2. 进一步掌握低真空实验技术。

3. 测定不同温度下氨基甲酸铵分解压力，计算分解反应平衡常数及有关热力学函数。

二、实验原理

氨基甲酸铵（NH_2COONH_4）是合成尿素的中间产物，白色固体，不稳定，加热易发生如下的分解反应

$$NH_2COONH_4 (s) \Longleftrightarrow 2NH_3 (g) + CO_2 (g)$$

该反应是可逆的多相反应，在封闭系统中很容易达到平衡。若将气体视为理想气体，在常压下其标准平衡常数 $K^{\ominus}$ 可表示为：

$$K^{\ominus} = \left(\frac{p_{NH_3}}{p^{\ominus}} \right)^2 \left(\frac{p_{CO_2}}{p^{\ominus}} \right) \tag{1}$$

式中，p_{NH_3} 和 p_{CO_2} 分别为反应温度下 NH_3 和 CO_2 的平衡分压；$p^{\ominus}$ 为标准压力。在压力不大时，气体的逸度近似为1，纯固体物质的活度为1，系统的总压 $p_{总}$ 等于 p_{NH_3} 与 p_{CO_2} 之和，从化学反应计量方程式可知：$p_{CO_2} = \frac{1}{3} p_{总}$，$p_{NH_3} = \frac{2}{3} p_{总}$ 代入式（1）得：

$$K^{\ominus} = \left(\frac{2}{3} \frac{p_{总}}{p^{\ominus}} \right)^2 \left(\frac{1}{3} \frac{p_{总}}{p^{\ominus}} \right) = \frac{4}{27} \left(\frac{p_{总}}{p^{\ominus}} \right) \tag{2}$$

当系统在一定的温度下达到平衡时，压力总是一定的，称为 NH_2COONH_4 的分解压力。测量其总压 $p_{总}$ 即可计算出标准平衡常数 $K^{\ominus}$。

温度对平衡常数的影响可表示为：

$$\frac{d\ln K^{\ominus}}{dT} = \frac{\Delta_r H_m^{\ominus}}{RT^2} \tag{3}$$

式中，T 为热力学温度；$\Delta_r H_m^{\ominus}$ 为该反应的标准摩尔热效应；R 为摩尔气体常量。

氨基甲酸胺分解反应是一个热效应很大的吸热反应，当温度变化范围不太大时，$\Delta_r H_m^{\ominus}$ 可视为常数，将式（3）积分，得：

$$\ln K^{\ominus} = -\frac{\Delta_r H_m^{\ominus}}{RT} + C \tag{4}$$

式中，C 为积分常数。以 $\ln K^{\ominus}$ 对 $1/T$ 作图，应为一直线，从斜率即可求得 $\Delta_r H_m^{\ominus}$。反应的标准吉布斯自由能变化 $\Delta_r G_m^{\ominus}$ 与标准平衡常数 $K^{\ominus}$ 的关系为：

$$\Delta_r G_m^{\ominus} = -RT\ln K^{\ominus} \tag{5}$$

用 $\Delta_r H_m^{\ominus}$ 和 $\Delta_r G_m^{\ominus}$ 可近似地计算该温度下的标准熵变 $\Delta_r S_m^{\ominus}$：

$$\Delta_r S_m^{\ominus} = (\Delta_r H_m^{\ominus} - \Delta_r G_m^{\ominus})/T \tag{6}$$

因此，由实验测出一定温度范围内不同温度 T 时氨基甲酸铵的分解压力（即平衡总压），可分别求出标准平衡常数 $K^{\ominus}$ 及热力学函数 $\Delta_r H_m^{\ominus}$、$\Delta_r G_m^{\ominus}$ 和 $\Delta_r S_m^{\ominus}$。

等压法测氨基甲酸铵分解压装置如图 8-3 所示。

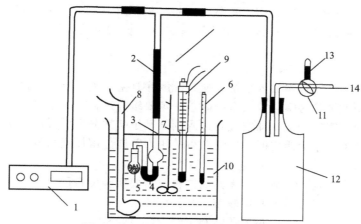

图 8-3 等压法测氨基甲酸铵分解压装置

1—数字式低真空压力计；2—真空胶管；3—等压计；4—封闭液；5—装样品小球泡；
6—水银温度计；7—搅拌器；8—电加热器；9—接触温度计；10—玻璃水槽；
11—三通活塞；12—缓冲瓶；13—毛细管放空阀；14—真空泵

等压计中的封闭液通常选用硅油、邻苯二甲酸二壬酯或石蜡油等蒸气压小且不与系统中任何物质发生化学反应的液体。若它与 U 形汞压力计连用时，由于硅油的密度与汞的密度相差悬殊，故等压计中两液面若有微小的高度差，则可忽略不计。本实验采用数字式低真空压力计来测量系统总压。

三、仪器与试剂

1. **仪器**　等压法测定分解压装置 1 套；数字式低真空压力计 1 台；真空泵 1 台。

2. **试剂**　氨基甲酸铵（自制）；硅油或邻苯二甲酸二壬酯。

四、实验步骤

1. **检漏**

将烘干的小球泡或特制容器（装氨基甲酸铵用）与真空胶管接好，检查旋塞位置并使系统与真空泵相连接，开启真空泵，几分钟后，关闭旋塞 11 停止抽气，检查系统是否漏气。待 10min 后，若数字式低真空压力计读数没有不变，则表示系统不漏气。否则需仔细检查各接口处，重复上述操作，直到不漏气为止。

2. **装样品**

将系统与大气连通，然后取下小球泡，用特制的小漏斗将氨基甲酸铵粉末装入盛样小球泡中，并将硅油或邻苯二甲酸二壬酯用吸管注入等压计中，使之形成液封。然后，用乳胶管连接小球泡和等压计，并用金属丝扎紧乳胶管两端。

3. **测量**

将等压计小心与真空系统连接好，并固定在恒温槽中。调节恒温槽的温度为（25.0±0.1）℃，开动真空泵，将系统中的空气排出，约 15min 后，关闭旋塞 11 停止抽气。缓慢开启旋塞接通毛细管，小心地将空气逐渐放入系统，直至等压计两边硅油液面齐平，立即关闭旋塞，观察硅油液面，直至 5min 内硅油液面保持齐平不变，即可读取压力计的读数（25℃时平衡时间约需 20min）。

4. **重复测量**

为了检验盛氨基甲酸铵的小球内空气是否置换完全，可再使系统与真空泵相连，在开泵 1～2min 后，再打开旋塞。继续排气，约 5min 后，再按步骤 3 进行操作，重新测定氨基甲酸铵分解压力。如两次测定结果相差小于 240Pa，方可进行下一步实验。

5. **升温测量**

调节恒温槽的温度为（30.0±0.1）℃，在升温过程中逐渐从毛细管缓慢放入空气，使分解的气体不致倒灌形成负压。恒温 10min，最后至 U 形管两臂硅油液面齐平且保持 5min 不变，即可读取压力计读数及恒温槽温度。同法测定 35℃、40℃、45℃、50℃ 的分解压。

6. 复原

实验完毕后，将空气慢慢放入系统，使系统解除真空，关闭压力计。

注意事项：用毛细管将空气放入系统时，一定要缓慢进行，小心操作。若放气速度太快或放气量太多，易使空气倒流，即空气将进入到氨基甲酸铵分解的反应瓶中，此时实验需重做。用水银压力计测量系统压力时，应对测得的压力差即分解压进行校正。

五、实验说明

氨基甲酸铵极不稳定，易分解，无商品销售，需要实验前自己制备，制备方法如下。氨和二氧化碳接触后，即能生成氨基甲酸铵。其反应式为：

$$2NH_3(g) + CO_2(g) \Longrightarrow NH_2COONH_4(s)$$

如果氨和二氧化碳都是干燥的，则生成氨基甲酸铵；在有水存在时，则还会生成 $(NH_4)_2CO_3$ 或 NH_4HCO_3，因此在制备时必须保持氨、二氧化碳及容器都是干燥的，制备氨基甲酸铵的方法如下。

1. 制备氨气　氨气可由蒸发氨水或将 NH_4Cl 和 $NaOH$ 溶液加热得到，这样制得的氨气含有大量水蒸气，应依次经 CaO、固体 NaOH 脱水。

2. 制备 CO_2　CO_2 可由大理石（$CaCO_3$）与工业浓 HCl 在启普发生器中反应制得，气体依次经 $CaCl_2$、浓硫酸脱水。

3. 合成反应在洁净干燥的双层塑料袋中进行，在塑料袋一端插入 1 支进氨气管，1 支进二氧化碳气管，另一端有 1 支废气导管通向室外，合成反应保持在 0℃ 左右进行。

4. 合成反应开始时先通入 CO_2 气体于塑料袋中，约 10min 后再通入 NH_3 气，用流量计或气体在干燥塔中的冒泡速率控制 NH_3 气流速为 CO_2 气体的 2 倍，通气 2h，可在塑料袋内壁上生成固体氨基甲酸铵。

5. 反应完毕，在通风橱里将塑料袋一端的橡胶塞松开，将固体氨基甲酸胺从塑料袋中倒出研细，放入密闭容器内置于冰箱中保存备用。

六、结果与讨论

1. 计算各温度下氨基甲酸铵的分解压。

2. 计算各温度下氨基甲酸铵分解反应的平衡常数 $K_p^{\ominus}$。

3. 根据实验数据，以 $\ln K_p^{\ominus}$ 对 $\frac{1}{T}$ 作图，并由直线斜率计算氨基甲酸铵分解反应的 $\Delta_r H_m^{\ominus}$。

4. 计算 25℃ 时氨基甲酸铵分解反应的 $\Delta_r G_m^{\ominus}$ 及 $\Delta_r S_m^{\ominus}$。

5. 将测量值与文献值相比较，分析引起误差的主要原因。

6. 参考数据。不同温度下氨基甲酸铵的分解压文献数据见表 8-1。

表 8-1　不同温度下氨基甲酸胺的分解压

恒温温度/℃	25	30	35	40	45	50
$p_{总}$/kPa	11.73	17.07	23.80	32.93	45.33	62.93

七、思考题

1. 如何检查系统是否漏气？

2. 什么叫分解压？怎样测定氨基甲酸铵的分解压力？

3. 根据哪些原则选用等压计中的密封液？

4. 为什么要抽净小球泡中的空气？若系统中有少量空气，对实验结果有何影响？

5. 如何判断氨基甲酸铵分解已达平衡？若未达平衡将会对测量结果有何影响？

6. 当把空气通入系统时，若通得过多有何现象出现？怎样克服？

7. 在实验装置中安装缓冲瓶的作用是什么？

八、评注与导读

1. 当化学反应达到正逆转化速率相等时，系统即达到平衡，测定系统平衡时各物质的浓度，可以获得平衡常数。测定方法有物理法和化学法，物理方法是通过测定折射率、电导率、吸光度、压力或体积的改变等与浓度相关的物理化学量，进而求出平衡时相应的组成，优点是不干扰系统的平衡。化学法则是利用化学分析的方法测定平衡系统中各物质的浓度，但加入试剂往往会扰乱平衡，因此需要采用冻结法。此法是将系统骤然冷却，在较低的温度下进行化学分析，此时平衡的移动受分析试剂的影响较小，可不予考虑。若需加入催化剂才能进行的反应，则可以除去催化剂使反应停止。对于在溶液中进行的反应，可以通过加入大量溶剂使溶液稀释，以降低平衡移动的速率。

2. 如何判断一个化学反应是否达到平衡？一是在外界条件确定的前提下，各物质浓度不随时间变化；二是平衡位置确定，即无论从反应物开始反应、还是从生成物开始反应，都应到达同一位置（平衡常数相同）；三是任意改变反应物的起始浓度，平衡常数保持不变。

九、参考文献

［1］顾月姝. 基础化学实验（Ⅲ）——物理化学实验. 北京：化学工业出版社，2004.

［2］雷群芳. 中级化学实验. 北京：科学出版社，2005.

［3］袁誉洪. 物理化学实验. 北京：科学出版社，2008.

［4］金丽萍，邬时清，陈大勇. 物理化学实验. 上海：华东理工大学出版社，2005.

实验 40　铂电极表面的电化学反应

一、实验目的

1. 掌握铂电极的处理方法和电极表面积的测算。

2. 初步掌握线性电位扫描法和循环伏安法的研究方法。

3. 了解电流-电势曲线的影响因素，学会分析电流-电势曲线。

二、实验原理

电化学研究方法可分为稳态和暂态两种，从暂态到稳态是一个逐渐过渡的过程。在稳态阶段，电流、电极电势、电极表面状态和电极表面物种的浓度等基本不随时间而改变。在暂态阶段，电极电势、电极表面的吸附状态以及电极/溶液界面扩散层内的浓度分布等都可能与时间有关，处于变化状态。稳态极化曲线的形状与时间无关，而暂态极化曲线的形状与时间有关，测试频率不同，极化曲线的形状也不同。

稳态极化测量按控制方式分为控制电势方法（恒电势法）和控制电流方法（恒电流法）两大类，是腐蚀研究中的重要方法。稳态法不适用于研究那些反应产物能在电极表面上累积或电极表面在反应时不断受到破坏的电极过程，而暂态测量方法则无此限制，暂态测试能反映电极过程的全貌。最常用的暂态测量方法有电势阶跃法、电势扫描法和电流阶跃法。电势扫描法包括线性电位扫描法（LSV）和循环伏安法（CV）。而电势扫描法可用来探测物质的电化学活性，测量物质的氧化还原电势，判断电化学反应的可逆性和反应机理，以及用于反应速率的半定量分析等。

线性电位扫描法就是控制电极电位以恒定的速度变化，如图 8-4 所示，选择不会起电极

反应的某一电势 φ_i 为初始电势开始向正方向扫描，当 φ_i 比氧化电位 $\varphi^{\ominus}$ 负时，只有非 Farday 电流；当电势达到某一数值时氧化开始，氧化电流逐渐出现。随着电势移向更正时，电流进一步增大，这时的电极反应主要受界面电荷传递动力学所控制。但当电势进一步正移到足够正，达到扩散控制区电势后，电流则转而受扩散过程所限制。由于扩散层厚度随时间延长而增加，浓度梯度减小，扩散流量反而越来越低，反应电流也越来越小，在电流-电势曲线上就出现一个电流峰。在峰之前扩散电流随电势的不断变正而增加，在峰之后扩散电流随扩散层厚度增加而降低。

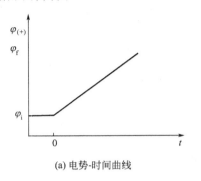

(a) 电势-时间曲线

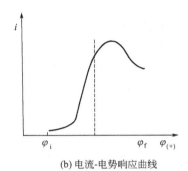

(b) 电流-电势响应曲线

图 8-4   线性电位扫描法电势-时间和电流-电势图

如果当电流衰减到某一程度将电位反扫时[图 8-5(a)]，由于电极附近可还原的氧化物（O）浓度较大，在电位达到并通过 $\varphi^{\ominus}$ 时，表面上的电化学平衡应当向着越来越有利于还原物（R）方向发展。于是氧化物开始被还原，所以有阴极电流流过，且反电流的形状与正向的峰很相像。整个的氧化还原过程如图 8-5(b)。这就是所谓的循环伏安法。它是选择不会起电极反应的某一电势 φ_i 为初始电势，控制电极电势按指定的方向和速度随时间线性变化（扫速 $v = d\varphi/dt$），当电极电势扫描至某一电势 φ_f 后，再以相同的速度逆向扫描至 φ_i，同时测试响应电流随电极电势的变化关系。

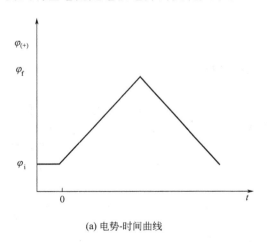

(a) 电势-时间曲线

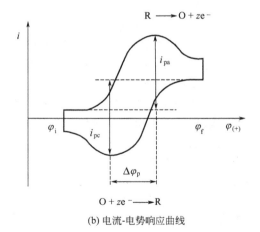

(b) 电流-电势响应曲线

图 8-5   循环电位扫描法电势-时间和电流-电势图

对循环伏安法曲线进行数据分析，可以得到峰电流（i_p）、峰电势（φ_p）、反应动力学参数、反应历程等诸多化学信息。

对于符合 Nernst 方程的可逆电极反应，其氧化和还原峰电势差在 25℃为：

$$\Delta\varphi_p = \varphi_{pa} - \varphi_{pc} = \frac{57-63}{n} mV \tag{1}$$

25℃时峰电势与标准电极电势的关系为：

$$\varphi^{\ominus}=\frac{\varphi_{pa}+\varphi_{pc}}{2}+\frac{0.029}{n}\lg\frac{D_O}{D_R} \qquad (2)$$

式中，$\varphi^{\ominus}$ 为氧化还原电对的标准电极电势；D_O、D_R 分别为氧化态和还原态物种的扩散系数；n 为电子转移数。

25℃时氧化还原峰电流 i_p 可表示为：

$$i_p=2.69\times10^5 An^{2/3}C_O^*D_O^{1/2}v^{1/2} \qquad (3)$$

式中，A 为电极有效表面积；C_O^* 为溶液中物种的浓度；D_O 为其扩散系数；v 为扫描速率。由式（3）可知，对于扩散控制的可逆电极反应，其氧化还原峰电流密度正比于电活性物种的浓度、扫描速率和扩散系数的平方根。

电化学测试体系由电解池和测试仪器组成，最常用的电解池为三电极电解池，包括工作电极（W.E.）、辅助电极（C.E.）和参比电极（R.E.）。工作电极也叫研究电极或实验电极，电极上所发生的电极过程就是我们研究的对象；辅助电极的用途是提供电流回路，即为工作电极提供电子流出的场所，常选择过电势低且面积足够大的材料，保证能等速度接受或放出电子；辅助电极的形状、位置要保持工作电极表面各点是等电势的。使用参比电极是为了提供一个不随电流大小和实验条件而改变的电势基准，用来测量工作电极的电势。参比电极应是一个良好的可逆体系，即使流过少量的电流，电极电势也保持不变。

电极反应是在电极表面上进行的，所以电极表面积是一个重要因素。通常铂电极表面积的计算由氢原子吸附峰的电量来求算。图 8-6 给出了典型的铂电极分别在 1mol/L 硫酸和 1mol/L 氢氧化钠溶液中的循环伏安（CV）曲线图。④和①表示伴随氢的吸附和脱附反应的电量；②和③是电极上氧的吸附和脱附反应的电量。在 0.4～0.5V（VS. RHE）电位区域内将出现氢原子吸附峰，由于氢在铂上只能单层吸附，满单层氢脱附的电量为 $210\mu C/cm^2$，通过吸脱附峰的电量可以计算出电极的真实表面积。

三、仪器与试剂

1. **仪器** 三电极电解池（如图 8-7 所示）：工作电极为铂片电极，辅助电极采用碳板电极，参比电极使用可逆氢电极（RHE）。

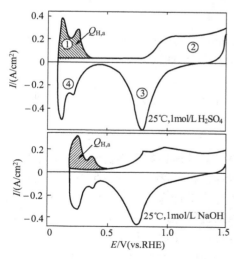

图 8-6 扫描速度为 50V/s 的铂电极的
　　　　循环伏安曲线

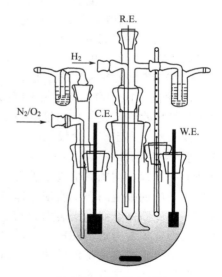

图 8-7 三电极电解池

氢气发生器；电化学工作站1台；磁力搅拌恒温槽1个；氧气、氮气钢瓶各1个；温度计1支。

2. 试剂 硫酸溶液（浓度分别为1mol/L、0.5mol/L、0.1mol/L、0.01mol/L）；NaOH溶液（1mol/L）。

四、实验步骤

1. 铂电极表面的前处理

（1）用小号金相砂纸将表面磨光滑。

（2）用重铬酸混合液、热硝酸（除Pt和Au）、王水（除Pt）等洗净。

（3）用去离子水冲洗干净。

（4）选择与测定用电解液相同的溶液，进行电化学预极化活化处理（高扫速循环伏安扫描，扫速0.5～1V/s，扫描范围0.05～1.5V）。

2. 组装电解池

组装前玻璃容器首先用洗液、蒸馏水、去离子水冲洗，并用待测电解液润洗。将三支电极按要求装入电解池的相应插口。

3. 连接测试系统

将三电极电解池与电化学工作站相连，工作电极——绿线；辅助电极——红线；参比电极——白线。

4. 硫酸（0.01mol/L）溶液中的测试

（1）电解质中有空气（残留氧气）条件下，扫描电势0.05～1.5V，扫描速度0.1V/s测定CV曲线。

（2）通入氮气除去残留氧气，扫描电势0.05～1.5V，扫描速度0.1V/s，测定CV曲线。观察电解质静止和搅拌条件下CV曲线是否有变化。测定在不同扫描速度（0.5V/s、0.05V/s、0.01V/s）下的CV曲线；在不同电势范围（0.05～1.3V、0.05～1.2V、0.05～1.0V、0.05～0.9V）的CV曲线。

（3）通入氧气，扫描电势0.05～1.5V，扫描速度0.1V/s，测定CV曲线。观察电解质静止和搅拌条件下CV曲线是否有变化。测定在不同扫描速度（0.5V/s、0.05V/s、0.01V/s）下的CV曲线；测定不同电解液温度（室温、30℃、40℃、50℃）时的CV曲线。

5. 不同浓度硫酸溶液中的测试

改变硫酸的浓度（0.1mol/L、0.5mol/L、1mol/L），通入氧气，扫描电势1.5～0.05V，扫描速度0.01V/s，进行线性电位扫描，测定CV曲线。

6. 氢氧化钠（1mol/L）溶液中的测试

通入氮气排除残留氧气，扫描电势0.05～1.5V，扫描速度0.1V/s测定CV曲线。通入氧气，同样条件下测定CV曲线。

五、实验说明

电极的前处理：在固体电极上进行电化学实验经常会遇到数据不稳定现象。电极反应产物的沉积、杂质的吸脱附等都将使固体电极表面活性、粗糙度和状态发生改变，直接造成电流的改变。因此固体金属电极表面"清洁"程度对电化学行为有很大的影响。净化是固体电极表面预处理首先要考虑的问题。可用丙酮或洗涤剂进行除油净化。表面漂洗可以用简单的冲洗方式，也可在盛有清洗液的超声波清洗器中进行。机械抛光和化学浸蚀是固体电极表面预处理的两种方法。用金相砂纸或磨料（1μm氧化铝膏）进行机械抛光。化学浸蚀常用浸蚀液有浓硫酸、铬酸、王水等。除了一般对经过磨光、抛光的电极进行除油处理外，还需要经过电化学预极化活化处理，使电极产生高度的催化活性。

六、结果与讨论

1. 绘制不同扫速下，1mol/L 硫酸溶液（氮气保护条件）中铂电极的 CV 曲线。从 CV 曲线中读出 i_{pa}、i_{pc}，作 i_{pc}-$v^{1/2}$ 图，判断反应的可逆性。

2. 计算铂电极活性面积。

3. 绘制相同扫速、不同气氛下（氮气和氧气）1mol/L 硫酸溶液中铂电极的 CV 曲线。

4. 绘制不同硫酸浓度下，铂电极表面氧化还原反应的线性电位扫描曲线。

七、思考题

1. 实验过程中硫酸浓度对铂表面的氧化还原反应是否有影响？

2. 分析电流-电势曲线中所出现的几个峰，观察在不同气氛、电势扫描范围和扫描速度下，这些峰是如何变化的？

3. 如何利用电流-电势曲线评价铂电极对于氧化还原反应的催化活性？

4. 影响固体电极电化学催化活性的因素有哪些？

5. 在三电极体系中，工作电极、参比电极和辅助电极各起什么作用？

八、前景展望

1. 作为工作电极，铂是最常用的固体电极材料，具有化学性质稳定、氢过电位小等特点，常用来研究许多重要的电极反应过程，也是具有优异催化性能的电极材料，在测试分析、化学工业（电解工业、电有机合成）、能源研究（化学电源）、材料科学和环境保护等许多重要领域有着广泛的应用。

2. 多年来，循环伏安法在电化学的电极过程动力学和电分析化学中，已得到广泛的应用。它的数学描述已有充分的发展，可以广泛地应用于测定各种电极反应机理的动力学参数。在电极反应的动力学研究中，循环伏安法是一种有效的手段，称为"电化学光谱"。利用循环伏安法可以很快检测到反应物（包括中间体）的稳定性，判断电极反应的可逆性，同时还可以用于研究活性物质的吸附以及电化学-化学偶联反应机理。

在首次用循环伏安法研究一个未知体系时，为了对体系进行摸索，一般先从定性开始，然后进行半定量和定量研究，从而计算出动力学参数。在一个定性实验中，通常是在一个较大的扫描速率范围内（几个 mV/s～几百 V/s），对不同的扫描范围和不同的起始扫描电势下所得的循环伏安法图，进行分析所出现的几个峰，并观察在电势扫描范围变化和扫描速率变化时，这些峰是怎样出现和消失的，并记录第一次循环和后继循环之间的差别，这样有可能提供由这些峰所表示的有关过程的信息。同时从扫描速率与峰值电流和峰值电势的关系，可以用来鉴别电极反应是否与吸附、扩散和耦合均相化学反应等有关。而从第一次和后继循环伏安图的差别中，可以分析电极反应的机理。但是必须强调，动力学的数据只能从第一次的扫描结果中进行分析。

九、参考文献

[1] 北京大学化学学院物理化学实验教学组. 物理化学实验. 第 4 版. 北京：北京大学出版社，2002.

[2] 贾梦秋，杨文胜. 应用电化学. 北京：高等教育出版社，2004.

[3] 范星河，李国宝. 综合化学实验. 北京：北京大学出版社，2009.

[4] 田昭武. 电化学研究方法. 北京：科学出版社，1984.

[5] [美] F. Anson 讲授. 电化学和电分析化学. 黄慰曾等编译. 北京：北京大学出版社，1983.

[6] [美] A. J. Bard，L. R. Faulkner 著. 电化学方法——原理及应用. 谷林瑛等译. 北京：化学工业出版社，1986.

实验 41　电化学方法合成有机化合物

一、实验目的

1. 了解电化学方法合成有机化合物的基本原理和特点。

2. 掌握用电解氧化法制备有机化合物的基本反应装置及应用。

3. 掌握不同形态有机物的分离提纯方法及其鉴定方法。

4. 了解电有机合成的一些影响因素。

二、实验原理

化学反应的本质是反应物外层电子的运动，原则上讲，凡是与氧化还原有关的有机合成均可通过电化学方法来实现。人们在长期的实践中已经在电解池内完成了加成、取代、裂解、消除、环合、偶合以及氧化和还原等各种反应。

用电化学方法合成有机化合物是电化学科学应用于实践的重要分支，通过调节电极电位，选择适当的电极、溶剂和温度等条件，可控制电极反应的方向，减少副反应，以较高产率获得较纯净的产物。较适用于具有多种异构体或多官能团化合物的定向选择合成，并且在一定条件下可同时在阴极室和阳极室得到不同用途的产品。

电有机合成条件温和，一般在常温常压下进行，特别适用于热力学上不稳定化合物的合成；并且操作容易控制，反应的开始、终结以及反应速率的调节均可通过外部操作来控制，且易于实现控制自动化。

在阳极氧化法制备有机化合物中，有两种不同的机理：一种是作用物在电极上直接失去电子，转变为产物；另一种，则相当于在电极上先生成某些活泼的试剂，再与有机物质进行反应得到产物。

kolbe 合成法是电有机合成方法中最古老而又最有价值的方法。正十二烷的电解法（kolbe）合成烷烃就是一个典型实例。它是因羧酸盐负离子在电解池的阳极作用下，发生电子转移反应而放出一个电子，同时发生解离而放出二氧化碳和烷基自由基，当生成的两个烷基自由基发生偶联时就得到了反应物长链烷烃，即：

$$2RCOO^- \xrightarrow[\text{氧化}]{\text{电解}} 2CO_2 + 2R \cdot \longrightarrow R-R$$

经过大量的研究，目前认为可能的反应机理是：首先羧酸盐负离子吸附在阳极表面，烷基和 COO^- 之间的键强变弱，键长变长，在发生电子转移放出一个电子的同时，COO^- 的键角发生变形。

$$\underset{}{\overset{O}{\underset{O}{\parallel}}}C \quad R \xrightarrow{1 \times 10^{16} s} e^- \quad \underset{}{\overset{O}{\underset{O}{\parallel}}}C + R \cdot$$

当这种变形分子发生电子转移以后，得到 CO_2 分子和烷基自由基。

在适当的条件下，此反应进行得非常迅速，反应一开始，立即放出大量二氧化碳气体，脱羧后的烷基自由基在阳极表面附近，形成一个浓度较高的自由基层，造成了自由基偶联的良好环境，两个自由基偶联即得到反应产物。

kolbe 电解氧化反应的影响因素较多，主要有电极材料、羧酸盐的浓度、电流密度、反应温度、电解液的 pH 值及导电介质等。

本实验是利用正庚酸-庚酸钠在乙醇中的体系进行 kolbe 电解偶联反应，得到的产物是正十二烷。

$$2n C_6 H_{13} COONa \xrightarrow[\text{CH}_3\text{OH}]{\text{电解}} n C_{12} H_{26} + CO_2$$

三、仪器与试剂

1. **仪器** 直流稳压电源（0～100V，0～5A）1台；滑线电阻1个；电磁搅拌器1台；减压蒸馏装置1套。

2. **试剂** 正庚酸（化学纯）；甲醇（化学纯）；金属钠；乙醚（分析纯）；醋酸（分析纯）；碳酸钠（分析纯）；无水氯化钙（分析纯）。

四、实验步骤

1. 实验装置的安装

　　用高脚烧杯作电解槽，电极均为铂片（3cm×2cm）。两个铂片间的距离约 3mm，事先加以固定，防止在搅拌时电极变形或短路，将电磁搅拌器搅拌，电解槽置于冰水浴中，如图 8-8 所示。将可变直流电源通过 1 个换相开关接至电极。

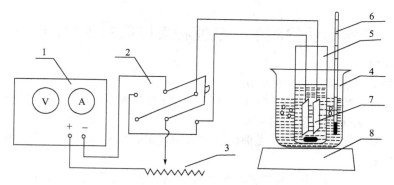

图 8-8　电解氧化装置

1—直流稳压电源（0～100V，0～5A）；2—换相开关；3—滑线电阻；4—冰水浴；5—高脚烧杯（电解槽）；
6—温度计；7—铂电极；8—电磁搅拌器

2. 电解合成

　　向电解槽中加入 50mL 甲醇，在搅拌下加入 0.35g 金属钠，待溶解后，将 11.0mL（约 10g）正庚酸加入电解槽中，搅拌均匀后，测定电解液的 pH 值，然后装好铂电极，连接线路，调节水浴温度在 10℃ 左右，接通电源并调节电压及滑线电阻，在电压尽量低的情况下，使电解电流控制在 1.5A 左右，（电压在 30V 左右达到 1.5A）开始电解反应。同时每隔 10min 改变电流方向 1 次，在电解反应中，需经常注意水浴温度，并及时用冰块调节。当电流明显减小时（趋近于零），测量电解液 pH 值，若 pH 接近 8 时，说明反应已达终点。即可切断电源，停止电解的进行。

　　向电解液中滴加几滴醋酸，中和电解槽内的电解液，使之呈中性。然后蒸除大部分溶剂（甲醇）后将剩余物倒入 50mL 水中，用乙醚（2×30mL）萃取两次，再用 5% 的 Na_2CO_3 液洗两次，然后用去离子水洗两次，洗涤后的乙醚液用无水氯化钙干燥后蒸去乙醚，再减压蒸馏蒸出产品。

五、结果与讨论

1. 称量并计算产品的产率。
2. 测产品的折射率（$n_D^{20}=1.4210$）。
3. 测产品的红外光谱谱图并与标准谱图对照，说明产品的纯度。
4. 用薄层色谱法定性鉴定产品纯度。

六、思考题

1. 讨论 pH 值、温度、搅拌速度等因素对电解合成的影响。
2. 比较用电化学方法与用化学法合成有机化合物有什么不同和特点。
3. 电解法制备有机化合物时，应如何选择电极材料。

七、前景展望

　　电有机合成，在绿色合成技术的开发中占有非常重要的地位。这种合成方法较之其它的有机合成方法具有独特的优点，在电有机合成反应中，不需要任何氧化剂或还原剂，所有的氧化还原反应都通过电子来实现，相对于常规化学合成，其三废排放少，对环境污染小，且具有发展前景的合成方法。

八、参考文献

[1] 浙江大学，南京大学，北京大学等. 综合化学实验. 北京：高等教育出版社，2001.

［2］武汉大学化学与分子科学学院实验中心．综合化学实验．武汉市：武汉大学出版社，2003.

［3］宋毛平，樊耀亭．综合化学实验．郑州：郑州大学出版社，2002.

［4］陈国良等译．应用电化学．上海：复旦大学出版社，1992.

实验 42　二氧化钛的制备、表征和模拟染料废水的光催化降解

一、实验目的

1. 掌握半导体二氧化钛的制备方法。
2. 掌握 X 射线多晶粉末衍射仪测试的原理，初步了解透射电镜在催化剂表征中的应用。
3. 了解影响二氧化钛光活性的主要因素。
4. 了解半导体光催化的模型及光催化氧化法在降解有机有毒污水中的应用。

二、实验原理

TiO_2 是多相光催化反应中最常用的半导体催化剂，它具有无毒、催化性高、氧化能力强、稳定性好等优点。纳米 TiO_2 对紫外线具有很强的吸收能力，并具有很高的光催化活性。

半导体光催化的基本原理可用图 8-9 说明：在一定波长的紫外光照射下（紫外光能量大于二氧化钛的禁带宽度，即 $E_{hv} > E_g$），半导体的价带电子就会激发而跃迁到导带，这样在价带位置留下光生空穴（带正电荷），而在导带位置上停留有光生电子（带负电荷），即形成电子-空穴对。空穴具有氧化能力，而电子具有还原能力。在半导体电场的作用下，电子-空穴对开始由体相向表面迁移。在迁移过程中，一部分电子-空穴对可能发生复合，而以热的形式释放能量；而迁移到表面的电子和空穴，就可以与催化剂表面的吸附物种发生氧化和还原反应。光激发产生的这些含氧小分子活性物种（如·OH、H_2O_2、O^2 等），能把催化剂表面的有机污染物（染料、含氯碳氢化合物、表面活性剂和农药等）氧化降解，直至完全矿化为 CO_2 和 H_2O。并且可以光催化还原重金属离子和光催化杀菌。

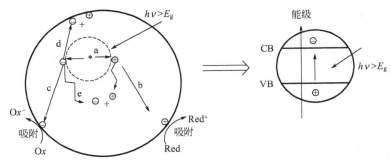

图 8-9　半导体颗粒上主要迁移过程

a—受光激发电子-空穴对分离；b—空穴氧化电子给体；c—电子受体的还原；
d—电子-空穴的表面复合；e—电子-空穴的体相复合

TiO_2 常见的晶型有两种：锐钛矿（anatase）和金红石（rutile）。锐钛矿型和金红石型两种晶型都是由相互连接的 TiO_6 八面体组成的，其差别在于八面体的畸变程度和相互连接的方式不同。但是，结构上的差别导致了两种晶型有不同的密度和电子能带结构（锐钛矿的 E_g 为 3.2 eV，金红石型 TiO_2 的 E_g 为 3.0eV），进而导致光活性的差异。催化剂晶粒大小，也是影响二氧化钛光活性的重要因素。刚制备出来的样品，因晶粒较小而活性较差。经高温焙烧后，催化剂晶粒长大而变得完整，活性较高。

TiO_2 的晶型可由 X 射线粉末衍射（XRD）表征确定。锐钛矿型 TiO_2 的特征衍射峰位置在 $2\theta = 25.3°$，而金红石型 TiO_2 的特征衍射峰位置在 $2\theta = 27.5°$。

本实验通过合成并表征 TiO_2 的结构，测定 TiO_2 对活性艳红 X-3B 的光解活性。其中图 8-10 是 X-3B 的结构分子及其可见紫外光谱，光催化反应装置如图 8-11。

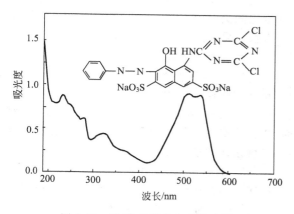

图 8-10　X-3B 的结构和吸收光谱

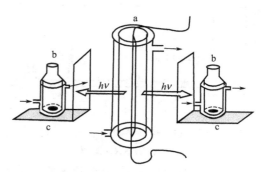

图 8-11　光催化反应装置

a—碘钨灯；b—派热克斯玻璃反应器；c—磁力搅拌器

在光催化学反应装置中，光源为 500W 碘钨灯，外置玻璃冷阱通水冷却。距离光源左右 10cm 处各有一个 100mL 派热克斯（Pyrex）平底反应瓶，并采用磁力搅拌。

三、仪器与试剂

1. **仪器**　X 射线粉末衍射仪 1 台；透射电子显微镜 1 台；UV-Vis 光谱仪 1 台；循环水真空泵 1 套；磁力搅拌器 1 台；电热鼓风干燥箱 1 台；超声波清洗器 1 台；调速振荡器 1 套；电动离心机（4000r/min）1 台；取液枪（1mL）1 个；水热反应釜（100 mL）1 套；光催化反应装置 1 套。

2. **试剂**　硝酸（分析纯）；硝酸银（分析纯）；四氯化钛（分析纯）；硫酸钛（分析纯）；氯化钡（分析纯）；染料活性艳红 X3B（分析纯）。

四、实验内容

1. 采用水热法合成二氧化钛

水热沉淀法制备纳米 TiO_2 粉体的方法如下。

在内衬耐腐蚀材料（如聚四氟乙烯）的密闭高压釜中。加入制备纳米 TiO_2 的前驱物 ［如 $Ti(SO_4)_2$、$TiCl_4$、$Ti(OC_4H_9)_4$ 等］，按一定的升温速率加热，升到预定温度后，恒温一段时间取出，冷却后经过滤、洗涤、干燥即可得到纳米 TiO_2 粉体。操作步骤如下。

（1）制备钛的氢氧化物凝胶，反应体系有 $TiCl_4$、氨水或钛醇盐、水等。

（2）将凝胶转入高压釜内，升温（温度一般低于 250℃），造成高温、高压的环境，使难溶或不溶的物质溶解并且重结晶，生成纳米 TiO_2 粉体。

此法能直接制得结晶良好且纯度高的粉体，不需作高温灼烧处理，避免了粉体的硬团聚，而且通过改变工艺条件，可实现对粉体粒径、晶型等特性的控制。

2. 分析不同晶型（锐钛矿和金红石型）对二氧化钛光活性的影响。

3. 考察热处理对二氧化钛活性的影响。

五、实验说明

1. 使用四氯化钛水热合成二氧化钛时，要特别小心。由于四氯化钛在空气中冒白烟，所以滴加实验要在通风橱中进行。实验过程中要戴塑料薄膜手套，以防止四氯化钛对手部皮肤的腐蚀。

2. 光催化降解对有机污染物的选择性不大。如果没有 X-3B 染料，选择甲基橙或亚甲基

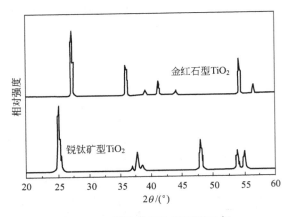

图 8-12　锐钛矿和金红石型二氧
化钛的 XRD 谱图

蓝也可以。但是要注意选择合适的初始浓度，最佳的初始浓度保持在最大吸收峰处的吸光度为 1.0 左右，以使污染物浓度与吸光度之间满足朗伯-比尔定律。如果染料降解太快，可以适当减少催化剂用量。

六、结果与讨论

1. 根据 X 射线粉末衍射图，确定样品晶型和计算二氧化钛晶粒大小。

2. 通过透射电镜照片，比较锐钛矿和金红石型二氧化钛的形貌差异和高温焙烧对二氧化钛颗粒尺寸的影响。

3. 通过一级动力学方程拟合，分别计算在上述几种情况下 X-3B 降解的速率常数。

4. 通过比较计算出的几个速率常数的大小，评价催化剂的光活性和分析影响光活性的主要因素。

七、参考数据

锐钛矿和金红石型二氧化钛的 XRD 谱图参见图 8-12，其透射电镜图片如图 8-13 所示。

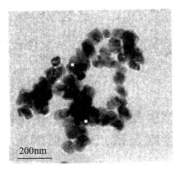　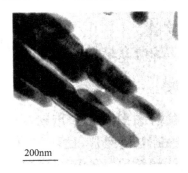

(a) 锐钛矿型　　　　　　　　　　(b) 金红石型

图 8-13　水热合成法制备的二氧化钛的透射电镜照片

八、思考题

1. 影响二氧化钛光活性的因素有哪些？

2. 二氧化钛光催化技术可以在环保领域哪些方面得到应用？

九、前景展望

1. 以 TiO_2 为代表的半导体光催化氧化技术是从 20 世纪 70 年代逐步发展起来的一门新兴环保技术。1972 年，日本的 Fujishima 和 Honda 发现了半导体 TiO_2 单晶电极上光致分解水产生 H_2 和 O_2 的现象，这一重要发现为人类开发利用太阳能开辟了崭新的途径。时隔四年之后的 1976 年，加拿大科学家 Carey 首次报道，TiO_2/UV 光催化能降解联苯和氯联苯，开拓了半导体光催化在环保中应用的先河。到 20 世纪 80 年代后特别是 90 年代，光催化的研究已相当活跃。TiO_2 光催化技术作为新兴的环境净化技术，其实用化的研究开始日益受到广泛重视。

2. 当前，利用半导体光催化氧化水中污染物的工作日益为人们所重视，其优点主要在于：首先利用半导体光催化氧化降解水中污染物不同于单纯的物理方法、化学方法和生物方法的水处理，处理流程简单，无二次污染，处理速度比微生物法快；其次半导体催化氧化可以处理各种无机及有机污染物使其矿化，是一种氧化处理方法。最关键的是半导体光催化氧化过程有可能利用太阳光资源，节能且无污染。

十、参考文献

［1］袁誉洪．物理化学实验．北京：科学出版社，2008.

［2］杜志强．综合化学实验．北京：科学出版社，2005.

［3］刘松翠，吕康乐，邓克俭等．三种不同晶型二氧化钛的制备及光催化性能研究．影像科学与光化学，2008，26：138.

［4］简丽，张前程，张凤保等．2003.纳米 TiO_2 的制备及其光催化性能．应用化工，32（5）：25.

［5］昝菱，钟家柽．纳米 TiO_2 制备过程中的若干影响因素．无机材料学报，1999，14（2）：264.

［6］孙奉玉，吴鸣，李文钊等．1998.二氧化钛表面光学特性与光催化活性的关系，催化学报，19（2）：121.

［7］Yan M，Chen F，Zhang J，et al. Preparation of Controllable Crystalline Titania and Study on the Photocatalytic Properties. J Phys Chem B，2005，109：8673.

实验 43　X 射线粉末衍射法物相定性分析

一、实验目的

1. 了解 X 射线衍射仪的结构和使用方法。

2. 应用 X 射线粉末图进行物相分析。

3. 掌握晶体对 X 射线衍射的基本原理和晶胞常数的测定方法。

二、实验原理

X 射线照射到物质上将产生散射，晶态物质对 X 射线产生的相干散射表现为衍射现象，即入射光束出射时光束没有被发散但方向被改变了而其波长保持不变的现象，这是晶态物质特有的现象。绝大多数固态物质都是晶态或微晶态或准晶态物质，都能产生 X 射线衍射。晶体微观结构的特征是具有周期性的长程的有序结构。晶体的 X 射线衍射图是晶体微观结构立体场景的一种物理变换，包含了晶体结构的全部信息。用少量固体粉末或小块样品便可得到其 X 射线衍射图。X 射线衍射是目前研究晶体结构（如原子或离子及其基团的种类和位置分布、晶胞形状和大小等）最有力的方法。X 射线衍射特别适用于晶态物质的物相分析。晶态物质组成元素或基团若不相同或其结构有差异，它们的衍射谱图在衍射峰数目、角度位置、相对强度次序以至衍射峰的形状上就显现出差异。

当选用固定波长的特征 X 射线时，采用细粉末或细粒多晶体的线状样品，可从一堆任意取向的晶体中，从每一个 θ 角符合布拉格条件的反射面得到反射，测出 θ 角后，利用布拉格公式即可确定点阵平面间距、晶胞大小和类型。

1. Bragg 方程

晶体是由具有一定结构的原子、原子团（或离子团）按一定的周期在三维空间重复排列而成的。反应整个晶体结构的最小平行六面体单元称为晶胞。晶胞的形状及大小可通过夹角 α、β、γ 和三个边长 a、b、c 来描述。因此，α、β、γ 和 a、b、c 称为晶胞常数。

一个立体的晶体结构可以看成是由其最邻近两晶面之间距为 d 的这样一簇平行晶面所组成，也可以看成是由另一簇无数个面间距为 d 的晶面所组成。当某一波长的单色 X 射线以一定的方向投射晶体时，晶体内的这些晶面像镜面一样反射入射线。但不是任何的反射都是衍射。只有那些面间距为 d 与入射的 X 射线的夹角为 θ，且相邻晶面反射的光程差为波长的整数倍 n 的晶面簇在反射方向的散射波，才会相互叠加而产生衍射，如图 8-14 所示。光程差 $\Delta=AB+BC=n\lambda$，而 $AB=BC=d\sin\theta$，所以有：

$$2d\sin\theta=n\lambda$$

（1）

式（1）即为布拉格（Bragg）方程。

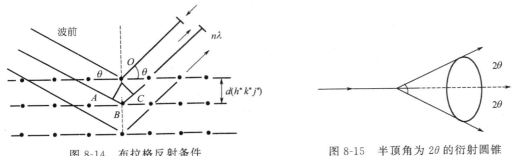

图 8-14　布拉格反射条件　　　　　　　　图 8-15　半顶角为 2θ 的衍射圆锥

如果样品与入射线夹角为 θ，晶体内某一簇晶面符合 Bragg 方程，那其衍射方向与入射线方向的夹角为 2θ。对于多晶体样品（粒度约 0.01 mm），在试样中的晶体存在着各种可能的晶面取向，与入射 X 射线成 θ 角的面间距为 d 的晶面簇晶体不止一个，而是无穷个，且分布在以半顶角为 2θ 的圆锥面上，见图 8-15。在单色 X 射线照射多晶体时，满足 Bragg 方程的晶面簇不止一个，而是有多个衍射圆锥相应于不同面间距 d 的晶面簇和不同的 θ 角。当 X 射线衍射仪的计数管和样品绕试样中心轴转动时（试样转动 θ 角，计数管转动 2θ），就可以把满足 Bragg 方程的所有衍射线记录下来。衍射峰位置 2θ 与晶面间距（即晶胞大小和形状）有关，而衍射线的强度（即峰高）与该晶胞内原子、离子或分子的种类、数目以及它们在晶胞中的位置有关。由于任何两种晶体的晶胞形状、大小和内含物总存在着差异，所以 2θ 和相对强度 I/I_0 可作为物相分析的依据。

2. 晶胞大小的测定

以晶胞常数 $\alpha=\beta=\gamma=90°$，$a\neq b\neq c$ 的正交系为例，由几何结晶学可推出：

$$\frac{1}{d}=\sqrt{\frac{h^{*2}}{a^2}+\frac{k^{*2}}{b^2}+\frac{l^{*2}}{c^2}} \tag{2}$$

式中，h^*、k^*、l^* 为密勒指数（即晶面符号）。

对于四方晶系，因 $\alpha=\beta=\gamma=90°$，$a=b\neq c$，式（2）可简化为：

$$\frac{1}{d}=\sqrt{\frac{h^{*2}+k^{*2}}{a^2}+\frac{l^{*2}}{c^2}} \tag{3}$$

对于立方晶系，因 $\alpha=\beta=\gamma=90°$，$a=b=c$，式（2）可简化为：

$$\frac{1}{d}=\sqrt{\frac{h^{*2}+k^{*2}+l^{*2}}{a^2}} \tag{4}$$

至于六方、三方、单斜和三斜晶系的晶胞常数、面间距与密勒指数间的关系，可参阅任何 X 射线结构分析的书籍。

从衍射谱中各衍射峰所对应的 2θ 角，通过 Bragg 方程求得的只是相对应的各 $\frac{n}{d}=\left(\frac{2\sin\theta}{\lambda}\right)$ 值。因为我们不知道某一衍射是第几级衍射，为此，如将式（2）～式（4）的等式两边各乘以 n。对于正交晶系：

$$\frac{n}{d}=\sqrt{\frac{n^2h^{*2}}{a^2}+\frac{n^2k^{*2}}{b^2}+\frac{n^2l^{*2}}{c^2}}=\sqrt{\frac{h^2}{a^2}+\frac{k^2}{b^2}+\frac{l^2}{c^2}} \tag{5}$$

对于四方晶系：

$$\frac{n}{d}=\sqrt{\frac{n^2 h^{*2}+n^2 k^{*2}}{a^2}+\frac{n^2 l^{*2}}{c^2}}=\sqrt{\frac{h^2+k^2}{a^2}+\frac{l^2}{c^2}} \tag{6}$$

对于立方晶系：

$$\frac{n}{d}=\sqrt{\frac{n^2 h^{*2}+n^2 h^{*2}+n^2 l^{*2}}{a^2}}=\sqrt{\frac{h^2+k^2+l^2}{a^2}} \tag{7}$$

式（5）～式（7）中 h、k、l 为衍射指数，它与密勒指数的关系为：

$$h=nh^*,\ k=nk^*,\ l=nl^* \tag{8}$$

因此，若已知入射 X 射线的波长，从衍射谱中直接读出各衍射峰的 θ 值，通过 Bragg 方程（或直接从《Tables for Conversion of X-ray diffraction Angles to Interplaner Spacing》的表中查得）可求得所对应的各 n/d 值，如又知道各衍射峰所对应的衍射指数，则立方（或四方或正交）晶胞的晶胞常数就可定出。这一寻找对应各衍射峰指数的步骤称为"指标化"。

对于立方晶系，指标化最简单，由于 h、k、l 为整数，所以各衍射峰的 $\left(\dfrac{n}{d}\right)^2$（或 $\sin 2\theta$），以其中最小的 $\left(\dfrac{n}{d}\right)$ 值除之，所得的数列应为一整数列。如 1：2：3：4：…。则按 θ 角的增大的顺序，标出各衍射线的衍射指数（h、k、l）为 100，110，200，…见表 8-2。

表 8-2　立方点阵衍射指标

$h^2+k^2+l^2$	P	I	F	$h^2+k^2+l^2$	P	I	F
1	100			14	321	321	
2	110	100		15			
3	111		111	16	400		400
4	200			17	410,322	400	
5	210	200	200	18	411,330		
6	211			19	331		331
7				20	420	411	420
8	220	211		21	421		
9	300,221			22	332		
10	310		220	23		420	
11	311	220		24	422	332	422
12	222	310	311	25	500,430	422	
13	320	222	222				

在立方晶系中，有素晶胞（P）、体心晶胞（I）和面心晶胞（F）三种形式。在素晶胞中衍射指数无系统消光；但在体心晶胞中，只有 $h+k+l=$ 偶数的粉末衍射线；而在面心晶胞中，只有 h、k、l 全为偶数或全为奇数的粉末衍射，其他的衍射线因散射线的相互干扰而消失（称为系统消光）。

对于立方晶系所能出现的（$h^2+k^2+l^2$）值：素晶胞 1：2：3：4：5：6：8…（缺 7，15，23 等）；体心晶胞 2：4：6：8：10：12：14：16：18：…=1：2：3：4：5：6：7：8：9：…；面心晶胞 3：4：8：11：12：16：19：…。

因此，可由衍射谱的各衍射峰的 $\left(\dfrac{n}{d}\right)^2$（或 $\sin^2\theta$）来定出所测物质所属的晶系、晶胞的点阵型式和晶胞常数。

如不符合上述任何一个数值，则说明该晶体不属于立方晶系，需要用对称性较低的四方、六方由高到低的晶系逐一分析决定。

知道了晶胞常数，就知道晶胞体积。在立方晶系中，每个晶胞中的内含物（原子或离子、分子）的个数 n，可按下列求得：

$$n = \frac{\rho a^3}{M/N_A} \tag{9}$$

式中，M 为待测样品的摩尔质量；N_A 为阿伏伽德罗常数；ρ 为该样品的晶体密度。

三、仪器与试剂

1. 仪器　D8 Advance 型 X 射线衍射仪（仪器主要硬件包括 X 射线发生器；衍射测角仪；辐射探测器；测量电路；控制操作和运行软件的电子计算机系统；冷却循环水系统）。

2. 试剂　NaCl（化学纯）。

四、实验步骤

1. 把待测样品于研钵中研磨至粉末状，用药勺取适量样品于玻璃样品架中间的槽里，另取一块载玻片，用载玻片轻轻将样品压紧，并将高出样品架表面的多余粉末刮去，如此重复几次使样品表面平整。

2. 接通总电源，此时，冷却水自动打开；再接通主机电源。

3. 按设备右立柱上面的"Open door"按钮，听到开门声后，打开玻璃门，轻轻地把待测样品插进 X 射线衍射仪中。（注意：每次打开门前，都需要先按"Open door"按钮）。

4. 打开计算机桌面上的"X 射线衍射仪操作系统"，选择"数据采集"，填写参数表，进行参数设置。

5. 设置步宽一般用 0.02 度；扫描速度默认为 0.5 s/step。（特殊情况下，可改变步宽和扫描速度，速度一般为 0.1～0.5s/step）

6. 设置测量角度（2θ）范围，一般为 10°～90°。（除特殊扫描，最大允许设置范围为 5°～135°）

7. 确认"locked Coupled"测量模式，若不是要改为该模式。

8. 点击"Start"，开始测试，显示相应的角度和强度峰值。

9. 测试完毕后在"File"中保存数据到 E 盘的相应文件夹中。

10. 使用 Raw File exchange 软件将测试文件 .RAW 格式转为 .UXD 格式（可用 note-pad 和 excel 打开），存为当日文件夹下。

11. 保存数据文件，进行各种数据处理。

12. 测试完所有样品后取出装样品的玻璃板，倒出框穴中的药品，洗净样品板，晾干，并将桌面和地面垃圾清理干净。

五、实验说明

1. 必须将干燥样品研磨至 200～325 目的粉末，否则样品容易从样品板中脱落，且避免颗粒不均匀。

2. 制样时用力要均匀，不可力度过大，以免形成粉粒定向排列。

3. 样品要刮平，且与样品架表面高度一致，否则引起测量角度和对应 d 值偏差。

4. 玻璃样品架易碎、数量有限，使用要千万小心。

5. 严格按照开机和关机程序进行操作，严禁在循环水冷机未满足开机要求前，打开衍射仪。整个实验过程中，禁止直接关闭 XRD Cammand 软件。

6. 在测试过程中，注意循环水冷机的水温，超过 24℃需立即关闭 X 光管。

7. 请勿使用 U 盘和自带的可擦写光盘在仪器的控制电脑上读取数据，以免造成数据库和实验数据的丢失。

8. 如有任何问题，不要擅自处理，请及时联系仪器管理员。

六、结果与讨论

1. 根据实验测得 NaCl 晶体粉末线的各 $\sin^2\theta$，用整数连比起来，与上述规律对照，即可确定该样品的点阵型式，从而可按表 8-2 将各粉末线顺次指标化。

2. 根据公式，利用每对粉末线的 $\sin^2\theta$ 值和衍射指标，即可根据公式：$a = \dfrac{\lambda}{2}$ $\sqrt{\dfrac{h^2+k^2+l^2}{\sin^2\theta}}$ 计算晶胞常数 a。实际在精确测定中，应选取衍射角大的粉末线数据来进行计算，或用最小二乘法求各粉末线所得 a 值的最佳平均值。

3. NaCl 的 $M=58.5$，NaCl 晶体的密度为 $2.164g/cm^3$，则每个晶胞中 NaCl 的"分子"数为 $n = \dfrac{\rho a^3}{M/N_A}$。

七、思考题

1. 简述 X 射线通过晶体产生衍射的条件。

2. 布拉格方程并未对衍射级数和晶面间距作任何限制，但实际应用中为什么用到数量非常有限的一些衍射线？

3. 布拉格反射图中的每个点代表 NaCl 中的什么（一个 Na 原子？一个 Cl 原子？一个 NaCl 分子？还是一个 NaCl 晶胞）？试给予解释。

八、参考文献

[1] 孙尔康，许维清，邱金恒. 物理化学实验. 南京：南京大学出版社，1999.

[2] 周公度，段连运. 结构化学基础. 北京：北京大学出版社，2002.

实验 44　改性层状磷酸锆的制备及其性能表征

一、实验目的

1. 学习用预撑剂正丁胺制备改性磷酸锆的方法。

2. 掌握 X 射线粉末衍射（XRD）实验方法的原理和技术。根据 XRD 图，确定改性磷酸锆的层间距。

3. 学习红外光谱（FTIR）、热重分析（TGA）和扫描电镜（SEM）等技术表征材料的性能。

4. 分析预撑剂的量对改性磷酸锆层间距的影响。

二、实验原理

无机层状材料与具有三维结构的材料（如分子筛）相比，不仅层间距可调，而且材料表面具有良好的化学活性。利用层状化合物的化学特性而进行的插入反应是一种非常重要的化学反应，可在低温条件下改变主体或客体的化学以及电学和光学等物理性质。

无机层状材料种类繁多，其中四价金属磷酸盐的研究和应用非常活跃。层状磷酸盐化合物的每一层可以看作是含有两层四面体磷酸根基团中央夹着一层金属原子。层间的质子很容易被其他阳离子取代。若离子交换或插入反应能量足够大，导致层移动，则大的有机分子、无机分子或离子等可插入层间形成复合物。

当前，研究最多的金属磷酸盐为 α-Zr(O$_3$POH)$_2 \cdot$ H$_2$O，即金属原子为 Zr。这类化合物是近年逐步发展起来的一类多功能材料。之所以对 α-Zr(O$_3$POH)$_2 \cdot$ H$_2$O（通常简写为 α-ZrP）的研究多于其他金属磷酸盐，是因为它既具有像离子交换树脂一样的离子交换性能，又具有像沸石一样的选择吸附性能。它还具有较高的热稳定性和较好的耐酸碱性能，更为重要的是它的层间距很容易扩展，在客体引入层间后仍然可以保持层状结构。α-ZrP 晶体为单斜晶系，它的结构图形如图 8-16 所示，其层间距为 7.6Å，层与层之间的作用力是范德华力，层内的水分子（图中未画出）与一个层面上的 P—OH 形成氢键。层中相邻 P—OH 基团的距离为 5.3 Å，而每一个 P—OH 基团周围的自由面积为 24 Å^2。

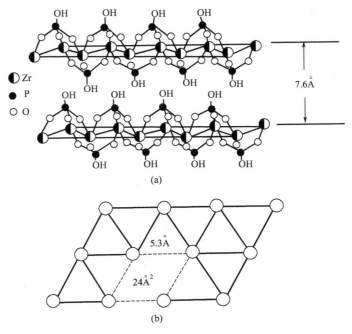

(a)

(b)

图 8-16　α-ZrP 的层状结构透视图（a）和单层表面投影图（b）

　　由于 α-ZrP 的层间距很小，只有大约 7.6 Å，使得复杂的金属配合物和有机生色团难以直接插入层状框架中。因此可以使一些容易插入的有机胺类分子预先插入 α-ZrP 中，形成改性磷酸锆层状材料。本实验采用具有直链构型的正丁胺（n-butylammonium，简称 BA）分子直接插入 α-ZrP 中，是一种扩大层间距常用的方法。通过 XRD、FTIR、TGA 和 SEM 等技术，对改性磷酸锆进行性能表征，确定层状材料的层间大小、组成、热稳定性及其形貌和颗粒大小。

三、仪器与试剂

　　1. 仪器　X 射线衍射仪（德国布鲁克 D8 ADVANCE）；红外光谱仪（FTIR-8900）；热重分析仪（TGA-7）；扫描电镜仪（S-570）。

　　离心沉淀机；天平；磁力搅拌器；具塞锥形瓶；漏斗；烧杯；量筒。

　　2. 试剂　氧氯化锆（$ZrOCl_2 \cdot 8H_2O$）；正丁胺（$C_4H_{10}N$）（分析纯）；浓盐酸（分析纯）；氢氟酸（分析纯）；磷酸（分析纯）。

四、实验步骤

　　1. 样品的制备

　　（1）α-ZrP 的制备　在玻璃反应瓶中，依次加入 5.8g 氧氯化锆、100mL 去离子水、浓盐酸和氢氟酸（40%）各 6mL，最后加入 50mL 磷酸（85%）。在室温下进行搅拌，半小时后溶液变浑浊，说明沉淀开始析出。然后白色沉淀物逐渐增加，保持搅拌 5～7 天。再对沉淀进行离心、洗涤，直至清液的 pH 值近乎不再变化（pH＝5），然后进行过滤，干燥。

　　（2）改性磷酸锆的制备　将 0.5g 的 α-ZrP 悬浮在 200mL 浓度为 0.25mol/L 正丁胺水溶液中，在室温下持续搅拌 2 天。再对样品进行离心、洗涤、过滤、干燥。

　　2. 样品的表征

　　（1）样品的层间距通过 X 射线衍射仪进行测试，测试条件为：以 CuKα 为辐射源，管电压 40kV，管电流 150mA，用 2(°)/min 的扫描速度，在 2°～40°自动走角，得到完整的衍射谱图。

（2）样品的特征吸收峰通过红外光谱仪进行测试，通常用 300mg 的 KBr 与 1～3mg 固体试样共同研磨；在模具中用 $(5～10)×10^7Pa$ 压力的油压机压成透明的片后，再置于光路进行测定。由于 KBr 在 $400～4000cm^{-1}$ 光区不产生吸收，因此可以绘制全波段光谱图。

（3）样品的热稳定性通过热重分析仪进行测试。

（4）样品的形貌及颗粒大小通过扫描电镜仪获得。对于不导电的样品，观察前需在表面喷镀一层导电金属，镀膜厚度控制在 5～10nm。

五、结果与讨论

1. XRD 图　以衍射角 2θ 为横坐标、衍射强度为纵坐标，绘制出 XRD 谱图，读出样品衍射峰对应的 d 值，通过布拉格方程，计算改性磷酸锆的层间距。

2. FTIR 图　在 FTIR 谱图上找出正丁胺的特征吸收峰，并作出标记。

3. TGA 图　以温度（T）为横坐标、余重百分数（%）为纵坐标，绘制出 TGA 曲线，对样品的热稳定性作出分析。

4. SEM 图　通过 SEM 观察样品的形貌及颗粒大小。

六、思考题

1. 怎样确定样品的晶化程度？

2. 指出样品 FTIR 图中的各官能团的特征吸收峰，并作出标记。

3. 有哪些因素会影响热重分析结果？

4. 详述改性磷酸锆失重过程的三个阶段。

七、参考文献

[1] Clearfield A and Tindwa R M. On the mechanism of ion exchange in zirconium phosphates-XXI Intercalation of amines by α-zirconium phosphate. J. Inorg. Nucl. Chem. 1977, 16: 3311.

[2] 杜以波，李峰，何静等．胺和醇对 α-磷酸锆插层性能的影响．石油学报，1998，14（1）：62.

实验 45　一种蓝色发光材料的共沉淀合成及发光性能测试

一、实验目的

1. 用共沉淀法合成 Sr_2CeO_4 蓝色发光材料。

2. 通过测试 X 射线粉末衍射数据，计算 Sr_2CeO_4 蓝色发光材料的晶胞参数。

3. 学习光致发光（Photoluminescence）技术表征材料的发光性能。

二、实验原理

发光材料已广泛地应用于人们的日常生活，如照明、显示和检测等领域。以氧化物为基质的发光粉具有良好的稳定性和发光性，在平板显示上有很大的应用潜力。SrO-CeO$_2$ 体系中的复合物 Sr_2CeO_4，是迄今为止所发现的唯一四价稀土离子发光的化合物。1998 年，Danielson 等在著名期刊 Science 上报道，首次通过组合化学方法发现了新型一维链状结构的 Sr_2CeO_4 是一种很好的蓝色发光材料，色坐标为 $x=0.198$，$y=0.292$，发射峰位于 485nm，室温下经紫外、X 射线或阴极射线激发能够产生较高的发光效率。另外，它还是良好的基质材料，在不同稀土离子掺杂的 Sr_2CeO_4 中，发现了能量传递等一些有趣的现象。

Sr_2CeO_4 的发现立即引起人们的关注。目前，已利用高温固相法、化学共沉淀法、溶胶-凝胶法等制备技术合成了这种化合物，并对其发光机理及在光致发光、场致发光、阴极射线显示和光能转化薄膜等方面的性质进行了研究。发光材料的颗粒度、形状、结晶性、缺陷等，都是影响发光效率的重要因素。因此，需要寻找有效的方法来控制这些相关参数，制备性能优异、均匀性好的材料。

Danielson 等利用 X 射线衍射技术和 Rietveld 精修方法研究了 Sr_2CeO_4 的结构。Sr_2CeO_4 是一种新型的一维结构材料，属于正交晶系，与 Sr_2PbO_4 和 Sr_2PrO_4 等同构，空间群为 Pbam，晶胞参数为 $a=6.11897\text{Å}$，$b=10.3495\text{Å}$，$c=3.5970\text{Å}$，其结构可以描述为 CeO_6 正八面体通过共用边形成一维链状结构，平行于 [110] 方向，如图 8-17 所示。两个反式终端氧离子 O^{2-} 与 Sr^{2+} 配位。同一链中相邻的 Ce^{4+} 距离为 3.597Å，在正八面体 CeO_6 中存在两种铈氧键：Ce-O 和 Ce-O-Ce，由于终端氧电子密度较高，所以前者的键长比后者的键长短 0.1Å。

图 8-17 Sr_2CeO_4 中 CeO_6 正八面体的一维链状结构

高温固相法是一种传统的合成方法。首先将 $SrCO_3$ 和 CeO_2 按摩尔比 2∶1 混合，经过研磨、高温灼烧、球磨和筛选，得到 Sr_2CeO_4 粉末。该法在原料配制与混合、还原剂的使用、反应时间和焙烧过程温度的控制等方面已相当成熟，操作简单方便，所得产物性能稳定，亮度高。但也存在固有的缺陷：煅烧温度高（1000℃以上），反应时间长（45~60h）。此外，产物硬度大，高温时易结团，粒径较大（7~27μm），且粒径分布宽，要得到适宜的粉末状材料，必须进行球磨处理，而机械球磨会破坏部分晶体结构，从而降低材料的发光性能。

荧光发射光谱，又称荧光光谱。如使激发光的波长保持不变，而让荧光物质所产生的荧光通过发射单色器后照射于检测器上，扫描发射单色器并检测各种波长下相应的荧光强度，然后通过记录仪记录荧光强度对发射波长的关系曲线，所得到的谱图成为荧光光谱，即发射光谱。荧光光谱表示在所发射的荧光中各种波长组分的相对强度。

本实验采用共沉淀法合成 Sr_2CeO_4 蓝色发光材料。共沉淀法反应条件温和，烧结时间短（2~3h），所得样品不结团，粒径分布窄，不需研磨即可直接使用。该方法以 $Sr(NO_3)_2$ 和 $Ce(NO_3)_3 \cdot 6H_2O$ 为起始物，采用适当的沉淀剂，加入到 Sr^{2+}，Ce^{3+} 的盐溶液中，然后经离心分离，洗涤，干燥，高温灼烧即得所需产品。

三、仪器与试剂

1. 仪器 马弗炉（KSW -5-12A 型）；X 射线衍射仪（德国 Bruker D8 Advance 型）；荧光分光光度计（Varian Cary-Eclipse 500 型）；数显恒温多头磁力搅拌器 1 台；离心沉淀机 1 台；电热鼓风干燥箱 1 台；电子天平（BS-224S 型）。

容量瓶（100mL）3 个，移液管（25mL、10mL）各 1 支，烧杯（100mL）2 个。

2. 试剂 $Sr(NO_3)_2$（分析纯），$Ce(NO_3)_3 \cdot 6H_2O$（分析纯），$(NH_4)_2C_2O_4 \cdot H_2O$（分析纯）。

四、实验步骤

1. 样品的制备

（1）将 $Sr(NO_3)_2$、$Ce(NO_3)_3 \cdot 6H_2O$、$(NH_4)_2C_2O_4 \cdot H_2O$ 直接用水溶解，配成的溶液浓度分别为 0.5mol/L、0.4mol/L 和 0.5mol/L。

（2）用移液管分别移取 21mL 0.5mol/L 的 $Sr(NO_3)_2$ 溶液和 13mL 0.4mol/L $Ce(NO_3)_3$ 溶液于烧杯中，然后再缓慢加入过量的 0.5mol/L $(NH_4)_2C_2O_4$ 溶液，并在室温下搅拌。产

生白色沉淀后，保持搅拌 2h 以上。然后对白色沉淀进行离心、过滤、干燥，得到前驱体粉末。

（3）将前驱体粉末放入氧化铝坩埚中，在 1050℃ 的马弗炉中进行高温烧结 3h，待样品的温度降到室温后，取出进行研磨即为最终样品。

2. 样品的表征

（1）样品的构相通过 X 射线衍射仪进行测试，测试条件为：以 Cu Kα 为辐射源，管电压 40kV，管电流 150mA，用 2（°）/min 的扫描速度，在 10°～70° 自动走角，得到完整的衍射谱图。

（2）通过荧光分光光度计来测试样品在室温下的发射光谱，激发波长为 254nm。

五、结果与讨论

1. XRD 图

（1）将 XRD 数据导入绘图软件（如 Origin）等，横坐标为 2θ、纵坐标为强度。

（2）由计算机自动给出样品的 XRD 谱图以及谱图中各衍射峰所对应的晶面间距 $d_{(h,k,l)}$ 值，并通过与标准卡片进行比对，可以得到每个 $d_{(h,k,l)}$ 值所对应的晶面指标 (h, k, l)。根据正方晶系的计算公式：

$$d_{(h,k,l)} = \left[h^2/a^2 + k^2/b^2 + l^2/c^2 \right]^{-1/2}$$

从 XRD 谱图中找出三个较强的衍射峰，将三个衍射峰的 $d_{(h,k,l)}$ 以及 $d_{(h,k,l)}$ 所对应的 (h, k, l) 分别代入上述计算公式，即可求出样品的晶胞参数。将数据列入表 8-3。

表 8-3　X 射线粉末衍射图谱数据

衍射峰编号	$d_{(h,k,l)}$	(h,k,l)	晶胞参数
1			
2			
3			

2. 荧光光谱

将数据导入绘图软件，横坐标为波长、纵坐标为相对强度，绘出样品的发射光谱。

六、思考题

1. 晶面指标 (h, k, l) 与晶面间距 $d_{(h,k,l)}$ 之间有何对应关系？
2. 试说明激发和发射的原理。

七、参考文献

［1］ Danielson E, Devenney M, Giaqunata D M, et al. Science, 1998, 279：837.

［2］ 高静，石士考，王继业等. 新型发光材料 Sr₂CeO₄ 的研究进展. 稀土，2008，29（2）：60.

［3］ Nag A , Narayanan Kutty T R. Photoluminescence of $Sr_{2-x}Ln_xCeO_{4+x/2}$（Ln＝Eu，Sm or Yb）prepared by a wet chemical method. J. Mater. Chem, 2003, 13：370.

实验 46　有机共轭烯烃的 HMO 处理

一、实验目的

1. 掌握有机直链共轭烯烃和环状共轭烯烃的 π 型分子轨道、轨道能级的计算方法。
2. 明确直链共轭烯烃的 π 分子轨道能级和 π 型分子轨道图形节面间的关系。
3. 掌握分子图的做法。

二、实验原理

有机共轭分子具有平面结构。每个碳原子均有一个单电子占据的 $2p_z$ 轨道，因此可形成离域 π 键。

以苯分子为例，介绍 HMO 方法处理有机共轭分子的原理。

1. 苯分子的 π 分子轨道和轨道能级

苯分子的 π 分子轨道的表达式可以表示为：

$$\psi = c_1\phi_1 + c_2\phi_2 + c_3\phi_3 + c_4\phi_4 + c_5\phi_5 + c_6\phi_6$$

其中 $\phi_1 \sim \phi_6$ 为 $C_1 \sim C_6$ 原子提供的参与形成 π 分子轨道的 p 轨道；$c_1 \sim c_6$ 为各个 C 原子的组合系数，由变分法确定。

将 $\psi = c_1\phi_1 + c_2\phi_2 + c_3\phi_3 + c_4\phi_4 + c_5\phi_5 + c_6\phi_6$ 代入变分积分公式：

$$\overline{E} = \frac{\int \psi^* \hat{H}_\pi \psi d\tau}{\int \psi^* \psi d\tau}$$

展开，并引入积分

$$H_{ii} = \int \phi_i \hat{H}_\pi \phi_i d\tau$$

$$H_{ij} = \int \phi_i \hat{H}_\pi \phi_j d\tau$$

$$S_{ij} = \int \phi_i \phi_j d\tau$$

进一步利用变分处理 $\dfrac{\partial \overline{E}}{\partial c_1} = \dfrac{\partial \overline{E}}{\partial c_2} = \cdots = \dfrac{\partial \overline{E}}{\partial c_6} = 0$，得久期方程：

$$\begin{bmatrix} H_{11}-ES_{11} & H_{12}-ES_{12} & \cdots & H_{16}-ES_{16} \\ H_{21}-ES_{21} & H_{22}-ES_{22} & \cdots & H_{26}-ES_{26} \\ \cdots & \cdots & \cdots & \cdots \\ H_{61}-ES_{61} & H_{62}-ES_{62} & \cdots & H_{66}-ES_{66} \end{bmatrix} \begin{bmatrix} c_1 \\ c_2 \\ \cdots \\ c_6 \end{bmatrix} = 0$$

方程有非零解的条件是系数行列式（即久期行列式）为零。

$$\begin{vmatrix} H_{11}-ES_{11} & H_{12}-ES_{12} & \cdots & H_{16}-ES_{16} \\ H_{21}-ES_{21} & H_{22}-ES_{22} & \cdots & H_{26}-ES_{26} \\ \cdots & \cdots & \cdots & \cdots \\ H_{61}-ES_{61} & H_{62}-ES_{62} & \cdots & H_{66}-ES_{66} \end{vmatrix} = 0$$

引入休克尔近似，令

同一原子的库仑积分 $H_{ii} = \alpha$

交换积分 $H_{ij} = \int \phi_i \hat{H}_\pi \phi_j d\tau = \begin{cases} 0 & \text{非键连} \\ \beta & \text{键连} \end{cases}$

重叠积分 $S_{ij} = \int \phi_i \phi_j d\tau = \begin{cases} 1 & (i = j) \\ 0 & (i \neq j) \end{cases}$

则苯分子的 HMO 行列式方程简化为：

$$\begin{vmatrix} x & 1 & 0 & 0 & 0 & 1 \\ 1 & x & 1 & 0 & 0 & 0 \\ 0 & 1 & x & 1 & 0 & 0 \\ 0 & 0 & 1 & x & 1 & 0 \\ 0 & 0 & 0 & 1 & x & 1 \\ 1 & 0 & 0 & 0 & 1 & x \end{vmatrix} = 0$$

苯的结构如图 8-18 所示，其中有 6 个共轭 C 原子，把这 6 个 C 原子编号，根据编号和苯的结构编写一个 HMO 程序的输入文件，通过 HMO 程序来进行计算，得到 6 个 x 值，从而得到对应的 6 个 π 分子轨道能级：

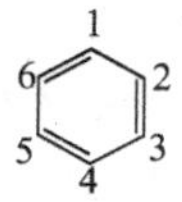

图 8-18　苯分子
的结构

$$x_1 = -2 \qquad\qquad E_1 = \alpha + 2\beta$$
$$x_2 = x_3 = -1 \qquad\qquad E_2 = E_3 = \alpha + \beta$$
$$x_4 = x_5 = 1 \qquad\qquad E_4 = E_5 = \alpha - \beta$$
$$x_6 = 2 \qquad\qquad E_6 = \alpha - 2\beta$$

同时可以计算得到对应的 π 分子轨道组合系数，从而得到相应的 6 个 π 分子轨道波函数为：

$$\psi_1 = 0.4282\phi_1 + 0.4282\phi_2 + 0.4282\phi_3 + 0.4282\phi_4 + 0.4282\phi_5 + 0.4282\phi_6$$
$$\psi_2 = 0.5774\phi_1 + 0.2887\phi_2 - 0.2887\phi_3 - 0.5774\phi_4 - 0.2887\phi_5 + 0.2887\phi_6$$
$$\psi_3 = 0.5000\phi_2 + 0.5000\phi_3 - 0.5000\phi_5 - 0.5000\phi_6$$
$$\psi_4 = 0.5000\phi_2 - 0.5000\phi_3 + 0.5000\phi_5 - 0.5000\phi_6$$
$$\psi_5 = 0.5774\phi_1 - 0.2887\phi_2 - 0.2887\phi_3 + 0.5774\phi_4 - 0.2887\phi_5 - 0.2887\phi_6$$
$$\psi_6 = 0.4282\phi_1 - 0.4282\phi_2 + 0.4282\phi_3 - 0.4282\phi_4 + 0.4282\phi_5 - 0.4282\phi_6$$

其 π 分子轨道图（图 8-19）为：

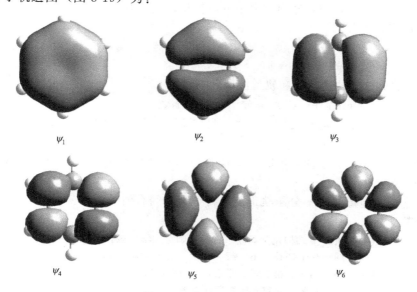

图 8-19　苯的 π 分子轨道

2. 苯分子的 HMO 参量

根据苯分子的 π 分子轨道和能级，可以计算公式可以求得电荷密度、键级、自由价。苯分子基态的电子排布：$\psi_1^2 \psi_2^2 \psi_3^2$。

（1）π 电荷密度：$q_1 = q_2 = q_3 = q_4 = q_5 = q_6 = 1.00$

（2）π 键级：$p_{12} = p_{23} = p_{34} = p_{45} = p_{56} = 0.667$

（3）自由价：$F_1 = F_2 = F_3 = F_4 = 4.732 - (3 + 0.667 + 0.667) = 0.398$

3. 苯的分子图（图 8-20）

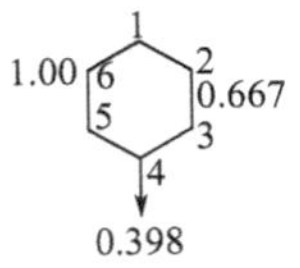

三、软件与仪器

1. 软件　HMO 程序。

2. 仪器　微机 1 台。

图 8-20　苯的分子图

四、实验步骤

1. 建立 HMO 程序的输入文件。

输入文件中需要给出每个体系中参与共轭的原子总数、参与离域的 π 电子总数、π 电子占据的 π 轨道总数、每个原子提供的参与形成离域 π 键的电子数以及 π 电子占据的哪些 π 轨道等信息。

需要讨论的体系包括：烯丙基自由基、丁二烯、1,3-戊二烯自由基、己三烯、苯和萘（图 8-21）。

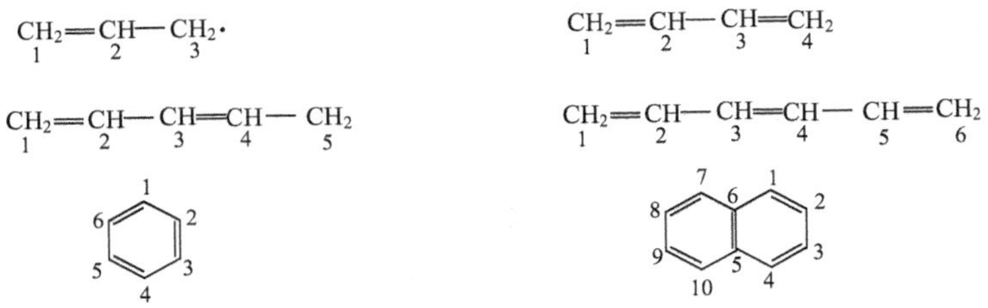

图 8-21　烯丙基自由基、
丁二烯、1,3-戊二烯、己三烯、苯和萘的结构

2. 执行 HMO 程序，查看输出结果中的本征值 x 与本征向量 c_i。

3. 通过运用以下公式：

$$E = \alpha + \beta x$$
$$\psi = c_1 \phi_1 + c_2 \phi_2 + \cdots + c_n \phi_n$$

得到体系的 π 分子轨道能级和轨道波函数。

4. 结合 Hyperchem 程序，得到 π 分子轨道图形。

5. 计算每个体系的 π 电子密度、键级、自由价，绘制分子图。

五、思考题

1. 根据上述分子的分子图，推断哪些位置容易与亲核试剂发生反应，哪些位置容易与亲电试剂发生反应？

2. 有机直链共轭烯烃中 π 分子轨道能级与节面之间有何关系？

六、参考文献

[1] 李奇，黄元河，陈光巨. 结构化学. 北京：北京师范大学出版社，2008.

[2] 周公度，段连运. 结构化学基础. 第 3 版. 北京：北京大学出版社，2002.

[3] 徐光宪，王祥云. 物质结构. 第 2 版. 北京：高等教育出版社，1987.

[4] 谢有畅，邵美成. 结构化学. 北京：高等教育出版社，1979.

[5] 麦松威，周公度，李伟基. 高等无机结构化学. 北京：北京大学出版社，2001.

[6] 潘道皑，赵成大，郑载兴. 北京：高等教育出版社，1995.

第9章　设计性实验

实验47　中和热的测定

一、设计要求

1. 掌握中和热的测定方法。
2. 测定强酸与强碱、弱酸（或弱碱）与强碱（或强酸）发生中和反应的中和热。
3. 根据盖斯定律计算弱酸、弱碱的离解热。

二、知识背景

物质间在发生化学反应时都伴随有能量的变化，通常以热的形式表现出来。在恒压条件下，反应体系吸收或放出的热量称为反应热或焓变（ΔH）。恒压下酸和碱发生中和反应生成 1mol 水时所放出的热量，称为酸碱中和热，也是 1mol 水的生成热。

$$H^+ + OH^- \rightleftharpoons H_2O$$

$$\Delta_r H_m^{\ominus} = -57.3 \text{kJ/mol}$$

在水溶液中，因强酸、强碱几乎全部离解为 H^+ 与 OH^-，所以一元强酸和强碱的中和热数值是相同的，与酸的阴离子和碱的阳离子无关。

弱酸（或弱碱）在水溶液中只是部分解离，所以弱酸（或弱碱）与强碱（或强酸）发生中和反应时，存在弱酸（或弱碱）的不断解离（需吸收热量，即解离热）。总的热效应将比强酸强碱中和时的热效应的绝对值要小。两者的差值即为该弱酸（或弱碱）的解离热。

例如，强碱（NaOH）中和弱酸（HAc）时，与强酸和强碱的中和反应不同，在中和反应前，首先要进行弱酸的解离。反应式为：

$$HAc \longrightarrow H^+ + Ac^- \qquad \Delta H_{解离}$$

$$H^+ + OH^- \rightleftharpoons H_2O \qquad \Delta H_{中和}$$

总反应　　　　　$HAc + OH^- \rightleftharpoons H_2O + Ac^- \qquad \Delta H_{总}$

根据盖斯定律　　　$\Delta H_{解离} = \Delta H_{总} - \Delta H_{中和}$ 　　　　　　　　　　　　　　　　（1）

用量热计测定反应的热效应时，首先要测定量热计本身的热容 C'，它代表量热计各部件（包括量热容器、搅拌器、温度计等）的热容总和，即量热计温度每升高 1K 所需的热量。

测定量热计热容 C' 的方法有两种：化学标定法和电热标定法。前者是将已知热效应的标准样品放在量热计中反应；后者是向溶液中输入一定的电能进行加热，然后根据已知热量和温升，算出量热计热容 C'。

实验中若采用化学标定法，则是将已知热效应的标准溶液 HCl 和过量的 NaOH 溶液放在量热计中反应，使之放出一定热量，根据实际测得的体系温度升高值 ΔT，由式（2）方能计算出量热计热容 C'。

$$n(\text{HCl}) \cdot \Delta_r H_m + (V \rho C'' + C') \Delta T = 0 \qquad\qquad (2)$$

式中，$n(\text{HCl})$ 为参加反应溶液的物质的量；V 为反应体系中溶液的总体积，单位为 L；ρ 为溶液的密度；C'' 为溶液的比热容，即每千克溶液温度升高 1K 所吸收的热量，单位为 kJ/（L·kg）。

在溶液的密度不太大或太小的情况下，溶液的密度与比热容的乘积可视为常数。因此实验中如果控制反应物体积相同，则 $(V\rho C''+C')$ 亦为一常数，它就是反应体系（包括反应液和量热计）的总热容，以 C 表示，即 $C=V\rho C''+C'$。由 C 可方便地在相同条件下，测得任一中和反应的中和热：

$$n(HCl)\cdot\Delta_r H_m+C\cdot\Delta T=0 \qquad (3)$$

实验中如果采用电热标定法，其量热计热容 C' 由式（4）计算：

$$C'=Q_电/\Delta T_电=IUt/\Delta T_电 \qquad (4)$$

式中，$Q_电$ 为通电所产生的热量；I 为电流强度；U 为电压；t 为通电时间。

则反应的中和热为：

$$\Delta_r H_m=-\frac{C'\Delta T_电}{cV} \qquad (5)$$

式中，c 为溶液的浓度；V 为溶液的体积；$\Delta T_电$ 为体系温度升高值。

三、设计内容

1. 总热容的测定。
2. HCl 和 $NH_3\cdot H_2O$ 中和热的测定。
3. HAc 与 NaOH 中和热的测定。

四、方法提示及说明

1. 用化学标定法测定量热计热容时，可用 pH 试纸（或酸度计）检查量热计中溶液的酸碱性，以判断中和是否完全。

2. 用电热标定法测定量热计热容时，可采用蒸馏水（500mL）作为测温物质。实验过程中 I 和 U 的数值要保持恒定，应随时注意调节。

五、注意事项

1. 每次实验时，若量热计温度与溶液起始温度不一致，需进行溶液温度的调节。
2. 测量时注意温度计的水银球距离杯底的高度。
3. 实验中酸、碱的温度一定要相同，否则影响测量结果。

六、参考文献

［1］马志广，庞秀言．基础化学实验 4 物性参数与测定．北京：化学工业出版社，2009.
［2］顾月姝．基础化学实验（Ⅲ）——物理化学实验．北京：化学工业出版社，2004.
［3］张洪林，杜敏，魏西莲．物理化学实验．青岛：中国海洋大学出版社，2009.
［4］东北师范大学等．物理化学实验．第 2 版．北京：高等教育出版社，1989.

实验 48 紫外分光光度法和气相色谱法测定溶液的活度因子

实验 48.1 紫外分光光度计测定萘在硫酸铵水溶液中的活度因子

一、设计要求

1. 掌握紫外分光光度法测定水溶液活度因子的基本原理和方法。
2. 初步掌握紫外分光光度计的使用方法。
3. 用紫外分光光度计测定萘在硫酸铵水溶液中的活度因子，并求出极限盐效应常数。

二、知识背景

化合物分子内电子能级的跃迁发生在紫外及可见区的光谱称为电子光谱或紫外-可见光谱。许多有机物在紫外光区有特征的吸收光谱，而对具有 π 键电子及共轭双键的化合物特别灵敏，在紫外光区具有强烈的吸收。

萘的水溶液符合朗伯-比尔（Lanbert-Bear）定律，可用三个不同波长（267nm、

275nm、283nm）的光，测定不同相对浓度的萘水溶液的吸光度，以吸光度对萘的相对浓度作图，得到三条通过零点的直线。

$$A_0 = k c_0 l \tag{1}$$

式中，A_0 为萘在纯水中的吸光度；c_0 为萘在纯水中的溶液浓度；l 为溶液的厚度；k 为吸光系数。

对于萘的盐水溶液，用相同的波长进行测定，并绘制 A-λ 曲线，即可确定吸收峰位置（图 9-1）。

从图 9-1 可以看出，萘在水溶液中和盐水溶液中，都是波长在 267nm、275nm、283nm 处出现吸收峰，吸收光谱几乎相同。说明盐（硫酸铵）的存在并不影响萘的吸收光谱。两种溶液中的吸光系数是一样的，则有：

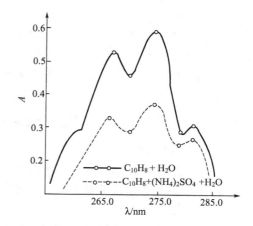

图 9-1　萘-硫酸铵水溶液吸收光谱

$$A = k c l \tag{2}$$

式中，A 为萘在盐水溶液中的吸光度；c 为萘在盐水中的浓度。

把盐加入饱和的非电解质水溶液，非电解质的溶解度将会发生变化。如果盐的加入使非电解质的溶解度减小（增加非电解质的活度系数），这个现象称盐析，反之称盐溶。

盐效应的经验公式：

$$\lg \frac{c_0}{c} = K c_S \tag{3}$$

式中，K 为盐析常数；c_0 为盐的浓度（单位：mol/dm^3）。如果 K 是正值，则 $c_0 > c$，这就是盐析作用；如果 K 是负值，则 $c_0 < c$，这就是盐溶作用。

当纯的非电解质与其饱和溶液达成平衡时，无论是在纯水或盐溶液里，非电解质的化学势是相同的。

$$a = \gamma c = \gamma_0 c_0 \tag{4}$$

式中，γ、γ_0 为活度因子。

$$\lg \frac{\gamma}{\gamma_0} = \lg \frac{c_0}{c} = K c_S \tag{5}$$

通过测定萘水溶液的吸光度与萘盐水溶液的吸光度即可求出活度因子。

三、设计内容

1. 设计测定萘在不同浓度硫酸铵盐溶液中活度因子的实验方案。
2. 分析萘的溶解度随硫酸铵浓度增加而下降的变化趋势。

四、方法提示及说明

1. 采用紫外-可见分光光度计进行测定。
2. 萘的水溶液浓度可选 $0.75mol/dm^3$、$0.5mol/dm^3$、$0.25mol/dm^3$。硫酸铵溶液的浓度可选 $1.2 \sim 0.2$（mol/dm^3）的范围。
3. 根据测得各浓度萘水溶液的吸光度值作 A-c 图，求出吸光系数。
4. 根据测得不同浓度的硫酸铵饱和萘溶液的吸光度，计算出一系列活度因子。
5. 作 $\lg \gamma$—c_S 图（$\gamma_0 = 1$），可求出极限盐效应常数 K。

五、注意事项

1. 实验所用试剂萘和硫酸铵纯度要求较高，可以通过重结晶处理来提高试剂纯度，满足实验需要。

2. 萘水饱和溶液和萘的盐水饱和溶液的饱和度一定要充分，可以通过振荡器使其充分饱和。

六、问题思考

1. 本实验中把萘在纯水中饱和溶液的活度因子假设为1，试讨论其可行性。

2. 影响本实验的因素有哪些？

七、实例分析

1. 盐效应表示离子与水分子之间静电力以及离子与非电解质间色散力二者大小的比较，如果静电力大于色散力结果造成盐析。

2. 实验结果可表明，硫酸铵的加入对萘起盐析作用，萘的溶解度随硫酸铵浓度的增加而下降，活度因子增大。

实验 48.2   气相色谱法测定无限稀释溶液的活度因子

一、设计要求

1. 用气相色谱法测定物质的无限稀溶液的活度系数。

2. 了解气相色谱仪的基本构造及原理，并初步掌握色谱仪的使用方法。

二、知识背景

气相色谱仪主要由四部分组成：①流动相（也叫载气，如 He、N_2、H_2）；②固定相（固体吸附剂或以薄膜状态涂在载体上的固定液，如甘油、液体石蜡等）；③进样器（通常用微量注射器）；④鉴定器（用以检出从色谱柱中流出的组分，通过信号放大及处理，绘制出相应的色谱图）。

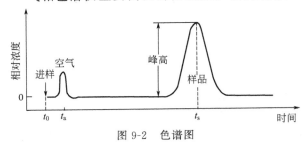

图 9-2   色谱图

所有色谱技术均涉及两个相，即固定相和流动相。在气-液色谱中固定相是液体，流动相是气体，液体涂渍在固体载体上，并一起填充在色谱柱中。当载气将被气化的样品携带进入色谱柱时，样品中的各组分在色谱柱中被逐一分离，单一组分被载气推动依次流经鉴定器。其时间与相对浓度之间的关系如图 9-2 所示。

设组分的保留时间为 t_s，（从进样到样品峰顶的时间），死时间为 t_a（从进样到空气峰顶的时间），则组分的校正保留时间为：

$$t'_s = t_s - t_a \tag{1}$$

组分的校正保留体积为：

$$V'_s = t'_s \overline{F} \tag{2}$$

式中，$\overline{F}$ 为柱温柱压下载气的平均流速。

组分的校正保留体积 V'_s 与液相体积 V_l 的关系为：

$$V_l c_i^l = V'_s c_i^g \tag{3}$$

式中，c_i^l 为组分 i 在液相中的浓度；c_i^g 为组分 i 在气相中的浓度。

设气相符合理想气体，则：

$$c_i^g = \frac{p_i}{RT_c} \tag{4}$$

而且，

$$c_i^l = \frac{\rho x_i}{M} \tag{5}$$

式中，p_i 为组分 i 的分压；ρ 为纯液体的密度；M 为纯液体的摩尔质量；x_i 为组分 i 的摩尔分数；T_c 为柱温。

当气液两相达到平衡时，有：

$$p_i = p_i^* \gamma_i x_i \tag{6}$$

式中，p_i^* 为组分 i 的饱和蒸气压；γ_i 为组分 i 的活度因子。将式(4)~式(6)代入式(3)得：

$$V_s' = \frac{V_i \rho R T_c}{M p_i^* \gamma_i} = \frac{W R T_c}{M p_i^* \gamma_i} \tag{7}$$

由式（7）得：

$$\gamma_i = \frac{W R T_c}{M p_i^* V_s'} = \frac{W R T_c}{M p_i^* t_s' \overline{F}} \tag{8}$$

式中，W 为固定液的准确质量；M 为固定液的摩尔质量。

由式（8）可知，只要把一定质量的溶剂作为固定液涂渍在载体上，装入色谱柱中，用被测物质作为气相进样，测得式（8）中右边各参数。即可由该式计算组分 i 在溶剂中的活度因子 γ_i。因加入溶质的量很少，与固定液构成了无限稀溶液，所以测得的 γ_i 为无限稀溶液的活度因子（γ_i^∞）。该式中载气的平均流速 $\overline{F}$ 由下式求得

$$\overline{F} = \frac{3}{2} \left[\frac{(p_b/p_0)^2 - 1}{(p_b/p_0)^3 - 1} \right] \left(\frac{p_0 - p_W}{p_0} \cdot \frac{T_c}{T_a} \cdot F \right) \tag{9}$$

式中，p_b 为柱前压力；p_0 为柱后压力（通常是大气压）；p_W 为在 T_a（室温）时水的饱和蒸气压；T_c 为柱温；T_a 为环境温度（通常为室温）；F 为载气柱后流速。

三、设计内容

1. 利用气相色谱仪测定不同试样（如苯、环己烷、环己烯、氯仿等）在邻苯二甲酸二壬酯中的相关数据。

2. 计算各柱温下（如 40℃、45℃、50℃、55℃）各试样在邻苯二甲酸二壬酯中的 γ_i^∞。

四、方法提示及说明

1. 色谱柱填装时，切忌温度太高，以免固定液和载体的损失。

2. 开启氢气发生器后，一定要认真检漏。

3. 测定样品时，在准备进样时应正确记录室温、室压、柱温、柱前压力（表压加室压）、柱后载气流速等相关数据。

五、注意事项

1. 在进行色谱实验时，必须按实验操作规程进行。实验开始前，首先通入载气，后开启电源开关。实验结束时，先关闭电源，待层析室和检测室温度降至室温时，再关闭载气，以防烧坏热导池元件。

2. 微量注射器使用要谨慎，切忌把针芯拉出筒外。注入样品时，动作要迅速。

3. 固定液在实验中应防止流失，否则必须在实验后进行校正，或采用在柱前装预饱和柱等措施。

六、问题思考

1. 为什么本实验所测得的是组分 i 在无限稀液体混合物中的活度因子？

2. 色谱法测定无限稀溶液的活度因子，是否对一切溶液都适用？

七、评注与讨论

1. 色谱法测定无限稀溶液的活度因子基于以下假设

① 因样品量非常少，可假定组分在固定液中是无限稀释的，并服从亨利定律。且因色谱柱内温差较小，可认为温度恒定。

② 因组分在气液两相中的量极微，且扩散迅速。气相色谱中的动态平衡与真正的静态

平衡十分接近，可假定色谱柱内任何点均达到气液平衡。

③ 将气相作为理想气体处理。

④ 固定液将载体表面覆盖，载体不吸附组分。

2. 利用气相色谱法测定活度因子的方法简便，快速。样品用量少，且结果较准确，比经典方法用时少，误差小。

3. 色谱法测定无限稀溶液的活度因子仅限于那些由一高沸点组分和一低沸点组分组成的二元体系。此外，该方法不能测定有限浓度下的活度因子，只能测定无限稀释活度因子，且是高沸点组分液相浓度为 1、低沸点组分液相浓度趋近于零时低沸点组分的无限稀释活度因子，反之则不能。

八、参考文献

[1] 顾月姝. 基础化学实验（Ⅲ）——物理化学实验. 北京：化学工业出版社，2004.

[2] 罗澄源，向明礼等. 物理化学实验. 北京：高等教育出版社，2004.

[3] 马志广，庞秀言. 基础化学实验 4　物性参数与测定. 北京：化学工业出版社，2009.

[4] 李民，刘衍光，傅伟康等. 气相色谱法测非电解质溶液热力学函数值的实验条件选择. 化学通报，1988，（4）：54.

[5] 杨锡尧，侯镜德. 物理化学的气相色谱研究法. 北京：北京大学出版社，1989.

实验 49　氯氧镁材料的热力学数据测定与估算

一、设计要求

1. 掌握用 pH 法和氯电极法测定溶解度的实验方法。

2. 掌握溶解度的计算方法。

3. 了解溶解热、溶解熵和溶解自由能的计算。

二、知识背景

氯氧镁水泥是由 MgO 和 $MgCl_2$ 溶解于水混合后形成的气硬性胶凝材料。在此水泥形成初期的主要物相是 $[5Mg(OH)_2 \cdot MgCl_2 \cdot 8H_2O]$ 和 $[3Mg(OH)_2 \cdot MgCl_2 \cdot 8H_2O]$。它们的结构决定了该水泥的性质和物化性能，尽管氯化镁水泥具有弹性好、耐压、黏合性强等特点，但缺点是不耐水冲淋以及对气候适应能力差等，因此影响了它的应用范围。了解氯氧镁水泥不耐水的原因，弄清其在水中的溶解度十分重要。本实验通过测定两种物质的溶解度和热力学函数的估算，对上述两种物质做进一步的探讨。

三、设计内容

1. 通过实验建立溶解度计算公式并计算溶解度。

2. 溶解热、溶解熵和溶解自由能估算式的建立与计算。

四、方法提示及说明

1. 实验中可采用红外光谱仪、元素分析仪、X 射线粉末衍射仪、差热-热重分析仪和原子吸收仪等仪器进行测定和表征。

2. 首先要自己制备 $5Mg(OH)_2 \cdot MgCl_2 \cdot 8H_2O$ 和 $3Mg(OH)_2 \cdot MgCl_2 \cdot 8H_2O$。

3. 测定不同温度下（温度选择为 20℃、25℃、30℃、40℃和 50℃）两种晶体溶解于水的过程中各种物理化学参数的变化。

4. 实验过程中，每间隔一定时间取液相和固相组分，并对固相组分用 X 粉末衍射法、IR 和热分析法进行表征；液相用原子吸收法或 ICP-发射光谱法测定 Mg^{2+}；Cl^- 用电位法测定。

五、注意事项

1. 注意电极使用的操作规程。

2. 制取 $5Mg(OH)_2 \cdot MgCl_2 \cdot 8H_2O$ 和 $3Mg(OH)_2 \cdot MgCl_2 \cdot 8H_2O$ 时是从同一溶液中析出的，需要掌握原料配比、析出时间等因素，否则不能制得成品。

3. 计算中需要考虑离子强度影响因素。

六、问题思考

1. 分析不同温度下，产品的 IR 中的吸收峰。

2. 在不同温度下，固相组分的 DTA 谱有何变化规律？

3. 试解释氯氧镁水泥耐水差的原因。

七、参考文献

［1］杜志强．综合化学实验．北京：科学出版社，2005．

［2］夏树屏，保积功．氯氧化镁的溶度积常数测定及热力学函数的估算．盐湖研究，1992，1：20-25．

［3］曹永敏，王翔，张兴福等．改性剂提高氯氧镁材料性能的研究．新型建筑材料，2001，(6)：36-37．

［4］董义平，林燕文．X 衍射内标法测定氯氧镁水泥中的相含量．化学研究与应用，2000，12 (1)：115-118．

实验 50　酶催化蔗糖转化反应

一、设计要求

1. 了解底物浓度与酶反应速率之间的关系。

2. 了解掌握蔗糖酶的制备和酶活力的测定。

3. 掌握分光光度法测定蔗糖酶的米氏常数和最大反应速率。

二、知识背景

酶是由生物体内产生的具有催化活性的蛋白质。它表现出特异的催化功能，因此叫生物催化剂。酶具有高效性和高度选择性，酶催化反应一般在常温、常压下进行。

在酶催化反应中，底物（又称为反应物）浓度远远超过酶的浓度，在指定实验条件时，酶的浓度一定，总的反应速率随底物浓度的增加而增大，直至底物过剩，此时底物的浓度不再影响反应速率，反应速率最大。

Michaelis -Menten（米恰利-门顿）等先后提出了酶催化单底物反应的历程，其要点是：底物（S）与酶（E）上的活性中心结合，形成酶-底物络合物（ES），后者进一步转变为产物（P），并释放出酶（E）：

$$E+S \underset{k_{-1}}{\overset{k_1}{\rightleftharpoons}} ES \xrightarrow{k_2} E+P$$

根据稳态近似，可导出酶反应速率与底物浓度的关系：

$$r = \frac{k_2 c_{E0} c_S}{K_M + c_S} = \frac{r_{max} c_S}{K_M + c_S}$$

整理得：

$$\frac{1}{r} = \frac{1}{r_m} + \frac{K_M}{r_m} \cdot \frac{1}{c_S}$$

米氏常数 K_M 是反应速率达到最大值一半时的底物浓度。利用上式在保持酶浓度不变的情况下，测定不同底物浓度时的酶反应速率，以 $1/r$ 对 $1/c_S$ 作图可得一直线，其斜率即为 K_M/r_m，直线在纵轴上的截距为 $1/r_m$，在横轴上的截距为 $-1/K_M$。这样可以方便地确定表征酶催化反应动力学特征的参量 K_M 和 r_m。

本实验用的蔗糖酶是一种水解酶，它能使蔗糖水解成葡萄糖和果糖。该反应的速率可以用单位时间内葡萄糖浓度的增加来表示，葡萄糖与 3,5-二硝基水杨酸共热后被还原成棕红色的氨基化合物，在一定浓度范围内，葡萄糖的量和棕红色物质颜色深浅程度成一定比例关系，因此可以用分光光度计来测定反应在单位时间内生成葡萄糖的量，从而计算出反应速率。所以测量不同底物（蔗糖）浓度 c_S 的相应反应速率 r，就可用作图法计算出米氏常数 K_M 值。

三、设计内容

1. 蔗糖酶的制取。
2. 葡萄糖标准溶液和 3,5-二硝基水杨酸试剂的配制。
3. 葡萄糖标准曲线的制作。
4. 蔗糖酶米氏常数的测定。

四、方法提示及说明

1. 为了使底物浓度远远超过酶浓度的条件始终得到满足，同时又可避免逆反应等副反应的干扰，在实验中通常采用初速率法，这时速率方程可写成：

$$\frac{1}{r_0} = \frac{1}{r_m} + \frac{K_M}{r_m} \cdot \frac{1}{c_{S,0}}$$

利用上式，在保持酶浓度不变的情况下，测定不同反应的初速率，以 $1/r_0$ 对 $1/c_{S,0}$ 作图，可方便地确定特征参量 K_M 和 r_m。

2. 为了计算一定反应时间下的反应速率，需得到相应时刻的葡萄糖浓度，因此要首先测定一系列已知葡萄糖浓度溶液的吸光度值，作出浓度-吸光度标准曲线。

五、注意事项

1. 制取蔗糖酶时要严格按操作步骤进行，控制好恒温条件，离心后一定要取中层液。
2. 3,5-二硝基水杨酸试剂（DNS）配好后，一定要储放在棕色瓶中。

六、参考文献

［1］傅献彩，沈文霞，姚天扬．物理化学．第 5 版．北京：高等教育出版社，2005.
［2］复旦大学等．物理化学实验．第 3 版．北京：高等教育出版社，2004.
［3］雷群芳．中级化学实验．北京：科学出版社，2005.
［4］刘京萍，李金，李洁，谢欣．反胶团体系中酶催化蔗糖水解反应动力学研究．北京联合大学学报，2000，（02）．
［5］侯德顺．蔗糖水解反应速率测定实验设计的改进．河北化工，2010，（10）．

实验 51 甲酸氧化反应动力学方程式的建立

一、设计要求

1. 用电动势法测定甲酸氧化反应的速率系数并建立其动力学方程。
2. 掌握过量浓度法测定反应级数、反应速率系数与表观活化能。

二、知识背景

在水溶液中甲酸被溴氧化的反应方程式如下：

$$HCOOH + Br_2 \longrightarrow 2H^+ + 2Br^- + CO_2$$

由于 CO_2 在酸性溶液中溶解度很小，且达到恒定的饱和浓度，所以它对反应速率的影响可不予考虑。这样，上述反应的动力学方程可用以下形式表示：

$$-\frac{dc_{Br_2}}{dt} = k_{Br_2} c_{Br_2}^{\alpha} c_{HCOOH}^{\beta} c_{H^+}^{\gamma} c_{Br^-}^{\delta} \tag{1}$$

式中，α、β、γ、δ 为各物质的反应级数，k_{Br_2} 为对应 Br_2 的反应速率系数。

为求得各级数值，采用浓度过量法进行测定。

1. α 值的确定

如果使 HCOOH、H^+ 和 Br^- 的初始浓度比 Br_2 的初始浓度大很多，即前三者浓度过量，则可以认为它们在反应过程中浓度保持不变。这样式（1）可改写为：

$$-\frac{dc_{Br_2}}{dt}=k'c_{Br_2}^{\alpha} \tag{2}$$

显然有：

$$k'=k_{Br_2}c_{HCOOH}^{\beta}c_{H^+}^{\gamma}c_{Br^-}^{\delta} \tag{3}$$

为求 Br_2 浓度随时间的变化，可采用电动势法，在含 Br_2 与 Br^- 的反应液中插入双液接饱和甘汞电极与铂电极，组成如下原电池：

$$Hg,Hg_2Cl_2\,|\,Cl^-\parallel Br^-\,|\,Br_2,Pt$$

该电池的电动势为：

$$E=E_{Br^-,Br_2}^{\ominus}+\frac{RT}{2F}\ln\frac{c_{Br_2}}{c_{Br^-}}-E_{甘汞} \tag{4}$$

式中，$E_{Br^-/Br_2}^{\ominus}$ 为 $Br^-\,|\,Br_2$ 电极反应的标准电极电势；$E_{甘汞}$ 为饱和甘汞电极的电极电势，T 为电极反应的热力学温度；R 为摩尔气体常数；F 为法拉第常数（96485C/mol）。

当 Br^- 的浓度过量时，在反应过程中可认为不变，故上式可改写为：

$$E=常数+\frac{RT}{2F}\ln c_{Br_2} \tag{5}$$

如果此反应对 Br_2 是一级反应，即 $\alpha=1$，则式（2）可简化为：

$$-\frac{dc_{Br_2}}{dt}=k'c_{Br_2} \tag{6}$$

将上式积分，可得：

$$\ln c_{Br_2}=常数-k't \tag{7}$$

将式（7）代入式（5），并对 t 微分，可得：

$$k'=-\frac{2F}{RT}\cdot\frac{dE}{dt} \tag{8}$$

因此，在一定温度下，以 E 对 t 作图，如果得到的是直线，则可确定 $\alpha=1$，并可从直线斜率求得 k'。

2. β、γ、δ 值的确定

在上述 Br_2 浓度的条件下，保持过量的 H^+ 和 Br^- 的浓度不变，用两种不同浓度的过量 HCOOH 溶液，分别测定反应过程电动势的变化。从得到的两条 E-t 直线斜率，据式（8）可得 k' 值。由式（3）可得：

$$k_1'=k_{Br_2}c_{(HCOOH),1}^{\beta}c_{H^+}^{\gamma}c_{Br^-}^{\delta} \tag{9}$$

$$k_2'=k_{Br_2}c_{(HCOOH),2}^{\beta}c_{H^+}^{\gamma}c_{Br^-}^{\delta} \tag{10}$$

联立解上述两式，即可求得 β 值。

同理，如果使过量的 HCOOH 和 Br^- 浓度不变，但用两种不同浓度的过量 H^+ 浓度进行上述反应，可求得 γ 值。如果使过量的 HCOOH 和 H^+ 浓度不变，而用两种不同浓度的过量 Br^- 浓度进行上述反应，可求得 δ 值。

求得 β、γ、δ 和 k' 值后，代入式（3），即可求得反应的速率系数 k_{Br_2} 值。

然后测定不同温度下的速率常数，利用阿仑尼乌斯公式即可求得反应的表观活化能 E_a。

三、设计内容

1. 用电动势法并采用浓度过量法测定甲酸氧化反应的各物质的反应级数。
2. 根据测量结果求出反应的速率系数，确定动力学方程并计算表观活化能。

四、方法提示及说明

1. 本实验中设计的电池反应电动势较大（约 0.8V），而反应过程中电动势变化较小（约 30mV）。为了提高 $\dfrac{\mathrm{d}E}{\mathrm{d}t}$ 的测量精度，在实验线路中，可将工作电池串联一个电位器，并与被测电池同极相连，从中分出一恒定电压，以便抵消一部分被测电池反应的电动势。并可通过调节电位器，使对消后剩下约 40mV 左右的电位差输入相应记录系统，从而达到了提高测量精度的目的。

2. HCOOH 被 Br_2 氧化，除主反应外还有两个平行反应存在，所以上述方法并没有考虑到其他两个反应对它的影响，仅为近似处理。并且假设 HCOOH 氧化反应对 Br_2 的反应级数为一级。

3. 由绘制出的各 E-t 直线求出 $\dfrac{\mathrm{d}E}{\mathrm{d}t}$，再按式（8）计算 k' 值。然后由各组的 k' 值据式（3）求得 β、γ、δ 值。

4. 计算实验温度下 HCOOH 的氧化反应的速率系数 k_{Br_2}，写出该反应的动力学方程式。

5. 用作图法求出反应表观活化能 E_a。

五、注意事项

1. 溶液和反应器首先要进行恒温后再混合，然后进行测定。
2. 甘汞电极和铂电极使用前要认真进行处理。

六、参考文献

[1] 金丽萍，邬时清，陈大勇. 物理化学实验. 第2版. 上海：华东理工大学出版社，2005.
[2] 苏育志. 基础化学实验（Ⅲ）——物理化学实验. 北京：化学工业出版社，2010.
[3] 孙尔康，徐维清，邱金恒. 物理化学实验. 南京：南京大学出版社，1998.
[4] 吴子生，严忠. 物理化学实验指导书. 长春：东北师范大学出版社，1995.

实验52   离子选择性电极的性能测试与应用

一、设计要求

1. 了解氟离子选择性电极的基本结构和工作原理。
2. 掌握直接电位法测定物质浓度的原理和方法。
3. 学会标准曲线法、标准加入法以及连续加入法等处理数据的方法。

二、知识背景

直接电位法是利用专用的指示电极（如离子选择性电极）测得电极电势，根据能斯特方程计算出该物质的含量。离子选择性电极主要是通过其特殊材质的敏感膜对某一离子有选择性响应而对该离子进行测定，测到的是被测物质的游离形态的活度。通常，测定系统有离子选择性电极、参比电极和待测液组成，以磁力搅拌器搅拌试液，用离子计或酸度计测量电池电动势，借助电动势和待测浓度的对数的线性关系，通过标准曲线法或内标法定量。

饮用水中氟含量的高低对人的健康有一定影响，氟的含量太低易得龋齿，过高则会发生氟中毒现象，比较合适的含量为 $1.0\sim1.5mg/dm^3$。采用比色法测定水中痕量氟麻烦费时，干扰因素多，样品要做预处理。用氟离子选择性电极测定快速简便，该测定系统由氟离子选择性电极、甘汞电极和待测溶液组成，氟离子选择性电极由氟化镧单晶制成，测试时组成如下电池：

$$Hg \mid Hg_2Cl_2 \mid KCl(饱和) \parallel 测试液(F^-) \parallel 氟离子选择性电极$$

当温度一定时，氟离子选择性电极电势为

$$E = 常数 - Slga_{F^-} \tag{1}$$

式中，$S = (2.303RT/F)$，称为电极能斯特响应斜率。E 与 lga_{F^-} 成线性关系，可用标准曲线法或标准加入法计算溶液中的氟含量。

三、设计内容

1. 标准系列溶液的配制。
2. 标准曲线的绘制。
3. 水样中氟含量的测定。
4. 用标准曲线法、标准加入法和连续加入法进行样品测定。

四、方法提示及说明

1. 离子选择性电极的电极电势与多种因素有关，实验时必须选择合适的条件。当溶液 pH 过高时，OH^- 会产生干扰；当溶液 pH 过低时，氟离子会与 H^+ 形成 HF 或 HF_2^- 而降低氟离子浓度；凡能与氟离子生成稳定络合物或难溶沉淀的离子，如 Al^{3+}、Fe^{3+}、Ca^{2+}、H^+、OH^- 等也会干扰测定。因而通常用柠檬酸钠等配制的总离子强度调节缓冲剂（TISAB），控制在 pH＝5～6 范围内，并使溶液总离子强度保持一致，以测定溶液中的氟含量。

2. 总离子强度调节缓冲剂（TISAB）的配制：在烧杯中加入 500mL 去离子水、57mL 冰醋酸、58g 氯化钠、12g 柠檬酸钠、搅拌使之溶解；将烧杯放在冷水浴中，插入 pH 电极和参比电极，用 1:1 氨水将溶液调至 pH＝5.0～5.5，放至室温，移入 1000mL 容量瓶，用去离子水稀释至刻度，摇匀。

五、注意事项

1. 氟电极在使用前，要用去离子水进行洗涤，使其空白电位在 300mV 以上。
2. 测定时，应从低浓度到高浓度的次序进行，每测定完一溶液，应用去离子水冲洗电极，并用滤纸吸干电极上的水分。
3. 在高浓度溶液中测定后应立即在去离子水中将电极清洗至空白电位值，才能测定低浓度溶液，否则将因迟滞效应影响测定准确度。
4. 电极不宜在浓溶液中长时间浸泡；每次使用完后，应将它清洗至空白电位值方能存放。否则因电极膜钝化而影响检测下限。

六、参考文献

[1] 雷群芳. 中级化学实验. 北京：科学出版社，2005.
[2] 殷学锋. 新编大学化学实验. 北京：高等教育出版社，2002.
[3] 朱国斌，华惠珍. 氟离子选择性电极法测定重水中微量氟. 北京大学学报（自然科学版），1981（04）.
[4] 刘德育. 离子选择电极法测定单氟磷酸钠型牙膏中的含氟量. 日用化学工业，1992，(03).
[5] 李锡凯，李春润，隋锡福. 饮用水氟含量的测定——离子选择电极法. 当代化工，1993，(05).

实验 53　铁氰化钾和亚铁氰化钾的循环伏安行为

一、设计要求

1. 学习循环伏安法测定电极反应参数的基本原理。
2. 熟悉伏安法测定的实验技术。

3. 学会固体电极表面的处理方法。

二、知识背景

在电极反应的动力学研究中，循环伏安法是一种有效的手段，称为"电化学光谱"，可以从中分析在某一电势下所发生的电极过程，从扫描速率的关系可以鉴别偶合均相反应和其他的复杂过程，如吸附。所以，当人们对一未知体系进行首次研究时，总是利用循环伏安法。

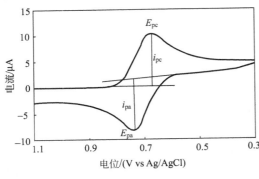

图 9-3 典型的循环伏安

循环伏安法（CV）是将循环变化的电压施加于工作电极和参比电极之间，记录工作电极上得到的电流与施加电压的关系曲线。

当工作电极被施加的扫描电压激发时，其上将产生响应电流，以电流对电位作图，称为循环伏安图。典型的循环伏安图如图 9-3 所示。从循环伏安图可得到几个重要的参数：阳极峰电流（i_{pa}）、阳极峰电位（E_{pa}）、阴极峰电流（i_{pc}）、阴极峰电位（E_{pa}）。

设电极反应为：

$$Ox + ne \rightleftharpoons Re$$

式中，Ox 表示反应物的氧化态，Re 表示反应物的还原态。

当电极反应完全可逆时，在 25℃下，有峰值电流：

$$i_p = 269n^{3/2}AD^{1/2}v^{1/2}c \tag{1}$$

式中，i_p 为峰值电流（A/cm^2）；n 为电子转移数；A 为工作电极的表面积（cm^2）；D 为反应物的扩散系数（cm^2/s）；v 为扫描速率（V/s）；c 为反应物的浓度（mol/dm^3）。

当电极反应完全可逆时，符合能斯特方程，则有：

$$i_{pc}/i_{pa} = 1 \tag{2}$$

且在 25℃时，$\Delta E_p = E_{pc} - E_{pa} = \dfrac{57 \sim 63}{n}$（mV），表明此时的峰值电势差在 $\dfrac{57}{n} \sim \dfrac{63}{n}$（mV）之间。

峰值电势与标准电极电势之间的关系为：

$$E_{Ox/Re}^{\ominus} = \frac{E_{pc} + E_{pa}}{2} + \frac{0.029}{n}\lg\frac{D_{Ox}}{D_{Re}} \tag{3}$$

根据式（1），i_p 与 $v^{1/2}$ 和 c 都是直线关系，这对研究电极反应过程具有重要意义。

三、设计内容

1. 选用电化学工作站并设置有关参数。

2. 将电极表面活化。

3. 选择典型的铁氰化钾电对，配制系列浓度的 $K_3Fe(CN)_6 + K_4Fe(CN)_6 + 0.5\ mol/dm^3$ KCl 溶液。

4. 分别以不同的扫描速率对铁氰化钾溶液进行循环伏安研究。

5. 对不同浓度的铁氰化钾溶液进行循环伏安研究。

四、方法提示及说明

1. 处理电极的方法：在 $1mol/dm^3\ H_2SO_4$ 溶液中，将工作电极与对电极进行电解，每隔 30s 变换一次电极的极性，如此反复 10 次，使电极表面活化。

2. 使用 LK2005A 电化学工作站进行循环伏安研究时，设置的参数为：初始电位：0.60V；开关电位 1：0.60V；开关电位 2：-0.20V；等待时间：3～5s；扫描速率：根据实验需要设定；循环次数：$2\sim3$ 次；灵敏度选择：$10\mu A$；滤波参数：$50Hz$；放大倍数：1。

3. 在一般的实验中，扫描速率范围为几个 mV/s～几百 V/s。在首次用循环伏安法研究一个未知体系时，为了对体系进行摸索，一般先从定性开始，然后进行半定量和定量研究，从而计算出动力学参数。

五、注意事项

1. 实验结果的好坏与电极的处理有直接关系，一般来讲，电极处理得好，实验结果接近可逆反应的理论，否则，为准可逆反应。

2. 在扫描过程中，溶液应静止，避免扰动。

六、参考文献

[1] 田昭武. 电化学研究方法. 北京：科学出版社，1984.

[2] 北京大学化学学院物理化学实验教学组. 物理化学实验. 北京：北京大学出版社，2002.

[3] ［美］F. Anson 讲授. 电化学和电分析化学. 黄慰曾等编译. 北京：北京大学出版社，1983.

[4] ［英］南安普顿大学化学系电化学小组著. 电化学中的仪器方法. 柳厚田，徐品弟等译. 上海：复旦大学出版社，1992.

[5] 孙尔康，张剑荣. 物理化学实验. 南京：南京大学出版社，2009.

实验 54　典型异构化反应的理论研究

一、设计要求

在前面的实验中我们学会了分子构型搭建与优化，并可在得到的优化构型的基础上计算分子的各种性质。前面的计算均属于分子稳定态的计算。对一个基元反应来说，除反应物和产物外，还要经历一定的过渡态，本实验要求通过过渡态的计算，对化学反应过程进行预测，讨论化学反应的活化能和热效应。

二、知识背景

1. 过渡态的数学定义：过渡态理论认为，分子碰撞生成产物要经过一个活化配合物，即过渡态，数学上过渡态是反应势能面上的一个鞍点。

2. 过渡态构型的猜想：首先根据反应物和产物的结构猜测过渡态的初始猜测构型，猜测构型必须接近它的真实构型。

3. 过渡态的确定：因为过渡态属于反应势能面的一个极大值，因此要求过渡态的能量二阶导数矩阵有唯一的负本征值。所以优化得到的过渡态构型需要进行振动分析验证：一是看过渡态的所有振动频率中是否有唯一的虚频（负频率）；二是通过内禀反应坐标（IRC）计算，从过渡态开始，看其是否与反应物和产物相连接。

4. 根据化学热力学，正反应活化能＝过渡态能量－反应物能量；逆反应活化能＝过渡态能量－产物能量；反应热＝产物能量－反应物能量。

三、设计内容

寻找 XNO→NOX（X ＝F，Cl）异构化过程的过渡态，并通过 IRC 计算验证其与反应物、产物的连接关系，计算反应过程的活化能和反应热。

四、方法提示及说明

B3LYP 是一种密度泛函理论（DFT）方法，它建立在 Hartree-Fock 求解过程的基础上，即对 Schrödinger 的近似求解过程是相同的。区别在于，在 Schrödinger 方程的哈密顿算符中增加了电子交换能和电子相关能这两项。DFT 方法分别用交换泛函 $Ex(\rho)$ 和相关泛函 $Ec(\rho)$ 描述电子交换能和电子相关能，$Ex(\rho)$ 和 $Ec(\rho)$ 是从电子密度函数推导出来的带有经验性的函数，近年来有很多形式存在，其中 B3LYP 中的 B3，是 Becke 提出的 3 参数交换泛函和 Lee，Yang，Parr 三人提出的相关泛函。

过渡态优化需要的 Route Section 关键词：♯ B3LYP/6-311G(d, p) opt(TS, EF, CAL-CFC)FREQ。

IRC 计算需要的 Route Section 关键词：♯B3LYP/6-311G(d, p) NOSYMM scf(maxcycle=400) IRC(forward, stepsize=10, calcfc, maxpoints=400)。

五、实例分析

以 HNO→NOH 异构化为例。

1. 优化反应物和产物的构型，并做频率分析验证是稳定点。

2. 根据反应物和产物的构型猜测过渡态的构型。

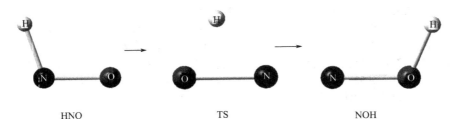

HNO   TS   NOH

3. 优化过渡态的构型，并检验其振动频率。

HNO 异构化过程有三个原子，计算得到的过渡态 TS 为非线性结构，因此其振动自由度为 $3N-6=3$ 个。由输出结果可以看到，在 B3LYP/6-311G(d, p) 基组水平上计算得到的振动频率分别为 -2244.8929cm^{-1}，1260.1075cm^{-1} 和 2811.4274cm^{-1}，有且仅有一个虚频，证明所得到的构型为过渡态。

4. 从过渡态出发进行 IRC 计算，验证其与反应物、产物的连接关系。

5. 作出反应势能面，讨论热力学性质。

六、参考文献

[1] 李奇，黄元河，陈光巨. 结构化学. 北京：北京师范大学出版社，2008.

[2] 徐光宪，黎乐民，王德民. 量子化学——基本原理和从头计算法. 第 2 版，北京：科学出版社，2009.

[3] 李晓艳，曾艳丽，孟令鹏，郑世钧. 化学学报，2005，63：352.

[4] ZENG Yan-Li, MENG Ling-Peng, ZHENG Shi-Jun. Chinese Journal of Chemistry, 2005，23：1187.

第三篇 测量技术与仪器

第 10 章 温度的测量与控制

10.1 温度的测量

温度的测量与控制是热化学测量技术的主要内容。温度是表征物质的冷热程度和物体间冷热差别的宏观物理量，同时也反映了物质内部大量分子和原子平均动能的大小。不同温度的物体相接触时，必然会发生能量的传递，它将以热能的形式由高温物体传至低温物体，直至达到热平衡，此时两者的温度相等，这是温度测量的基础。所以温度是确定物体状态的一个基本参量，物质的物理化学特性无不与温度有着密切的关系。因此，准确地测量和控制温度是实验、科研和生产中重要的技术之一。

10.1.1 温标的确立

温标是温度数值的表示方法，它是物体温度高低的一个尺度，而温度的量值与温标的选定有关。确立一种温标，主要具备以下三个条件。

1. 选择测温物质　某些物质具有某种与温度有着依赖关系，而又能严格重现的物理性质（如体积、电阻、温差电势和波长等），这样的物质就可用来作为测温物质，利用它们的特性就可以设计制成各类测温仪器，这就是常说的温度计。

2. 确定基准点　温度计只能通过测温物质的某种物理特性来显示温度的相对值，其绝对值要用其他方法进行标定。通常是在一定条件下，以某些高纯物质的相变温度（如凝固点、沸点等）作为温标的基准点。

3. 划分温度值　因基准点确定后，还需确定基准点间的分隔，也就是划分一定的分度，来表示温度的刻度值，其他温度用外推或内插的方法求得。

通常情况下，所用物质的某种特性与温度之间并非严格地呈线性关系，因此，不同温度计测量同一体系时，其温度值不一定完全相同。

10.1.2 温标

在温标确立的条件下，由于基准点选取的不同，划分的分度值不同，随之就产生了不同的温标。

1. 摄氏温标　摄氏（Ceslius）温标规定在 101.325kPa 下，以水的冰点 0 度和水的沸点 100 度为两个定点，两定点间划分为 100 等份，每一等份为 1 度。符号为 t，单位：℃。摄氏温标使用较早，应用很方便。

2. 华氏温标　华氏（Fahrenheit）温标规定在 101.325kPa 下，水的冰点为 32 度，沸点为 212 度作为两定点，定点间分为 180 等份，每一等份为 1 度。符号为 t_F，单位：℉。华氏温标已很少使用，在一些文献资料中还会遇到，在用普通干湿温度计观察湿度时还会用到。

3. 热力学温标　热力学温标也称开尔文（Kelvin）温标或绝对温标。它是建立在卡诺循环基础上的，与测温物质的性质无关，是理想的、科学的温标。热力学温标用单一固定点定义。规定水的三相点的热力学温度为 273.16 度，水的三相点到绝对零度之间的 1/273.16 为热力学温标的 1 度。符号为 T，单位：K。

三种温标的换算关系：$t/\text{℃} = \left(\dfrac{9}{5}t_{\text{F}} + 32\right)/\text{℉} = (t + 273.15)/\text{K}$

在定义热力学温标时，水三相点的热力学温度本来是可以任意选取的。但为了与习惯相符，规定水三相点的热力学温度为 273.16K，使得水的沸点和冰点之差仍保持 100K，这就使热力学温标与摄氏温标之间只相差一个常数。定义 273.15 为摄氏温标零度的热力学温度值，它与水的冰点不再有直接联系。

4. 国际温标　　热力学温标是理想的温标，国际温标是以热力学温标为基础，用气体温度计来实现热力学温标的，是一个国际协议性温标。原则上其他温度计都可用气体温度计来标定，但气体温度计装置复杂，操作很不方便。于是 1927 年科学家们拟订了二级国际温标，确立了若干个可靠而又能高度重现的固定点，而后又进行了多次修订。现在采用的是 1990 国际温标（ITS-90）。

国际温标在选定固定点后，同时，从高温到低温还划分了四个温区，每一温区都选定一个高度稳定的标准温度计，用来量度各固定点之间的温度值。选定的四个温区及相应的标准温度计见表 10-1。

表 10-1　四个温区及相应的标准温度计

温度范围/K	标准温度计	温度范围/K	标准温度计
13.81～273.15	铂电阻温度计	903.89～1337.58	铂铑(10%)-铂热电偶温度计
273.15～903.89	铂电阻温度计	1337.58 以上	光学温度计

10.1.3　温度计

能够用于测量温度的物质都具有与温度密切相关的物理性质，例如体积、长度、压力、电阻、温差电势、频率及辐射电磁波等，利用这些性质可以设计并制成各类测温仪器——温度计。

10.1.3.1　温度计的分类

温度计有许多不同的种类和型号，一般可按测温性质或测温方式和用途来分类。

按测温性质分为：利用体积改变的性质而设计的水银-玻璃温度计；利用热电势差异的性质而设计的热电偶温度计；利用电阻改变的性质而设计的电阻温度计；利用压力改变的性质而设计的定容氢温度计；利用光强度改变的性质而设计的光学温度计

按测温方式分为：接触式温度计和非接触式温度计。

接触式温度计是基于热平衡原理设计的。测温时温度计必须接触被测体系，使其与体系处于热平衡，两者的温度相等。这样由测温物质的特定物理参数就可换算出体系的温度值，也可将物理参数值直接转换成温度值显示出来（如水银温度计就是根据水银的体积直接在玻璃管壁上刻出温度值的）。

非接触式温度计。它是利用电磁辐射的波长分布或强度变化与温度的函数关系制成的。测温时温度计不与被测体系接触，免除了对被测体系的干扰。

按测温用途分为：温度测量和温差测量两类。

各类温度计具有不同的用途，各有优缺点。下面介绍几类常用的温度计的构造和使用。

10.1.3.2　水银-玻璃温度计

水银-玻璃温度计在实验室中是最常用、最普遍的一大类。它的测温原理是基于不同温度时，水银体积的变化与玻璃体积变化的差来反映温度的高低。它的优点是构造简单、使用方便、测温范围较广。水银温度计可用于 238.15～633.15K，因水银的熔点是 234.45K，沸点是 629.85K。如果使用硬质玻璃并在水银上面充以氮气或氩气，可使测温范围增加到 973.15～1073.15K。

（1）水银温度计的分类　此类温度计按其用途、量程和精度可分为以下几种。

① 普通水银温度计。量程范围－5～105℃、150℃、250℃、360℃等，每格 1℃或 0.5℃。

② 精密水银温度计（供热力学用）。量程范围：9～15℃、12～18℃、15～21℃、18～24℃、20～30℃等，每格 0.01℃。可作为量热计或精密控温设备的测温附件。

③ 分段温度计。从－10～220℃，分为 23 支，每支温度范围 10℃，每格 0.1℃，另外还有－40～400℃，每 50℃一支，每格 0.1℃。

（2）引起水银温度计误差的因素　许多因素都会引起温度计的误差，所以在使用前应对温度计进行校正，并且在使用时应注意防止和消除某些因素的影响。引起水银温度计误差的主要因素有：

① 由于毛细管的直径上下不均匀；定点刻度不准；定点间的等分刻度不等；水银附着于毛细管壁等原因而引入的误差。

② 温度计的玻璃球受到暂时加热后，由于玻璃收缩很慢，而收缩到原来的体积往往需几天或更长的时间，因此，不能立即回到原来的体积，此现象称为滞后现象；此外，由于玻璃是一种过冷液体，玻璃球的体积随时间也会有所改变。这两种因素均会引起温度计的改变。

③ 水银温度计大部分是"全浸式"的，使用时应全部浸没在被测体系中，使两者达到热平衡。但在使用时通常是水银柱只有部分浸没在介质中，此时外露部分与浸入部分所受的温度不同，由此必然会引入误差。

④ 压力对温度计的读数也有影响，如直径为 5～7mm 的水银球，压力系数的数量级约为 0.1℃/atm。

⑤ 温度计与被测介质的延迟作用，即温度计与被测介质达到热平衡需要一定的时间。这些都将会引起水银温度计的示值误差。

（3）水银温度计的校正　水银温度计的校正方法如下。

① 示值校正

方法一，用纯物质的熔点或沸点等相变点作为标准进行校正。

方法二，与标准水银温度计进行比较，将两温度计捆在一起，水银球一端对齐，用标准温度计与待校温度计同时测定某一体系的温度，把对应值一一记录下来，作出校正曲线。

标准水银温度计由多支温度计组成，每支温度计的测温范围不同，交叉组成－10～360℃范围，每支都经过计量部门鉴定，读数准确。

② 露茎校正　由于测温时，全浸式温度计不是全部浸没于被测体系中，使露出部分与体系温度不同，这将会产生读数误差，因此必须进行校正，此法称为露茎校正。

校正公式如下：

$$\Delta t_{露} = kh(t_{测} - t_{环})$$

式中，$k = 1.57 \times 10^{-4}$ 是水银对玻璃的相对膨胀系数，℃$^{-1}$；$t_{测}$ 为测量温度计读数；$t_{环}$ 为辅助温度计读数；h 为测量温度计露出被测体系的水银柱长度，称露茎高度，以温度差值（℃）表示。

辅助温度计水银球应置于测量温度计露茎高度的中部。如图 10-1 所示。校正后的温度计数值为：

$$t_{校} = t_{测} + \Delta t_{露}$$

③ 其他因素的校正　水银柱的升降总是滞后于体系的温度变化，所以，对于温度变化的体系，在测定瞬时温度时，存在迟缓误差，应予以校正。使用精密温度计时，读数前需轻

轻敲击水银面附近的玻璃壁，以防水银黏滞。此外，应尽量避免阳光、热源等的影响。

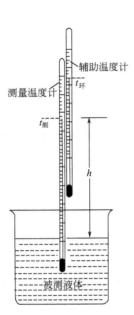

图 10-1　温度计露茎校正示意

图 10-2　贝克曼温度计
1—贮汞槽；2—毛细管；3—水银球

10.1.3.3　贝克曼温度计

（1）构造和特点　贝克曼（Beckmann）温度计是精密测量温差的温度计，亦称示差温度计。其构造如图 10-2 所示。

贝克曼温度计属于水银温度计的一种，它的结构与一般的水银温度计有所不同，除毛细管下端有一水银球外，还在温度计的上部有一水银贮槽称贮汞槽，水银球与贮汞槽由毛细管联通，并抽真空。贮汞槽可用来调节下面水银球内的水银量，贮汞槽背后的标尺可粗略地表示温度数值，当水银球中的水银与贮汞槽中的水银通过毛细管完全相连时，贮汞槽中水银面所指示的刻度即为温度的粗略值。为便于读数，贝克曼温度计的刻度有两种标法，上升式贝克曼温度计，最大刻度在上，最小刻度在下；下降式则与其相反，最大刻度在下，最小刻度在上。贝克曼温度计的特点如下。

① 最小刻度为 0.01℃，用放大镜可估读到 0.002℃；还有一种最小刻度为 0.002℃，可以估读到 0.0004℃，测量精度较高。

② 量程范围只有 5℃（0.002℃刻度的贝克曼温度计量程只有 1℃），可用于测量温度在 −6～120℃ 范围内的不超过 5℃ 的温度变化值。

③ 因为水银球中的水银量是可调的，所以水银柱的刻度值不是温度的绝对值，只是在量程范围内的温差值。所测温度越高，球内的水银量就越少。

（2）使用方法　贝克曼温度计在使用前，需根据所测量的温度区间经过调节后方可使用。通常调节的方法有两种（以上升式为例），具体操作步骤如下。

① 恒温浴调节法

a. 首先确定所使用的温度范围，即毛细管中水银柱液面的起始温度值处于所需的位置。

b. 估计水银柱上升至毛细管弯头 b 点时的温度值（T_x）。T_x 由三部分组成：ⅰ. 起始温度数值（T）；ⅱ. 起始温度至最高刻度 a 点这一段温度计的刻度数值（T_a），（该数值可由温度计的刻度准确读出）；ⅲ. 最高刻度 a 点至毛细管弯头 b 点这一段的刻度数值（T_b），（因为此段毛细管没有刻度，可以参照有刻度的毛细管长度来估计，一般 T_b 为 2.5℃ 左右）；这样就可得出 T_x 值，即 $T_x = T + T_a + T_b$

c. 将贝克曼温度计置于温度较高的恒温浴中，使水银柱升至毛细管的弯头处，并在 b 点形成滴状，然后取出温度计，将其向下倾斜，使毛细管中的水银与贮汞槽中的水银连接起来。

d. 将已经连接好的贝克曼温度计，放入预先已调节好的温度为 T_x 的恒温水浴中，并在该恒温水浴中恒温 5min 左右，使之达成平衡。

e. 取出贝克曼温度计，用右手紧握温度计的中部，使其处于垂直状态，用左手从下往上轻击右手手腕，水银柱即可在弯头处断开。操作方法图 10-3 所示。

f. 将调节好的温度计置于被测体系中，当温度达平衡时，观察其读数值是否在预定位置。如果未达到要求，则需按以上方法再进行调整，直到符合要求为止。

② 标尺读数法　对于操作比较熟练的人可以采用此法。它是直接利用贝克曼温度计上部贮汞槽背后的温度标尺来调节，而不必再用另外的恒温浴，此法简单、省时，其操作步骤如下。

a. 根据所要测量的温度变化范围，确定起始温度在贝克曼温度计刻度尺上的位置。

b. 用手握住水银球 3，靠人的体温使毛细管中的水银上升到弯头 b 点处。（如果无法到达 b 点，可将温度计倒置，使水银球及毛细管中的水银徐徐注入毛细管的弯头 b 点），然后

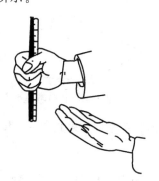

图 10-3　水银柱在弯头处
断开的操作示意

把温度计慢慢倾斜，使贮汞槽中的水银与之相连接，此时水银球、毛细管和贮汞槽中的水银全部连接起来。连接好的贝克曼温度计应立刻竖直拿正，不要长期倒置。

c. 根据贮汞槽后背的标尺，观察水银柱界面的位置，如果位置所示温度低于估计值，可采用温热水稍稍加热的办法，让水银继续流入贮汞槽（或采用短时倒置温度计的方法，利用重力作用，让水银流入水银贮槽）。当水银柱界面达到所需温度时，从水浴中取出贝克曼温度计，用右手握住温度计的中部，立即用左手轻轻敲击右手手腕，使水银柱在弯头 b 处断开。如果水银界面的位置所指示的温度高于估计值，可将温度计置于较低的恒温浴中，让水银流回水银球，当温度标尺上的读数达到所需温度的估计值时，同法使水银柱断开。

d. 将调节好的温度计置于被测体系中，当温度达平衡时，观察其读数值是否在预定位置。如达不到要求，需按上法再调。

（3）注意事项

① 贝克曼温度计是用玻璃制成，水银量较大，易被损坏，一般只能放置三处，安装在使用仪器上；放在温度计盒内；握在手中，不准随意放置在其他地方。

② 调节时，应注意防止骤冷或骤热，还应避免磕碰。

③ 已经调节好的温度计，注意不要使毛细管中水银再与贮汞槽中水银相连接，否则需重新调整。

④ 使用夹子固定温度计时，必须垫有橡胶垫，不能用铁夹直接夹温度计。

⑤ 调节完毕，将贝克曼温度计上端垫高放稳，防止毛细管中的水银与贮汞槽中的水银再次连接。

随着数字电子技术的发展，有些测温实验已采用数字贝克曼温度计，用以替代贝克曼温

度计，它与贝克曼温度计测量精度相同，主要用于精密的温差测量。其特点是分辨率高、稳定性好、操作方便、数据直观清晰、无汞污染等。

目前，在数字贝克曼温度计的基础上，已开发生产出精密数字温度温差仪，它采用了先进的电子技术和精密的感温元件，已被广泛应用到温度测量与控制系统中。精密数字温度温差仪有多种型号，量程和精度可根据具体实验条件和要求来选择。（请参见仪器1）

10.1.3.4 热电偶温度计

热电偶温度计是科研和生产中应用最普遍、最广泛的温度测量元件，在物理化学实验中也会经常用到。它能够将温度信号转换成电势（mV）信号，配以测量电势（mV）的仪表或变送器，可以实现远距离测量与传输、自动记录和自动控制。热电偶温度计具有结构简单、制作方便、测量范围宽、测量精度高、性能稳定、复现性好、体积小、响应时间短等多个优点。

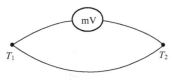

图 10-4 热电偶测温示意

（1）热电偶测温原理 将两种不同的金属导体构成一个闭合回路，如果两个接点处温度不同，则回路中将会产生一个与温度有关的电势，称为温差电势，这样的一对导体就称为热电偶温度计，简称热电偶。如在回路中串接一个毫伏表，则可粗略显示该温差电势的量值，如图 10-4 所示。

实验表明，温差电势 E 与两个接点的温度差 ΔT 之间存在函数关系。如果其中一个接点的温度恒定不变，则温差电势只与另一个接点的温度有关。

$$E = f(T)$$

热电偶的温差电势随两接点温度的变化而变化。在使用时是将一端温度保持恒定，这一端称为自由端，也称冷端，通常将冷端置于标准压力 $P^{\ominus}$ 下的冰水二相共存体系中。另一端称为工作端，也称热端，将热端置于待测体系中，测出的温差电势就可直接反映出热端的温度值。

（2）条件和要求 从热电偶测温原理来看，理论上任意两种导体均可组成热电偶，但实际上并非如此，要构成一对热电偶，应具备一定的条件。

首先，组成热电偶的金属性质要稳定，即在测温量程范围内，不发生熔融和化学变化；其次，应有较大的温度系数；第三，构成的热电偶重现性要好，所以有时为提高精度，增大温差电势，常把热电偶串联起来，组成热电堆来进行测温。如图 10-5 所示。

（3）制作方法 有些热电偶可以用相应的金属导线熔接而成，铜和康铜熔点较低，可蘸以松香或其他非腐蚀性的焊药，在煤气焰中熔接。但其他的几种热电偶则需要在氧焰或电弧中熔接。焊接时先将两根金属线末端的一小部分拧在一起，在煤气灯上加热至 200～300℃，沾上硼砂粉末，然后使硼砂在金属丝接点上熔成一硼砂珠，以保护其接点，防止氧化，再用氧焰或电弧使两金属丝熔接在一起。

热电偶温度计是由两条金属导线焊接而成，在低温时可以用绝缘漆隔离，在高温时，则需用石英管、磁管或玻璃管隔离，视使用温度而定。

（4）测量 测量温差电势可用电位差计、毫伏计、数字电压表等进行测量。

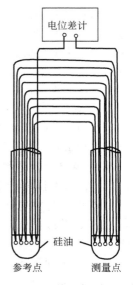

图 10-5 热电偶测温示意

（5）种类　热电偶的种类繁多，特点各异。表 10-2 列出了几种常见的热电偶的组成材料及使用范围。

表 10-2　几种常见的热电偶

材　料	分度号	测温范围/℃	可短时间使用温度/℃
铜-康铜	T	−100～200	600
镍铬-考铜	EA-2	0～600	800
镍铬-镍硅	EU-2	400～1000	1300
铂铑 10-铂	LB-3	800～1300	1600

注：康铜为含有 60％ Cu 与 40％ Ni 的合金；考铜为含有 56％ Cu 与 44％ Ni 的合金。

10.1.3.5　集成温度计

随着集成技术、传感技术的飞速发展，人们已能在一块极小的半导体芯片上集成包括敏感器件、信号放大电路、温度补偿电路、基准电源电路等在内的各个单元。这就是所谓的敏感集成温度计，它使传感器和集成电路成功地融为一体，并且极大地提高了测温的性能。它是目前温度测量的发展方向，是实现测温的智能化、小型化、多功能化的重要途径，同时也提高了灵敏度。它跟传统的热电阻、热电偶、半导体 PN 结等温度传感器相比，具有体积小、热容量小、线性度好、重复性好、稳定性好、输出信号大且规范化等优点。其中线性度好、输出信号大且规范化、标准化是其他温度计无法比拟的。

集成温度计的输出形式可分为电压型和电流型两大类，其中电压型温度系数几乎都是 $10mV/℃$，电流型的温度系数则为 $1\mu A/℃$，它还具有相当于绝对零度时输出电量为零的特性，因而可以利用这个特性从它的输出电量的大小直接换算，而得到绝对温度值。

集成温度计的测温范围通常为 −50～150℃，而这个温度范围恰恰是最常见、最有用的。因此，它广泛应用于仪器仪表、航空航天、农业、科研、医疗监护、工业、交通、通信、化工、环境、气象等领域。

10.1.3.6　其他温度计

（1）铂电阻温度计　铂容易提纯，且性能稳定，具有很高重复性的电阻温度系数。所以，铂电阻温度计响应快、灵敏度高、精确度高，测量范围广（13.2～1373.2 K）。铂电阻温度计感温原件，是以石英、瓷片、云母等为骨架，由纯铂丝用双绕法绕成的线圈。如图 10-6 所示。

（2）热敏电阻温度计　热敏电阻温度计是由铁、镍、锌等金属氧化物半导体材料制成。随着温度变化，热敏电阻器的电阻值会发生显著的变化，对温度变化比热电偶、铂电阻温度计等感温元件更敏感，有更大的温度系数。但由于阻值会因老化而逐渐改变，因此需经常标定，而且大都不适于在较高温度使用。

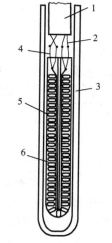

图 10-6　铂电阻温度计
1—双孔石英管；2—铂或金丝；
3—玻璃套管；4—铂丝；
5—铂螺旋丝 6—玻璃 U 形管

（3）蒸气压低温温度计　这类温度计的测温参数是液体的饱和蒸气压，可按饱和蒸气压与温度的单值函数关系来确定温度值。测量范围为 1.2～100.2 K，灵敏度可达 $10^{-2}K$，使用简便，但测量范围较小。实验室中常用的有氧饱和蒸汽温度计，主要用于测定液氮的温度。

（4）光学高温计或辐射温度计　光学高温计的特点是不与测量体系接触，因此可以不干扰被测体系。测量范围是 973.2～2273.2 K，但与被测物体表面辐射情况有关，使用时需标定。

10.2 温度的控制

物质的物理化学性质，如折射率、黏度、饱和蒸气压、表面张力等都与温度有关。这些性质都需要在恒温的条件下进行测定。此外，化学平衡常数、化学反应速率常数等也都与温度有关，掌握一定的控温技术是非常必要的。

温度的控制按其控温范围可分为：高温控制（250℃以上）、中温控制（250℃～室温）和低温控制（室温～－269℃）。

按控温要求可分为：恒温控制和程序升、降温控制。

按控温原理可分为两类：恒温介质浴和电子器件控温。

10.2.1 恒温介质浴

恒温介质浴是利用纯物质在相变时温度恒定这一原理来达到控温目的的。当纯物质处于相变平衡时，体系本身具有一恒定的温度，尽管它与环境之间存在温差，但体系是以吸收或释放潜热的形式使其温度保持不变。若将研究对象置于处在相变平衡的介质浴中，就可获得一高度稳定的恒温条件，这种方法是恒温的重要方法之一。

常用恒温介质有：液氮（－195.℃）、冰-水（0℃）、$Na_2SO_4 \cdot 10H_2O$（32.38℃）、沸点丙酮（56.5℃）、沸点水（100℃）、沸点萘（218.0℃）等。

在使用恒温介质浴时，应注意随时观察介质浴中是否有旧相的消失或新相的形成，否则平衡将被破坏，温度不再恒定。恒温介质浴的优点是温度恒定，操作简便。但缺点是温度不能随意调节且恒温对象必须浸没在恒温介质中。

10.2.2 自动控温系统

在物理化学实验室中有很多自动控温设备，如电冰箱、恒温槽等，而目前的控温装置大多采用电子调节系统进行控温，它具有控温范围宽、控温精度高、温度可随意调节等优点。

图 10-7 电子调节系统的控温原理

电子调节系统种类很多，但从原理上讲，基本部件都相同，包括变换器、电子调节器和执行机构三个基本部件。其控温原理如图 10-7 所示。

图中对应的仪器或器件在系统中所起的作用如下。

交换器的作用是将被控对象的温度信号变换成某种电信号；电子调节器的作用是将来自变换器的电信号进行测量、比较、放大并进行运算，最后发出某种电指令信号，使执行机构进行加热或制冷，从而达到恒温的目的。电子调节系统按其自动调节规律可分为：断续式二位置控温和比例-积分-微分控制两种，下面分别加以介绍。

10.2.2.1 断续式二位置控温

这种控温方式是实验室最常使用的控温方式，如恒温槽、电烘箱、马福炉、电冰箱等。

通常情况下，所使用的变换器有双金属膨胀类变换器、电接点温度计（也称导电表）等。

（1）晶体管继电器 电子调节器以前多使用电子继电器，但随着电子技术的发展，电子继电器中的电子管大多已被晶体管所代替，典型的晶体管继电器电路如图所示 10-8 所示。

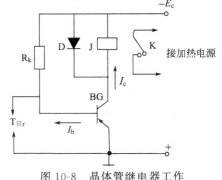

图 10-8 晶体管继电器工作原理示意

晶体管继电器是利用晶体管的开关特性而制成的。当导电表 T_r 断开时，E_c 通过 R_k 给三极管 BG 的基极注入正向电流 I_b，使 BG 饱和导通，继电器 J 的触点 K 闭合，接通加热器电源。当被控对象的温度升至设定温度时，T_r 接通，BG 的基极和发射极被短路，使 BG 截止，触点 K 断开，加热停止。当 J 线圈中的电流突然变小时，会感生出一个较高的反电动势，二极管 D 的作用是将它短路，避免晶体管被击穿。晶体管继电器由于不能在较高温度下工作，因此不能用于烘箱、马弗炉等高温场合。

（2）动圈式温度控制器　由于导电表、双金属膨胀类变换器不能用于高温，因而设计了能用于高温的动圈式温度控制器，它采用了能工作于高温的热电偶作为变换器。其控温原理如图 10-9 所示。

热电偶将温度信号变换为毫伏级的电压信号，加于动圈式毫伏表的线圈上，该线圈是用张丝悬挂在外磁场中，当线圈中因有电流通过，使感生磁场与外磁场相互作用时，线圈就偏转一个角度，故称为"动圈"。偏转的角度与热电偶的热电势成正比，并通过指针在刻度板上直接将被测温度指示出来。指针上装有一片"铝旗"，它随指针而偏转。另有一个可调节设定温度的检测线圈 L_3，它分成前后两半安装在刻度板的后面，并可以通过机械调节机构沿刻度板左右移动。检测线圈的中心位置由设定指针显示在刻度盘上，当被控对象低于设定温度时，铝旗在检测线圈之外，L_3 电感应量最大，使继电器的触点闭合，则加热器开始加热；当温度升至设定温度时，铝旗全部进入检测线圈，使检测线圈电感量减小，使得继电器的触点断开，加热器停止加热。为防止被控对象的温度高于设定温度时，铝旗冲出 L_3，产生加热的错误动作，在 L_3 旁加装了一个挡针。

（3）二位控温品质的分析　上述的控制器，其工作过程都是按断续式二位置控制的调节规律进行的。即电加热器在继电器的驱动下，只有"通""断"两种工作状态，只要继电器的触点处于闭合位置，加热器在单位时间内总是输出相同的热量，但体系却随着温度的回升，使其与设定值之间的偏差不断减小，这样将会产生两种极为矛盾的情况。

一是：当设定温度与体系温度偏差较大时，按控温要求，加热器应立即输出较大功率的热量，以使被控对象的温度迅速回升至设定值所需的时间不致过长，以免在外界扰动的影响下，使温度长时间不能达到设定值，为了使达到设定值的时间尽量缩短，则必须加大加热器固有的功率。

二是：当被控对象体系的温度回升至偏离设定值很小时，由于加热器的输出功率是固定的，则产生的热量超过实际需要，导致体系温度超过设定值，这就要求加热器输出的功率作相应的减小，这就产生了两种极为矛盾的情况。

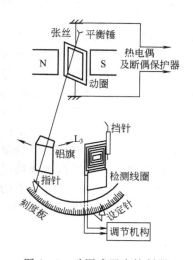

图 10-9　动圈式温度控制器原理示意

而断续式二位置控温方式，是无法完全避免上述这种矛盾的，因此被控制对象的温度总是在设定值上下波动，而不是控制在某一固定不变的温度。若将温度波动的周期和振幅记录下来，便可得到控温曲线，即灵敏度曲线。在使用恒温槽时，应了解恒温槽的精确度，用灵敏度曲线来判断控温性能的优劣，典型灵敏度曲线的分析请参阅实验 1。

10.2.2.2　比例-积分-微分调节器控温

随着科学技术的发展，对控温精度的要求越来越高，控温范围的要求也越来越广。为了适应各种特殊的实验现象、多变的实验条件及突发性的外界因素的干扰，人们设计了一种能够自动调节加热电流的装置，即"比例-积分-微分"调节器，简称 PID 调节器。它是利用可

控硅的特性，使加热器电流随偏差信号的大小而作相应的变化，提高了控温精度。其 PID
调节系统原理如图 10-10 所示。

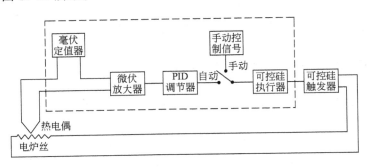

图 10-10 比例-积分-微分调节器

炉温用热电偶测量，由毫伏定值器给出与设定温度相应的毫伏值，热电偶的热电势与定
值器给出的毫伏值进行比较，如有偏差，说明炉温偏离设定温度。此偏差经过放大后送入
PID 调节器，再经可控硅触发器推动可控硅执行器，并对炉丝加热功率做相应调整，从而使
偏差消除，炉温保持在所要求的温度控制精度范围内。

比例调节作用，就是要求输出电压能随偏差（炉温与设定温度之差）电压的变化，自动
按比例增加或减少，但在比例调节时会产生"静差"，要使被控对象的温度能在设定温度处
稳定下来，必须使加热器继续给出一定热量，以补偿炉体与环境热交换产生的热量损耗。但
由于在单纯的比例调节中，加热器发出的热量会随温度回升时偏差的减小而减少，当加热器
发出的热量不足以补偿热量损耗时，温度就不能达到设定值，这被称为"静差"。

为了克服"静差"需要加入积分调节，也就是输出控制电压与偏差信号电压与时间的积
分成正比，只要有偏差存在，即使非常微小，经过长时间的积累，就会有足够的信号去改变
加热器的电流，当被控对象的温度回升到接近设定温度时，偏差电压虽然很小，加热器仍然
能够在一段时间内维持较大的输出功率，因而消除"静差"。

微分调节作用，就是输出控制电压与偏差信号电压的变化速率成正比，而与偏差电压的
大小无关。这在情况多变的控温系统，如果产生偏差电压的突然变化，微分调节器会减小或
增大输出电压，以克服由此而引起的温度偏差，保持被控对象的温度稳定。

PID 控制是一种比较先进的模拟控制方式，适用于各种条件复杂、情况多变的实验体
系。目前，已有多种 PID 控温仪可供选用，常用的有 DWK 系列、DDZ 系列和 DTL 系
列等。

第 11 章　压力的测量与控制

　　压力是用来描述体系状态的一个重要参数。许多物理、化学性质，如熔点、沸点、蒸气压几乎都与压力有关。在化学热力学和化学动力学研究中，压力也是一个很重要的因素。因此，压力的测量具有重要的意义。在物理化学实验中，涉及高压、中压、常压以及负压，对不同的压力范围，测量方法和使用的仪器各不相同，并且所使用的单位也有不同的传统习惯。

11.1　压力与气压计

11.1.1　压力

　　压力是指均匀垂直作用于单位面积上的力，也称压强。国际单位制（SI）用帕斯卡作为通用的压力单位，以 Pa 或帕表示。当作用于 $1m^2$ 面积上的力为 1N 时就是 1Pa。

$$1Pa = \frac{1N}{1m^2}$$

　　此外，原来沿用的一些压力单位，现在仍有使用。如标准大气压（atm）、工程大气压（at）、巴（bar）、毫米水柱（mmH_2O）、毫米汞柱（mmHg）等，这些压力单位之间的换算关系见附录中附表 8。

　　除了所用单位不同之外，压力还可用大气压力（习惯上称大气压）、正压力（习惯上称表压）、负压（习惯上称真空度）和差压来表示。可用图 11-1 来说明这些压力的关系。

　　当压力高于大气压时：绝对压力 ＝大气压＋表压

　　当压力低于大气压时：绝对压力 ＝大气压－真空度

　　但应注意，上述两式等号两端各项都必须采用相同的压力单位。

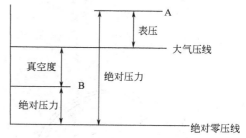

图 11-1　绝对压力、表压与真空度的关系

11.1.2　气压计

　　压力测量仪是用来测量气体或液体压力的仪表，又称为压力表或压力计。压力计可以指示、记录压力值，并可附加报警或控制装置。常用的测量压力的仪表很多，按其工作原理大致可分为液柱式、弹性式、负荷式和电测式四大类。

　　（1）液柱式压力计　液柱式压力计是物理化学实验中用得最多的压力计。它是根据流体静力学原理，把被测压力转换成液柱高度的测量仪器。它构造简单、使用方便，能测量微小压力差，测量准确度比较高，且制作容易、价格低廉。缺点是测量范围不大，示值与工作液密度有关，它的结构不牢固，耐压程度较差，所测压力一般不超过 0.3MPa。

　　液柱式 U 形压力计，由两端开口的垂直 U 形玻璃管及垂直放置的刻度标尺所构成，管内下部盛有适量工作液体作为指示液，常用的工作液体为蒸馏水、水银和酒精。其结构如图11-2 所示，U 形管的两支管分别连接于两个测压口，因为气体的密度远小于工作液的密度，则由液面差 Δh 及工作液的密度 ρ、重力加速度 g 可以得到下式：

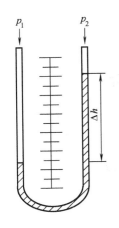

图 11-2　U 形压力计

$$p_1 = p_2 + \rho g \Delta h \quad 或 \quad \Delta h = \frac{p_1 - p_2}{\rho g} \qquad (11\text{-}1)$$

U 形压力计可用来测量：①两气体压力差；②气体的表压（p_1 为测量气压，p_2 为大气压）；③气体的绝对压力（令 p_2 为真空，p_1 所示即为绝对压力）；④气体的真空度（p_1 通大气，p_2 为负压，可测其真空度）。

（2）弹性式压力计　弹性式压力测量仪表是利用各种不同形状的弹性元件，在压力下产生变形的原理制成的压力测量仪表。是测压仪表中应用最多的一种。由于弹性元件的结构和材料不同，它们具有各不相同的弹性位移与被测压力的关系。

物理化学实验室中接触较多的是单管弹簧管式压力计。这种压力计的压力由弹簧管固定端进入，通过弹簧管自由端的位移带动指针运动，指示压力值，如图 11-3 所示。

使用弹性式压力计时应注意以下几点。

① 合理选择压力表量程。为了保证足够的测量精度，选择的量程应在仪表分度标尺的 $\frac{1}{2} \sim \frac{3}{4}$ 范围内。

② 使用时环境温度不得超过 35℃，如超过应给与温度修正。

③ 测量压力时，压力表指针不应有跳动和停滞现象。压力表应定期进行校验。

（3）福廷式气压计　福廷式气压计的构造如图 11-4 所示。它的外部是一黄铜管，管的顶端有悬环，用以悬挂在实验室的适当位置。气压计内部是一根一端封闭的装有水银的长玻璃管，长度为 90cm。玻璃管封闭的一端向上，管中汞面的上部为真空，管下端插在水银槽

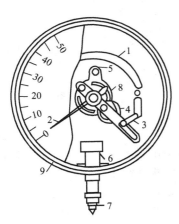

图 11-3　弹簧管式压力计

1—金属弹簧管；2—指针；3—连杆；4—扇形齿轮；
5—弹簧；6—底座；7—测压接头；
8—小齿轮；9—外壳

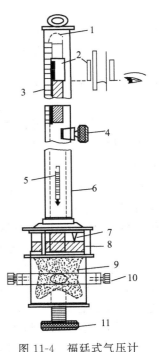

图 11-4　福廷式气压计

1—玻璃管；2—游标尺；3—主标尺；4—游标尺调节螺旋；
5—温度计；6—黄铜管；7—零点象牙针；8—汞槽；
9—羊皮袋；10—固定螺旋；11—汞面调节螺旋

内。水银槽底部由一羊皮袋封住，下端由螺旋支持，转动此螺旋可调节槽内水银面的高低。水银槽的顶盖上有一倒置的象牙针，其针尖是黄铜标尺刻度的零点。此黄铜标尺上附有游标尺，转动游标调节螺旋，可使游标尺上下游动。

福廷式气压计是一种真空压力计，其原理如图 11-5 所示：它以汞柱所产生的静压力来平衡大气压力 P，由汞柱的高度可以度量大气压力的大小。实验室通常用毫米汞柱（mmHg）作为大气压力的单位。毫米汞柱作为压力单位时，它的定义是：当汞的密度为 13.595lg/cm^3（即 0℃时汞的密度，通常作为标准密度，用符号 ρ_0 表示），重力加速度为 980.665cm/s^2（即纬度 45°的海平面上的重力加速度，通常作为标准重力加速度，用符号 g_0 表示）时，1mm高的汞柱所产生的静压力为 1mmHg。

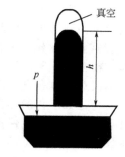

图 11-5　福廷式气压计原理

① 福廷式气压计的使用方法

a. 调节汞面高度　慢慢旋转汞面调节螺旋 11，使槽内水银面升高。利用水银槽后面磁板的反光，注视水银面与象牙针尖的空隙，直至水银面与象牙针尖刚刚接触，然后用手轻轻扣一下铜管上面，使玻璃管上部水银凸面正常。稍等几秒钟，待象牙针尖与水银面的接触无变动为止。

b. 调节游标尺　转动气压计旁的游标尺调节螺旋 4，使游标尺升起，并使下沿略高于水银面。然后慢慢调节游标，直到游标尺底边及其后边金属片的底边同时与水银凸面顶端相切。这时观察者眼睛的位置应与游标尺前后两个底边的边缘在同一水平线上。

c. 读取汞柱高度　当相切位置调整好后，则游标尺的零刻度线所对应的标尺上的刻度值，即为大气压的整数部分。再从游标尺上找出一根恰好与标尺上的某一刻度相重合的刻度线，则游标尺上刻度线的数值即为大气压值的小数部分。记下读数，要求记录 4 位有效数字。

d. 整理工作　将气压计底部螺旋向下移动，使水银面离开象牙针尖。记下气压计的温度及所附卡片上气压计的仪器误差值，然后进行校正。

② 气压计读数的校正　水银气压计的刻度是以温度为 0℃、纬度为 45°的海平面高度为标准的。当不符合上述规定时，从气压计上直接读出的数值，除进行仪器误差校正外，还需进行温度、纬度及海拔高度的校正，才能得到正确的数值。

a. 仪器误差的校正　由于仪器本身制造的不精确而造成读数上的误差称为“仪器误差”。仪器出厂时都附有仪器误差的校正卡片，应首先加上此项校正。

b. 温度影响的校正　由于温度的改变，水银密度也随之改变，因而会影响读数。同时由于铜管本身的热胀冷缩，也会影响刻度的准确性。由于水银的膨胀系数较铜管的大，因此当温度高于 0℃时，经仪器校正后的气压值应减去温度校正值；当温度低于 0℃时，要加上温度校正值。气压计的温度校正公式如下：

$$p_0=\frac{1+\beta t}{1+\alpha t}p=p-p\frac{\alpha-\beta}{1+\alpha t} \tag{11-2}$$

式中，p 为气压计读数，mmHg；t 为气压计的温度，℃；α 为水银柱在 0~35℃之间的平均体膨胀系数（$\alpha=0.00001818$）；β 为黄铜的线膨胀系数（$\beta=0.0000184$）；p_0 为读数校正到 0℃时的气压值，mmHg。显然，温度校正值即为 $p\frac{\alpha-\beta}{1+\alpha t}$。其数值列有数据表，实际校正时，读取 P、t 后可查表求得。

c. 海拔高度及纬度的校正。重力加速度（g）随海拔高度及纬度不同而异，致使水银的重量受到影响，从而导致气压计读数的误差。可以根据气压计所在地纬度及海拔高度进行校正。此项校正值很小，在一般实验中可不必考虑。

d. 水银蒸气压的校正、毛细管效应的校正等。因校正值极小，一般都不考虑。

③ 使用注意事项

a. 调节螺栓时动作要缓慢，不可旋转过急。

b. 在调节游标尺与汞柱突面相切时，应使眼睛的位置与游标尺前后下沿在同一水平线上，然后再调到与水银柱凸面相切。

c. 发现槽内水银不清洁时，要及时更换水银。

（4）精密数字压力计　实验室中使用的 U 形水银压力计、福廷式气压计等均充以大量的汞，不仅对人体有害，而且不能进行远距离测量和自动记录。目前，已普遍使用精密数字压力计，它是数字化的测压仪器，可取代传统的压力计，其最大的优点是无汞污染、安全方便、直观易读，对环境保护和人类健康有极大的好处。其分辨率可达 0.01kPa。各类精密数字气压计的介绍请参见第 14 章常用仪器中仪器 6。

11.2　真空技术

真空是指压力小于 101325Pa 的气态空间。不同的真空状态，在该空间具有不同的分子密度。真空状态下气体的稀薄程度，常以真空度来表示，而真空度的高低通常是用气体的压强来表示，目前多称压力。在现行的国际单位制（SI）中，真空度与压力均以帕（Pa）为单位，$1Pa = 1N/m^2$。在早期文献中，常用的压力单位还有毫米汞柱（$1mmHg = 133.3224Pa$）、托（$1Torr = 1mmHg$）等。

在国内外，真空区域的划分没有统一规定，在物理化学实验中，通常根据真空度的获得和测量方法的不同，将真空区域划分为：粗真空 $10^5 \sim 10^2 Pa$；低真空 $10^3 \sim 10^{-1} Pa$；高真空 $10^{-1} \sim 10^{-6} Pa$；超高真空 $10^{-6} \sim 10^{-10} Pa$；极高真空 $< 10^{-10} Pa$。

真空技术通常包括真空的获得、测量、检漏及系统的设计与计算等，它早已发展成为一门独立的科学技术，已广泛应用于科研和工业生产的各个领域。在物理化学实验中，常采用玻璃真空系统，它具有制作比较方便、使用时可观察内部情况、耐腐蚀和便于检漏等优点。

11.2.1　真空的获得

为了获得真空，就必须设法将气体分子从容器中抽出。凡是能从容器中抽出气体，使气体压力降低的装置，均可称为真空泵。如水抽气泵、机械真空泵、油泵、扩散泵、吸附泵、钛泵等。在实验室中，欲获得粗真空常用水抽气泵，欲获得低真空用旋片式真空泵，欲获得高真空则需要旋片式真空泵与油扩散泵并用。

（1）水抽气泵　水抽气泵结构如图 11-6 所示，它用玻璃或金属制成。其工作原理是当水从泵内的收缩口高速喷出时，静压降低，水流周围的气体便被喷出的水流带走。使用时，只要将进水口接到水源上，调节水的流速就可改变泵的抽气速率。显然，它的极限真空度受水的饱和蒸气压限制，如 15℃ 时为 1.70kPa，25℃ 时为 3.17kPa 等。实验室中水抽气泵还广泛地用于抽滤沉淀物。

目前，实验室中除使用水抽气泵外，还普遍使用循环水多用真空泵系列，它是一种粗真空泵，是以循环水为工作流体，是根据流体射流产生负压进行喷射的原理制成，可提供稳定的低真空条件，适用于实验室使用。

（2）旋片式真空泵　实验室常用的机械真空泵为旋片式真空泵，简称旋片泵，其构造如图 11-7 所示。其工作压强范

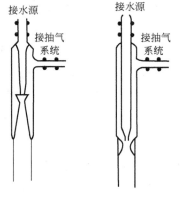

图 11-6　水抽气泵

围为 $101325 \sim 1.33 \times 10^{-2}$ Pa，属于低真空泵。它可以单独使用也可以作为其他高真空泵或超高真空泵的前级泵。

旋片式真空泵主要由泵体和偏心转子组成。经过精密加工的偏心转子下面安装有带弹簧的滑片，由电动机带动，偏心转子紧贴泵腔壁旋转。滑片靠弹簧的压力也紧贴泵腔壁。滑片在泵腔中连续运转，使泵腔被滑片分成的两个不同的容积呈周期性的扩大和缩小。气体从进气嘴进入，被压缩后经过排气阀排出泵体外，如此循环往复，将系统内的压力减小。

旋片式真空泵的整个机件浸在真空油中，这种油的蒸气压很低，既可起润滑作用，又可起到封闭微小的漏气和冷却机件的作用。

使用旋片泵时应注意以下几点。

① 旋片泵不能直接抽含可凝性气体的蒸气、挥发性液体等。因为这些气体进入泵后会破坏泵油的品质，降低油在泵内的密封和润滑作用，甚至会导致泵的机件生锈。因而必须在可凝气体进泵前先通过纯化装置。

② 旋片泵不能用来抽含氧过高、对金属有腐蚀性、与泵油发生化学反应以及含有颗粒尘埃的气体。

③ 旋片泵由电动机带动，使用时应注意马达的电压。若是三相电动机带动的泵，第一次使用时特别要注意三相马达旋转方向是否正确。正常运转时不应有摩擦、金属碰击等异常声响。运转时电动机温度不能超过 $50 \sim 60$℃。

④ 旋片泵的进气口前应安装一个三通活塞。停止抽气时应使机械泵与抽真空系统隔开而与大气相通，然后再关闭电源。这样既可保持系统的真空度，又可避免泵油倒吸。

旋片式真空泵是真空技术中最基本的真空获得设备之一。旋片泵多为中小型泵，有单级和双级两种。双级泵就是将两个单级泵串联起来，以获得较高的真空度。

（3）扩散泵　扩散泵是获得高真空的重要设备，其原理是利用一种工作物质高速从喷口处喷出，在喷口处形成低压，对周围气体产生抽吸作用而将气体带走。这种工作物质在常温时应是液体，并具有极低的蒸气压，用小功率的电炉加热就能使液体沸腾气化，沸点不能过高，通过水冷却便能使气化的蒸气冷凝下来。现在一般采用硅油作为工作物质。图 11-8 是扩散泵的工作原理示意图。

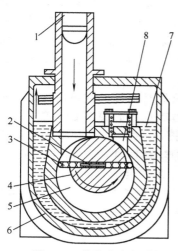

图 11-7　旋片式真空泵

1—进气嘴；2—旋片弹簧；3—旋片；4—转子；
5—泵体；6—油箱；7—真空泵油；8—排气嘴

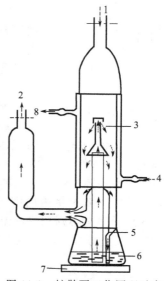

图 11-8　扩散泵工作原理示意

1—接系统；2—接前级泵；3—油蒸汽；4—冷却水入口；
5—冷凝油回入；6—硅油；7—电炉；8—冷却水出口

硅油被电炉加热沸腾汽化后，通过中心导管从顶部的二级喷口处喷出，在喷口处形成低压，将周围气体带走。而硅油蒸气随即被冷凝成液体回入底部，循环使用。被夹带在硅油蒸气中的气体在底部聚集，立即被机械泵抽走。在上述过程中，硅油蒸气起着一种抽运作用，其抽运气体的能力决定于下面三个因素：硅油本身的摩尔质量要大；喷射速度要高；喷口级数要多。现在用摩尔质量大于 3000 以上的硅油作工作物质的四级扩散泵，其极限真空度可达到 10^{-7} Pa，三级扩散泵可达 10^{-4} Pa。

油扩散泵必须用机械泵作为前级泵，将其抽出的气体抽走，不能单独使用。扩散泵的硅油易被空气氧化，所以使用时应用机械泵先将整个系统抽至低真空后，才能加热硅油。硅油不能承受高温，否则会裂解。硅油蒸气压虽然极低，但仍会蒸发一定数量的油分子进入真空系统，沾污被研究对象，因此，一般在扩散泵和真空系统连接处安装冷凝阱，以捕捉可能进入系统的油蒸气。

11.2.2 真空的测量

真空的测量就是测量低压下气体的压力，其所用的量具称为真空规，也称真空计。

真空规可分为两类：一类是能直接测出系统压力的绝对真空规，如麦克劳（Mcleod）真空规；另一类是经绝对真空规标定后使用的相对真空规，而热偶真空规和电离真空规都是最常用的相对真空规。

凡能从其本身测得的物理量直接计算出气体压力的称绝对真空规，这种真空规测量精度较高，主要用作基准量具。相对真空规主要利用气体在低压力下的某些物理特性与压力的关系间接测量，其测量精度较低，但它能直接读出被测压力，使用方便，在实际应用中占绝大多数。

真空技术需要测量的压力范围为 $10^5 \sim 10^{-11}$ Pa，宽达十几个数量级，由于真空度的范围宽达十几个数量级，因此只能用若干个不同的真空规来测量不同范围的真空度。常用的真空规有 U 形水银压力计、麦氏真空规、热偶真空规和电离真空规等。

（1）麦克劳真空规　麦克劳真空规又称麦氏真空规，是一种测量低真空和高真空的绝对真空计。这种真空计一般用硬质玻璃制成，测量精度较高。虽然在室温下汞的蒸气压较大，如 20℃下 $p = 0.1601$ Pa，因麦氏真空规的真空度是依据玻义耳定律计算所得，在标示真空度时可以直接将汞蒸气压扣除，故其量程可达 $10 \sim 10^{-4}$ Pa。但其缺点是不能测量压缩时会凝聚的蒸气压力。

（2）热偶真空规　热偶真空规又称热偶规。是利用低压时气体的导热能力与压力成正比的关系制成的，量程范围为

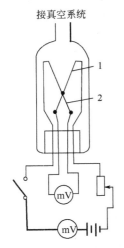

接真空系统

图 11-9 热偶真空规示意
1—加热丝；2—热电偶

$10 \sim 10^{-1}$ Pa。其结构如图 11-9 所示。由加热丝和热电偶组成，其顶部与真空系统相连。当给加热丝以某一恒定的电流时（如 120mA），则加热丝的温度及热电偶的热电势大小将由周围气体的热导率决定。在一定压力范围内，当系统压力 p 降低，气体的热导率减小则加热丝温度升高，热电偶热电势随之增加。反之，热电势降低。p 与 E（对应于热电势值）的关系式如下：

$$p = cE \qquad (11\text{-}3)$$

式中，c 为热偶规管常数。

该函数关系经绝对真空规标定后，以压力数值标在与热偶规匹配的指示仪表上。所以，用热偶规测量时从指示仪表可直接读得系统压力值。

（3）电离真空规　电离真空规是通过在稀薄气体中引起电离然后利用离子电流测量压力的仪器，主要用于高真空测量。其测量范围为 $10^{-1} \sim 10^{-6}$ Pa。它是由电离真空规管和测量电路两部分组成。电离真空规管结构类似一支电子三极管，如图 11-10 所示。将电离真空规连入真空系统内，测量时电离真空规管灯丝通电后发射电子，电子向带正电压的栅极加速运动并与气体分子碰撞，使气体分子电离，电离所产生的正离子又被板极吸引而形成离子流。此离子流 I_+ 与气体的压力 p 成线性关系：

图 11-10　电离真空规示意
1—灯丝；2—栅极；3—板极

$$I_+ = K I_e p \qquad (11\text{-}4)$$

式中，K 为电离真空规管灵敏度；I_e 为发射电流。

对一定的电离真空规管来说，K 和 I_e 为定值。

因此，测得 I_e 即可确定系统的真空度。用电离真空规测量真空度，只能在被测系统的压力低于 10^{-1} Pa 时才可使用，否则将烧坏电离真空规管。

11.2.3　真空系统的检漏

真空系统要达到一定的真空度，除了提高泵的有效抽速外，还要降低系统的漏气量，因此新安装的真空设备在使用前要检查系统是否漏气。真空检漏就是用一定的手段将示漏物质加到被检工件的器壁的某一侧，用仪器或某种方法在另一侧怀疑有漏的地方检测通过漏孔逸出的示漏物质，从而达到检测目的。检漏的仪器和方法很多，常用充压检漏法、真空检漏法，所用仪器有氦质谱检漏仪、卤素检漏仪、高频火花检漏器、气敏半导体检漏仪及用于质谱分析的各种质谱计等。

（1）静态升压法检漏　先将真空系统抽到一定的真空度，用真空阀将系统和真空泵隔开，若系统内压力保持不变或变化甚微，说明此系统不漏气，若系统内压力上升很快，表示系统漏气，此法简单，可用于大部分真空系统。但此法不能确定漏孔位置及大小。

（2）玻璃真空系统常用高频火花检漏器来检漏　火花检漏器实际是一小功率高频高压设备，它的高电压输出端伸出一金属弹簧尖头，能击穿附近空气。当它的高压放电尖端移到玻璃系统上的漏孔处时，因玻璃是绝缘体不能跳火，而漏孔处因空气不断流入，在高频高压作用下形成导电区，在火花检漏器尖端与漏孔之间形成一强烈火花线，并在漏孔处有一个白亮点，从而可以找到漏孔位置。用火花检漏器找玻璃系统的漏洞是很方便的。还可根据火花检漏器激起真空系统内气体放电的颜色粗略估计真空度，并根据放电颜色的变化情况来判断系统是否漏气。使用火花检漏器时，不要在玻璃的一点上停留过久，以免玻璃局部过热而打出小孔来。

对检出的漏孔可选用饱和蒸气压低、具有足够的热稳定性和一定的机械和物理性质的真空密封物质密封。作暂时的或半永久的密封可选用真空泥、真空封蜡、真空漆等；要作永久性密封，可用环氧树脂封胶和氯化银封接，对玻璃系统可以重新烧结。

11.3　气体钢瓶与减压器

11.3.1　气体钢瓶

在物理化学实验室中，因实验的需要会用到各种气体，经常使用的气体有氧气、氮气、氢气、二氧化碳等。这些气体一般是储存在专用高压气体钢瓶中，而气体钢瓶是由无缝碳素钢或合金钢制成的，是贮存压缩气体和液化气体的高压容器。容积一般为 $40 \sim 60$ L，最高承受压力为 0.6～15 MPa。在钢瓶的肩部要用钢印打出如下标记：制造厂、制造日期、气瓶型号、编号、气瓶质量、气体容积、工作压力、水压试验压力、水压试验日期和下次送检日期。

（1）气体钢瓶的颜色标记　为避免各种钢瓶在使用时发生混淆，需将钢瓶漆上不同颜色并注明瓶内气体的名称。使用前，要按油漆颜色、字样等认真识别气体种类，不能误用，以免造成事故。我国人力资源和社会保障部 2000 年颁布了气瓶安全监察规程，规定了各类气瓶的色标和工作压力。我国气体钢瓶常用标记见表 11-1。

（2）气体钢瓶的使用方法

① 气体钢瓶使用前，应先安装相应的减压阀。同时检查减压阀是否关紧，即压力调节螺杆处于松动状态。

② 打开钢瓶总阀门，此时高压表显示出瓶内贮气总压力。

③ 慢慢地顺时针转动压力调节螺杆，直到低压表显示出实验所需压力为止。

④ 使用完毕时，应先将钢瓶总开关关闭，然后慢慢打开减压阀将余气缓慢放尽，再逆时针旋松调节螺杆，使减压阀关闭。

表 11-1　我国气体钢瓶常用标记

气 体 类 别	瓶 身 颜 色	标 字 颜 色	字 样
氮气	黑	黄	氮
氧气	天蓝	黑	氧
氢气	深绿	红	氢
压缩空气	黑	白	压缩空气
二氧化碳	黑	黄	二氧化碳
氨	棕	白	氨
液氨	黄	黑	氨
氯	草绿	白	氯
乙炔	白	红	乙炔
氟氯烷	铝白	黑	氟氯烷
石油气体	灰	红	石油气
粗氩气体	黑	白	粗氩
纯氩气体	灰	绿	纯氩

（3）气体钢瓶使用注意事项

① 钢瓶应存放在阴凉、干燥，远离电源、热源（如阳光、暖气、炉火等）的地方。可燃气体钢瓶必须与氧气钢瓶分开存放。

② 搬运气体钢瓶时要把气瓶帽旋上，装好橡皮腰圈，应使用专用气瓶车，动作要轻稳，防止敲击、滚滑或剧烈震动。放置、使用时，必须直立固定好，要避免突然倾倒。

③ 使用气体钢瓶时，需安装配套的减压阀。可燃性气瓶（如 H_2、C_2H_2）的螺纹一般是反扣，不燃性或助燃性气瓶（如 N_2、O_2）的螺纹则是正扣，各种减压阀不得混用。开启总阀时，不要将头或身体正对总阀门，操作者应站在气瓶口的侧面，以保证安全。

④ 不要让油脂或易燃有机物沾染气瓶（特别是气瓶出口和压力表上），如已有油脂沾污，应立即用四氯化碳洗净。氢气、氧气和可燃气体钢瓶严禁靠近明火。

⑤ 钢瓶内气体不能全部用尽，应保持不低于 0.2MPa 的余压，以防重新充气时发生危险。

⑥ 使用中的气瓶每三年应检验一次，装腐蚀性气体的钢瓶每两年检验一次，不合格的气瓶不可继续使用。

11.3.2　减压阀

贮存在高压气体钢瓶中的气体，使用时通过减压阀使气体压力降至实验所需范围且保持稳压。物理化学实验最常用的减压阀为氧气减压阀又称氧气表，现以氧气减压阀为例，介绍气体减压阀的工作原理。

（1）氧气减压阀的工作原理　氧气减压阀的外观及工作原理见图 11-11 和图 11-12。

氧气减压阀的高压腔与钢瓶连接，低压腔为气体出口，通往使用系统。高压表的示值为钢瓶内储存气体的压力。低压表的出口压力可由调节螺杆控制。

使用时先打开钢瓶总开关，然后顺时针转动低压表压力调节螺杆，使其压缩主弹簧并传动薄膜、弹簧垫块和顶杆而将活门打开。这样进口的高压气体由高压室经节流减压后进入低压室，并经出口通往工作系统。转动调节螺杆，改变活门开启的高度，从而调节高压气体的通过量并达到所需的压力值。

减压阀都装有安全阀，它是保护减压阀安全使用的装置，也是减压阀出现故障的信号装置。如果由于活门垫、活门损坏或其他原因，导致出口压力自行上升并超过一定许可值时，安全阀会自动打开排气。

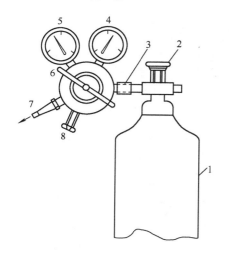

图 11-11　安装在气体钢瓶上的氧气减压阀示意
1—钢瓶；2—钢瓶开关；3—钢瓶与减压表
连接螺母；4—高压表；5—低压表；
6—低压表压力调节螺杆；7—出口；8—安全阀

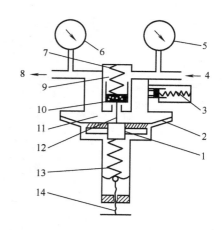

图 11-12　氧气减压阀工作原理示意
1—弹簧垫块；2—传动薄膜；3—安全阀；4—进口
（接气体钢瓶）；5—高压表；6—低压表；
7—压缩弹簧；8—出口（接使用系统）；
9—高压气室；10—活门；11—低压气室
12—顶杆；13—主弹簧；14—低压表压力调节螺杆

（2）氧气减压阀的安全使用

① 按使用要求的需要，氧气减压阀有多种规格。最高进口压力大多为 15MPa，最低进口压力不小于出口压力的 2.5 倍。出口压力规格较多，最低为 0～0.1MPa，最高为 0～4MPa。

② 安装减压阀时应确定其连接规格是否与钢瓶和使用系统的接头相一致，接头处需安装垫圈。减压阀与钢瓶采用半球面连接，通过旋紧螺母使二者完全吻合。为保证良好的气密性，必须保持半球面的光洁，安装前可瞬时开启气瓶阀吹除灰尘。

③ 使用氧气瓶时，严禁气瓶接触油脂，实验者的手、衣服和工具上也不得沾有油脂，因为高压氧气与油脂相遇会引起燃烧。氧气瓶使用时发现漏气，不得用麻、棉等物去堵漏，以防发生燃烧事故。

④ 使用完毕时,应先关闭钢瓶总开关,然后将减压阀中余气缓慢放尽,再逆时针旋松调节螺杆,直到弹簧不受压力为止,以免弹性元件长久受压变形。

(3) 其他气体减压阀 有些气体,如氮气、空气、氩气等永久性气体,可以采用氧气减压阀。但有些气体,如氨等腐蚀性气体,则需要专用减压阀。市面上常见的有氮气、空气、氢气、氨、乙炔、丙烷、水蒸气等专用减压阀。

这些减压阀的使用方法及注意事项与氧气减压阀基本相同。但是,还应指出,专用减压阀一般不用于其他气体。为了防止误用,有些专用减压阀与钢瓶之间采用特殊连接口。如氢气和丙烷就是采用左牙螺纹,安装时应特别注意。

第 12 章　电化学测量

电化学测量技术在物理化学实验中占有重要的地位,是常用的测量技术之一。可用它来测量电解质溶液的许多物理化学性质(如电导、离子迁移数、电离度等);测量氧化还原体系反应的有关热力学函数(如标准电极电势、反应热、熵变、自由能的变化等);测量电极过程动力学参数(如交换电流、阴极传递系数、阳极传递系数等)。

电化学测量技术内容丰富、应用广泛。在化工、冶金、金属防腐、生物及其他领域都得到了广泛的应用。随着数字电子技术的发展,传统的电化学测量技术与研究方法又有了新的发展和应用。

电化学测量主要是测量被测定体系的电导、电动势和电流等电参量,从而确定被测体系的物理化学特性。本章仅介绍基本的测量技术和方法。

12.1　电导的测量

电导是电化学中一个重要参量。电导的测量在物理化学中有着重要的意义。因为电导反映了电解质溶液中离子的状态和行为,在稀溶液中电导与离子浓度呈线性关系,因而被广泛应用于分析化学和化学动力学过程的测试中。电导是电阻的倒数,因此电导的测量实际是测量电阻,然后再通过计算得出相应的电导值。测量电导常用交流电桥、电导仪和电导率仪等。

12.1.1　交流电桥法及测量原理

电解质溶液电导的测量有其本身的特殊性,因为溶液中离子导电机理与金属电子的导电机理不同。当直流电流通过溶液时,伴随着导电过程,会导致离子在电极上放电,因而会使电极发生极化现象。所以,在测量溶液的电导时,为避免通电时化学反应和极化现象的发生,必须采用高频交流电桥进行测定。因交流电使得电极符号高速交替改变,则电极反应来不及进行,从而克服了电极的极化。通常所用交流电源频率在 1000Hz 左右,常用的交流电桥电路如图 12-1 所示。

电桥由 R_1、R_2、R_3 和 R_x 四个电阻组成。其中 R_x 代表待测溶液的电阻,即电导池两电极间的电阻(待测溶液被置于具有两个固定的铂电极的电导池中);R_x 作为电桥的一个桥臂连接在电路中。R_1、R_2、R_3 在精密测量时,均为交流电阻箱,简单情况下 R_2,R_3 可用均匀的滑线电阻代替,T 为平衡检测器。

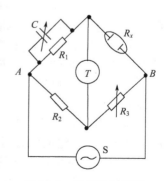

图 12-1　交流电桥原理

电流从振荡器 S 出发,经由 A、B 两点出入电桥,根据电桥平衡原理,通过调节 R_1、R_2、R_3 的阻值,当电桥被调到平衡点时,平衡检测器指零。此时,桥路中的电阻符合下列关系:

$$\frac{R_x}{R_3} = \frac{R_1}{R_2} \quad 即 \quad R_x = \frac{R_1}{R_2} R_3 \tag{12-1}$$

R_x 的倒数即为溶液的电导。

交流电桥的平衡，应是四臂的阻抗，对交流电来说，电导池的两个电极相当于一个电容器，具有一定的分布电容，为克服 R_x 的极间电容，所以在 R_1 上需并联一个可变电容器 C，以实现阻抗平衡。另外，为防止电导池中产生热效应，同时也为减少极化，电源电压一般不超过 10V。

因采用交流电源进行测定，所以电桥中平衡检测装置不能用直流检流计，而改用示波器（或耳机），并且将信号放大后输入示波器中，提高了检测的灵敏度。

12.1.2 电导率仪的测量原理

实验室中测定溶液电导常用的仪器是电导仪或电导率仪，如 DDS-11A 型电导率仪。它的测量原理不同于交流电桥法，是基于"电阻分压"原理的不平衡方法，其测量原理如图 12-2 所示。

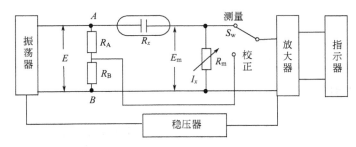

图 12-2 电导率仪测量原理示意

由稳压电源输出稳定的直流电压，供给振荡器和放大器，使它们工作在稳定状态。振荡器采用了负载式的振荡电路，具有很低的输出阻抗，输出的电压不随电导池电阻 R_x 的变化而变化，从而振荡器为电阻分压回路提供了一个稳定的高频（1100Hz）电压 E。因 R_x 与测量电阻箱 R_m 串联组成，当"校正／测量"开关扳向"测量"位置时，E 加在 AB 两端，产生一个测量电流 I_x。根据欧姆定律则有如下关系：

$$I_x = \frac{E}{R_x + R_m} \tag{12-2}$$

由此可见，当 E 与 R_m 均为常数时（因 E 和 R_m 都是恒定不变的），设定 $R_m \ll R_x$，则：

$$I_x \propto \frac{1}{R_x} = G_x \tag{12-3}$$

由式（3）可以看出，测量电流 I_x 的大小正比于电导池两极间溶液的电导（$1/R_x = G_x$）从而把溶液电导的测量就转换为电流 I_x 的测量了。

调节 R_m 使的 $R_m \ll R_x$，当 I_x 流过 R_m 时，即产生一个电位差 $E_m = I_x R_m$，因 R_m 一经设定后即保持恒定不变，所以 $E_m \propto I_x$。通过放大器将 E_m 线性放大，再通过指示器显示出来。因 $1/R \propto I_x \propto E_m$，所以，指示器所示的电位差值 E_m 即可反映电导池的电导 G_x，通过仪表可直接显示出来。

为提高测量准确度，电路中设有校正电路，当"校正／测量"开关 S_w 扳至"校正"位置时，从 R_A、R_B 组成的分压器中，取出 E 的分压直接送入放大器，并用电表显示。调节振荡器的输出，使指示器指在校正刻度处，这样即完成校正目的。

以前使用的 DDS-11A 型指针式电导率仪是直读式的，测量范围广，操作简便，当配上适当的电子电位差计后，可达到自动记录的目的。需要指出的是，这类仪器的测量原理已与电桥有所不同。

目前，多使用数字式的电导率仪它的工作原理是：由振荡器产生的交流电压加在电导池的电极上，经运算放大器组成的放大、检波电路变换为直流电压，经集成 A/D 转换器转换为数字信号，将测量结果用数字显示出来。

该仪器装有电容补偿调节器，可以消除电导池分布电容对测量结果的影响。同时，由于水溶液的电导率是随温度的变化而变化的，其温度系数一般为 1%～2%左右，为此仪器还设有温度补偿调节器，将此调节器调节到实验温度，则仪器的显示值将为 25℃时的电导率。它还备有 10 mV 或 2 V 的输出插座，可配上适当的电子电位差计，自动记录测量结果。

现在较为先进的 DDSJ-308A 型数字式电导率仪，是采用单片微处理机技术进行水溶液的温度补偿、量程自动转换及仪器自动校准的一种准确测定水溶液电导率和温度的数字式电导率仪。由于它采用软件功能，取代了功能开关及功能调节器，因此测量精度较高。

（几种电导率仪的使用方法及注意事项请参见第 14 章 仪器 3）

12.1.3　电导池

电导池也称电导电极，一般采用高度不溶性玻璃或石英制成。它主要由两个并行设置的电极构成，电极间充以被测溶液。电导值的测量应尽可能不使其他杂质溶入电解质溶液中，因此配置溶液的水一般都采用电导水，它的电导率约为 $0.8 \times 10^{-6} \sim 3 \times 10^{-6}$ S/cm。

为了精密测量溶液的电导值，应尽量减少电极的极化，在选择电导池时应该考虑各种因素。测量时要求被测溶液的电阻不能太大，一般应小于 $5 \times 10^5 \Omega$。如果电阻过大，交流电桥的不平衡信号就难以检出。但被测溶液的电阻也不能太低，一般要求 $R > 100 \Omega$。对于某一给定的电导池，要求被测体系溶液得最高阻值与最低阻值之比最好不大于 50:1。由于浓度不同的强、弱电解质溶液，其电导率通常在 $10^{-7} \sim 10^{-1}$ S/cm 之间，因此需要几个具有不同数量级的电导池，才能满足测量的要求。

① 若被测溶液的电导值很低（小于 5×10^{-6} S）即其电阻很大（大于 $2 \times 10^5 \Omega$），因测量电流 I_x 很小，极化不严重，可用光亮电极测量。

② 若被测溶液的电导值在 $5 \times 10^{-6} \sim 1.5 \times 10^{-1}$ S 之间，即电阻在 $2 \times 10^5 \sim 6.67 \Omega$ 之间时，必须使用铂黑电极。因电极镀铂黑后，增加了电极的表面积，使电流密度减小，同时降低了活化超电势，因此使用镀铂黑电导池可以减少电极极化。

③ 若被测溶液的电导值在 $1.5 \times 10^{-1} \sim 5 \times 10^{-1}$ S 之间，则因其电阻极小，必须用 U 型电导池。这种电导池由于两极间距离增长 5～10cm，而两极间孔径缩小，所以电导池常数很小。

12.1.4　电导的应用

（1）测定净化水的纯度　一般的水具有相当大的电导率，这是因为其中含有一些电解质，蒸馏水电导率大约为 1×10^{-3} S/m，去离子水和高纯度的"电导水"的电导率可小于 1×10^{-4} S/m. 因此，通过测量水的电导率，就可以知道水的纯度。

（2）测量难溶盐的溶解度　某些难溶盐（如 $BaSO_4$、$AgCl$、$PbSO_4$ 等）的溶解度是很难直接测定的，但利用电导测定方法可间接求得其溶解度。（测量方法请参阅第 5 章实验 19）

（3）电导滴定　所谓电导滴定是通过滴定过程中溶液电导变化并出现转折，来确定滴定终点的方法。此法对于有颜色的溶液或加了指示剂在终点时颜色变化仍然不明显的体系，可收到良好的效果。此法的特点是：不需要加入指示剂，不需要在接近终点时细心地查找终点。

（4）其他方面的应用　电导测量方法的应用较为广泛，除上述外还可以测定弱电解质的电离度和电离常数（参见第 5 章 实验 19）；可以测定水的离子积；可用来测定某些反应的速率常数（参见第 4 章 实验 15）；还可以测定水溶性表面活性剂的临界胶束浓度（参见第 6 章实验30）等。

12.2　电动势测量

12.2.1　对消法的基本原理和电位差计

（1）对消法的基本原理　电池电动势的测定是电化学研究中最基本的测试手段和方法。电池电动势的测量必须在可逆条件下进行，否则所得电动势就没有热力学价值。

所谓可逆条件，一是要求被测电池本身的电池反应可逆，二是在测量电池电动势时，电池几乎没有电流通过，即测量回路中I→0。为满足可逆条件，在测量装置上设计了一个方向相反而数值与待测电池的电动势几乎相等的外加电动势，以抵消待测电池的电动势。这种测定电动势的方法称为对消法，也称补偿法。

电池电动势不能用伏特计直接测量，其主要原因是：① 当电池与伏特计连接后，线路上便有电流通过，而电池本身也存在内阻，此时伏特计的读数只是电动势的一部分，即电池的端电压，而不是电池的电动势。② 当电流通过电极时，将会发生化学变化，电极被极化，溶液浓度发生改变等现象，使电池电动势不能保持稳定。因此，电池的电动势只有在没有电流通过的情况下，才能测得。

为满足电流趋于零的可逆条件和要求，通常采用对消法来进行测量。而电位差计就是根据对消法原理设计的一种平衡式电压测量仪器。其工作原理如图12-3所示。

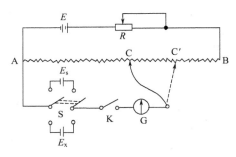

图12-3　对消法测量原理示意
E—工作电源；R—可调电阻；AB—滑线电阻；
E_s—标准电池；E_x—待测电池；
S—双刀双闸开关；K—电键；G—检流计

由图12-3可见，电路可分为工作回路和测量回路两部分。工作回路ABEA，它是由工作电源E（蓄电池或稳压电源等）、可调电阻R和滑线电阻AB组成，其中工作电源的输出电压必须大于待测电池的电动势。另一个回路则称为测量回路，即ACGKEA。它是由待测电池E_x（或标准电池E_s）、电键K、检流计G和滑线电阻AB组成。此处，工作回路中的工作电池与测量回路中的待测电池并联，当测量回路中电流为零时，工作电源在滑线电阻AB上的这一段电势降恰好等于待测电池的电动势。

测量时，先将开关S扳向标准电池E_s，将滑动触点调节到C，使此回路中电流为某一数值，称为工作电流，这样使得AB两端所产生的电势降为一定值，其数值可由已知电动势的标准电池E_s来校准。通过调节可调电阻R，使检流计G中电流为零。因AB间滑线电阻丝直径是均匀的，则AB段滑线电阻上的任意一段的电势降与其长度成正比。这样，此回路就成为一个测量电动势的量具。标定后的工作回路，就可用来测定未知电池的电动势了。

工作电流调节好后，再将开关S扳向待测电池E_x，可利用滑线电阻AB上触点C的滑动，当滑动触点的位置滑动到C′点时，工作电源E在AC段上的电位降恰好与待测电池电动势E_x大小相等，方向相反，而且互相抵消，此时检流计电流为零，该值即是待测电池的电动势。

由以上工作原理可知，用对消法测量电池电动势时，具有以下优点。

① 在两次平衡中检流计都指零，没有电流通过，也就是说，电位差计既不从标准电池中吸取能量，也不从被测电池中吸取能量，表明测量时没有改变被测对象的状态，因此在被

测电池的内部就没有电势降，测得的结果就是被测电池的电动势，而不是端电压。

② 被测电动势 E_x 值的准确性，仅由标准电池电动势 E_S 和滑线电阻 AB 来决定的。由于标准电池的电动势数值十分准确，并且具有高度的稳定性，且电阻元件具有很高的准确度，所以当检流计的灵敏度很高时，用电位差计测量的准确度就非常高。

（2）UJ-25 型电位差计 UJ-25 型电位差计是一种实验室常用的精密高电势电位差计，其面板如图 12-4 所示。

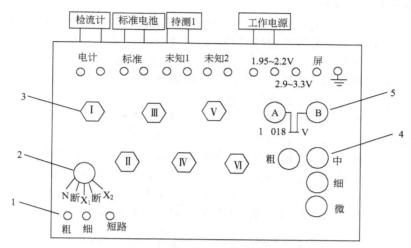

图 12-4 UJ-25 型电位差计面板示意

1—电计按钮（粗、细、短路）；2—转换开关；3—电势测量旋钮（6 个）；
4—工作电流调节旋钮（4 个）；5—标准电池温度补偿旋钮

使用方法如下。

电位差计使用时都配用灵敏检流计和标准电池以及工作电源，UJ-25 型电位差计不添加电阻分压附件时，测量上限为 1.911110V，高与此电压要配专用分压箱。下面说明测量 1.911110V 以下电压的方法。

① 连接线路 先将（N、X_1、X_2）转换开关置于断的位置，并将左下方三个电计按钮（粗、细、短路）全部松开，然后依次将工作电源、标准电池、检流计以及被测电池按正、负极性接在相应的接线端钮上，检流计没有极性的要求。

② 工作电流校正 调好检流计零点，计算室温时的标准电池电动势值，调节温度补偿旋钮（A、B），使数值为校正后的标准电池电动势。校正公式见本章公式（6）。

将（N、X_1、X_2）转换开关放在 N（标准）位置上，按"粗"电计按钮，旋动右下方（粗、中、细、微）四个工作电流调节旋钮，使检流计示零。然后再按"细"电计按钮，重复上述操作。注意按电计按钮时，不能长时间按住不放，需要"按"和"松"交替进行。

（3）测量未知电动势 将（N、X_1、X_2）转换开关放在 X_1 或 X_2（未知）的位置，按下电计"粗"按钮，由左向右依次调节六个测量旋钮，使检流计示零。然后再按下电计"细"按钮，重复以上操作使检流计示零。读出六个旋钮下方小孔示数的总和，即为待测电池的电动势。

注意事项如下。

① 测量过程中，若发现检流计受到冲击时，应迅速按下短路按钮，以保护检流计。

② 由于工作电源的电压会发生变化，故在测量过程中要经常标准化。另外，新制备的电池电动势也不够稳定，应隔数分钟测一次，最后取平均值。

③ 测定时电计按钮按下的时间应尽量短，以防止电流通过而改变电极表面的平衡状态。

若在测定过程中，检流计一直往一边偏转，找不到平衡点，这可能是电极的正负号接错、线路接触不良、导线有断路、工作电源电压不够等原因引起，应进行仔细检查。

近年来，随着数字电子技术的发展，测定电动势多采用数字电位差综合测试仪，也称数字式电子电位差计。它具有操作简单、使用方便、测量精度高、数字显示等优点，已逐渐替代传统的电位差计。（其使用方法及注意事项请参阅第十四章 仪器 4）

12.2.2 液接界电势与盐桥

（1）液接界电势 许多实用的电池，两个电极周围的电解质溶液的性质不同（例如参比电极内的溶液和被研究电极内溶液的组成不一样；或者两种溶液相同而浓度不同等），它们不处于平衡状态。当这两种溶液相接触时，存在一个液体界面，在接界面的两侧，会有离子向相反方向扩散，随着时间的延长，最后扩散达到相对稳定。这时，在液接界面上产生一个微小的电动势差，这个电势差称为液接界电势。

例如两种不同浓度的 HCl 溶液的界面上，H^+ 和 Cl^- 有浓度梯度的突跃。因此，两种离子必从浓的一边向稀的一边扩散。因为 H^+ 比 Cl^- 的淌度大得多，所以最初 H^+ 以较高的速率进入较稀的一相。这个过程使稀相出现过剩的 H^+ 而带正电荷；而浓相有过剩的 Cl^- 而带负电荷，结果产生了界面电势差。由于电势差的存在，该电场使 H^+ 的扩散速率减慢，同时加快了 Cl^- 的扩散速率，最后这两种离子的扩散速率相等，此时在界面上得到一个微小的稳态电势，即液接界电势，也称扩散电势。液接界电势分为三种类型，如图 12-5 所示。

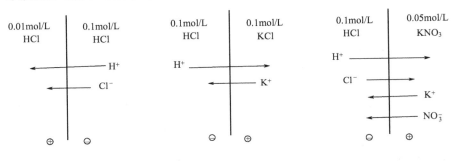

图 12-5 液接界电势类型示意

图中箭头所指的方向是每种离子净传递的方向，箭头的长度表示相对的淌度。在每种情况下，液接界电势的极性均用圆圈内的正负号表示。

在电池电动势的测量中，液接界电势会对测量产生干扰和影响，并且液接界电势无法精确测量和计算，所以必须采取相应的措施以减小其干扰。

（2）盐桥 在电化学实验中，多采用盐桥来消除或减小液接界电势。常用的盐桥是在 U 形玻璃管中充满盐桥溶液，管的两端分别插入两种互不接触的溶液，使其导通。常用盐桥的结构有几种形式，如图 12-6 所示。

选择盐桥内的溶液时应注意以下几点。

① 盐桥溶液内正、负离子的摩尔电导率应尽量接近。因为具有相同摩尔电导率的溶液，其液接界电势较小。例如在水溶液中常使用的 KCl 溶液，一般是高浓度或饱和的溶液，且 K^+ 和 Cl^- 的摩尔电导率相近，这样当饱和盐溶液与另一种较稀溶液相接界时，主要是盐桥溶液向稀溶液扩散，从而达到减小液接界电势的目的。

② 盐桥内溶液必须与两端溶液不发生反应。例如 $AgNO_3$ 溶液体系，不能使用含有 Cl^- 离子的盐桥溶液，可改用 NH_4NO_3 或 KNO_3 溶液做盐桥溶液。

③ 如果盐桥溶液中的离子扩散到被测系统后，对测量结果有影响，则必须采取措施

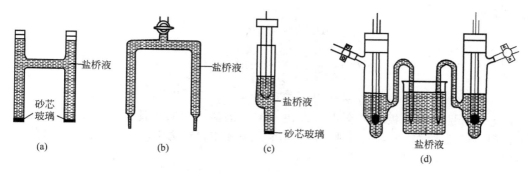

图 12-6　盐桥的几种形式

避免。

常用盐桥的制备方法如下。

将盛有 3g 琼脂和 100mL 蒸馏水的烧杯放在水浴中加热，直到完全溶解。然后加入 30g KCl，充分搅拌，当 KCl 完全溶解后，用滴管或虹吸管将此溶液灌入 U 形玻璃管，管中不能有气泡存在，冷却后凝成冻胶，制备完成。

制作时所用 KCl 纯度要高，琼脂质量要好，应选择凝固后呈洁白色的琼脂。高浓度的酸、氨都会与琼脂作用，将会破坏盐桥，污染溶液，因此不能采用琼脂盐桥。

12.2.3　参比电极

原电池是由两个"半电池"组成，每个半电池中由一个电极和相应的溶液组成。电池的电动势则是组成此电池的两个半电池的电极电势的代数和。电极电势的测量是通过被测电极与参比电极组成电池，测定其电池的电动势，然后根据参比电极的电极电势求得被测电极的电极电势，因此参比电极的选择也是十分重要的。

（1）参比电极的选择　选择参比电极时必须注意下列问题。

① 参比电极必须是可逆电极，它的电极电势也是可逆电势。

② 参比电极必须具有良好的稳定性和重现性。

③ 由金属和金属难溶盐或金属氧化物组成的参比电极（如银-氯化银电极，汞-氧化汞电极），要求这类金属的盐或氧化物在溶液中的溶解度很小。

④ 参比电极的选择必须根据被测体系的性质来决定。例如，氯化物体系可选甘汞电极或氯化银电极；硫酸溶液体系可选硫酸亚汞电极；碱性溶液体系可选氧化汞电极等。在具体选择时还必须考虑减小液接界电势等问题。

（2）水溶液体系常用的参比电极

① 氢电极　氢电极是氢气与其离子组成的电极，把镀有铂黑的铂片浸入 $\alpha_{H^+}=1$ 的溶液中，并以 $P_{H_2}=101325Pa$ 的干燥氢气不断冲击到铂电极上，就构成了标准氢电极。

其结构如图 12-7 所示。

$$(Pt)H_2(\rho=1.013\times10^5\,Pa)\,|\,H^+\,(\alpha_{H^+}=1)$$

标准氢电极是国际上一致规定电极电势为零的电势标准。任何电极都可以与标准氢电极组成电池，但是氢电极对氢纯度要求高，操作比较复杂，氢离子活度必须十分精确，而且氢电极十分敏感，受外界干扰大，使用时很不方便。

② 甘汞电极　甘汞电极是实验室中最常用的参比电极，具有装置简单、可逆性高、制作方便、电势稳定性好等优点。甘汞电

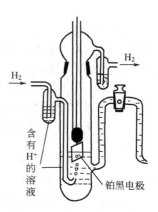

图 12-7　氢电极结构示意

极的组成如下：

$$Hg \mid Hg_2Cl_2(S) \mid KCl(\alpha)$$

其电极反应为：

$$Hg_2Cl_2(\alpha) + 2e^- \longrightarrow 2\,Hg(l) + 2Cl^-(\alpha_{Cl^-})$$

$$\varphi_{Cl^-/Hg_2Cl_2/Hg} = \varphi^{\ominus}_{Cl^-/Hg_2Cl_2/Hg} - \frac{RT}{F}\ln a_{Cl^-} \tag{12-4}$$

由上式可见甘汞电极的平衡电势取决于 Cl^- 的活度，通常使用的有 0.1mol/L ，1.0 mol/L 和饱和氯化钾甘汞电极三种，其中饱和式甘汞电极最为常用。不同甘汞电极的电极电势与温度的关系见表 12-1。

表 12-1　不同氯化钾溶液的 $\varphi_{甘汞}$ 与温度的关系

氯化钾溶液浓度 / (mol/L)	$\varphi_{甘汞}$ / V
饱和	$0.2412 - 7.6 \times 10^{-4}(t-25)$
1.0	$0.2801 - 2.4 \times 10^{-4}(t-25)$
0.1	$0.3337 - 7.0 \times 10^{-5}(t-25)$

各文献上列出的甘汞电极的电势数据常不一致，这是因为接界电势的变化对甘汞电极电势有影响，由于所用盐桥的介质不同，而影响其电极电势的数据。

甘汞电极的结构形式有多种，参见图 12-8。

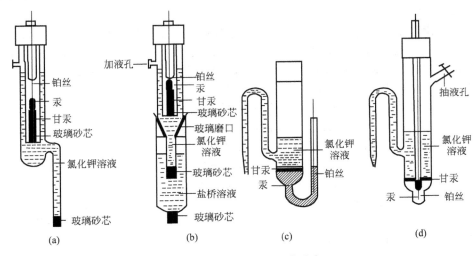

图 12-8　甘汞电极的几种形式

图 12-8 中，（a）和（b）使用较多。无论甘汞电极是哪种形式，制备时都是在玻璃容器的底部皆装入少量汞，然后装汞和甘汞的糊状物，再注入氯化钾溶液，并将作为导体的铂丝插入，即构成甘汞电极。

甘汞电极在使用时应注意以下几点。

① 因甘汞电极在高温时不稳定，故甘汞电极一般只适用于 70℃ 以下的测量。

② 甘汞电极不宜用在强酸、强碱性溶液中，因为此时的液体接界电位较大，而且甘汞可能被氧化。

③ 如果被测溶液中不含氯离子，应避免直接插入甘汞电极，这时应使用双液接甘汞电极，如图 12-8 中的（b）。

④ 应注意甘汞电极的清洁，不得使灰尘或局外离子进入该电极内部。

当电极内溶液太少时应及时补充。

⑤ 当甘汞电极内氯化钾溶液太少时，应及时补充。

（3）银-氯化银电极　银-氯化银电极是实验室中另一种常用的参比电极，属于金属-微溶盐电极。银-氯化银电极为：　　　　　$Ag|AgCl|Cl^-$（溶液）

电极反应为：

$$AgCl + e^- \Longrightarrow Ag + Cl^-$$

$$\varphi_{Cl^-/AgCl/Ag} = \varphi^{\ominus}_{Cl^-/AgCl/Ag} - \frac{RT}{F}\ln a_{Cl^-} \tag{12-5}$$

由式（12-5）可见其电极电势取决于 Cl^- 的活度。该电极具有良好的稳定性和较高的重现性，无毒、耐震。但必须浸于溶液中，否则 AgCl 层会因干燥而剥落。另外，AgCl 遇光会分解，所以银-氯化银电极不易保存。

银-氯化银电极的制备方法很多，较好的为电镀法：取一段 5cm 的铂丝作为金属基体，另一端封接在玻璃管中，铂丝洗净后，置于电镀液中作为阴极，用另一铂丝作为阳极。电镀液为 10 g/L 的 $K[Ag(CN)_2]$ 溶液。应保证其中不含过量的 KCN，为此，在电解液中加 0.5 g $AgNO_3$。电流密度为 $0.4mA/cm^2$ 左右，电镀时间 6h，银镀层为洁白色。将镀好的银电极置于 $NH_3 \cdot H_2O$ 溶液中 1h，用水洗净后，存放在蒸馏水中。最后在 0.1mol/L HCl 溶液中用同样的电流密度阳极氧化约 30min。清洗后，浸入含有饱和 AgCl 和一定浓度的 KCl 溶液中老化 1～2 天备用。

也可直接用高纯度的金属银丝（99.99%）制备银-氯化银电极，先用丙酮将银丝除油，如果表面有氧化物则可用稀硝酸去除，再用蒸馏水洗净，然后按上述方法阳极氧化即可。

12.2.4　标准电池

（1）标准电池的特性和用途　在电化学、热化学测量中，标准电池是常用的校验仪器之一。它有两点优良的特性：其一是重现好，凡严格按规定的配方和工艺制作的标准电池，都能获得几乎一致的电动势，一般能重现到 0.1mV，因此易于作为标准电势进行传递。其二是稳定性好，在测定时，电位差计电路中有微弱电流通过电池时，由于电极的可逆性好，电极电势不发生变化，电池电动势仍保持恒定；并且恒温条件下，电池经较长时间使用，其电动势仍能保持基本不变。

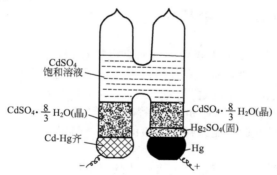

图 12-9　饱和式标准电池构造

由于标准电池具有上述特性，在电化学测量中被用作电势测量的标准量具或工作量具，可为直流电位差计电路提供一个标准的参考电压。

标准电池可分为饱和式和不饱和式两类，饱和式标准电池可逆性，重现性和稳定性均好，但温度系数较大，使用时必须进行温度校正，常被用于精密的测量。不饱和式标准电池温度系数很小，使用时不用进行温度系数校正，但可逆性差，只用于精度不太高的测量中。

（2）饱和标准电池的构造及原理　饱和式标准电池的构造如图 12-9 所示。

电池由 H 型管构成，正极是纯汞上覆盖糊状 Hg_2SO_4 和少量 $CdSO_4 \cdot \frac{8}{3} H_2O$ 晶体。负极是含镉（Cd）12.5%的镉汞齐，上部铺以 $CdSO_4 \cdot \frac{8}{3} H_2O$ 晶体，两极间充满饱和 $CdSO_4$ 溶液，顶端密封，底部接一铂丝与电极相连。

标准电池是一种可逆原电池，其组成为（电化学式）

$$Cd\text{-}Hg(12.5\%Cd) \left| CdSO_3 \cdot \frac{8}{3} H_2O \right| CdSO_4(饱和) \left| CdSO_4 \cdot \frac{8}{3} H_2O \right| Hg_2SO_4(固) \left| Hg \right.$$

其电池反应为：

负极 $\qquad\qquad\qquad\qquad Cd(Cd\text{-}Hg 齐) \longrightarrow Cd^{2+} + 2e^-$

正极 $\qquad\qquad\qquad\qquad Hg_2SO_4 + 2e^- \longrightarrow 2Hg + SO_4^{2-}$

因溶液是饱和溶液，生成的 Cd^{2-} 和 SO_4^{2-} 离子形成晶体。

$$Cd^{2+} + SO_4^{2-} + \frac{8}{3} H_2O \longrightarrow CdSO_4 \cdot \frac{8}{3} H_2O(s)$$

总反应 $\qquad Cd(Cd\text{-}Hg 齐) + Hg_2SO_4 + \frac{8}{3} H_2O \longrightarrow CdSO_4 \cdot \frac{8}{3} H_2O + 2Hg$

（3）饱和式标准电池的温度系数及使用　标准电池在出厂时已准确给出该电池在 20℃ 时的电动势，一般 $E_{20} = 1.0186V$，在实际测量温度为 t℃ 时标准电池电动势有一定的偏差，在 0～40℃ 温度范围内饱和式标准电池的电动势-温度校正公式：

$$E_t = E_{20}[1 - 4.06 \times 10^{-5}(t-20) - 9.5 \times 10^{-7}(t-20)^2] \qquad (6)$$

使用标准电池时应注意以下几点。

① 温度不能低于 40℃，正负极不能接反。

② 要平稳携取，水平放置，绝不能倒置，摇动，否则电动势将发生改变。

③ 不得用万用表直接测量标准电池。

④ 标准电池仅作为电动势的校验器，不作为电源使用。如果电池短路，电流过大，则会损坏电池。所以测量时间要极短暂，间歇使用。

⑤ 按规定必须定期进行计量鉴定。

12.3　电极过程动力学测量及仪器

20 世纪以来，电化学科学的主要发展方向是电极过程动力学。所谓电极过程系指在电子导体与离子导体二者之间的界面上进行的过程，包括在电化学反应器（如各种化学电池、工业电槽、实验电化学池等）中的过程，也包括并非在电化学反应器中进行的一些过程，如金属在电解质溶液中的腐蚀过程等。电极过程动力学实验主要是在电化学研究的原理指导下，控制实验条件并测量在此控制条件下实验的结果，确定电极反应的动力学参数和电极反应历程。

电化学仪器通常包括一个执行控制电极电势的恒电势仪或用于控制电流的恒电流仪、一个产生所需扰动信号的发生器以及测量和记录系统响应的记录仪。随着计算机和电子技术以及应用软件的高速发展，传统的由模拟电路的恒电位仪、信号发生器和记录装置组成的电化学测量仪器已被由计算机控制的电化学测试装置所代替，如上海辰华仪器公司的 CHI 系列和天津兰力科公司的 LK 系列电化学工作站。

12.3.1　三电极体系

在进行电化学测试时，常采用三电极系统，它由工作电极 WE(Working Electrode，又称研究电极)、参比电极 RE(Reference Electrode) 和辅助电极 CE(Counter Electrode) 组成。工作电极又称研究电极，是指所研究的反应在该电极上发生。而与工作电极构成电流回路，以形成对研究电极极化的电极称为辅助电极，也叫对电极，其面积通常要较研究电极大，以降低该电极上的极化。参比电极是测量研究电极电势的比较标准，与研究电极组成测量电池。参比电极应是一个电极电势已知且稳定的可逆电极，该电极的稳定性和重现性要好。为减少电极电势测试过程中的溶液电位降，通常在工作电极和参比电极之间以 Luggin（鲁金）毛细管相连。鲁金毛细管应尽量但也不能无限制靠近工作电极表面，以防对工作电极表面的电力线分布造成屏蔽效应。当研究电极的电极电势比其自然电位（开路电位，此处为仪器"参比"所显示的电位）正时，为阳极极化，（此处仪器规定的参比电极电位相对于研究电极，因此阳极极化是向电位减小的方向改变）；反之，发生阴极极化。

采用三电极体系进行极化曲线测量的实验装置如图 12-10 所示。将工作电极和辅助电极安排成一个电解池，电流从工作电极流到辅助电极，调节外电路中的电阻，以改变通过电极中电流的大小（电流的数值可由电流计上读出）。将工作电极与参比电极（常用甘汞电极）组成一个原电池，用电位差计测量原电池的电动势。独立的参比电极只提供参比电势而无电流通过，扣除参比电极的电极电势，即得工作电极的电极电势。

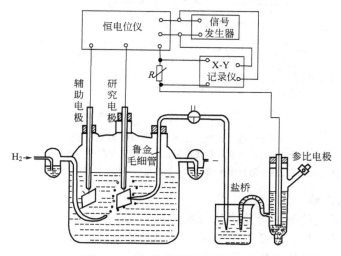

图 12-10　极化曲线测量装置示意

12.3.2　恒电位仪工作原理

恒电位仪是电化学研究工作中的重要仪器。它不仅可以用于控制电极电势为指定值以达到恒电位极化（包括电解、电镀、阴（阳）极保护）和研究恒电位暂态等目的，还可以用于控制电极电流为指定值（实际上就是控制电流取样电阻上的电压降），以达到恒电流极化和研究恒电流暂态等目的。配以指令信号后，可以使电极电势（或电流）自动跟踪指令信号而变化。例如，将恒电位仪配以方波、三角波和正弦波发生器，可以研究电化学系统各种暂态行为。配以慢的线性扫描信号或阶梯波信号，则可以自动进行稳态（或接近稳态）极化曲线测量。

恒电位仪实质上是利用运算放大器经过运算使得参比电极与工作电极之间的电位差严格地等于输入的指令信号电压。用运算放大器构成的恒电位仪，在连接电解池、电流取样电阻以及指令信号的方式上有很大的灵活性，可以根据测试上的要求来选择适当的电路。图 12-11(a) 是经典的恒电位电路示意图。它是用大功率蓄电池（E_a）并联低阻值滑线电阻（R_a）作为极化电源，测量时要用手动或机电调节装置来调节滑线电阻，使给定电位维持不变。此时工作电极 W 和辅助电极 C 间的电位恒定，测量工作电极 W 和参比电极 R 组成的原电池电动势的数值 E，即可知工作电极 W 的电位值，工作电极 W 和辅助电极 C 间的电流数值可从电流表 I 中读出。

12.3.3　恒电流仪工作原理

恒电流控制方法和仪器多种多样，除了单独专用恒电流仪外，一般恒电位控制与恒电流控制可设计为统一的系统。对于那种电流取样电阻和工作电极都接地的恒电位仪，通过适当的接法就可作为恒电流仪使用。经典的恒电流电路如图 12-11(b) 所示。它是利用一组高电压直流电源（E_b）串联一个高阻值可变电阻（R_b）构成，由于电解池内阻的变化相对于这一高阻值电阻来说是微不足道的，即通过电解池的电流主要由这一高电阻控制，因此，当此串联电阻调定后，电流即可维持不变。工作电极 W 和辅助电极 C 间的电流大小可从电流表 I 中读出，此时工作电极 W 的电位值，可通过测量工作电极 W 和参比电极 R 组成的原电池电动势的数值 E 得出。

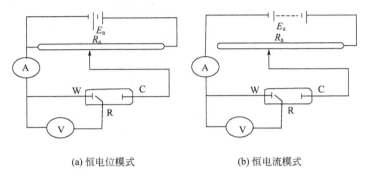

(a) 恒电位模式　　　　　　　　　　(b) 恒电流模式

图 12-11　恒电位、恒电流模式测量原理

E_a—低压稳压电源；E_b—低压稳压电源；R_a—低阻变阻器；R_b—高阻变阻器；

A—直流电流表；V—直流电压表；W—工作电极；R—参比电极；C—辅助电极

12.3.4　电化学工作站

电化学工作站是电化学测量系统的简称，内含快速数字信号发生器、高速数据采集系统、电位电流信号滤波器、多级信号增益、IR 降补偿电路以及恒电位仪、恒电流仪，由计算机控制进行测量。计算机的数字量可通过数据采集转换器转换成能用于控制恒电位仪或恒电流仪的模拟量，而恒电位仪或恒电流仪输出的电流、电压及电量等模拟量则可通过数据采集转换器转换成可由计算机识别的数字量。通过计算机可产生各种电压波形、进行电流和电压的采样、控制电解池的通和断、灵敏度的选择、滤波器的设置、IR 降补偿等操作。由于计算机可同步产生扰动信号和采集数据，使得测量变得十分容易。计算机同时还可用于用户界面、文件管理、数据分析、处理、显示、数字模拟和拟合等。电化学工作站可应用于有机电合成基础研究、电分析基础教学、电池材料研制、生物电化学（传感器）、阻抗测试、电极过程动力学、金属腐蚀、环境生态等多学科领域的研究。下面以一些电化学实验室中经常使用的电化学测量分析仪为例，简单说明现代电化学测量仪器的主要性能和特点。

（1）CHI 系列电化学工作站

① 主要性能　CHI760C 系列电化学工作站由上海辰华仪器公司生产，通常由恒电位仪、信号发生器、记录装置以及电解池系统组成。该工作站有极方便的文件管理，全面的实验控制，灵活的图形显示，以及多种数据处理，还集成了循环伏安法的数字模拟器，集成了几乎所有常用的电化学测量技术，包括了恒电位、恒电流、电位扫描、电流扫描、电位阶跃等多种测量技术，不同实验技术间的切换十分方便，实验数据的设定是提示性的，可避免漏设和错误。其主要功能参见表 12-2。可见该仪器几乎集成了常规的电化学测量技术。

② 参数指标 电位范围±10V；电位上升时间<12μs；槽压±12V；电流范围 250mA；参比电极输入阻抗 $1×10^{-12}$ Ω；电流灵敏度 $1×10^{-12}$～0.1A/V；电流测量分辨率<$1×10^{-9}$A；电位更新速率 5MHz；CV 最小电位增量 0.1mV；CV 和 LSV 扫描速率（1μV～$5×10^3$ V）/s；CA 和 CC 脉冲宽度 0.1ms～1ks；DPV 和 NPV 脉冲宽度 0.1ms～10s；CA 和 CC 阶跃次数 320；SWV 频率 1Hz～100kHz；ACV 频率 1Hz～10kHz；SHACV 频率1Hz～1kHz；IMP 频率 0.1μHz～100kHz；最大数据长度 128000 点；自动和手动欧姆降补偿；自动和手动设置低通滤波器。

③ 软件特点 仪器由外部计算机控制，且在视窗操作系统下工作。用户界面遵循视窗软件设计的基本规则。控制命令参数所用术语均为化学工作者熟悉和常用的。最常见的一些命令在工具栏上均有相应的快捷键，便于执行。仪器的软件还提供方便的文件管理、几种技术的组合测量、数据处理和分析、实验结果和图形显示等功能。如果配以其他一些仪器，该仪器还可用于旋转圆盘电极的测量、电化学石英晶体微天平的测量以及微电极技术等。

表 12-2 CHI 系列电化学工作站主要功能一览

循环伏安法(CV)	线性电位扫描法(LSV)	交流阻抗测量(IMP)
阶梯波伏安法(SCV)	塔菲尔曲线(TAFEL)	交流阻抗-时间测量(IMPT)
计时电流法(CA)	计时电量法(CC)	交流阻抗-电位测量(IMPE)
差分脉冲伏安法(DPV)	常规脉冲伏安法(NPV)	计时电位法(CP)
差分常规脉冲伏安法(DNPV)	二次谐波交流伏安法(SHACV)	电流扫描计时电位法(CPCR)
交流伏安法(ACV)	方波伏安法(SWV)	电位溶出分析(PSA)
电流-时间曲线(I-t)	差分脉冲电流检测(DPA)	开路电位-时间曲线(OCPT)
差分脉冲电流检测(DDPA)	三脉冲电流检测(TPA)	恒电流仪
控制电位电解库仑法(BE)	流体力学调制伏安法(HMV)	旋转圆盘电极转速控制(0～10V)
扫描-阶跃混合方法(SSF)	多电位阶跃法(STEP)	任意反应机理 CV 模拟器

（2）兰力科 LK2005A 型电化学工作站 LK2005A 型电化学工作站是天津市兰力科化学电子高技术有限公司研制开发的高档次多功能电化学分析仪器。该系统提供的方法多，在同一台仪器上可以开展三十多种不同方法的电化学与电分析化学实验，使用灵活方便，实验曲线实时显示，全中文操作界面，使操作者在实验时更加直观、方便。该仪器的最小分辨率为 0.01mV，电流测量分辨率 0.1pA，可直接用于超微电极上的稳态电流测量。该仪器可实现恒电位技术、线性扫描技术、脉冲技术、方波技术、交流技术、恒电流技术、高分辨率扫描技术、交流阻抗等电化学研究和分析方法。

① 技术指标

a. 恒电位/恒电流 电位分辨率（绝对）0.01mV；电流灵敏度：≤0.1pA；时间分辨率（计时分析法）：0.1ms。

b. 动态参数调整 电势控制范围：±12V；恒电流范围：±250mA；槽压±28V；最小电位增量 0.01mV；脉冲宽度 0.0001～10s；方波频率 0.001～100kHz；交流频率 1～10kHz；二次谐波交流频率1～1kHz；采样间隔 0.0001～60000s；平衡时间 0～60000s；滤波参数 50Hz～1000kHz；电势信号扫描范围 10.0V；扫描速度 0.01mV/s～5000V/s；脉冲间隔 0.0001～60000s；脉冲振幅：0.001～0.5V；方波幅度 0.001～0.5V；交流幅度 0.001～0.4V；电解时间 1～60000s；电沉积时间 0～60000s；低噪声程控放大 1～64 倍；正弦波频率 0.01mHz～100kHz；电流测量范围±10mA～±100nA（8 个量程档位）。

② 硬件特点 LK2005A 型硬件采用组合式结构，分为微机系统和电化学主机两部

分。基于新一代微型计算机系统配置下，采用 Windows XP 中文操作系统，建立全汉化的系统工作站。其窗口菜单均采用中文管理和提示，微机和主机之间采用串口通信，以控制单片机系统施加于电化学池的起始电位、终止电位、电势增量、扫描速度、脉冲幅度、方波周期等实验参数以及控制实验进程，实验数据通过 I/O 传递给工作站进行处理。

③ 软件功能特点 32 位 Windows 中文界面：测试系统软件采用 32 位 Windows 风格的软件界面，操作简单直观。实时观察窗口、图形数据一体化窗口的运用，使得测试过程直观高效。软件在运行中，对用户的操作及数据的有效性、完整性进行了充分地检查，适时给出提示或警告。

数据实时显示：具有数据列表功能，能够实时显示测量结果和打开文件的数据，确保方便地查看实验结果。

强大的数据及图形处理：可直接处理 80000 个数据点，并能以十余种图形方式显示测量结果（如阻抗复平面图/Nyquist、Bode 图、Warburg 阻抗图），观察实验结果十分方便。

第 13 章　光学测量与仪器

　　光与物质相互作用时，可产生各种各样的光学现象，如光的折射、反射、散射、透射、吸收、旋光及物质受激辐射等，这些现象与光的特点以及物质与光相互作用所表现出来的物理特性密切相关。根据这些关系，人们设计制造出了各种光学测量仪器，用来对物质进行定性、定量、组成和结构等分析，还可通过对某些分子的旋光性的研究了解其立体结构的许多重要规律。

　　随着科学技术的迅速发展，各种光学特性的测量，已在物理化学实验技术中占有十分重要的地位（如液体的旋光度、折射率以及吸光度等）。下面介绍几种常用的光学测量仪器。

13.1　光的偏振与旋光仪

13.1.1　偏振光和起偏器

　　一般光源发出的光，其光波在垂直于传播方向的一切方向上振动（圆偏振），这种光称为自然光。而只在某一固定方向上振动的光，称为平面偏振光。由光的振动方向和传播方向所构成的平面称为偏振光的偏振面。

　　当一束自然光通过各向异性的晶体（如方解石，无色透明的方解石也称冰洲石）时，由于双折射则产生两束相互垂直的平面偏振光。这两束射线中有一束始终遵守折射定律，称寻常光线，而另一束不遵守折射定律的光线，称为非常光线，这两束光线都是偏振光，它们的偏振面是互相垂直的，如图 13-1 所示。

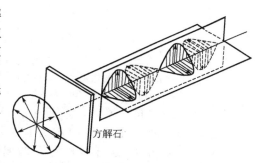

图 13-1　平面偏振光的产生

　　这两束平面偏振光在晶体中的折射率不同，因而其临界折射角也不同，利用这个差别可以将两束光分开，从而获得单一的平面偏振光。尼科尔（Nicol）棱镜就是根据这一原理而设计的。

　　人们利用尼科尔棱镜达到了从自然光有效地获得偏振光的目的。它是将方解石沿一定对角面剖开，再用加拿大树胶粘合而成的，如图 13-2 当自然光进入尼科尔棱镜时，就分成两束互相垂直的平面偏振光，由于折射率的不同，当这两束光到达方解石与加拿大树胶的界面时，其中折射率较大的一束被全反射，而另一束则可以自由通过。全反射的一束光被直角面上的黑色涂层吸收，从而在尼科尔棱镜的出射方向上获得一束单一的平面偏振光。在这里尼科尔棱镜称为起偏器，被用来产生偏振光。

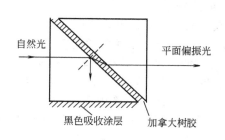

图 13-2　尼科尔棱镜的起偏振原理

　　偏振光振动平面在空间轴向角度位置的测量，也是借助于尼科尔棱镜完成的，此处称为检偏镜。它与刻度盘等机械零件组成一个可同轴转动的系统。

　　可以采用二色性很强的物质来制成偏振片。它是在一个薄片的表面上涂一薄层（约0.1mm）的二色性物质的细微晶体（如硫酸碘-金鸡纳霜、硫酸金鸡纳碱），它能够吸收全部寻常光线，从而得到偏振光。现在也多用聚乙烯醇来制成人造偏振片。

13.1.2　旋光仪的制作原理和结构

当一束平面偏振光通过某一物质时，平面偏振光的偏振面被转过一个角度，这种性质称为该物质的旋光性，这个角度被称为旋光度，这种物质称为旋光性物质。旋光度是旋光性物质的特性常数，而旋光仪是用来测定物质旋光度方向和大小的仪器，据此可以确定该物质溶液的浓度、纯度，也可以作为判断有机物质分子结构的重要依据。

旋光仪主要由起偏镜和检偏镜两部分构成。起偏镜由尼科尔棱镜制成，它固定在仪器的前端，它将钠光灯发射出的单色黄光（$\lambda = 589.3nm$）变为偏振光。检偏镜是用人造偏振片粘在两个防护玻璃中间制成的，它装在仪器的后部，可随刻度盘一起转动，用来测定光的偏振面的转动角度。检偏镜后装有目镜和放大镜组成的观察系统，来观测透光的强弱，测量旋光度。旋光仪构造如图13-3所示。

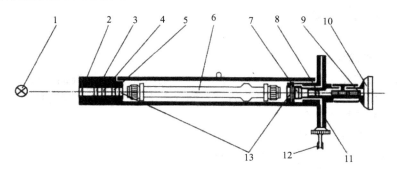

图13-3　旋光仪结构示意

1—光源；2—聚光透镜；3—滤色镜；4—起偏镜；5—石英片；6—旋光管；7—检偏镜；
8—物镜；9—目镜；10—放大镜；11—刻度盘；12—刻度盘转动手轮；13—保护片

当一束光经过起偏镜后，平面光沿OA的方向振动（图13-4），也就是只允许这一方向上振动的光通过此平面。OB是检偏镜的透射面，只允许OB方向上振动的光通过。二透射面的夹角为θ。这样振幅为E的偏振光可分为两束互相垂直的分量，其振幅分别为$E\cos\theta$和$E\sin\theta$。其中只有与OB相重的分量$E\cos\theta$可透过检偏镜，而与OB垂直的分量$E\sin\theta$则不能透过。也就是说，当光束通过起偏镜射入检偏镜时：若两镜主截面平行，透过的光最强，即$\theta = 0°$时，$E\cos\theta = E$；若两镜主截面垂直，透过的光为零，即$\theta = 90°$时，$E\cos\theta = 0$。

若两镜主截面夹角为$0° < \theta < 90°$，透过的光强为：

$$I = I_0 \cos^2\theta$$

式中，I为透过检偏镜的光强；I_0为透过起偏镜入射的光强。

如果在起偏镜和检偏镜之间放上盛满旋光性物质的旋光管，由于物质的旋光作用，使来自于起偏镜的光的偏振面被改变了某一角度α，因而检偏镜也要旋转一个相应的角度α，才能补偿被旋光物质改变的角度，使其透过的光强和原来的相等（图13-5）。检偏镜转过的角度，就是旋光性物质的旋光本领。因刻度盘随检偏镜一起转动，则其旋光方向和大小由刻度盘指示。

设在两主截面互相垂直的起偏镜和检偏镜间放置一旋光管，当管内无溶液时或装入蒸馏水时，视野是黑暗的。当管内充满含有旋光性物质的溶液时，因溶液使光的偏振平面旋转了某一个角度，从视野可看到一定的光亮，这时如果将检偏镜相应旋转一定角度后，又可使视野重新变暗，检偏镜旋转的角度即等于光的偏振平面在通过溶液后的旋转角。

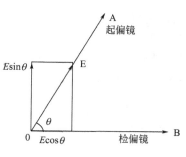

图 13-4　检偏原理示意

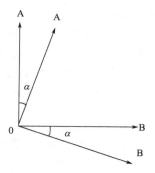

图 13-5　物质的旋光作用

　　如果没有比较，要判断视场的黑暗程度是很困难的，因为肉眼对视野场明暗度的感觉不灵敏，将会产生较大误差。为此，设计了一种在视野中分出三份视界的装置，以提高测量的准确度。原理是：在起偏镜 M 后安装一狭长的石英片 Q，其宽度约为视野的 1/3，当由起偏镜透过的偏振光通过石英片时，由于石英片具有旋光性，将偏振面旋转了一个角度 Φ，此角称为半暗角。在检偏镜前看，光波的振动方向如图 13-6 所示。图中，A 为来自起偏镜的偏振光的振动方向；A′为偏振光被石英片旋转一个角度后的振动方向；Φ为半暗角（Φ＝2～3°）。这样就出现了如下的情况。

　　① 当检偏镜的偏振面与起偏镜的偏振面平行，（即检偏镜的偏振面在 A 的方向时）视野中看到的将是：中间狭长部分暗，两旁较明亮，如图 13-7(a) 所示。

　　② 当检偏镜的偏振面与通过石英片的光的偏振面平行时，（即检偏镜的偏振面在 A′方向时）在视野中看到的将是：中间狭长部分较明亮，而两旁较暗，如图 13-7（b）所示。因为两旁的偏振光不经石英片，而检偏镜已转过了一个角度 Φ。

　　③ 当检偏镜的偏振面处于 Φ/2 时，两旁直接来自起偏镜的光的偏振面被检偏镜旋转了Φ/2，而中间被石英片转过角度 Φ 的偏振面又被检偏镜旋转了 Φ/2，即中间和两旁的光的偏振面都被检偏镜旋转了 Φ/2，故视野呈微暗状态，且三分视界内的明暗度是相同的，如图13-7(c) 所示。此时三分视界消失，将这一位置定为仪器的零点。每次测定时，调节检偏镜，使三分视界明暗相等，然后读数。

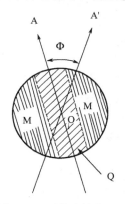

图 13-6　石英片结构示意

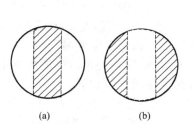
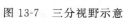

图 13-7　三分视野示意

　　旋光物质有左旋、右旋两种。使检偏镜顺时针转动后三分视野明暗相等的物质称为左旋物质，反之则为右旋物质。左旋物质通常在旋光度前加"－"表示，如蔗糖的比旋度［α＝

66.55]，果糖的比旋度 [$\alpha = -91.9$]，前者为右旋物质，后者为左旋物质。

13.1.3　影响旋光度的因素

1. 比旋光度　旋光度这个物理化学量只有相对含义，它可因实验条件的不同，而有很大差异（如溶液的浓度、样品管长度、温度、光源的波长等），所以，一般以比旋光度作为量度物质旋光能力的标准。所谓比旋光度是指 20℃时，钠光 D 线的波长下，样品管长为 10cm，溶液浓度为 1 g/cm³时，旋光物质所产生的旋光度。定义式：

$$[\alpha]_D^{20} = \frac{10\alpha}{lc} \tag{13-1}$$

式中，[$\alpha]_D^{20}$ 为比旋光度；α 为测量所得的旋光度；c 为浓度（每立方厘米溶液中旋光物质的克数）；l 为旋光管长度，cm。

测定物质旋光度时，有左旋和右旋之分，当检偏镜顺时针旋转时称为右旋，而检偏镜逆时针旋转时，为左旋，用"－"表示。如蔗糖的比旋光度 [$\alpha]_D^{20} = 66.55$ 是右旋物质；果糖的比旋度 [$\alpha]_D^{20} = -91.9$ 为左旋物质。

2. 浓度及样品管长度的影响　旋光度与旋光物质的溶液浓度成正比。在其他实验条件固定的情况下，可以利用这一关系来测量旋光物质的浓度及其变化。

旋光度与样品管的长度成正比。常见的样品管的长度有 10cm 和 20cm 两种，一般选用 10cm 为好，目的是为计算比旋光度方便，但是对于旋光能力较弱或溶液浓度太稀的样品，则需用 20cm 长的样品管。

3. 温度的影响　旋光度对温度比较敏感，它具有负的温度系数，并且随着温度升高，温度系数越负，但不存在简单的线性关系，且随各种物质的构型不同而异。因此测试时必须对试样进行恒温控制。

4. 其他因素的影响　样品管的玻璃窗口，是用光学玻璃片加工制成的，用螺丝帽盖及橡胶垫圈拧紧，但不能拧得太紧，以不漏液为限，否则光学玻璃会受到应力，产生附加的偏振作用，造成测量误差。

13.1.4　旋光仪

1. 光学度盘旋光仪　旋光仪外形如图 13-3 所示。光从光源 1 投射到聚光透镜 2、滤色镜 3、起偏镜 4 后，变成平面偏振光并形成寻常光与非寻常光后，再经石英片 5，使视场中出现了三分视野。将旋光物质盛满旋光管 6，进行测定，由于溶液具有旋光性，则把平面偏振光旋转了一个角度，通过检偏镜 7 进行分析检测，从目镜 9 观察，既能看到三分视场的情况，转动刻度盘手轮 12，带动度盘 11、检偏镜 7，直到视场明暗相等时为止，然后从放大镜中读出度盘旋转的角度。

为了便于操作，仪器的光学系统以倾斜 20°安装在基座上。光源采用 20W 钠光灯（波长 $\lambda = 589.3$nm），钠光灯的限流器安装在基座底部，仪器的偏振片采用聚乙烯醇人造偏振片。仪器采用双游标读数，以消除度盘偏心差。度盘共 360°，每格 0.5°，游标尺分为 25 格，每格 0.02°。度盘和检偏镜同轴固定，刻度盘为光学读盘并装有放大镜，便于读数。

光学度盘旋光仪使用方法如下。

① 接通电源，开启电源开关，预热约 10min，待钠光灯完全发出钠黄光后，方可使用。

② 用蒸馏水校正仪器零点。将旋光管洗干净，一端用盖子旋紧，从另一端注入蒸馏水，使液面在管口略微凸起，将玻璃盖片紧贴管口推入盖好（尽量不要有气泡），旋紧此端的盖子。将旋光管置入旋光仪暗盒中。调整目镜使视场清晰，旋转检偏镜使视场明暗均匀，记下刻度盘读数。测量三次，取平均值为旋光仪零点读数。

③ 测量被测溶液的旋光度。装液和测量方法同上，但旋光管要用被测溶液润洗 2～3

遍。记录旋光度读数时要将零点校正时的读数作为系统误差处理。测量完毕立即倒出待测液体，将旋光管洗净备用。

④ 在物理化学实验中使用时，应在恒温条件下测量旋光度。

使用注意事项：钠光灯有一定的使用寿命，连续测量时间不要很长，一般超过 2～3h；旋光仪是光学仪器，各镜面要保持清洁，要防止灰尘、酸、碱、油污沾污，用完后要妥善存放；光学镜片不要与硬物接触，并防止掉出摔碎，要避免损坏镜片。

2. WZZ-2B 型自动旋光仪　近年来，实验室中普遍使用的自动旋光仪，三分视野的检测以及检偏镜角度的调整，都是通过光-电检测、电子放大及机械反馈系统自动进行的，最后用数字显示或自动记录等二次仪表显示旋光物质的浓度值及其变化。因此可用于常规浓度的测定、反应动力学研究以及工业过程的自动化检测的控制。它具有读数方便、灵敏度高、减少三分视野的观察误差。该旋光仪的结构如图 13-8 所示。

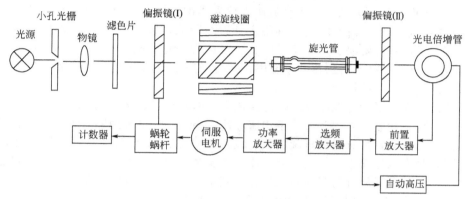

图 13-8　自动旋光仪工作原理示意

该仪器采用 20W 钠光灯做光源，通过可控硅自动触发恒流电源点燃，光线经小孔光栅和物镜后形成一束平行光，然后再经偏振镜（Ⅰ）变为平面偏振光。此光线经过有法拉第效应磁旋线圈和待测样品后，使偏振光的偏振面旋转一个角度，经偏振镜（Ⅱ）后，投射到光电倍增管上，产生交变的光电信号，经功率放大器放大后，驱动伺服电机转动。通过蜗轮蜗杆将偏振镜反相转过一个角度，以补偿样品的旋光角，使仪器重回平衡（即回到光学零点）。同时由计数装置用数字显示出样品的旋光角。

使用方法及注意事项如下。

① 将仪器电源插头插入 220V 交流电源（最好使用交流电子稳压器），并将接地线可靠接地。

② 向上打开电源（右侧内），这时钠光灯在交流工作状态下起辉，经 5min 钠光灯激活后，钠光灯才发光稳定。

③ 向上打开光源开关（右侧外），仪器预热 20min（若打开光源开关后，钠光灯熄灭。则再将光源开关上下重复扳动一两次，使钠光灯在直流下点亮为正常）。

④ 按测量键，这时液晶屏应显示数字 0.000。注意：开机后测量键只需按一次，如果误按该键，则仪器停止测量，液晶屏无显示。必须再次按测量键，液晶重新显示，此时需要重新校零。

⑤ 零点校正。将装有蒸馏水或其他空白溶剂的旋光管放入样品室，盖上箱盖，待示数稳定后。反复按 3 次复测钮，至每次读数都一致时按清零键。旋光管中若有气泡，应先让气泡浮在凸颈处；应用软布或镜头纸揩干通光面两端的雾状水滴，旋光管螺帽不宜旋得过紧，以免产生应力，影响读数。旋光管安放时应注意标记的位置和方向（凸颈处在右侧）。

⑥ 取出旋光管。将待测样品注入旋光管，按相同的位置和方向放入样品室内，仪器将显示出该样品的旋光度，此时指示灯 1 亮。注意：装样前旋光管内应用少量被测试液润洗 3～5 次。

⑦ 按复测键一次，指示灯 2 亮，仪器显示第一次复测结果，再次按复测键，指示灯 3 亮，仪器显示第二次复测结果。按 123 键，可切换显示各次测量的旋光度值。按平均键，指示灯 AV 亮，显示三次平均值。

⑧ 如样品超过测量范围，仪器在±45°处来回振荡。此时取出旋光管，仪器即自动转回零位。可将试液稀释一倍再测。

⑨ 仪器使用完毕后，应依次关闭光源、电源开关。

⑩ 钠灯在直流供电系统出现故障不能使用时，仪器也可在钠灯交流供电（光源开关不向上开启）的情况下测试，但仪器的性能可能略有降低。

3. SGW-1 型自动旋光仪　由于普通旋光仪采用钠光灯做光源，使用寿命短，钠光灯需经常进行更换，且使用一段时间后，其稳定性就会降低，影响测定的准确性。SGW-1 型自动旋光仪克服了这一主要缺点，它使用白炽灯加滤光片代替钠光灯，光源的平均使用寿命超过 2000 小时，仪器开机不需预热即可使用，同时采用了国内最先进的数字电路和微机控制技术，大大提高了仪器的性能。

本仪器采用大屏幕背光液晶显示，可测试样品的旋光度、比旋光度、浓度、糖度，还可测深色样品，可自动复测 6 次并计算平均值和均方根。试样槽采用隔温设计，减少了仪器升温对样品测试的影响，带有温度显示功能。设有 USB 接口，增强了仪器的通用性。SGW-1 型自动旋光仪具有操作简单、使用方便、测量精度高、稳定性好等优点，是较为先进的测量旋光度的仪器。其测量原理与普通自动旋光仪基本相同。其使用方法如下。

① 将仪器电源插头插入 220V 交流电源，（要求使用交流电子稳压器）并将接地脚可靠接地。

② 打开仪器右侧的电源开关。液晶显示器显示"请等待"，约 6s 后，液晶显示器显示模式、长度、浓度、复测次数、波长等选项。默认值为：模式＝1；长度＝2.0；浓度＝1.000；复测次数＝1；波长＝1（589.3nm）。

③ 显示模式的改变　显示模式的分类：模式 1-旋光度；模式 2-比旋度；模式 3-浓度；模式 4-糖度。如果显示模式不需改变，则按"校零"键，显示"0.000"。若需改变模式，修改相应的模式数字对于模式、长度、浓度、复测次数每一项，输入完毕后需按"回车"键，当复测次数输入完毕后，按"回车"键后显示"0.000"表示可以测试。在浓度项输入过程中，发现输入错误时，可按"→"，光标会向前移动，可修改错误。在测试过程中需改变模式，可按"→"。

④ 显示形式　测旋光度时，模式选 1（按数码键 1 后，在按"回车"键）：测量内容显示旋光度，数据栏显示 α 及 α 均值，需要输入测量的次数，脚标均值表示平均值。

测比旋度时，模式选 2：测量内容显示比旋度，数据栏显示 [α] 及 [α] 均值，需要输入旋光管长度（dm）、溶液浓度及测量次数，脚标均值表示平均值。

测量浓度时，模式选 3：测量内容显示浓度，数据栏显示 C 及 C 均值，需要输入旋光管长度、比旋度及测量次数，若比旋度为负，也请输入正值，浓度会自动显示负值，此时负号表示为左旋样品。

测糖度时，模式选 4：测量内容显示国际糖度，数据样式显示 Z 及 [Z] 均值，需要输入测量的次数。

各数据栏下面的均方差为测量次数等于 6 时，样品制备及仪器测试结果的离散性，离散性越小，测试结果的可信度越高。

⑤ 将装有蒸馏水或其他空白溶剂的旋光管放入样品室，盖上箱盖，按清零键，显示 0 读数。旋光管中若有气泡，应先让气泡浮在凸颈处；通光面两端的雾状水滴，应用软布或镜头纸擦干，旋光管螺帽不宜旋得过紧，以免产生应力，影响读数。试管安放时应注意标记、位置和方向。

⑥ 取出旋光管。将待测样品注入旋光管，按相同的位置和方向放入样品室内，盖好箱盖。仪器将显示出该样品的旋光度（或相应示值）。

仪器自动复测 n 次，得 n 个读数并显示平均值及均方差值（均方差对 $n=6$ 有效）。如果复测次数设定为 1，可用复测键手动复测，在复测次数＞1 时，按"复测"键，仪器将不响应。

如样品超过测量范围，仪器来回振荡。此时可取出旋光管，仪器将自动转回零位。此时可稀释样品后重测。

⑦ 仪器使用完毕后，关闭电源开关。每次测量前，请按"清零"键。仪器回零后，若回零误差小于 0.01°旋光度，无论 n 是多少，只回零一次。

⑧ 若要将数据保存在 PC 机内，请安装随机软件，并将 USB 电缆使仪器与计算机 USB 接口相连，然后按"复位"键，运行软件。

13.2　折射率与阿贝折射仪

折射率是物质的特性参数，测定溶液的折射率可以定量地分析溶液的组成，检验物质的纯度。折射率的数据也用于研究物质的分子结构，如计算摩尔分子折射度和极性分子的偶极矩，因此，它也是物质结构研究的重要工具和方法。

阿贝折射仪是物理化学实验中常用的光学仪器，可直接用来测定液体的折射率，测定范围为 1.3～1.7，精度可达±0.0001。它的优点在于：所需试样很少，只要数滴液体即可测试，且测量精度高，重现性好、测试方法简便，无需特殊的光源设备，普通的日光以及其他白光都可使用；棱镜有夹层，可通以恒温水流来保持所需的恒定温度。

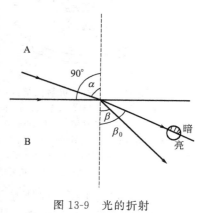

图 13-9　光的折射

13.2.1　折射现象和折射率

当一束单色光从介质 A 进入介质 B（两种介质的密度不同）时，光在通过两个介质的界面时改变了方向，这一现象称为光的折射。如图 13-9 所示。光的折射现象遵守折射定律，即入射角 α 与折射角 β 有如下关系：

$$\frac{\sin\alpha}{\sin\beta}=\frac{n_B}{n_A}=n_{A,B} \tag{13-2}$$

式中，n_A、n_B 分别为介质 A、B 的折射率；$n_{A,B}$ 为介质 B 对介质 A 的相对折射率。

若介质 A 为真空，因规定 $n=1.0000$，故 $n_{A,B}=n_B$ 为绝对折射率。但介质 A 通常为空气，空气的绝对折射率为 1.00029，这样得到的各物质的折射率称为常用折射率，也称作对空气的相对折射率。同一物质两种折射率之间的关系为：

$$绝对折射率 ＝常用折射率×1.00029$$

根据式（2）可知，当光线从一种折射率小的介质 A 射入折射率大的介质 B（$n_A<n_B$）时，入射角一定大于折射角（$\alpha>\beta$）。当入射角增大时，折射角也增大。设当入射角 $\alpha=90°$

时，折射角为 β_0，我们将此折射角称为临界角。因此，当在两种介质的界面上以不同角度射入光线时（入射角 α 从 $0°\sim90°$），光线经过折射率大的介质后，其折射角 $\beta\leqslant\beta_0$。其结果是大于临界角的部分无光线通过，成为暗区；小于临界角的部分有光线通过，成为亮区。临界角成为明暗分界线的位置，如图 13-9 所示。

根据式（13-2）可得：

$$n_A=n_B\frac{\sin\beta}{\sin\alpha}=n_B\times\sin\beta_0 \tag{13-3}$$

因此在固定一种介质时，临界折射角 β_0 的大小与被测物质的折射率是简单的函数关系，阿贝折射仪就是根据临界折射原理而设计的。

13.2.2　阿贝折射仪

（1）结构和工作原理　图 13-10 和图 3-11 是阿贝折射仪（2W 系列）的结构示意和光学示意。

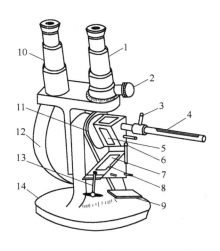

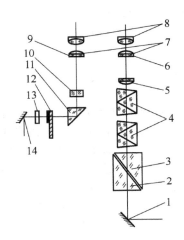

图 13-10　阿贝折射仪结构示意
1—测量望远镜；2—消色散手柄；3—恒温水入口；
4—温度计；5—测量棱镜；6—铰链；7—辅助棱镜；
8—加液槽；9—反射镜；10—读数望远镜；
11—转轴；12—刻度盘罩；
13—闭合旋钮；14—底座

图 13-11　阿贝折射仪光学系统示意
1—反射镜；2—辅助棱镜；3—测量棱镜；
4—消色散棱镜；5—物镜；
6，9—分划板；7，8—目镜；10—物镜；
11—转向棱镜；12—照明度盘；
13—毛玻璃；14—小反光镜

阿贝折射仪的主要部件是由两块直角棱镜构成的棱镜组，上部为测量棱镜，是光学平面镜，下面一块是可以启闭的辅助棱镜，其斜面是磨砂玻璃，两者之间约有 0.1~0.15mm 厚度空隙，待测液体夹在辅助棱镜与测量棱镜之间，并使液体展开成一薄层。当从反射镜反射来的入射光进入辅助棱镜至磨砂表面时，产生漫散射，以各种角度透过待测液体，并从各个方向进入测量棱镜而发生折射。其折射角都落在临界角 β_0 之内，因为棱镜的折射率大于待测液体的折射率，所以入射角从 $0°\sim90°$ 的光线都通过测量棱镜发生折射。具有临界角 β_0 的光线从测量棱镜射出反射到目镜上，此时若将目镜十字线调节到适当位置，则会看到目镜上呈半明半暗状态。折射光都应落在临界角 β_0 内，成为亮区，其他部分为暗区，构成了明暗分界线。

根据式（13-3）可知，若已知棱镜的折射率 $n_棱$，通过测定待测液体的临界角 β_0，就能求得待测液体的折射率 $n_液$。实际上测定 β_0 值很不方便，当折射光从棱镜出来进入空气又产生折射，折射角为 β_0'。$n_液$ 与 β_0' 之间的关系为：

$$n_{液} = \sin r \sqrt{n_{棱}^2 - \sin^2 \beta_0'} - \cos r \sin \beta_0' \tag{13-4}$$

式中，r 为常数；$n_{棱} = 1.75$。

测出 β_0' 即可求出 $n_{液}$。因为在设计折射仪时已将 β_0' 换算成 $n_{液}$ 值，故从折射仪的标尺上可直接读出液体的折射率。

在实际测量折射率时，使用的入射光不是单色光，而是使用由多种单色光组成的普通白光，因不同波长的光的折射率不同而产生色散，在目镜中看到一条彩色的光带，而没有清晰的明暗分界线，为此，在阿贝折射仪中安置了一套消色散棱镜（又叫补偿棱镜）。通过调节消色散棱镜，使测量棱镜出来的色散光线消失，明暗分界线清晰，此时测得的液体的折射率相当于用单色光钠光 D 线所测得的折射率 n_D。

（2）操作和使用方法　以 2W 系列阿贝折射仪为例做如下详细说明。

① 仪器安装　将阿贝折射仪安放在光亮处，但应避免阳光直射。将超级恒温槽与其相连接，使恒温水通入棱镜夹套内，检查棱镜上温度计的读数是否符合要求，一般选用 (20.0±0.1)℃ 或 (25.0±0.1)℃。

② 加样　旋开测量棱镜和辅助棱镜的闭合旋钮，使辅助棱镜的磨砂斜面处于水平位置，若棱镜表面不清洁，可滴加少量丙酮，用擦镜纸顺单一方向轻擦镜面（不可来回擦）。用滴管滴加几滴试样于辅助棱镜的毛镜面上（要液层均匀、充满视场、无气泡），迅速合上辅助棱镜，旋紧闭合旋钮。若液体易挥发，可先将两棱镜闭合，然后用滴管从加液孔中注入试样（注意，切勿将滴管折断在孔内）。

③ 对光　转动手柄，使刻度盘标尺上的示值为最小，再调节反射镜，使入射光进入棱镜组。同时，从测量望远镜中观察，使示场最亮。调节目镜，使示场准丝最清晰。

④ 粗调　转动手柄，使刻度盘标尺上的示值逐渐增大，直至观察到视场中出现彩色光带或黑白分界线为止。

⑤ 消色散　转动消色散手柄，使视场内呈现一个清晰的明暗分界线。

⑥ 精调　仔细转动手柄，使分界线正好处于×形准丝交点上。

⑦ 读数　从读数望远镜中读出刻度盘上的折射率数值。常用的阿贝折射仪可读至小数点后的第四位，为了使读数准确，一般应将试样重复测量三次，每次相差不能超过 0.0002，然后取平均值。

⑧ 仪器校正　折射仪刻度盘上标尺的零点有时会发生移动，须加以校正。校正的方法是用一种已知折射率的标准液体，一般是用蒸馏水，按上述的方法进行测定，将平均值与标准值比较，其差值即为校正值。纯水在 25℃ 时的折射率为 1.3325，在 15～30℃ 之间的温度系数为 $-0.0001℃^{-1}$。在精密测量时，须在所测范围内用几种不同折射率的标准液体进行校正，并画出校正曲线，以供测试时对照校核。

（3）注意事项　阿贝折射仪是一种精密的光学仪器，使用时应注意以下几点。

① 使用时要注意保护棱镜，清洗时只能用擦镜纸而不能用滤纸等；加试样时不能将滴管口触及镜面，以免造成划痕；不能测定强酸、强碱及有腐蚀性的液体。

② 每次测定时，试样不可加得太多，一般只需加 2～3 滴即可。

③ 要注意保持仪器清洁，保护刻度盘。每次实验完毕，要在镜面上加几滴丙酮，并用擦镜纸擦干。最后用两层擦镜纸夹在两棱镜镜面之间，以免镜面损坏。

④ 阿贝折射仪不能在较高温下使用，对易挥发或易吸水样品测量较困难；若测试样折射率不在 1.300～1.700 范围内不能测定。

（4）数字阿贝折射仪

① 仪器简介　数字阿贝折射仪的工作原理与上所述基本相同，都是基于测定临界角。它是利用目视望远镜部件和色散校正部件组成的观察系统来瞄准明暗两部分的分

界线，即瞄准临界角，并由角度-数字转换系统将角度量转换成数字量，再输入微机系统进行数据处理，而后数字显示出被测样品的折射率或锤度。WAY-2S 型数字阿贝折射仪，其工作原理如图 13-12 所示，外形结构如图 13-13 所示。该仪器设计科学、功能齐全、操作简单、使用方便，内部设有恒温装置和恒温传感器，是目前使用较多的一种测量折射率的仪器。

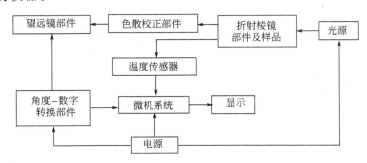

图 13-12　数字阿贝折射仪工作原理框图

② 操作和使用

a. 用橡胶管将仪器上折射棱镜部件（包括测量棱镜和辅助棱镜）11 的进出水口与超级恒温槽连接好，将温度调节到所需温度。

b. 按下"POWER"波形电源开关 4，聚光照明部件 10 中照明灯亮，同时显示窗 3 显示"00000"。有时显示窗先显示"—"，数秒后显示"00000"。

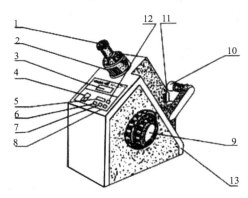

图 13-13　数字阿贝折射仪结构示意
1—目镜；2—色散校正手轮；3—显示窗；4—"POWER"电源开关；5—"READ"读数显示键；6—"BX-TC"温度修正后的锤度显示键；7—"n_D"折射率显示键；8—"BX"未经温度修正的锤度显示键；9—调节手轮；10—聚光照明部件；11—折射棱镜部件；12—"TEMP"温度显示键；13—RS232 接口

c. 打开折射棱镜部件 11，检查上、下棱镜表面，滴加少量丙酮（或无水乙醇）小心清洁镜面，可用擦镜纸轻擦。测定每一个样品后也要仔细清洁两块棱镜表面。

d. 将 2~3 滴被测样品滴在下面的折射棱镜的工作表面上。然后关闭上面的进光棱镜。如样品为固体，不需将上面的进光棱镜盖上。

e. 旋转聚光照明部件 10 的转臂和聚光镜筒使上面的进光棱镜的进光表面得到均匀照明。

f. 通过目镜 1 观察视场，同时旋转调节手轮 9，使明暗分界线落在交叉线视场中。如从目镜中看到视场是暗的，可将调节手轮逆时针旋转；如是明亮的，则顺时针旋转。明亮区域在视场的顶部，在明亮视场下旋转目镜 1，使视场中的交叉线最清晰。

g. 旋转目镜方缺口里的色散校正手轮 2，同时调节聚光镜 10 的位置，使视场中明暗两部分具有良好的反差和明暗分界线具有最小的色散。

h. 旋转调节手轮 9，使明暗分界线准确对准交叉线的交点（图 13-14）。

i. 按下面板上"READ"键 5，数秒后显示窗中显示被测样品的折射率。（如数据暂时无显示，请稍等数秒，不要连续按"READ"键，否则数据将无法显示，且影响仪器使用寿命）。测量过程中，如需检测样品温度时，可按"TEMP"键 12，显示窗将显示样品测试温度。

j. 为使数据测量准确，应按上述步骤测定三次样品，取其平均值。样品测量结束后，必须用少量丙酮（或无水乙醇）和擦镜纸清洁镜面，并在两棱镜间放上一小张擦镜纸，然后关闭棱镜。

③ 维护与保养

a. 仪器应放在干燥、空气流通和温度适宜的地方，以免仪器的光学零件受潮发霉。

b. 仪器使用前后及更换试样时，必须先清洗擦净折射棱镜的工作表面。

图 13-14　明暗分界线与交叉线位置示意

c. 被测液体试样中不可含有固体杂质，测试固体样品时应防止折射镜工作表面拉毛或产生压痕，严禁测试腐蚀性较强的样品。

d. 仪器应避免强烈振动或撞击，防止光学零件震碎、松动而影响精度。

e. 仪器需定期进行校准，校准时使用蒸馏水或玻璃标准块。如测量数据与标准值有偏差，可用钟表螺丝刀通过色散校正手轮中的小孔，小心旋转里面的螺丝，使分划板上交叉线上下移动，然后再进行测量，直到测数符合要求为止。常用标准液体折射率的有关数据参见附录中附表 28 和附表 29。

f. 仪器不用时应用塑料罩将仪器盖上或放入箱内。

g. 使用者不得随意拆装仪器，如发生故障或达不到精度要求时，应及时送修。

13.3　溶液的吸收光谱与分光光度计

13.3.1　吸收光谱原理

物质中分子内部的运动可分为电子的运动、分子内原子的振动和分子自身的转动，因此具有电子能级、振动能级和转动能级。

当分子被光照射时，将吸收能量引起能级跃迁，即从基态能级跃迁到激发态能级。而三种能级跃迁所需能量是不同的，需用不同波长的电磁波去激发。电子能级跃迁所需的能量较大，一般在 1～20eV，吸收光谱主要处于紫外及可见光区，称为紫外-可见光谱。如果用红外线（能量为 1～0.025eV）照射分子，此能量只能引发振动能级和转动能级的跃迁，得到的光谱称为红外光谱。若以能量更低的远红外线（0.025～0.003eV）照射分子，则只能引起转动能级的跃迁，这种光谱称为远红外光谱。

由于物质结构不同，各能级跃迁所需能量不同，因此对光的吸收也就不一样，各种物质具有各自的吸收光带，光度法正是基于物质对光的选择性吸收而建立起来的一种分析方法。此法可以对不同物质进行定性、定量或结构分析。

当一束平行单色光照射到单一均匀、非散射的介质（如吸光物质的溶液）时，光的一部分被介质吸收，一部分则透过溶液，透过的光形成吸收谱带。根据朗伯-比尔定律：当入射光波长、溶质、溶剂以及溶液的温度一定时，溶液的吸光度与溶液的浓度及液层厚度成正比，即：

$$A = -\lg T = \lg \frac{I_0}{I} = \varepsilon l c \tag{13-5}$$

式中，A 为吸光度；c 为溶液浓度；I_0 为入射光强度；I 为透射光强度；ε 为摩尔吸光系数，l 为溶液厚度；T 为透光率。

由式（13-5）可以看出：固定液层厚度，当一定波长的光通过溶液后，吸光度只与溶液的浓度成正比。

13.3.2　分光光度计

13.3.2.1　构造及原理

分光光度计是测量物质分子对不同波长或特定波长的辐射吸收强度的一种仪器。常用的仪器类型有紫外分光光度计、可见分光光度计和紫外-可见分光光度计。仪器按光源分为单波长单光束分光光度计、单波长双光束分光光度计、双波长双光束分光光度计。其主要部件有：光源、单色器、吸收池、检测器和显示装置。

（1）光源　具有稳定的、有足够输出功率的连续光谱。通常用钨灯作可见光区的光源，波长在 $360\sim800\mathrm{nm}$ 范围内。紫外区域使用氘或氢灯，红外区域用硅碳棒或能斯特灯。

（2）单色器　它的作用是将光源发出的连续光谱分解为单色光，单色器分为棱镜和光栅。

棱镜是根据光的折射原理而将复合光色散为不同波长的单色光，然后再让所需波长的光通过一个很窄的狭缝照射到吸收池上。棱镜由玻璃或石英制成，玻璃棱镜用于可见光范围，石英棱镜则在紫外和可见光范围均可使用。

光栅是根据光的衍射和干涉原理将复合光色散为不同波长的单色光，然后再让所需波长的光通过狭缝照射到吸收池上。它的分辨率比棱镜大，可用的波长范围也较宽。

（3）吸收池　吸收池也称比色皿。用做液体吸光度测定的容器。它由无色透明、耐腐蚀、化学性质相同、厚度相等的玻璃制成的，按其厚度分为 $0.5\mathrm{cm}$、$1\mathrm{cm}$、$2\mathrm{cm}$ 和 $3\mathrm{cm}$。吸收池有玻璃和石英两种，在可见光区测量时使用玻璃吸收池，紫外区则需使用石英吸收池。

（4）检测器　它的作用是接收从吸收池发出的透射光，并将其转换成电信号进行测量。检测器分为光电管和光电倍增管。

光电管是一个真空或充有少量惰性气体的二极管。阴极是金属做成的半圆筒，内侧涂有光敏物质，阳极为一金属丝。

光电倍增管是由光电管改进而成的。管中有若干个称为倍增极的附加电极。因此，可使光激发的电流得以放大，它的灵敏度比光电管高 200 多倍。在现代分光光度计中被广泛采用。

（5）显示装置　显示装置的作用是把放大的信号以吸光度 A 或透光率 T 的方式显示或记录下来。

13.3.2.2　类型及使用方法

实验室中常用的分光光度计的种类和型号较多，现将常用的几种分述如下。

（1）722 型光栅分光光度计　722 型光栅分光光度计是数字显示的单光束、可见分光光度计，其光学系统如图 13-15 所示。

其工作原理是：钨卤素灯发出的连续辐射光，经滤色片选择后，由反射镜聚光后投向单色器进光狭缝，此狭缝正好位于聚光镜及单色器内准直镜的焦平面上，因此进入单色器的复合光通过平面反射镜反射及准直镜准直，变成平行光射向色散元件光栅，光栅将入射的复合光通过衍射作用，形成按照一定顺序均匀排列的连续单色光谱，此单色光谱重新回到准直镜上，由于仪器出光狭缝设置在准直镜的焦平面上，因此，从光栅色散出来的光谱经准直镜后，利用聚光原理成像在出光狭缝上，出光狭缝选出指定带宽的单色光，通过聚光镜落在试样室被测样品中心，样品吸收后透射的光经光门射向光电池接收。光电池进一步将光信号转化为微弱的光电流，再由微电流放大器放大后，传送到显示器上，由此指示出吸光度和透射比。

使用方法如下。

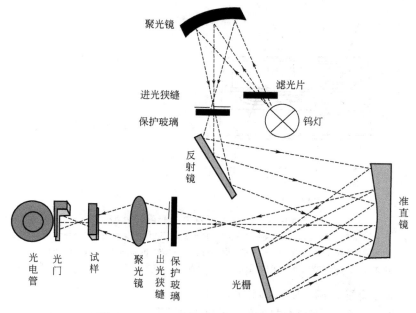

图 13-15　722 型分光光度计光学系统示意

① 预热仪器。将选择开关置于"T"，打开电源开关，使仪器预热 20min。为了防止光电管疲劳，预热仪器和不测定时应将吸收池暗箱盖打开，使光路切断。

② 选择波长。根据实验要求，调节波长旋钮，选定所需单色光波长。

③ 选择灵敏度。调节灵敏度旋钮，选择适宜的灵敏度挡（共分五挡）。在能使空白溶液很好地调到"100%"T 的情况下，尽可能采用灵敏度较低的挡。使用时首先调到"1"挡，灵敏度不够时再逐渐升高。在换挡后，须重新校正透光率的"0"和"100%"。

④ 调节 $T=0$。打开吸收池暗箱盖，轻轻旋动"0"旋钮，使数字显示为"0.000"。

⑤ 调节 $T=100\%$。将空白溶液和被测溶液装入吸收池，依次放入吸收池架中，盖上吸收池暗箱盖，然后将空白溶液置于光路，调节透过率"100%"旋钮，使数字显示正好为"100.0"。

⑥ 吸光度的测定。将选择开关置于"A"，将盛有待测溶液的吸收池置于光路，此时数字显示值即为该待测溶液的吸光度值。重复上述测定操作 1~2 次，读取相应的吸光度值，取平均值。

⑦ 浓度的测定。将选择开关旋置"c"，将已标定浓度的样品放入光路，调节浓度旋钮，使数字显示为标定值，将被测样品放入光路，此时数字显示值即为该待测溶液的浓度值。

⑧ 关机。测量完毕后，关闭仪器电源开关；取出吸收池洗净，晾干后入盒保存；将吸收池座架用软纸擦净，盖好吸收池暗箱盖。

（2）722S 型分光光度计　722S 型分光光度计是一种用于分光光度法测定的新型通用仪器，能在波长 340~1000nm（波长精度：±2nm）范围内进行透光率、吸光度和浓度直读测定。不仅可作为大、专院校的教学实验仪器，而且还广泛应用于化学、生物、医学、环保、石油化工等多个领域。仪器的外形结构见图 13-16。

使用方法如下。

① 预热。仪器开机后灯及电子部分需热平衡，故开机预热 30min 后才能进行测定工作

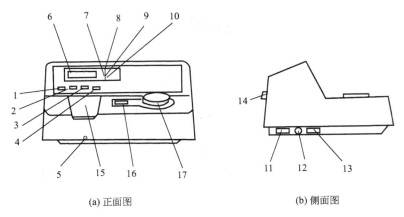

(a) 正面图 （b) 侧面图

图 13-16 722S 型可见分光光度计外型

1—100％T 键；2—0％T 键；3—Function 键；4—MODE 键；5—试样槽架拉杆；6—显示窗（4 位 LED 数字）；
7—TRANS 指示灯；8—ABS 指示灯；9—FACT 指示灯；10—CONC 指示灯；11—电源插座；12—熔丝座；
13—总开关；14—RS232C 串行接口插座；15—样品室；16—波长指示窗；17—波长调节旋钮

（如紧急应用时请注意随时调 0％T，调 100％T）。

② 调零。为校正基本读数标尺两端（配合 100％T 调节），进入正确测试状态。在开机预热 30min 后，打开试样盖（关闭光门），然后按 "0％" 键，即能自动调零。

③ 调整 100％T。为校正基本读数标尺两端（配合调零），进入正确测试状态。一般在调零前应加按一次 100％T 调整，以使仪器内部自动增益到位。调零后，将用作背景的空白样品置入样品室光路中，盖下试样盖（同时打开光门），按下 "100％T" 键即能自动调整 100％T（一次有误差时可加按一次）。注意：调整 100％T 时整机自动增益系统重调可能影响 0％，调整后请检查 0％，如有变化可重调 0％ 一次。

④ 调整波长。使用仪器上唯一的旋钮（图 13-15 中 17），即可方便地调整仪器当前测试波长，具体波长由旋钮左侧的显示窗（16）显示，读出波长时目光应垂直观察。

⑤ 改变试样槽位置使不同样品进入光路。仪器标准配置中试样槽架是四位置的，用仪器前面的试样槽拉杆来改变，打开样品室盖以便观察样品槽中的样品位置。最靠近测试者的为 "0" 位置，依次为 "1"、"2"、"3" 位置。对应拉杆推向最内为 "0" 位置，依次向外拉出相应为 "1"、"2"、"3" 位置，当拉杆到位时有定位感，到位时请前后轻轻推动一下以确保定位正确。

⑥ 确定滤光片位置。本仪器备有滤光片（用以减少杂散光，提高 340～380nm 波段光度准确性），位于样品室内部左侧，用一拨杆来改变位置。当测试波长在 340～380nm 波段内作高精度测试时可将拨杆推向前（见机内印字指示）。通常不使用此滤光片，可将拨杆置在 400～1000nm 位置。注意：如在 380～1000nm 波段测试时，误将拨杆置在 340～380nm 波段，则仪器将出现不正常现象（如噪声增加，不能调整 100％T 等）。

⑦ 改变标尺。本仪器设有四种标尺。

TRANS. 透射比：用于透明液体和透明固体测量。

ABS. 吸光度：用于采用标准曲线法或绝对吸收法定量分析。

FACT. 浓度因子：用于在浓度因子法浓度直读时设定浓度因子。

ODNC. 浓度直读：用于标样法浓度直读时，作浓度设定和读出。

各标尺间的转换用 MODE 键操作，由 "TRANS."、"ABS."、"FACT."、"CONC." 指示灯分别指示，开机初始状态为 "TRANS"，每按一次顺序循环。

⑧ RS232C 串行数据发送。仪器随机设有 RS-232C 串行通讯口，可配合串行打印机或

PC 使用。

（3）DFZ800-D3B 紫外-可见分光光度计（图 13-17）　　仪器特点：本仪器能量强、寿命长、灵敏度高、线性好、波长调整方便；具有较宽大的样品室，便于安装各种附件；采用触摸式键盘，操作简便、舒适。

具有比色皿误差扣除功能、自动调 0、调 100％ 功能。波长范围：200～800nm，5 位 LED 显示屏。

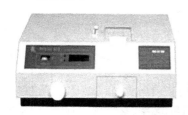

图 13-17　DFZ800-D3B 紫外-
可见分光光度计

能外接微型打印机，可打印测量结果，有 11 种打印格式可供选择，并可打印图形，便于存档；具有较强的数据记忆功能，可记忆分析数据 100 个，并可以随时读出或删除。采用单片微机控制，可用标准样品自动建立回归分析曲线，可通过输入各种参数及数据进行回归分析。

本仪器具有透光率测量、吸光度测量、浓度直读、浓度因子计算（建标准曲线）、比色皿配对测量、打印记录（选择）、能量相对测量等多种功能。

操作步骤及主要测量方法如下。

① 基本操作过程

a. 将已安装好的仪器接入 220V 的市电，开机，同时开启所需光源（钨灯和氘灯，不需要用氘灯时请不要打开氘灯开关）。开机后仪器显示 800-3，表示主机进入预热十分钟。在预热期间可以对打印机进行自检打印（查看打印机是否工作良好）。

b. 预热完毕后，显示器将显示 HELLO，表示仪器可以进入工作状态。（在预热过程中，如果想直接进入工作状态，可以按 STOP 键就进入 HELLO 工作状态。本仪器要求开机后预热十分钟以使仪器工作更稳定。）

c. 仪器进入工作状态后，首先根据实际测量的需求调节好光源、波长、狭缝、滤色片，选择后即可准备好样品进行各种测量。并根据所需的测量进入相应的测量功能。

② 键盘的基本操作原理　第一步，主要是选择功能键（如 T、A、CELL、C、C（A）、N）；第二步，调百调零（如 ABS0、Clear）；第三步，是测量或输入数据（根据所选的功能不同而定，具体情况请参照实际的测量操作过程）。

③ 仪器的复位　按下 RESET 键后，程序将从起始位置执行，程序中保存的数据将被清除。因此在要保存数据的情况下不要使用该键。

④ 一些常用键的使用

$\boxed{\begin{array}{c}100\%T\\ABS\,0\end{array}}$：基准调整键。按下此键后自动调整 100％T 或 ABS0（即参比的透光率调百或吸光度调零），调整完毕后显示 100.0（T）或 0.000（A）。如显示有误，首先应检查操作是否合理，如：灯、狭缝、波长、滤色片、样品室盖等是否符合规定要求，检查无误后再调节一次。调节此键时严禁调整光源、波长、狭缝、滤色片，并严禁打开样品室盖。

$\boxed{\text{Clear}}$：背景调整键。此键的功能是自动扣除背景，仪器在挡光状态（样品池中放置挡光杆，或是将样品池盖打开，使光闸落下）按下此键后，仪器自动调整零点。

$\boxed{\text{TS}}$：时间扫描键。此键的功能是实现计算机连续采集信号并计算、显示出来，但此时不能存储数据。（此键必须是在调整好基准（调百和调零）后才能有效，否则操作错误）。

调完基准后按此键表示动态测量，根据动态测量的快慢（时间）共分为 9 种方式（即在 TS 按之前按 1～9 数字键），其中 1～9 分别表示扫描速度依次递减。在一般情况下先按数字键"5"，再按 TS 或只按 TS 表示中等的扫描速度（推荐）。此功能需要用 STOP 键来中止。

数字键的操作：数字键 1～9 和小数点可以用来输入数值以及和其他功能键仪器操作使用。主要是用来输入数据，例如：要将 1.257 输入：

数字键的其他功能将根据具体的测量操作逐一进行介绍。

ENTER ：记忆数据的功能（未按 TS 键时），因为此仪器可以记忆 100 个数据，因此在测量时，按下此键表示仪器已经记忆了所测量的数据，可供打印输出或是读出显示（在不关机和不按复位键的情况下）。

⑤ 实际测量操作过程

a. 扣除比色皿误差 测量比色皿配对值（要求精确测量时用，可以同时记忆 20 个比色皿）清洗比色皿，并按将测量时的放入顺序记下比色皿号码（或自做标记）。

放入仪器进行测量，并按下表格进行记录，以备测量样品时查找。

顺序号	1	2	3	…	20	参比
比色皿号(或标记)				…		

表中顺序号即为测量样品时扣除比色皿误差的序号，因为在测量中计算机按照顺序记忆了各比色皿的误差。（请注意参比比色皿配对变化情况）。

仪器最多可以记忆 20 个比色皿的误差值，以吸光度值显示，但同时记忆的还有对应透射比值。可以读出、打印、删除所记忆的数值。

操作如下：

在仪器进入工作状态下，显示器显示 HELLO 。

按上档键 2ndF ，仪器显示 273 。

按键 A CELL ，仪器显示 1. 。

将作参比的比色皿拉入光路，按 100%T ABS0 键调百，仪器将显示 0.000。

将样品池盖打开挡光，按 Clear 键调零，仪器将显示 0000.。

将样品池盖关上，使光路不挡光，按 100%T ABS0 键调百，仪器显示 0.000。

依次将比色皿拉入光路，按 ENTER 键，则仪器将依次记忆了比色皿误差，用吸光值表示，仪器显示 AX.XXX ，同时您应该根据上表填写比色皿的序号，供以后测量吸光度、透射比、浓度使用。

测量完毕后，可以转入其他操作，但一定要注意，测量完后不能按复位键，否则所测量的数据将会丢失。具体的操作流程如图 13-18 所示。

注：以下流程图显示均为示意，不是真实显示，测量时，请您参照您的实际测量结果。

b. 测量样品透射比　将参比、样品放入样品室，具体操作如图 13-19 所示。

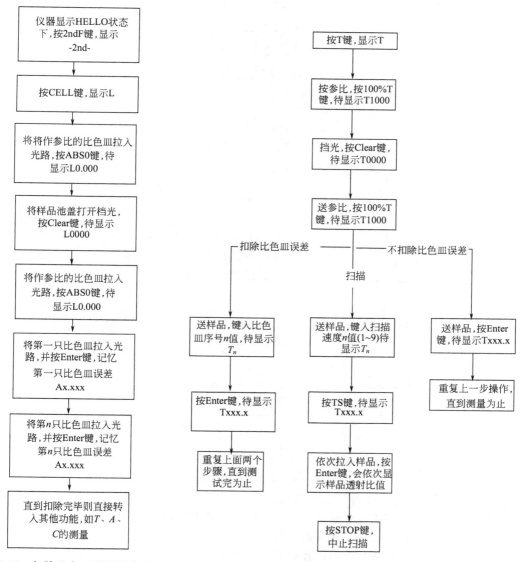

图 13-18　扣除比色皿误差操作流程　　　　图 13-19　测量样品透光率操作流程

　　样品的透射比是以透光率的方式显示，仪器可以记忆 100 个样品测量值，同时记忆的还有样品的吸光度。测量后仪器可以读出、打印和删除测量值。

　　注：测量透光率可以是在显示 HELLO 的情况下直接进入，还可以在测量完比色皿误差后按 T 直接进入。总共有三种测量方式，在扫描方式下不能记忆数据。在扣除比色皿误差时一定要键入对应的比色皿序号（1～20）。并且是在已经测量完比色皿误差后才可以扣除比色皿误差（测量吸光度、浓度时一样）。

　　c. 测量样品吸光度　将参比、样品放入样品室。具体操作如图 13-20 所示。

　　吸光度的测量可以记忆 100 个样品测量值，同时记忆的还有透光率值，测量完后可以读出、打印、删除所记忆的数据。当标准曲线存在时，还可计算样品浓度。

　　注：测量吸光度可以是在显示 HELLO 的情况下直接进入，还可以在测量完比色皿误

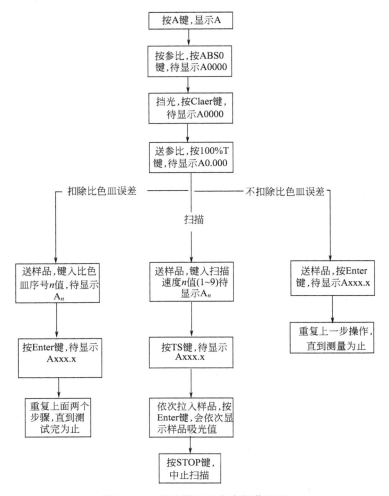

图 13-20 测量样品吸光度操作流程

差后按 A 键直接进入。总共有三种测量方式，在扫描方式下不能记忆数据。在扣除比色皿误差时一定要键入对应的比色皿序号（1～20）。并且是在已经测量完比色皿误差后才可以扣除比色皿误差（测量透光率、浓度时一样）。

（4）注意事项　分光光度计的操作和使用方法不尽相同，但使用注意事项基本相同，现做如下统一说明。

仪器要安放在稳固的工作台上，避免震动，并避免阳光直射，避免灰尘及腐蚀性气体。

正确选择比色皿材质。取拿比色皿时，只能用手指捏住比色皿的毛玻璃面，而不能触摸光学玻璃表面。

仪器配套的比色皿不能与其他仪器的比色皿单个调换。如需增补，经校正后方可使用。

比色皿不能用碱溶液或氧化性强的洗涤液洗涤，也不能用毛刷清洗。比色皿外壁附着的水或溶液，应用擦镜纸或细软的吸水纸吸干，不要擦拭，以免损伤光学玻璃表面。

开关比色皿暗箱盖时，应小心操作，防止损坏光门开关。

测定过程中，暂时不测量时，应使样品室盖处于开启状态，否则会使光电管疲劳，数字显示不稳定。

当光线波长调整幅度较大时，需稍等数分钟才能工作。因光电管受光后，需有一段响应时间。

第14章　常用仪器

仪器 1　精密数字温度温差仪

SWC-ⅡD型精密数字温度温差仪是在SWC-Ⅱc数字贝克曼温度计的基础上制作而开发的产品，面板如图14-1所示。它除具备SWC-Ⅱc数字贝克曼温度计的显示清晰、直观、分辨率高、稳定性好、使用安全可靠等特点外，还具备以下特点。

（1）温度-温差双显示。

（2）基温自动选择。替代SWC-Ⅱc数字贝克曼温度计的手动波段开关选择。

（3）具有读数采零及超量程显示的功能，使温差测量显示更为直观，温差超量程自动显示 U·L 符号。

（4）设有可调报时功能。可以在定时读数时间范围 6～99s 内任意选择。

（5）具有基温锁定功能，避免因基温换挡而影响实验数据的可比性。

图 14-1　SWC-ⅡD型精密数字温度温差仪

（6）测量/保持功能，可以确保温度快速变化时的准确读数。

（7）配置 RS-232C 串行口，便于与计算机连接，实现联机测试。

使用方法如下。

（1）为了安全起见，在接通电源前，必须将传感器插头插入后面板的传感器接口。

（2）将传感器插入被测物中（插入深度应大于 50mm）。

（3）开启电源，显示屏显示实时温度，温差显示基温为 20℃ 时的温差值。

（4）当温度温差显示稳定后，按一下采零键，仪器以当前温度为基温，温差显示窗口显示 0.000。再按下锁定键，稍后的变化值为采零后温差的相对变化量。

（5）要记录读数时，可按一下测量/保持键，使仪器处于保持状态（此时，保持指示灯亮）。读数完毕，再按一下测量/保持键，即可转换到测量状态，进行跟踪测量。

（6）定时读数。按增、减键，设定所需的定时间隔（设定值应在 5 s 以上，定时读数才能起作用）。设定完后，定时显示将进行倒计时，当一个计数周期完毕时，蜂鸣器鸣叫且读数保持约 2 s，保持指示灯亮，此时可观察和记录数据。消除定时鸣叫，只需将定时读数设置小于 5 s 即可。

仪器 2　数字可控硅控温仪

本仪器采用固态组件无触点可控硅控温，具有以下特点。

（1）采用双向可控硅连续调压和深度负反馈，温度波动小，抗电网干扰能力强。

（2）采用 PID 连续输出，过渡时间短，控制精度较高。

（3）采用高性能元件和全塑机箱。具有体积小、重量轻、功耗小等优点。

（4）具有内部冷端温度自动补偿功能，使用方便，测量准确。

SWQR-Ⅰ型数字可控硅控温仪面板如图 14-2 所示。

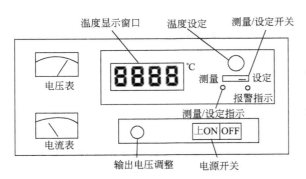

图 14-2   SWQR-Ⅰ型数字可控硅控温仪

使用方法如下。

1. 操作前准备

（1）调电压表、电流表的机械零点，使两表头分别指示零位。

（2）将输出电压调整旋钮逆时针旋至最低位置。

2. 操作步骤

（1）连线   将三芯电源输出线一端接片与仪器后面板电源输出端连接，另一端与电炉电源输入端连接。将另一根三芯电源输入线一端接片分别与仪器后面板电源输入端相连，另一端小心接入功率足够大的单相电源（注意：相、中、地三根线千万不能接错）。热电偶按正、负极性连接到仪表后面板电偶处。所用电线一定要注意功率匹配，以免造成安全事故。

（2）通电   将电源开关置 ON，电源指示灯亮，仪表处于初始状态。

（3）设定温度   将测量/设定开关置设定位置；调温度设定钮设定所需温度值。

（4）温度测控   将测量/设定开关置测量位置，此时仪表处于按设定温度进行自动控温的工作状态。

注意：根据所设定温度的高低，用输出电压旋钮调节输出电压值，以便达到较为理想的控温目的，防止温度过冲。

建议：当温度高于 1000℃ 时，将输出电压调至电网电压的 90% 或更高一些，加快升温速度。当控制温度低于 500℃ 时，适当调低输出电压值，以免温度过冲。

（5）关机   工作完毕，将输出电压调节旋钮逆时针旋至低位后，电源开关置 OFF，再拔掉电源插头。

仪器 3   电导率仪

1. DDS-11A 型电导率仪

DDS-11A 型电导率仪测量范围广、操作简便，可以测定一般液体和高纯水的电导率。

测量范围：$0\sim10^5\mu S/cm$，分 12 个量程。

配套电极：DJS-1 型光亮铂电极；DJS-1 型铂黑电极；DJS-10 型铂黑电极。光亮铂电极用于测量较小的电导率（$0\sim10\mu S/cm$），而铂黑电极用于测量较大的电导率（$10\sim10^5\mu S/cm$）。通常用铂黑电极，因为它的表面比较大，这样降低了电流密度，减少或消除了极化。但在测量低电导率溶液时，铂黑对电解质有强烈的吸附作用，出现不稳定的现象，这时宜用光亮铂电极。电极选用原则请参见相关表格。

DDS-11A 型电导率仪的面板如图 14-3 所示。

操作步骤如下。

（1）打开电源开关前，应观察表针是否指零，若不指零，可调节表头的螺丝，使表针指零。

（2）将校正、测量开关拨在"校正"位置。

（3）插好电源后，再打开电源开关，此时指示灯亮。预热数分钟，待指针完全稳定下来为止。调节校正调节器，使表针指向满刻度。

（4）根据待测液电导率的大致范围选用低周或高周，并将高周、低周开关拨向所选位置。

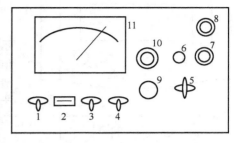

图 14-3　DDS-11A 型电导率仪面板示意
1—电源开关；2—指示灯；
3—高周、低周开关；4—校正、测量开关；
5—量程选择开关；6—电容补偿调节器；
7—电极插口；8—10mV 输出插口；
9—校正调节器；10—电极常
数调节器；11—表头

（5）将量程选择开关拨到测量所需范围。如预先不知道被测溶液电导率的大小，则由最大挡逐挡下降至合适范围，以防表针打弯。

（6）根据电极选择原则，选好电极并插入电极插口。各类电极要注意调节好配套电极常数，如配套电极常数为 0.95（电极上已标明），则将电极常数调节器调节到相应的位置 0.95 处。

（7）倾去电导池中的电导水，将电导池和电极用少量待测液洗涤 2～3 次，再将电极浸入待测液中并恒温。

（8）将校正、测量开关拨向“测量”，这时表头上的指示读数乘以量程开关的倍率，即为待测液的实际电导率。

（9）当量程开关指向黑点时，读表头上刻度（$0～1\mu S/cm$）的数值；当量程开关指向红点时，读表头下刻度（$0～3\mu S/cm$）的数值。

（10）当用 $0～0.1\mu S/cm$ 或 $0～0.3\mu S/cm$ 两挡测量高纯水时，在电极未浸入溶液前，调节电容补偿调节器，使表头指示为最小值（此最小值是电极铂片间的漏阻，由于此漏阻的存在，使调节电容补偿调节器时表头指针不能达到零点），然后开始测量。

（11）如果想了解在测量过程中电导率的变化情况，将 10mV 输出接到自动平衡记录仪即可。

注意事项如下。

（1）电极的引线不能潮湿，否则测不准。

（2）高纯水应迅速测量，否则空气中 CO_2 溶入水中变为 CO_3^{2-}，使电导率迅速增加。

（3）测定一系列浓度待测液的电导率，应注意按浓度由小到大的顺序测定。

（4）盛待测液的容器必须清洁，没有离子玷污。

（5）电极要轻拿轻放，切勿触碰铂黑。

2. DDS-307 型电导率仪

DDS-307 型电导率仪是直接测量电解质溶液电导率的仪器，面板和后背板如图 14-4 所示。

（1）预热　打开电源开关，预热 30min 后，进行校准。

（2）温度补偿设置

① 调节温度补偿旋钮至指向待测溶液的实际温度，此时所得到的将是溶液经过温度补偿后折算为 25℃下的电导率值。

② 如果将温度补偿钮指向“25”刻度线，那么测量的将是待测溶液在该温度下未经补偿的原始电导率值。

（3）满度调节　将量程选择开关旋钮指向检查，常数补偿调节旋钮指向 1 刻度线，调校准调节旋钮，使仪器显示 $100.0\mu S/cm$，至此校准完毕。

（4）仪器校准及电极常数标定

① 将洗净的电导电极插入盛适量标准 KCl 溶液的大试管中，于实验温度下的恒温水浴中恒温 15min，量程开关拨至Ⅳ挡，其他旋钮不变，调常数旋钮使显示值与该温度下给定标

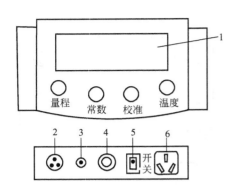

图 14-4　DDS-307 型电导率仪示意
1—显示屏；2—电极插座；
3—输出插口；4—保险丝；
5—电源开关；6—电源插座

范围参照表 14-1 选择使用。

准 KCl 溶液的电导率数值一致。仪器校准和电极标定同时完成。

② 将量程开关拨至检查挡，对 DJS-1 型电极，显示值除以 100 即为电导电极的电极常数 K_{cell}，如显示值为 $102.3\mu S/cm$，则电极常数 $K_{cell}=1.023cm^{-1}$。一般说来，名义电极常数为 N 的电极，若检查挡显示值为 S，则电极常数：

$$K_{cell}=SN\times 10^{-2}cm^{-1}。$$

（5）电极选择与参数设置

① 电导电极的选择　电导率测量过程中，正确选择适当常数的电导电极，对获得较高测量精度非常重要。一般情况下只有名义常数为 0.01、0.1、1.0 和 10 四种类型的电导电极可供选择，用户可以根据测量

表 14-1　电导电极的常数选择

测量范围/($\mu S/cm$)	推荐使用电极常数	测量范围/($\mu S/cm$)	推荐使用电极常数
0～2	0.01、0.1	2000～20000	1.0、10
2～200	0.1、1.0	20000～200000	10
200～2000	1.0		

注：对常数为 1.0、10 的电导电极有光亮和铂黑两种形式，镀铂电极习惯称作铂黑电极。光亮电极测量范围为 0～$300\mu S/cm$ 为宜。铂黑电极用于容易极化或浓度较高的电解质溶液的电导率测量。

② 电极常数的设置　若没有标准 KCl 溶液进行仪器和电极的标定，则可利用厂家在电极上标示的电极常数或以前标定的常数设置仪器，以便进行近似测量。仪器上电极常数设定方法如下。

a. 按前述方法调节仪器满度。

b. 将量程开关拨至检查挡，调常数旋钮使仪器的显示值 S 与电极常数的标示值 K_{cell} 一致（$S=100K_{cell}/N$，式中的 N 是电极的名义电极常数）。如某 DJS-10 型电极的厂标值为 $9.82cm^{-1}$，则调常数旋钮至显示值为 98.2 即可。又如 DJS-0.1 型电极先前实验室标定的值为 $0.1038cm^{-1}$，则应调常数旋钮使显示值为 10.38。

（6）测量　仪器经温度补偿、满度调节和常数标定后即可进行试样的测试。方法如下：

将洁净的电极插入放有适量试样溶液的大试管中，于指定温度恒温器中恒温，调量程旋钮使显示值的有效数字位数最多，待稳定适当时间，则测量值用下式计算：

$$测量值 M =显示值 S\times 名义电极常数 N$$

3. DDSJ-308A 型电导率仪使用说明

DDSJ-308A 型电导率仪是一台智能型的实验室常规分析仪器，它适用于实验室精确测量水溶液的电导率及温度、总溶解固态量（TDS）及温度，也可用于测量纯水的纯度与温度，以及海水及海水淡化处理中的含盐量的测定（以 NaCl 为标准）。仪器正面和后面板如图 14-5 所示。

（1）仪器功能介绍

① 仪器有电导率、TDS、盐度三种测量功能，按"模式"键可以在三种模式间进行转

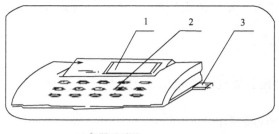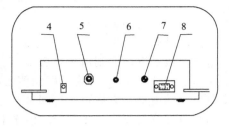

(a) 仪器正面图　　　　　　　　　　　　　　　(b) 仪器后面板示意图

图 14-5　DDSJ-308A 型电导率仪示意

1—显示屏；2— 键盘；3—电极杆座；4—电源插座；5—测量电极插座；6—接地接线柱；

7—温度传感器插座；8—RS-232（九针）插座

换，通常只使用电导率模式；仪器具有自动温度补偿、自动校准、量程自动切换等功能；仪器具有断电保护功能，在仪器使用完毕关机后或非正常断电情况下，仪器内部储存的测量数据和设置的参数不会丢失。

② 仪器键盘说明

键盘如图 14-6 所示。

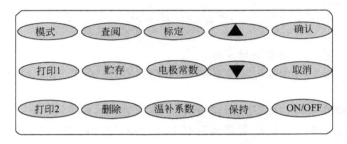

图 14-6　DDSJ-308A 型电导率仪键盘示意

仪器面板上共有 15 个操作键：模式、打印 1、打印 2、查阅、储存、删除、标定、电极常数、温补系数、▲、▼、保持、确认、取消、ON/OFF 等。

（2）开机　按下"ON/OFF"键，仪器将显示厂标、仪器型号、名称，即"DDSJ-308A 型电导率仪"。几秒后，仪器自动进入上次关机时的测量工作状态，此时仪器采用的参数为最新设置的参数。如果不需要改变参数，则无需进行任何操作，即可直接进行测量。测量结束后，按下"ON/OFF"键，仪器关机。开机后参数的设置如下。

① 电极常数的设置　电导电极出厂时，每支电极都标有一定的电极常数值，需将此值输入仪器。用"电极常数"键可在电极常数档次选择和常数调节两个状态间翻转。用"▲"或"▼"键可进行电极常数档位选择或常数调节。"选择"指选择电极常数档次（本仪器设计有五种电极常数档次值，即：0.01、0.1、1.0、5.0 和 10.0），"调节"指调节当前档次下的电极常数值。

例如：电导电极的常数为 0.98，具体操作步骤如下：在电导率测量状态下，按"电极常数"键；再按"电极常数"键；按"▲"或"▼"键修改电极档次至 1.0；再按"电极常数"键；按"▲"或"▼"键修改到电极标出的电极常数值：0.98。按"确认"键，仪器自动将电极常数值 0.98 存入并返回测量状态。

② 温度系数的设置　一般水溶液电导率值测量的温度系数 a 选择 0.02；温度补偿的参比温度为 25℃。具体操作步骤如下：在电导率测量状态下，按"温补系数"键，仪器进入

温补系数调节状态；按"▲"或"▼"键修改；按"确认"键，仪器自动将修改好的温度补偿系数存入并返回测量状态。

（3）电导电极的选用

电导电极的选用原则请参见表 14-1。

仪器显示"溢出"，则说明所测值已超出仪器的测量范围，此时应马上关机，并换用电极常数更大的电极，然后再进行测量。

（4）电导率的测定　用蒸馏水清洗电导电极和温度传感器，再用被测溶液清洗一次。然后将电导电极和温度传感器浸入被测溶液中。电极使用完毕后，冲洗干净干燥保存。

（5）标定功能　电导电极常数的标定如下。

电导电极出厂时，每支电极都标有电极常数值。用户若怀疑电极常数不正确，用以下步骤进行标定。

根据电极常数，选择合适的标准溶液见表 14-2，配制方法见表 14-3，不同温度下 KCl 标准溶液的电导率见附表 16。

① 将电导电极接入仪器，将温度电极拔去，仪器则认为温度为 25℃，此时仪器所显示的电导率值是未经温度补偿的绝对电导率值。

② 用蒸馏水清洗电导电极，再用校准溶液清洗一次电极。

③ 将电导电极浸入校准溶液中。

④ 控制溶液温度恒定为：（25.0±0.1）℃或（20.0±0.1）℃或（18.0±0.1）℃或（15.0±0.1）℃。

⑤ 接上电源，进入电导率测量工作状态。

⑥ 根据所用电导电极选好电极常数的档次（分 0.01，0.1，1.0，5.0，10.0 五档），并回到电导测量状态。

⑦ 待仪器读数稳定后，按下"标定键"。

⑧ 按"▲"或"▼"键使仪器显示附表 16 中所对应的数据，然后按"确认"键，仪器将自动计算出电极常数值并贮存（具有断电保护功能），随即自动返回测量状态；按"取消"键，仪器不作电极常数标定并返回测量状态。

表 14-2　测定电极常数的 KCl 标准溶液

电极常数/(1/cm)	0.01	0.1	1	10
KCl 溶液近似浓度/(mol/L)	0.001	0.01	0.01 或 0.1	0.1 或 1

表 14-3　标准溶液的组成

近似浓度/(mol/L)	容量浓度 KCl(g/L)溶液(20℃空气中)	近似浓度/(mol/L)	容量浓度 KCl(g/L)溶液(20℃空气中)
1	74.3650	0.01	0.7440
0.1	7.4365	0.001	将 100 mL0.01 mol/L 的溶液稀释至 1L

（6）贮存功能　如果需将当前测得的数据存贮起来，在测量状态下，按"贮存"键，仪器即将当前测量数据贮存起来。每种测量模式最多可存贮 50 套测量数据，超过 50 套，仪器将自动重复从头存贮。贮存时，仪器显示当前存贮号和存贮标志。存贮完毕，仪器自动返回测量状态。

（7）删除功能　如想删除存贮的电导率数据，可在电导率测量模式下，按"删除"键进行删除，仪器将提示，需要确认，按"确认"键，仪器将全部删除所贮存的电导率数据，并返回测量状态；按"取消"键，仪器将不进行删除操作，自动返回测量状态。

（8）查阅功能　如想查阅存贮的电导率数据，则可在电导率测量模式下按"查阅"键，仪器即显示存贮的电导率数据。

　　按"▲"或"▼"键可一次查阅存贮的所有数据。按"取消"键退出查阅功能，返回测量状态。

　　如果发现存贮的某个数据确实无用，则可使箭头指向此数据，然后按"删除"键，仪器提示确认后，按"确认"键，即可删除此数据。

　　（9）保持功能　在测量状态下，按"保持"键，仪器将锁定本次测量的数据，使显示的测量数据保持不变，便于读取或记录。再按一下"保持"键或"取消"或"模式"键可取消锁定状态，返回正常的测量状态。

　　（10）即时打印功能　可打印当前测量数据或将当前测量数据输入 PC 机。

　　（11）存贮打印功能　可打印存贮的测量数据或将存贮的测量数据输入 PC 机。

仪器 4　数字电位差综合测试仪

　　SDC 型数字电位差综合测试仪是采用对消法测量原理设计的电压测量仪器，它将普通电位差计、检流计、标准电池及工作电池合为一体，保持了普通电位差计的测量结构，并在电路设计中采用了对称设计，保证了测量的高精确度。

　　当测量开关置于内标时，调节精密电阻箱（5 个电位测量旋钮和补偿旋钮对应的电阻）通过恒电流电路产生 1V 稳定电位，一路经电子开关送 A/D 转换器转换成数字信号输入 CPU，由 CPU 输送电位指示显示；另一路与由高精度集成稳压电路产生的 1 V 内标电压一并输至对消电路，偏差信号经超高输入阻抗、高精度集成运算放大器放大后，由数模转换电路转换成数字信号再送入 CPU，由检零指示显示偏差，由采零按钮控制并记忆误差，以便测量待测电动势时进行误差补偿。电路原理及仪器面板如图 14-7 所示。

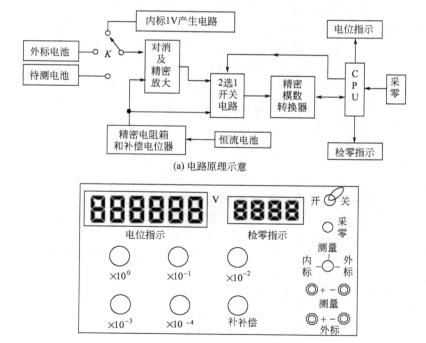

（a）电路原理示意

（b）仪器面板示意

图 14-7　SDC 型数字电位差综合测试仪原理及面板示意

当测量开关置外标时，工作原理与内标完全相同，只是由外部标准电池提供标准电压。调精密电阻箱和补偿钮，使电位指示与外标电池电动势相同，按采零钮，即完成仪器的标定工作。待测电池电动势测量与标定过程相同，只是将测量开关拨至测量即可。具体操作步骤如下。

（1）开机预热　将仪器与交流 220 V 电源连接，开启电源，预热 15min。

（2）标定　一般要求时可以用内标标定仪器，当精度要求较高时，可使用高精度的饱和标准电池进行外标标定。

采用内标标定时，将测量选择置于内标位置，$\times 10^0$ 旋钮置于 1，其余旋钮和补偿旋钮逆时针旋到底，再调节补偿旋钮至电位指示显示 1.00000 V，待检零指示数值稳定后，按下采零键，此时检零指示应显示 0000。

当采用外标标定时，将外接标准电池按 +、- 极性与外标端子连接，将测量选择置于外标，依次调节 $\times 10^0 \sim \times 10^{-4}$ 钮和补偿钮，使电位指示数值与外标电池数值相同，待检零指示数值稳定之后，按下采零键，此时检零指数为 0000。

（3）测定待测电池电动势　将被测电池按 +、- 极与测量端子连接，将补偿电位器逆时针旋到底，依次调节 $\times 10^0$、$\times 10^{-1}$、$\times 10^{-2}$、$\times 10^{-3}$、$\times 10^{-4}$ 五个测量旋钮，调整每个旋钮时都使检零指示为绝对值最小的负值，最后调补偿钮，使检零指示为 0000。此时电位指示显示值即为被测电池的电动势。

注意：测量过程中，若电位指示值与被测电动势值相差过大，检零指示将显示溢出符号，当差值减小到一定程度时就会正常显示数字。

仪器 5　数字酸度计

酸度计是用来测定溶液 pH 值的一种常用仪器，同时也可用于测量电极电势。其优点是使用方便、测量迅速。酸度计主要由指示电极、参比电极和测量系统三部分组成。参比电极常用的是饱和甘汞电极，指示电极则是一支对 H^+ 具有特殊选择性的玻璃电极。目前多使用由玻璃电极和参比电极组和制成的复合 pH 电极，使测量装置更为简化。

1. 复合 pH 电极的结构和测量原理

复合 pH 电极也称复合电极，它的结构如图 14-8 所示。下端的玻璃膜小球是电极的主要部分，直径为 5～10mm，玻璃膜厚度约 0.1mm，内阻 $\leqslant 250 \mathrm{M\Omega}$，它是用对 pH 敏感的特殊玻璃吹制而成的。上部采用质量致密的厚玻璃作外壳。Ag-AgCl 电极作为内参比电极，内参比溶液通常采用经 AgCl 饱和的 0.1mol/L HCl 溶液。同样以 Ag-AgCl 电极作为外参比电极，外参比溶液为经 AgCl 饱和的 3mol/L KCl 溶液。电极管内及引线装有屏蔽层，以防静电感应而引起电位漂移。

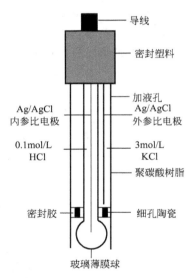

图 14-8　复合 pH 电极结构示意

当复合电极置于水溶液中时就组成了一个电池：

$$\underset{\text{内参比电极}}{\underbrace{\mathrm{Ag} \mid \mathrm{AgCl} \mid \overset{\text{内参比溶液}}{\mathrm{HCl(0.1mol/L)}}}} \vdots 玻璃膜 \vdots \underset{\text{外参比电极}}{\underbrace{\overset{\text{外部溶液}}{\text{待测溶液}} \mid \mathrm{KCl(3mol/L)} \mid \mathrm{AgCl} \mid \mathrm{Ag}}}$$

该电池的电动势为：

$$E = \varphi_{Ag/AgCl} - \varphi_{玻} = \varphi_{Ag/AgCl} - \left(\varphi_{玻}^{\ominus} - 2.303 \frac{RT}{F} pH \right)$$

则有

$$pH = \frac{E - \varphi_{Ag/AgCl} + \varphi_{玻}^{\ominus}}{2.303RT/F} \tag{14-1}$$

式中，$\varphi_{Ag/AgCl}$ 和 $\varphi_{玻}$ 分别是外 Ag/AgCl 参比电极和玻璃电极的电极电位；$\varphi_{玻}^{\ominus}$ 为玻璃电极的标准电极电位；R、T 和 F 分别是气体常数、热力学温度和法拉第常数。

理论上讲，用一个已知 pH 值的标准溶液作为待测溶液来测量上述电池的电动势，利用式（14-1）就可求得 $\varphi_{玻}^{\ominus}$ 值。但在实际工作中，并不需要具体计算出该数值，而是通过测定标准缓冲溶液对酸度计进行标定，并作校正，然后就可以直接进行未知溶液的测量。

使用注意事项如下。

（1）新的或长期未使用的复合 pH 电极，使用前须在 3 mol/L KCl 溶液中浸泡 24h。使用完毕应清洗干净，然后套上盛有 3mol/L KCl 溶液的电极保护套。

（2）电极的玻璃膜球不要与硬物接触，稍有破损或擦毛都将使电极失效。

（3）当电极管中外参比溶液较少时，则应从电极管上端的小孔中添加 3mol/L KCl 溶液。

（4）保持电极引出端的清洁与干燥，以免两端短路。

（5）避免电极长期浸泡在蒸馏水、含蛋白质溶液和酸性氟化物溶液中，并严禁与有机硅油脂接触。

（6）复合 pH 电极的有效期一般为一年。但如果添加含有饱和 AgCl 的 3mol/L KCl 混合溶液作为外参比补充溶液，并且使用得当，则可延长电极的使用期。

2. 酸度计

（1）工作原理　由玻璃电极组成的电池内阻很高，在常温时达几百兆欧，因此不能用普通的电位差计来测量。酸度计种类很多，其工作原理如图 14-9 所示。该仪器由电子单元、复合 pH 电极与温度传感器组成测量系统，可测量溶液的 pH 值、电极电势值和温度，并具有温度自动补偿功能。是目前国内较先进的测量 pH 值的仪器。

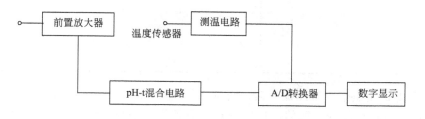

图 14-9　酸度计工作原理框图

酸度计的基本工作原理是利用 pH 电极和甘汞电极对被测溶液中不同的酸度产生的直流电势，通过前置放大输入到 A/D 转换器中，以达到显示 pH 值数字的目的。

（2）仪器使用　酸度计型号较多，现以 PHS-3C 型数字酸度计为例加以说明说明。该仪器测量范围：pH 0.00～14.00；最小显示单位：pH0.01；温度补偿范围：0～60℃。仪器面板见图 14-10。

操作步骤如下。

① 预热　按下电源开关，预热 30min，然后对仪器进行标定。

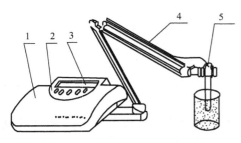

图 14-10　数字酸度计外形结构
1—机箱；2—键盘；3—显示屏；
4—多功能电极架；5—电极

② 仪器的标定

a. 拔出短路插头，插入复合电极。按下"pH/mV"按键，使仪器进入 pH 测量状态。

b. 按下"温度"按键，调节到待测溶液温度值（此时温度指示灯亮），然后按"确认"键，仪器确定溶液温度后回到 pH 测量状态。

c. 拨下电极保护套，清洗电极并用滤纸轻轻吸干复合电极表面的水（注意不能用力擦玻璃电极）。

d. 将复合电极放入 pH＝6.86（25℃）的标准缓冲溶液中，轻轻摇动烧杯，待读数稳定后，按"定位"键（此时 pH 指示灯慢闪烁，表明仪器在定位标定状态），调节读数为该溶液相应温度下的 pH 值，然后按"确认"键，仪器进入 pH 测量状态，pH 指示灯停止闪烁。标准缓冲溶液的 pH 值与温度关系对照见表 14-4。

表 14-4　缓冲溶液 pH 值与温度关系对照表

温度/℃	0.05mol/kg 邻苯二甲酸氢钾	0.025 mol/kg 混合物磷酸盐	0.01mol/kg 四硼酸钠
5	4.00	6.95	9.39
10	4.00	6.92	9.33
15	4.00	6.90	9.28
20	4.00	6.88	9.23
25	4.00	6.86	9.18
30	4.01	6.85	9.14
35	4.02	6.84	9.11
40	4.03	6.84	9.07
45	4.04	6.84	9.04
50	4.06	6.83	9.03
55	4.07	6.83	8.99
60	4.09	6.84	8.97

e. 将复合电极用蒸馏水洗净擦干后，再插入 pH＝4.00（25℃）或 pH＝9.18（25℃）的标准缓冲溶液中（标准缓冲溶液的选用应尽量接近待测溶液的 pH 值），轻轻摇动烧杯，待读数稳定后，按"斜率"键（此时 pH 指示灯快闪烁，表明仪器在斜率标定状态），调节读数为该溶液相应温度下的 pH 值，然后按"确认"键，仪器进入 pH 测量状态，pH 指示灯停止闪烁。

f. 重复进行 d.～e. 步骤，直至不再调节"定位"和"温度"按键时，仍能显示相应 pH 值为止，标定完成。

③ 溶液 pH 测量　经标定后的仪器，即可用来测量待测溶液的 pH 值。

当被测溶液与定位溶液温度相同时，测量步骤如下。

a. 先用蒸馏水清洗电极，再用被测溶液清洗一次并擦干。

b. 将电极浸入被测溶液中，将溶液搅拌均匀后，即可在显示屏上读出溶液的 pH 值。

当被测溶液与定位溶液温度不同时，测量步骤如下。

a. 先用蒸馏水清洗电极，再用被测溶液清洗一次并擦干。

b. 用温度计测出被测溶液的温度值。

c. 按下"温度"按键，调节并使仪器显示为被测溶液温度值，然后按"确认"键。

d. 将电极浸入被测溶液中，将溶液搅拌均匀后，即可读出该溶液的 pH 值。

④ 电极电势（mV 值）的测量　将离子选择电极（或金属电极）和参比电极装在电极架上，用蒸馏水清洗电极，再用被测溶液清洗一次并擦干。

将选择电极和参比电极分别插入仪器后部的插座和接口上。

把两电极同时浸在被测溶液中，将溶液搅拌均匀后，即可在显示屏上读出该离子选择电极的电极电势（mV 值），还可自动显示±极性。

如果被测信号超出仪器的测量范围，或测量端开路时，显示屏不亮，做超载报警。mV 测量时，"温度"和"斜率"键无作用。

⑤ 结束　使用完毕应将复合电极清洗干净，然后套上盛有 3mol/L KCl 溶液的电极保护套。

仪器 6　精密数字压力计

精密数字压力计是指数字化的压力测量仪器，以下主要介绍 DP-A 系列精密数字压力计。

1. 仪器特点

（1）DP-A 精密数字压力计系列采用先进技术与进口元器件设计制作，长期稳定性良好。

（2）采用 CPU 对压力传感器进行非线性补偿和零位自动校正，保证了仪表较高的准确度。

（3）操作简单显示直观、清晰。

（4）可提供输出接口形式：RS-232 串行口；亦可采用其他数字接口形式。

2. 型号及适用范围

（1）DP-AF 精密数字压力计　低真空检测仪表，适用于负压测量及饱和蒸汽压测定实验，可替代 U 形水银压力计。

（2）DP-AG 精密数字压力计　绝压检测仪表，适用于绝压测量和对大气压进行实时显示，可替代水银气压计。

（3）DP-AW 精密数字压力计　微压检测仪表，适用于正、负微压测量及最大泡压法测量表面张力实验，替代玻璃 U 形管压力计。

3. 技术指标

测量范围：DP-AF 型：$-100 \sim 0$kPa；DP-AG 型：(100 ± 30) kPa；DP-Aw 型：$-10 \sim 10$kPa。

测量分辨率：DP-AF 型：0.01kPa；DP-AG 型：0.01kPa；DP-Aw 型：0.001kPa。压力过载能力：≥2 倍额定压力。

4. 使用条件

电源：交流 220V ±10%，50Hz。环境温度：$-10 \sim 50$℃；湿度：≤85%。

压力传递的介质：除氟化物气体外的各种气体。

5. 键的功能

（1）单位键　接通电源，初始状态 kPa 指示灯亮，LED 显示以 kPa 为计量单位的压力值；按一下"单位"键 mmH$_2$O 或 mmHg 指示灯亮，LED 显示以 mmH$_2$O 或 mmHg 为计量单位的压力值。

（2）采零键　在测试前必须按一下采零键，使用仪表自动扣除传感器零压力值（零点漂移），LED 显示为"0000"，保证测试时显示值为被测介质的实际压力值。

（3）复位键　按下此键，可重新启动 CPU，仪表即可返回初始状态。一般用于死机时，在正常测试中不应按此键。

6. 使用方法

（1）准备工作

① 该机压力传感器和二次仪表为一体，用 ϕ4.5～6mm 内径的真空橡胶管将仪表后盖的压力传感器接口与被测系统连接。

注意：DP-AG 无需连接，直接测量大气压。

② 将仪表后盖的电源插座与交流 220V 电源连接。

③ 打开电源开关，此时仪表处于初始状态，预热 2min。

（2）操作步骤

① 预压及气密性检查　缓慢加压至满量程，观察数字压力表显示值变化情况，若 1min 内显示值稳定，说明传感器及其检测系统无泄露。确认无泄露后，泄压至零，并在全量程反复预压 2～3 次，方可正式测试。

② 采零　泄压至零，使用压力传感器通大气，按一下"采零"键，以消除仪表系统的零点漂移，此时 LED 显示"0000"。

注意：尽管仪表作了精细的零点补偿，但因传感器本身固有的漂移（如时漂）是无法处理的，因此，每次测试前都必须进行采零操作，以保证所测压力值的准确度。

③ 测试　仪表采零后接通被测系统，此时仪表显示被测系统的压力值。

④ 关机　先将被测系统泄压后，再关掉电源开关。

说明：DP-AG 无"采零"键，无需上述操作步骤，开机即显示大气压或系统绝压，使用完毕直接关闭电源开关即可。

7. 维护注意事项

（1）DP-A 精密数字压力计系列仪表，压力测量介质为除氟化物气体外的各种气体介质。

（2）本仪表有足够的过载能力. 但超过过载能力时，传感器将有永久损坏的可能。

（3）使用和存储时，仪表应放在通风、干燥和无腐蚀性气体的场所。

（4）请勿打开机盖进行检修，更不允许调整和更换元件，否则将无法保证仪表测量的准确度。

仪器 7　液体介电常数测定仪

液体介电常数测定仪又可称作精密电容测量仪。其测量原理主要有两种，电桥法和频率法。下面以 PCM-1A 型精密电容测量仪为例，简要说明电桥法测定液体电容的原理和仪器的使用方法。

PCM-1A 型精密电容测量仪采用集成电路芯片和四位半数字显示，具有性能稳定、高抗干扰和易于读数等特点。仪器与特制的电容池结合使用就可测量溶液的介电常数。

1. 基本原理

图 14-11 为电桥法测定液体电容的示意。这是一个交流阻抗电桥，电桥平衡的条件是：

$$C_x/C_s = U_s/U_x$$

式中，C_x 为电容池两极间的电容，C_s 是一个可调的标准差动电容器。

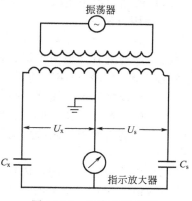

图 14-11　电容电桥示意

从图中可看出，通过调节 C_s 使其等于 C_x，桥路两侧的电压降 U_s 和 U_x 亦相等，此时指示放大器的输出趋于零，由数字显示屏读出相应的 C_s 值，则可认为就是电容池的电容值。

但是电容池的电容实际上应是电容池两极间的电容 C_c 和整个测试系统中的分布电容 C_d 并联构成。C_c 值随介质而异，而 C_d 是一个恒定值，它与仪器的性质有关，或可称之为仪器的本底值，在测量中应予以扣除。在实验中通常可用一已知介电常数的标准物质与空气分别进行测定，其实测值 C' 可表示如下：

$$C'_{标} = C_{标} + C_d \tag{14-1}$$

$$C'_{空} = C_{空} + C_d \tag{14-2}$$

如近似地认为空气与真空电容 C_0 相等，而某物质的介电常数 ε 与电容的关系为：

$$\varepsilon = \varepsilon_x/\varepsilon_0 = C_x/C_0 \tag{14-3}$$

式中，ε_x 和 ε_0 分别为该物质和真空的电容率。由附录 24 或手册可查得标准物质的介电常数值，再根据以上三式则可求得 C_d 和 C_0。同样可由未知溶液的电容 C' 值算得其电容值，并求得其介电常数。

2. 电容池

液体介电常数测定仪通常包括电容池，其结构如图 14-12 所示。使用时须注意以下几点。

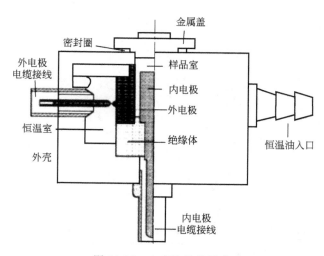

图 14-12　电容池结构示意

（1）必须选用非极性液体作恒温浴介质，如可用变压器油。

（2）电容池的安装必须紧密，以防恒温油泄漏。

（3）每次测定前应确保内外电极之间不存在杂质。

（4）样品须浸没电极，但不可接触端盖，同时须旋紧盖子。测量前须恒温溶液。

3. 使用方法

（1）接通电源，预热 20min。

（2）仪器配有两根两头接有莲花插头的屏蔽线，将两根屏蔽线分别插入仪器面板上标有"电容池"和"电容池座"的插座内，连接必须可靠。两根屏蔽线的另一端暂时不接任何物体，但屏蔽线之间不要短路，也不要接触其他导电体。电容池和座应水平放置。

（3）按下校零按钮，此时数字显示器应显示零值。

（4）分别将两根屏蔽线的另一端插入电容池相应的插座。此时数字显示器显示的是空气的电容值。

（5）用移液管往电容池内加入待测液体样品，旋上盖子后，便可从数字显示器读到该样品的电容值。注意：每次加入的样品量必须严格相等。

（6）用吸管吸出电容池内样品，并用电吹风吹干电容池。待电容池完全干后（显示数据等于空气电容时）才能加入新样品。

附录　物理化学实验常用数据

附表 1　物理化学基本常数

常　　数	符号	数值①	单位
真空中的光速	c_0	$2.997\ 924\ 58(12)\times10^8$	m/s
真空磁导率	$\mu_0=4\pi\times10^{-7}$	$12.566\ 371\times10^{-7}$	H/m
真空电容率	$\varepsilon_0=(\mu_0 c^2)^{-1}$	$8.854\ 187\ 82(7)\times10^{-12}$	F/m
基本电荷	e	$1.602\ 177\ 33(49)\times10^{-19}$	C
精细结构常数	$\alpha=\mu_0 ce^2/2h$	$7.297\ 353\ 08(33)\times10^{-3}$	—
普朗克常数	h	$6.626\ 075\ 5(40)\times10^{-34}$	J·s
阿伏伽德罗常数	L	$6.022\ 136\ 7(36)\times10^{23}$	mol^{-1}
电子的静止质量	m_e	$9.109\ 389\ 7(54)\times10^{-31}$	kg
质子的静止质量	m_p	$1.672\ 623\ 1(10)\times10^{-27}$	kg
中子的静止质量	m_n	$1.674\ 928\ 6(10)\times10^{-27}$	kg
法拉第常数	F	$9.648\ 530\ 9(29)\times10^4$	C/mol
里德堡常数	R_∞	$1.097\ 373\ 153\ 4(13)\times10^7$	m^{-1}
玻尔半径	$a_0=\alpha/4\pi R_\infty$	$5.291\ 772\ 49(24)\times10^{-11}$	m
玻尔磁子	$\mu_B=eh/2m_e$	$9.274\ 015\ 4(31)\times10^{-24}$	J/T
核磁子	$\mu_N=eh/2m_p c$	$5.050\ 786\ 6(17)\times10^{-27}$	J/T
摩尔气体常数	R	$8.314\ 510(70)$	J/(K·mol)
玻尔兹曼常数	$k=R/L$	$1.380\ 658(12)\times10^{-23}$	J/K

　① 括号中数字是标准偏差。

附表 2　国际单位制基本单位 (SI)

量		单位	
名　称	符　号	名　称	符　号
长度	l	米	m
质量	m	千克(公斤)	kg
时间	t	秒	s
电流	I	安[培]	A
热力学温度	T	开[尔文]	K
物质的量	n	摩[尔]	mol
发光强度	I_V	坎[德拉]	cd

附表 3 有专用名称和符号的国际单位制导出单位

物理量名称	单位名称	单位符号	备注
频率	赫[兹]	Hz	$1Hz=1s^{-1}$
力	牛[顿]	N	$1N=1kg \cdot m/s^2$
压力、应力	帕[斯卡]	Pa	$1Pa=1N/m^2$
能、功、热量	焦[耳]	J	$1J=1N \cdot m$
能量、电荷	库[仑]	C	$1C=1A \cdot s$
功率	瓦[特]	W	$1W=1J/s$
电位、电压、电动势	伏[特]	V	$1V=1W/A$
电容	法[拉第]	F	$1F=1C/V$
电阻	欧[姆]	Ω	$1\Omega=1V/A$
电导	西[门子]	S	$1S=1A/V$
磁通量	韦[伯]	Wb	$1Wb=1V \cdot S$
磁感应强度	特[斯拉]	T	$1T=1Wb/m^2$

附表 4 能量单位换算

能量单位	cm^{-1}	J	cal	eV
$1cm^{-1}$	1	1.98648×10^{-23}	4.74778×10^{-24}	1.239852×10^{-4}
1 J	5.03404×10^{22}	1	0.239006	6.241461×10^{18}
1 cal	2.10624×10^{23}	4.184	1	2.611425×10^{19}
1 eV	8.065479×10^3	1.602189×10^{-19}	3.829326×10^{-20}	1

附表 5 压力单位换算

压力单位	Pa	kgf/cm^2	dyn/cm^2	lbf/in^2	atm	bar	mmHg
1 Pa	1	1.019716×10^{-5}	10	1.450342×10^{-4}	9.86923×10^{-6}	1×10^{-5}	7.5006×10^{-3}
$1kgf/cm^2$	9.80665×10^4	1	9.80665×10^5	14.223343	0.967841	0.980665	735.559
$1dyn/cm^2$	0.1	1.019716×10^{-6}	1	1.450377×10^{-5}	9.86923×10^{-7}	1×10^{-6}	7.50062×10^{-4}
$1 lbf/in^2$	6.89476×10^3	7.0306958×10^{-2}	6.89476×10^4	1	6.80460×10^{-2}	6.89476×10^{-2}	51.7149
1 atm	1.101325×10^5	1.03323	1.01325×10^6	14.6960	1	1.01325	760.0
1 bar	1×10^5	1.019716	1×10^6	14.5038	0.986923	1	750.062
1mmHg	133.3224	1.35951×10^{-3}	1333.224	1.93368×10^{-2}	1.3157895×10^{-3}	1.33322×10^{-3}	1

注：$\rho_{Hg}=13.5931g/cm^3$，$g=9.80665m/s^2$。0℃：1mmHg=1Torr=1/760atm。

附表 6 不同温度下水的饱和蒸气压

温度/℃	+0	+1(+5)	+2(+10)	+3(+15)	+4(+20)
0	0.6105	0.6567	0.7058	0.7579	0.8134
5	0.8723	0.9350	1.0016	1.0726	1.1478
10	1.2278	1.3124	1.4023	1.4973	1.5981
15	1.7049	1.8177	1.9372	2.0634	2.1967
20	2.3378	2.4865	2.6434	2.8088	2.9833
25	3.1672	3.3609	3.5649	3.7795	4.0053
30	4.2428	4.4923	4.7547	5.0301	5.3193
35	5.6229	5.9412	6.2751	6.6250	6.9917
40	7.3759	(9.5832)	(12.334)	(15.737)	(19.916)
65	25.003	(31.157)	(38.544)	(47.343)	(57.809)
90	70.096	(84.513)	(101.325)	—	—

注：带括号的数据与表头中括号内的数据对应。例如：28℃时 $p=3.7795$ kPa，80℃时为 47.343kPa。

附表7 一些物质的饱和蒸气压与温度的关系

物 质	正常沸点/℃	适用温度范围/℃	A	B	C
三氯甲烷(CHCl₃)	61.3	−30～150	13.8804	2677.98	227.4
甲醇(CH₃OH)	64.65	−20～140	16.1262	3391.96	230.0
乙酸(CH₃COOH)	118.2	0～36	15.9523	3802.03	225.0
乙醇(CH₃CH₂OH)	78.37	−2～70	16.5092	3578.91	222.65
丙酮(CH₃COCH₃)	56.5	5～50	14.1593	2673.30	200.22
乙酸乙酯(C₄H₈O₂)	77.06	−22～150	14.3289	2852.24	217.0
苯(C₆H₆)	80.10	5.53～104	13.86698	2777.724	220.237
环己烷(C₆H₁₄)	80.74	6.56～105	13.74616	2771.221	222.863

注：表中的数据符合公式 $\ln p = A - B/(C+t)$，t 的单位为℃；p 为蒸气压，单位为 kPa。

附表8 不同温度下水的密度

$t/℃$	$\rho/(kg/m^3)$	$t/℃$	$\rho/(kg/m^3)$
0	999.87	45	990.25
3.98	1000.00	50	988.07
5	999.99	55	985.73
10	999.73	60	983.24
15	999.13	65	980.59
18	998.62	70	977.81
20	998.23	75	974.89
25	997.07	80	971.83
30	995.67	85	968.65
35	994.06	90	965.34
38	992.99	95	961.92
40	992.24	100	958.38

附表9 不同温度下水的表面张力

$t/℃$	$\sigma/(10^{-3}N/m)$	$t/℃$	$\sigma/(10^{-3}N/m)$	$t/℃$	$\sigma/(10^{-3}N/m)$
0	75.64	20	72.75	40	69.56
5	74.92	21	72.59	45	68.74
10	74.22	22	72.44	50	67.91
11	74.07	23	72.28	60	66.18
12	73.93	24	72.13	70	64.42
13	73.78	25	71.97	80	62.61
14	73.64	26	71.82	90	60.75
15	73.49	27	71.66	100	58.85
16	73.34	28	71.50	110	56.89
17	73.19	29	71.35	120	54.89
18	73.05	30	71.18	130	52.84
19	72.90	35	70.38		

附表 10 金属混合物熔点

单位:℃

金属		金属(Ⅱ)的含量/%										
Ⅰ	Ⅱ	0	10	20	30	40	50	60	70	80	90	100
Pb	Sn	326	295	276	262	240	220	190	185	200	216	232
	Bi	322	290	—	—	179	145	126	168	205	—	268
	Sb	326	250	275	330	395	440	490	525	560	600	632
Sb	Bi	632	610	590	575	555	540	520	470	405	330	268
	Sn	622	600	570	525	480	430	395	350	310	255	232

注:本表摘自 "CRC Handbook of Chemistry and Physics. 66th:D-183~184"。

附表 11 25℃时标准电极电势

电极	反应式	$\varphi^{\ominus}/V(25℃)$
Li^+,Li	$Li^+ + e^- \!=\! Li$	−3.045
K^+,K	$K^+ + e^- \!=\! K$	−2.924
Na^+,Na	$Na^+ + e^- \!=\! Na$	−2.7109
Ca^{2+},Ca	$Ca^{2+} + 2e^- \!=\! Ca$	−2.76
Zn^{2+},Zn	$Zn^{2+} + 2e^- \!=\! Zn$	−0.7628
Fe^{2+},Fe	$Fe^{2+} + 2e^- \!=\! Fe$	−0.409
$Fe(OH)_2$,Fe	$Fe(OH)_2 + 2e^- \!=\! Fe + 2OH^-$	−0.877
$(Fe^{2+},Fe^{3+})Pt(1mol HClO_4)$	$Fe^{3+} + e^- \!=\! Fe^{2+}$	+0.747
$Fe(OH)^{3+}$,$Fe(OH)^{2+}$	$Fe(OH)^{3+} + e^- \!=\! Fe(OH)^{2+} + OH^-$	
Cd^{2+},Cd	$Cd^{2+} + 2e^- \!=\! Cd$	−0.4026
Co^{2+},Co	$Co^{2+} + 2e^- \!=\! Co$	−0.28
Ni^{2+},Ni	$Ni^{2+} + 2e^- \!=\! Ni$	−0.23
Sn^{2+},Sn	$Sn^{2+} + 2e^- \!=\! Sn$	−0.1364
Sn^{4+},Sn^{2+}	$Sn^{4+} + 2e^- \!=\! Sn^{2+}$	+0.15
Pb^{2+},Pb	$Pb^{2+} + 2e^- \!=\! Pb$	−0.1263
PbO_2,$PbSO_4$	$PbO_2 + SO_4^{2-} + 4H^+ + 2e^- \!=\! PbSO_4 + 2H_2O$	+1.685
H^+,H_2	$2H^+ + 2e^- \!=\! H_2$	0.00
O_2,OH^-	$O_2 + 2H_2O + 4e^- \!=\! 4OH^-$	+0.401
Cu^+,Cu	$Cu^+ + e^- \!=\! Cu$	+0.521
Cu^{2+},Cu	$Cu^{2+} + 2e^- \!=\! Cu$	+0.3402
Cu^{2+},Cu^+	$Cu^{2+} + e^- \!=\! Cu^+$	+0.153
$(I^-,I_2)Pt$	$I_2 + 2e^- \!=\! 2I^-$	+0.535
Ag^+,Ag	$Ag^+ + e^- \!=\! Ag$	+0.7996
Br^-,Br_2	$Br_2 + 2e^- \!=\! 2Br^-$（水溶液）	+1.087
Cl^-,Cl_2	$Cl_2 + 2e^- \!=\! 2Cl^-$	+1.3583
$(Ce^{4+},Ce^{3+})Pt$	$Ce^{4+} + e^- \!=\! Ce^{3+}$	+1.443

附表 12　常用参比电极在 25℃ 时的电极电势及温度系数

名　　称	体系	E/V[①]	$(dE/dT)/(mV/K)$
氢电极	$Pt, H_2 \vert H^+ (a_{H^+} = 1)$	0.0000	—
饱和甘汞电极	$Hg, Hg_2Cl_2 \vert$ 饱和 KCl	0.2415	-0.761
标准甘汞电极	$Hg, Hg_2Cl_2 \vert 1mol/L\ KCl$	0.2800	-0.275
甘汞电极	$Hg, Hg_2Cl_2 \vert 0.1mol/L\ KCl$	0.3337	-0.875
银-氯化银电极	$Ag, AgCl \vert 0.1mol/L\ KCl$	0.290	-0.3
氧化汞电极	$Hg, HgO \vert 0.1mol/L\ KOH$	0.165	—
硫酸亚汞电极	$Hg, Hg_2SO_4 \vert 10.1mol/L\ H_2SO_4$	0.6758	—
硫酸铜电极	$Cu \vert$ 饱和 $CuSO_4$	0.316	-0.7

① 25℃，相对于标准氢电极（NCE）。

附表 13　不同温度下 KCl 标准溶液的电导率

$t/℃$	$c/(mol/L)$[①]			
	1.000	0.1000	0.0200	0.0100
0	0.06541	0.00715	0.001521	0.000776
5	0.07414	0.00822	0.001752	0.000896
10	0.08319	0.00933	0.001994	0.001020
15	0.09252	0.01048	0.002243	0.001147
16	0.09441	0.01072	0.002294	0.001173
17	0.09631	0.01095	0.002345	0.001199
18	0.09822	0.01119	0.002397	0.001225
19	0.10014	0.01143	0.002449	0.001251
20	0.10207	0.01167	0.002501	0.001278
21	0.10400	0.01191	0.002553	0.001305
22	0.10594	0.01215	0.002606	0.001332
23	0.10789	0.01239	0.002659	0.001359
24	0.10984	0.01264	0.002712	0.001386
25	0.11180	0.01288	0.002765	0.001413
26	0.11377	0.01313	0.002819	0.001441
27	0.11574	0.01337	0.002873	0.001468
28	—	0.01362	0.002927	0.001496
29	—	0.01387	0.002981	0.001524
30	—	0.01412	0.003036	0.001552
35	—	0.01539	0.003312	—
36	—	0.01564	0.003368	—

　　① 在空气中称取 74.56g KCl，溶于 18℃ 水中，稀释到 1L，其浓度为 1.000mol/L（密度 1.0449g/mL），再稀释得其他浓度溶液。

　　注：κ 单位 S/cm。

附表 14　一些电解质水溶液的摩尔电导率

化合物 \ c/(mol/L)	无限稀	0.0005	0.001	0.005	0.01	0.02	0.05	0.1
$AgNO_3$	133.29	131.29	130.45	127.14	124.70	121.35	115.18	109.09
$1/2BaCl_2$	139.91	135.89	134.27	127.96	123.88	119.03	111.42	105.14
HCl	435.95	422.53	421.15	415.59	411.80	407.04	398.89	391.13
KCl	149.79	147.74	146.88	143.48	141.20	138.27	133.30	128.90
$KClO_4$	139.97	138.69	137.80	134.09	131.39	127.86	121.56	115.14
$1/4K_4Fe(CN)_6$	184	—	167.16	146.02	134.76	122.76	107.65	97.82
KOH	271.5	—	234	230	228	—	219	213
$1/2MgCl_2$	129.34	125.55	124.15	118.25	114.49	109.99	103.03	97.05
NH_4Cl	149.6	—	146.7	134.4	141.21	138.25	133.22	128.69
NaCl	126.39	124.44	123.68	120.59	118.45	115.70	111.01	106.69
CH_3COONa	91.0	89.2	88.5	85.68	83.72	81.20	76.88	72.76
NaOH	247.7	245.5	244.6	240.7	237.9	—	—	—

注：Λ_m 单位：$S \cdot cm^2/mol$，25℃。

附表 15　不同温度下无限稀释离子摩尔电导率

离子 \ t/℃	0	18	25	50
H^+	225	315	349.8	464
K^+	40.7	63.9	73.5	114
Na^+	26.5	42.8	50.1	82
NH_4^+	40.2	63.9	73.5	115
Ag^+	33.1	53.5	61.9	101
$1/2Ba^{2+}$	34.0	54.6	63.6	104
$1/2Ca^{2+}$	31.2	50.7	59.8	96.2
OH^-	105	171	198.3	(284)
Cl^-	41.0	66.0	76.3	(116)
NO_3^-	40.0	62.3	71.5	(104)
CH_2COO^-	20.0	32.5	40.9	(67)
$1/2SO_4^{2-}$	41	68.4	80.0	(125)
$1/4[Fe(CN)_6]^{4-}$	58	95	110.5	(173)

注：λ^∞ 单位：$S \cdot cm^2/mol$。

附表 16　25℃时一些弱酸和弱碱的电离常数

物质	K(或 K_1)	物质	K(或 K_1)
乙酸	1.754×10^{-5}	磷酸	7.5×10^{-3}(K_2,6.2×10^{-3})
苯甲酸	6.36×10^{-5}	氨	1.79×10^{-5}
酚	1.3×10^{-10}	乙胺	5.6×10^{-4}
硫化氢	9.1×10^{-8}(K_2,1.2×10^{-15})	吡啶	2.1×10^{-9}
草酸	6.5×10^{-2}(K_2,6.1×10^{-5})	苯胺	4.0×10^{-10}
硼酸	5.79×10^{-10}		

附表 17　　一些常见强电解质的活度因子 $\gamma_\pm$ （25℃）

电解质	$m/(\text{mol/kg})$										
	0.01	0.1	0.2	0.3	0.4	0.5	0.6	0.7	0.8	0.9	1.0
$AgNO_3$	0.896	0.734	0.657	0.606	0.567	0.536	0.509	0.485	0.464	0.446	0.429
$CuCl_2$	—	0.508	0.455	0.429	0.417	0.411	0.409	0.409	0.410	0.413	0.417
$CuSO_4$	0.400	0.164	0.104	0.0829	0.0704	0.062	0.0559	0.0512	0.0475	0.0446	0.0423
$FeCl_2$	—	0.5185	0.473	0.454	0.448	0.450	0.454	0.463	0.473	0.488	0.506
$ZnSO_4$	0.387	0.150	0.140	0.0835	0.0714	0.0630	0.0569	0.0523	0.0487	0.0458	0.0435
KCl	0.899	0.770	0.718	0.688	0.666	0.649	0.637	0.626	0.618	0.610	0.604
NH_4Cl	—	0.770	0.718	0.687	0.665	0.649	0.636	0.625	0.617	0.609	0.603
NaCl	0.904	0.778	0.735	0.710	0.693	0.681	0.673	0.667	0.662	0.659	0.657
HCl	0.904	0.976	0.767	0.756	0.755	0.757	0.763	0.772	0.783	0.795	0.809
HNO_3	0.902	0.791	0.754	0.725	0.725	0.720	0.717	0.717	0.718	0.721	0.724
H_2SO_4	0.544	0.2655	0.209	0.1826	—	0.1557	—	0.1417	—	—	0.1316
KOH	0.901	0.798	0.760	0.742	0.734	0.732	0.733	0.736	0.742	0.749	0.756
NaOH	—	0.766	0.727	0.708	0.697	0.690	0.685	0.861	0.679	0.678	0.678

附表 18　　乙醇水溶液的表面张力

ω(乙醇)/%	$\sigma/(10^{-3}\text{N/m})$①	ω(乙醇)/%	$\sigma/(10^{-3}\text{N/m})$②
0.00	72.20	0.000	71.23
2.72	60.79	0.972	66.08
5.21	54.87	2.143	61.65
11.10	46.03	4.994	54.15
20.50	37.53	10.39	45.88
30.47	32.25	17.98	38.54
40.00	29.63	25.00	34.08
50.22	27.89	29.98	31.89
59.58	26.71	34.89	30.32
68.94	25.71	50.00	27.45
77.98	24.73	60.04	26.24
87.92	23.64	71.85	25.05
92.10	23.18	75.06	24.68
97.00	22.49	84.57	23.61
100	22.03	95.57	22.09
		100.00	21.41

① 25℃。

② 30℃。

附表 19　　不同温度下水和乙醇的折射率

$t/℃$	纯水	99.8%乙醇	$t/℃$	纯水	99.8%乙醇
14	1.33348	—	34	1.33136	1.35474
15	1.33341	—	36	1.33107	1.35390
16	1.33333	1.36210	38	1.33079	1.35306
18	1.33317	1.36129	40	1.33051	1.35222
20	1.33299	1.36048	42	1.33023	1.35138
22	1.33281	1.35967	44	1.32992	1.35054
24	1.33262	1.35885	46	1.32959	1.34969
26	1.33241	1.35803	48	1.32927	1.34885
28	1.33219	1.35721	50	1.32894	1.34800
30	1.33192	1.35639	52	1.32860	1.34715
32	1.33164	1.35557	54	1.32827	1.34629

注：相对于空气；钠光波长 589.3nm。

附表 20 **某些溶剂的凝固点降低常数 K_f 和沸点升高常数 K_b**

物　质	$t_f/℃$	$K_f/(K \cdot kg/mol)$	$t_b/℃$	$K_b/(K \cdot kg/mol)$
水(H_2O)	0.00	1.86	100.0	0.51
二硫化碳(CS_2)	−111.6	3.80	46.3	2.29
乙酸(CH_3COOH)	16.66	3.90	118	3.07
1,4-二氧六环($C_4H_8O_2$)	11.8	4.63	101.3	—
苯(C_6H_6)	5.533	5.12	80.1	2.53
硝基苯($C_6H_5NO_2$)	5.7	6.9	210.9	5.27
萘($C_{10}H_8$)	80.25	6.94	218	5.65
苯酚(C_6H_5OH)	41	7.27	180	3.04
环己烷(C_6H_{12})	6.54	20.2	80.7	—
四氯化碳(CCl_4)	−22.95	29.8	76.72	5.02
樟脑($C_{10}H_{16}O$)	178.75	37.7	204(升华)	—

附表 21 **作为吸附质分子的截面积**

分　子	$t/℃$	分子截面积	
		σ/nm^2	$\sigma/Å^2$
氩 Ar	−195,−183	0.138	13.8
氢 H_2	−183 ～ −135	0.121	12.1
氮 N_2	−195	0.162	16.2
氧 O_2	−195,−183	0.136	13.6
正丁烷 C_4H_{10}	0	0.446	44.6
苯 C_6H_6	20	0.430	43.0

附表 22 **气相中常见分子的偶极矩**

化　合　物	偶极矩 $\mu/10^{-30}C \cdot m$	化　合　物	偶极矩 $\mu/10^{-30}C \cdot m$
乙酸($C_2H_4O_2$)	5.80	乙醛(C_2H_4O)	8.97
乙醇(C_2H_6O)	5.64	硝基苯($C_6H_5NO_2$)	14.1
三氯甲烷($CHCl_3$)	5.67	氨(NH_3)	4.90
乙酸乙酯($C_4H_8O_2$)	5.94	水(H_2O)	6.17

附表 23 **不同温度下水的黏度**

温度/℃	η/cP	温度/℃	η/cP	温度/℃	η/cP
0	1.7921	21	0.9810	33	0.7523
10	1.3077	22	0.9579	34	0.7371
11	1.2713	23	0.9358	35	0.7225
12	1.2363	24	0.9142	40	0.6560
13	1.2028	25	0.8937	45	0.5988
14	1.1709	26	0.8737	50	0.5494
15	1.1404	27	0.8545	55	0.5064
16	1.1111	28	0.8360	60	0.4688
17	1.0828	29	0.8180	70	0.4061
18	1.0559	30	0.8007	80	0.3565
19	1.0299	31	0.7840	90	0.3165
20	1.0050	32	0.7679	100	0.2838

注：$1cP=10^{-3}Pa \cdot s$。

附表 24　一些液体的介电常数

化合物	介电常数 ε		温度系数 α		适用温度范围/℃
	20℃	25℃	$-10^2 d\varepsilon/dt$	$-10^2 d(\lg\varepsilon)/dt$	
四氯化碳（CCl$_4$）	2.238	2.228	0.200		$-20\sim60$
三氯甲烷（CHCl$_3$）	4.806	—	0.160		$0\sim50$
环己烷（C$_6$H$_{12}$）	2.023	2.015	0.160		$10\sim60$
乙酸乙酯（C$_4$H$_8$O$_2$）	—	6.02	1.5		25
乙醇（C$_2$H$_5$OH）	—	24.35	—	0.270	$-5\sim70$
1,4-二氧六环（C$_4$H$_8$O$_2$）	—	2.209	—	0.170	$20\sim50$
硝基苯（C$_6$H$_5$NO$_2$）	35.74	34.82	—	0.225	$10\sim80$
苯（C$_6$H$_6$）	2.284	2.274	0.200	—	$10\sim60$
水（H$_2$O）	80.37	78.54	—	0.200	$15\sim30$

附表 25　部分无机化合物的标准溶解热

化合物	标准溶解热/（kJ/mol）	化合物	标准溶解热/（kJ/mol）
AgNO$_3$	22.47	KI	20.50
BaCl$_2$	-13.22	KNO$_3$	34.73
Ba(NO$_3$)$_2$	40.38	MgCl$_2$	-155.06
Ca(NO$_3$)$_2$	-18.87	Mg(NO$_3$)$_2$	-85.48
CuSO$_4$	-73.26	MgSO$_4$	-91.21
KBr	20.04	ZnCl$_2$	-71.46
KCl	17.24	ZnSO$_4$	-81.38

注：此标准溶解热是指 25℃、标准状态下 1mol 纯物质溶于水生成 1mol/L 的理想溶液过程的热效应。

附表 26　18～25℃下难溶化合物的溶度积

化合物	K_{sp}	化合物	K_{sp}
AgBr	4.95×10^{-13}	BaSO$_4$	1×10^{-10}
AgCl	7.7×10^{-10}	Fe(OH)$_3$	4×10^{-38}
AgI	8.3×10^{-17}	PbSO$_4$	1.6×10^{-8}
Ag$_2$S	6.3×10^{-52}	CaF$_2$	2.7×10^{-11}
BaCO$_3$	5.1×10^{-9}		

注：本表摘自"顾庆超等编. 化学用表. 南京：江苏科学技术出版社，1979；6～77"。

附表 27 一些有机化合物的标准摩尔燃烧焓

名 称	化 学 式	$t/℃$	$-\Delta_c H_m^{\ominus}/kJ \cdot mol^{-1}$
甲醇	$CH_3OH(l)$	25	726.51
乙醇	$C_2H_5OH(l)$	25	1366.8
甘油	$(CH_2OH)_2CHOH(l)$	20	1661.0
苯	$C_6H_6(l)$	20	3267.5
己烷	$C_6H_{14}(l)$	25	4163.1
苯甲酸	$C_6H_5COOH(s)$	20	3226.9
樟脑	$C_{10}H_{16}O(s)$	20	5903.6
萘	$C_{10}H_8(s)$	25	5153.8
尿素	$NH_2CONH_2(s)$	25	631.7

注：本表摘自 "CRC Handbook of Chemistry and Physics. 66th ed. 1985～1986. D-272～278"。

附表 28 醋酸标准电离平衡常数

温度/℃	$K_a^{\ominus} \times 10^5$	温度/℃	$K_a^{\ominus} \times 10^5$	温度/℃	$K_a^{\ominus} \times 10^5$
0	1.657	20	1.753	40	1.703
5	1.700	25	1.754	45	1.670
10	1.729	30	1.750	50	1.633
15	1.745	35	1.728		

注：本表摘自 "Handbook of Chemistry and Physics. 58th. D-152"。

附表 29 几种胶体的 ζ 电位

水 溶 胶				有 机 溶 胶		
分散相	ζ/V	分散相	ζ/V	分散相	分散介质	ζ/V
As_2S_3	-0.032	Bi	0.016	Cd	$CH_3COOC_2H_5$	-0.047
Au	-0.032	Pb	0.018	Zn	CH_3COOCH_3	-0.064
Ag	-0.034	Fe	0.028	Zn	$CH_3COOC_2H_5$	-0.087
SiO_2	-0.044	$Fe(OH)_3$	0.044	Bi	$CH_3COOC_2H_5$	-0.091

注：本表摘自 "天津大学物理化学教研室主编. 物理化学（下册）. 北京：高等教育出版社，1979；500"。

附表 30　高聚物溶剂体系的 $[\eta]$- M 关系式

高聚物	溶剂	$t/℃$	$10^3 K/\text{dm}^3 \cdot \text{kg}^{-1}$	α	相对分子质量范围 $M \times 10^{-4}$
聚丙烯酰胺	水	30	6.31	0.80	2～50
	水	30	68	0.66	1～20
	1mol/LNaNO₃	30	37.5	0.66	
聚丙烯腈	二甲基甲酰胺	25	16.6	0.81	5～27
聚甲基丙烯酸甲酯	丙酮	25	7.5	0.70	3～93
聚乙烯醇	水	25	20	0.76	0.6～2.1
	水	30	66.6	0.64	0.6～16
聚己内酰胺	40%H₂SO₄	25	59.2	0.69	0.3～1.3
聚醋酸乙烯酯	丙酮	25	10.8	0.72	0.9～2.5
右旋糖苷	水	25	92.2	0.5	
	水	37	141	0.46	

注：本表摘自"印永嘉主编. 大学化学手册. 济南：山东科学技术出版社，1985. 692"。